普通高等教育“十三五”规划教材

钒钛材料

主　编　马　兰　杨绍利
副主编　李俊翰　朴荣勋
　　　　安　昀　杨保祥

北　京
冶金工业出版社
2025

内容提要

本教材介绍了钒钛新材料的性能及其在国民经济中的地位和作用，国内外钒钛资源概况和钒钛产业概况；介绍了钒、钛及其化合物的物理化学性质和用途；重点介绍了钒原料、钛原料制备基本原理、工艺技术流程，以及新型钒材料、新型钛材料制备、应用和研发现状及发展趋势。

本教材为高等院校材料专业的本科教学用书，也可供冶金、机械、化工、航空航天、国防等领域从事材料研究的科研人员参考。

图书在版编目(CIP)数据

钒钛材料/马兰，杨绍利主编. —北京：冶金工业出版社，2020.1（2025.2 重印）
普通高等教育“十三五”规划教材
ISBN 978-7-5024-8400-2

Ⅰ.①钒… Ⅱ.①马… ②杨… Ⅲ.①钒—金属材料—高等学校—教材 ②钛—金属材料—高等学校—教材 Ⅳ.①TG146.23 ②TG146.4

中国版本图书馆 CIP 数据核字（2020）第 024645 号

钒钛材料

出版发行 冶金工业出版社　　**电　话**（010）64027926
地　址 北京市东城区嵩祝院北巷 39 号　　**邮　编** 100009
网　址 www.mip1953.com　　**电子信箱** service@mip1953.com

责任编辑 刘小峰 曾 媛 美术编辑 郑小利 彭子赫 版式设计 禹 蕊
责任校对 李 娜 责任印制 范天娇
北京虎彩文化传播有限公司印刷
2020 年 1 月第 1 版，2025 年 2 月第 2 次印刷
787mm×1092mm 1/16；19.5 印张；472 千字；303 页
定价 49.00 元

投稿电话 （010）64027932 投稿信箱 tougao@cnmip.com.cn
营销中心电话 （010）64044283
冶金工业出版社天猫旗舰店 yjgycbs.tmall.com
（本书如有印装质量问题，本社营销中心负责退换）

前　言

由于钒钛材料在国民经济发展中的地位和作用越来越重要，对了解和掌握钒钛材料相关知识的高层次人才的需求也越来越迫切，所以在攀枝花学院的组织和大力支持下编写出版本教材。

本教材介绍了国内外钒钛资源、钒钛产业概况，钒、钛及其化合物的物理化学性质和用途，主要钒原料、钛原料的制备基本原理、工艺技术流程，新型钒材料、新型钛材料的制备、应用及研发现状，以及钒钛材料的发展方向。

本教材为材料科学与工程、材料成型及控制工程、金属材料工程、新能源材料与器件、冶金工程及化学工程与工艺等相关专业的专业特色教材，按照40学时组织教学内容。本教材在内容上突出新型钒、钛材料的应用、制备原理及工艺技术流程；在课堂教学方法改革上突出课堂教学中教与学的互动，为此设置多个互动问题；在辅助教学手段上突出以本教材为基础的课下自学，配置了对应的网络PPT课件，以方便课下应用互联网和移动端自学和复习。

本教材比较全面地介绍了钒钛企业生产研发状况，因此也可供作为钛资源综合利用及钒钛新材料相关行业的工程技术人员、技术研发和工程设计人员、项目建设投资者、企业员工及管理人员以及大专院校相关专业师生的培训教材和参考资料。

本教材由攀枝花学院马兰、杨绍利任主编，攀枝花学院李俊翰、朴荣勋、安昀及攀钢研究院杨保祥任副主编。其中，第1章由马兰、杨绍利编写，第2章由杨保祥、马兰编写，第3章由杨绍利、马兰编写，第4章由马兰、杨绍利编写，第5章由李俊翰、安昀、孙宁、杨绍利、马兰编写，第6章由李俊翰、安昀、朴荣勋、马兰、杨绍利、孙宁编写。全书由马兰、杨绍利审定。

本教材在编写过程中，参考了2007年杨绍利主编的高等学校教学用书《钒钛材料》和国内外公开发表的大量文献资料，借此向相关作者致谢。由于篇幅所限，书末仅列出主要参考文献，敬请各文献资料作者及读者谅解。

由于编者水平所限、时间紧迫，书中不足之处在所难免，恳请专家和读者批评指正。

编　者

2020年1月于四川攀枝花

目　录

1 绪　　论

【本章内容提要】

通过本章内容的学习，学生能够对钒钛材料在国民经济中的地位和作用、国内外钒钛资源、产业概况及发展趋势有一定了解。

1.1　钒钛材料在国民经济中的地位和作用

钒钛是世界公认的紧缺资源和重要战略金属。钒钛材料广泛应用于航空航天、海洋船舶、国防军工、新能源等重要领域，对促进我国钢铁材料、国防军工及尖端材料的发展具有不可替代的作用。长期以来，国家对钒钛产业高度重视，钒钛资源综合开发利用被列入《“十三五”国家战略性新兴产业发展规划》。

1.1.1　钒在国民经济中的地位和作用

钒属于高熔点稀有金属，银灰色，以钒铁、钒化合物和金属钒的形式广泛应用于冶金、宇航、化工和电池等行业。钒具有众多优异的物理性能和化学性能，因而钒的用途十分广泛，有金属“维生素”之称。

钒的消费同钢铁行业紧密相关，当前最具市场规模的钒应用领域为高强度建筑用钢筋。目前全世界的钒有90%以钒铁、氮化钒等形式添加到钢铁中，用量较大的是高强度低合金钢（25%）、碳素钢（20%）、合金钢（20%）和工具钢（15%）。钒作为合金钢的重要元素，只需要加0.1%，就可提高强度10%～20%，减轻结构重量15%～25%，降低成本8%～10%。钒在其中所起的作用主要是细化晶粒，从而增强钢材的强度、可淬性、可焊性和抗磨性。另外约7%的钒用于含钒钛基合金，8%用于催化剂和其他助剂。钒作为“现代工业的味精”，是发展现代工业、现代国防和现代科学技术不可缺少的重要材料。随着科学技术水平的飞跃发展，人类对新材料的要求日益提高。钒在非钢铁领域的应用越来越广泛，其范围涵盖了航空航天、化学、电池、颜料、玻璃、光学、医药等众多领域。

钒电池是目前发展势头强劲的优秀绿色环保蓄电池之一（它的制造、使用及废弃过程均不产生有害物质），它具有特殊的电池结构，可深度大电流密度放电，充电迅速，比能量高，价格低廉，应用领域十分广阔。例如，可作为大厦、机场、程控交换站备用电源；可作为太阳能等清洁发电系统的配套储能装置；为潜艇、远洋轮船提供电力以及用于电网调峰等。

此外，钒的氧化物已成为化学工业中最佳催化剂之一，有“化学面包”之称。2005

年，我国已经从钒的净出口国变成净进口国，钒市场呈现稳定发展的态势。

1.1.2 钛在国民经济中的地位和作用

钛产业是战略性新兴产业不可或缺的重要组成部分，其发展代表着新一轮科技革命和产业变革的方向。

钛是一种极为重要的战略资源，因其具有强度高、密度小、耐高温、耐低温、耐酸碱腐蚀、生物亲和性好、无磁性且易加工成型等特性，钛及钛合金材料被广泛应用于航空、航天、航海、兵器、石油、化工、冶金、电力、医疗、制药、建筑、海洋工程、体育休闲等领域，成为高新技术应用领域不可或缺的关键材料。它既是航空航天、舰船兵器、海洋工程等军工高技术领域不可或缺的关键性结构材料，也是现代医疗、制药、建筑、体育休闲等民用领域至关重要的拓展性新兴材料。钛及钛合金材料生产、加工、应用的技术水平直接反映了一个国家的综合科技研发国力。纵观世界钛产业、新型材料的发展史，可以说，钛及钛合金占当期材料消费量的比例以及人均用钛材量的多少，是衡量一个国家工业文明和科技发达程度的重要标志。

经过六十多年的发展，我国已成为继美国、俄罗斯、日本之后拥有完整钛工业体系的国家之一。特别是“十三五”以来，中国海绵钛和钛材产量均已达到世界第一，跻身于世界钛工业大国，但距离钛工业强国仍然还有很大差距，完整的钛材工业化生产的核心和关键技术仍然掌握在美国、俄罗斯、日本等少数发达国家手中，我国大部分高端钛材仍然依赖进口。随着我国钛材进口量的不断增加，美、日等钛工业强国通过封锁核心技术来控制产品价格和供应量，大大抑制了我国战略性新兴产业的发展。因此，加强钛产业关键技术的研发及产业化，尽快实现我国由钛工业大国转变为钛工业强国，已成了我国国民经济发展和国防建设急需解决的重大课题。

1.2 钒钛资源概况

1.2.1 国内外钒资源概况

钒在自然界分布很广，约占地壳质量的0.02%，但其分布却十分分散，主要是和金属矿如铁、钛、铀、钼、铜、铅、锌、铝等矿共生，或与碳质矿、磷矿共生。在石油及其加工产品中也含有钒。在开采与加工这些矿石时，钒作为共生产品或副产品予以回收。从黏土矿、石油渣和废催化剂中也能回收少量的钒。

含钒矿物种类繁多，已发现有70多种，但只有少数矿物具有开采价值。表1-1列出了重要的含钒矿物及其主要产地。

表1-1 重要的含钒矿物及其主要产地

矿物名称	颜色	化学式	主要产地
钒钛磁铁矿	黑灰	$FeO \cdot TiO_2 - FeO(Fe, V)_2O_3$	南非、原苏联、新西兰、中国、加拿大、印度等
钾钒铀矿	黄	$K_2O \cdot 2U_2O_3 \cdot V_2O_5 \cdot 3H_2O$	美国

续表 1-1

矿物名称	颜色	化学式	主要产地
钒云母	棕	$2K_2O \cdot 2Al_2O_3 \cdot (Mg, Fe)O \cdot 3V_2O_5 \cdot 10SiO_2 \cdot 4H_2O$	美国
绿硫钒矿	深绿	V_2S_n (n=4～5)	秘鲁
硫钒铜矿	赤褐	$2Cu_2S \cdot V_2S_6$	澳大利亚、美国
磷酸盐钒铁矿		$Ca_5(VO_4, PO_4)_3 \cdot (Fe, Cl, OH)$	美国、俄罗斯
钒铅矿	红棕	$Pb_5(VO_4)_3Cl$	墨西哥、美国、纳米比亚
钒铅锌矿	樱红	$(Pb, Zn)(OH)VO_4$	纳米比亚、墨西哥、美国
铜钒铅锌矿	绿棕	$4(Cu, Pb, Zn)O \cdot V_2O_5 \cdot H_2O$	纳米比亚、墨西哥、美国

来自美国地质勘探局的最新统计显示：截至 2018 年末，全球钒金属储量大于 6300 万吨，其中钒矿储量（已认定的钒资源中符合当前采掘和生产要求的部分）约为 2028 万吨，与 2017 年末的 2000 万吨基本持平。其中，中国钒矿储量为 950 万吨，比 2017 年增长 50 万吨；巴西钒矿储量为 13 万吨。全球 99% 以上的钒矿储量集中在中国、俄罗斯、南非及澳大利亚，中国占第一位。

我国钒资源主要由两部分组成，一部分为钒钛磁铁矿，另一部分为石煤。石煤在我国分布广泛，总储量达 618.8 亿吨，V_2O_5 含量大于 0.5% 的石煤中 V_2O_5 的储量为 0.77 亿吨，是我国钒钛磁铁矿中 V_2O_5 储量的 2.7 倍。

1.2.2 国内外钛资源概况

钛在地球上的储量十分丰富，地壳丰度为 0.61%，海水含钛 1×10^{-7}%，其含量比常见的铜、镍、锡、铅、锌都要高。已知的钛矿物约有 140 种，但工业应用的主要是钛铁矿（$FeTiO_3$）和金红石（TiO_2）。

钛资源主要分布在澳大利亚、南非、加拿大、中国和印度等国。加拿大、中国和印度主要是岩矿；澳大利亚、美国主要是砂矿；南非的岩矿和砂矿都十分丰富。

国外生产钛铁矿砂矿的矿区主要有 7 个：澳大利亚东西海岸、南非理查兹湾、美国南部和东海岸、印度半岛南部喀拉拉邦、斯里兰卡、乌克兰、巴西东南海岸。

国外金红石砂矿区主要有 3 个：澳大利亚东西海岸、塞拉利昂西南海岸、南非理查兹湾。印度、斯里兰卡、巴西和美国也有少量产出。

全球钛铁矿、金红石和锐钛矿的资源总量超过 20 亿吨，全球钛铁矿储量约为 7 亿吨，占全球钛矿的 92%，金红石储量约为 4800 万吨，二者合计储量约 7.5 亿吨。全球钛资源主要分布在澳大利亚、南非、加拿大、中国和印度等国。中国的钛铁矿储量占到全球钛铁矿储量的 28.6%，居第一位，主要集中在四川、云南、广东、广西和海南等地，其中四川攀西是中国最大的钛资源基地，钛资源量为 8.7 亿吨。澳大利亚金红石储量占全球总量 50%，占据了金红石储量半壁江山。

钛铁矿丰富的国家有：中国（2 亿吨）、澳大利亚（1.6 亿吨）、印度（8500 万吨）、南非（6300 万吨）、巴西（4300 万吨）。金红石主要分布：澳大利亚（2400 万吨）、南非（830 万吨）、印度（740 万吨）、塞拉利昂（380 万吨）。

中国钒钛磁铁矿床分布广泛、储量丰富，截至 2012 年底共查明钒钛磁铁矿矿石资源储量202亿吨，主要分布在四川攀西地区和河北承德地区，其他零散地分布在陕西、广东、内蒙古、新疆等地，其中攀西地区工业矿石（TFe≥17%）资源储量占全国工业矿石资源量的92.96%。中国的钛资源多为钒钛磁铁矿，品位低，杂质含量高。主要产区为四川攀西，此外为河北、云南、陕西、辽宁、新疆等地。

目前，中国开发利用的金红石矿主要是海滨砂矿，原生金红石矿仅限小规模开发，其主要原因是中国原生金红石矿品位低（大多 TiO_2 在1%~3%）、粒度细、矿物组成及互相嵌布关系复杂，一些伴生矿物与金红石的可选性差别较小，采用单一选矿方法难以分离。

1.3 钒钛材料产业概述

1.3.1 国内外钒材料产业概况

钒是一种银灰色的单晶金属，属于高熔点难熔稀有金属之列。纯钒质地坚硬、无磁性、具有良好的延展性和可锻性，但是若含有少量的杂质（如氮、氧、碳、氢等），则会显著降低其可塑性，但能提高其硬度和抗拉强度。钒常以钒铁、钒化合物和金属钒的形式广泛应用于冶金、宇航、化工和电池等行业。国外大多数钒生产的产品主要是 V_2O_5、V_2O_3、钒铁、氮化钒等，还有少量的钒化合物（钒酸盐等）、金属钒等产品。

生产钒的主要国家是南非、俄罗斯、中国、美国、澳大利亚等有大量钒资源的国家。

1.3.1.1 全球钒产业概况

2018年，全球钒制品产量约15万吨（折合 V_2O_5），全球消耗钒制品13万吨。世界上有25个以上的厂家从事钒产品的深加工，它们遍布世界各个工业化地区，但主要分布在中国、俄罗斯、南非、美国和西欧等国家和地区。其中南非、中国、俄罗斯三个国家的 V_2O_5 生产能力占全球产能的2/3，均是利用含钒的磁铁矿为原料，在转炉炼钢过程中回收钒渣，进而加工成 V_2O_5 等初级产品，或是进一步加工成钒铁、钒合金等产品供应给市场。目前，鞍钢集团攀钢集团有限公司位列世界钒企业排名第一位，钒制品产能（以 V_2O_5 计）为4万吨/年，俄罗斯耶弗拉兹集团（Evraz）、河钢集团承钢公司、Largo资源公司巴西Maracas钒厂、北京建龙重工集团有限公司、瑞士嘉能可集团（Glencore XSTRATA）分别排名第2~6位。

1.3.1.2 国内钒产业概况

国内除西藏、宁夏、海南外，几乎每个省市都有钒的生产企业，厂家数量达到50余家，大中型企业有十余家。2018年，各厂总的钒制品产能（以 V_2O_5 计）已达10万吨以上，实际产量占全球的比重由2005年的27%提高到2018年的45%。还有些厂家在扩能或新建，实际产量已位居世界第一。我国的钒原料主要来自钒钛磁铁矿，通过高炉/转炉工艺得到的钒渣；其次来自石煤提钒，国内以石煤为原料生产钒制品的企业遍及全国各地。攀钢和承钢结成的钒战略联盟集团几乎占据了国内钒产品产量的2/3，四川攀西地区是我国重要的钒产业基地，其中钒氧化物、钒铁、钒氮合金等研究领域处于国际领先水平。

在整个钒工业中，产品主要分为初级产品、二级产品和三级产品。初级产品包括含钒矿物、精矿、钒渣、报废的石油精炼的废催化剂，报废的触媒和其他残渣。二级产品即钒氧化物，主要包括 V_2O_5 和 V_2O_3，也是一种可用的工业产品，即生产硫酸的触媒和石油精炼用的催化剂。三级产品包括钒铁、钒合金、金属钒、用于催化剂和着色剂的盐类和其他钒化合物产品，其中钒铁是最重要的钒产品，占钒消费量的90%。

我国钒产业链主要是以含钒铁矿、钒渣、石煤和其他含钒固废为原料，经过焙烧等工艺进行提钒，制取钒氧化物等中间产品，再通过碳还原氮化、焙烧氧化脱水等不同工艺加工成钒铁、钒氮合金、钒铝合金、金属钒及其他含钒功能材料等系列产品，并可向下延伸应用于钢铁、化工、新材料、航空航天等行业领域。我国钒产业链基本流程如图 1-1 所示。

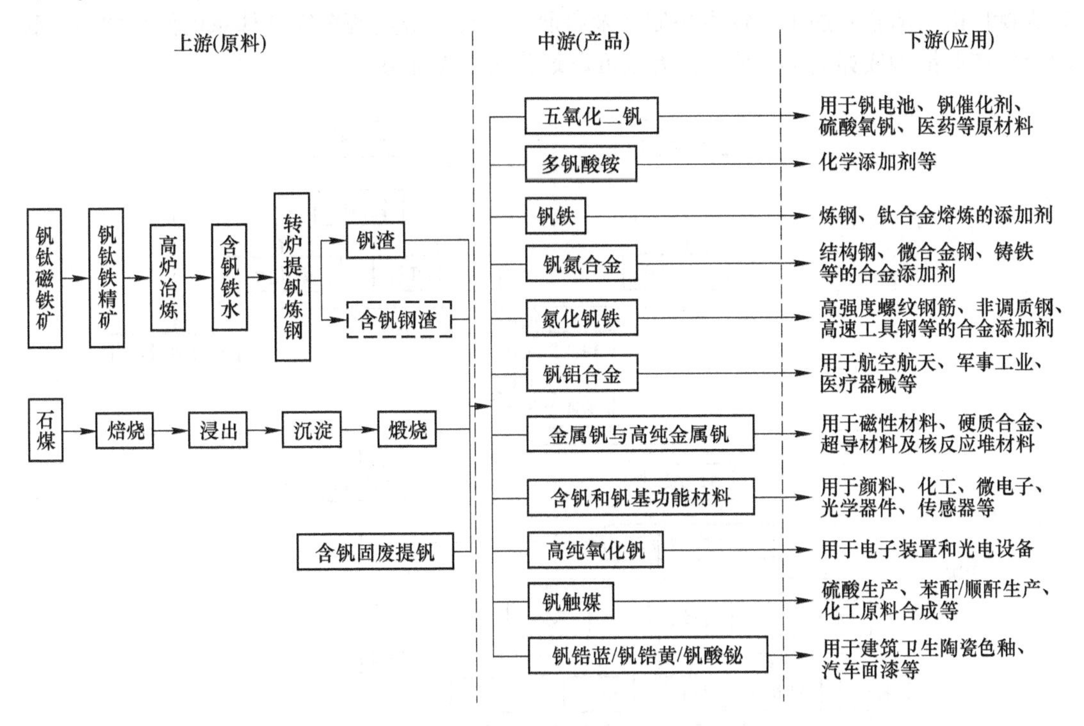

图 1-1　我国钒产业链基本流程示意图

我国目前已经成为世界第一产钒大国，但钒产品仍以初级产品为主，主要出口原料性钒产品（五氧化二钒、钒铁等），以含钒和钒基新型功能材料为代表的高端产品研发和生产尚处于起步阶段，而工业发达国家则早已转向钒深加工领域。“十三五”期间，随着我国经济结构转型及战略性新兴产业的迅速发展，含钒合金、钒功能材料等产品的需求量有了大幅增长，拓展了钒产品的市场，将是未来一段时间我国钒产业转型升级的重点发展方向。

1.3.2 国内外钛材料产业概况

1.3.2.1 钛产业链

从上下游结构来看，上游原料主要生产国有：中国、南非、莫桑比克、肯尼亚、澳大利亚、印度、塞内加尔等。下游工业品主要生产国及地区有：美国、加拿大、欧盟区、中国、日本。此外，印度也拥有部分产品的生产能力，但产量非常小且质量、经济性都较差。虽然钛产业属于小众行业，但其产品却有着广泛的用途，如建筑材料、造纸、服装、食品、化妆品、工业设备、压力容器、医疗器械、环保材料等，从人们衣食住行的日常用品到战机、潜艇、太空探测器这样的高精尖产品上，都可以见到钛的身影。

2017 年，我国钛产业产值约为 750 亿 ~ 800 亿元，与铜、铝、铅、锌等行业相比，钛产业体量较小。经过 60 多年的研究与开发，我国已经成为世界上继美国、俄罗斯、日本之后，具有完整工业体系和生产能力的世界第四大钛工业国。我国钛产业链由钛矿开采、海绵钛生产、熔铸钛锭、钛材成型（钛板、钛棒、钛管）、钛材应用（石油化工、航空航天、体育、医疗等领域）和废钛回收等环节构成循环体系。另外，我国已经成为全球能完成钛矿山—冶金—加工—钛设备制造及科研—设计—应用两个完整体系的国家之一。我国全钛产业链构成如图 1-2 所示，大致可以划分为 3 大部分。

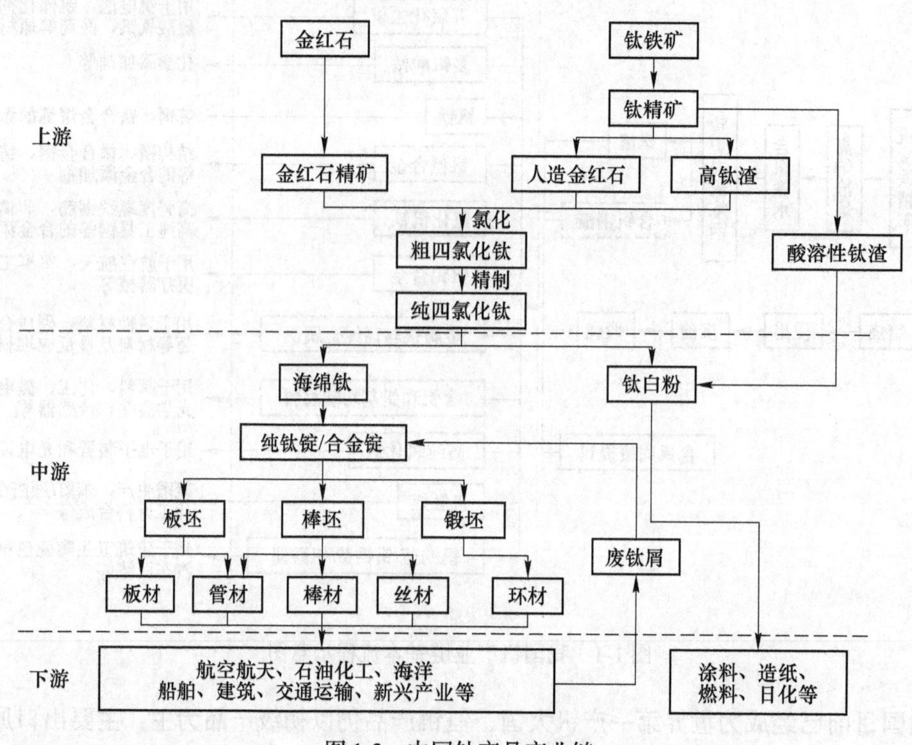

图 1-2 中国钛产品产业链

（1）上游钛资源产业，包括钛铁矿、金红石等钛矿资源，以及由钛铁矿加工而成的人造金红石、钛渣和四氯化钛。

（2）中游包括海绵钛的制取进而熔铸钛锭、钛加工材（锻件、坯棒板管线丝材等）；以及一个截然不同的行业钛白粉（化工产品）的制取。

（3）下游各应用领域，如航空航天、石化、核电、舰船、海水淡化、汽车、体育医药等领域。而钛白粉的下游有涂料、造纸和塑料等行业。

1.3.2.2 钛材料产业形势

从全球钛产业发展形式来看，目前钛材生产主要集中在中国、美国、俄罗斯、日本及欧洲少数国家（其中：中国占36.6%、美国占27.6%、俄罗斯占21.8%、日本占10.3%等）。美国在航空航天应用研发和尖端领域实力最强；俄罗斯拥有世界最大的钛制造商，在军工和尖端科技应用方面处于世界领先水平，局部领域甚至超过美国；日本是钛材民用领域应用最广和研发能力最强的国家。同时，国外相关厂家及研究机构已经在钛的提取、熔铸、表面处理、机械加工等领域实现了重点技术突破，并进入推广应用阶段。中国在原料和材料规模、加工能力方面已经跃居世界第一，但在尖端应用领域，仍处于追赶阶段。

从国内钛行业竞争来看，河南洛阳、四川攀枝花、湖南长沙、云南楚雄、浙江丽水等地区强势跟进发展的态势明显，各地根据各自区域经济发展的实际需要，规划了众多钛材产业园区，实施了一批大项目；同时，宝钢、攀钢、昆钢等大型钢铁企业转型进军钛产业，云钛、攀钛等海绵钛生产企业正积极向产业链中下游延伸，宝鸡钛产业正在推动先进生产技术的研发、应用及推广，促进产业结构调整，实现关键材料国产化，填补国内空白，开发高端钛制品。完整的高品质钛产业链正在形成，将不断满足我国国防安全和国民经济发展的需要。

1.4 钒钛材料的发展趋势

当前，世界其他国家钒钛产品生产消费量基本保持稳定，我国钒钛生产大幅提高，对国际市场的影响力不断上升。2018年，我国钒制品、钛白粉、海绵钛、钛及钛合金材料产量占全球的比重分别由2005年的27%、15%、9%、11%提高到51%、54%、53%、43%，已居世界首位。同时，国际竞争日趋激烈，以美国为首的工业发达国家在氯化法钛白粉、钛及钛合金冶炼、钒基合金、钒功能材料等尖端技术方面对我国实行封锁；自2018年3月份中美贸易战以来，我国钒钛产品出口美国虽受到打压，但影响有限，将加速中国氯化法钛白粉等高端钒钛技术的迅速发展。

从国内看，“十二五”以来，随着我国经济结构转型，传统产业升级加快，战略性新兴产业、国防军工、航空航天、海洋工程等迅速发展，对钒材料、钛材料、高档钛白粉的需求量持续增长，对企业研发能力和品种质量要求越来越高。同时，随着国家产业高质量、可持续发展要求，包括钒钛产业在内的制造业面临着加快转变方式、实现产业升级的迫切而严峻的形势。

随着社会经济和技术的进步，太空开发、海洋开发和新能源开发将是各大国竞争的热点。从国内来看，随着中国的大飞机计划、核电发展计划、天宫轨道站计划和海洋强国战略的深入实施，对高端钛合金材料的需求将大幅增加。因此，新型钛合金材料的研制及其稳定化生产和产业化技术的突破，将为国内钛工业的发展打开广阔的市场前景。另外，与国外相比，我国在钛合金激光熔覆成型技术、整体成型技术、宽幅厚板研制以及焊接焊料等关键技术领域实现了突破，为国内钛工业的发展奠定了坚实的技术基础。除此之外，随着当前钛材市场的波动，低成本和新型钛合金现已逐步进入石油化工、船舶制造、海水淡化、建筑材料及日常生活等领域。

从全球钛产业发展趋势看，钛及钛合金已成为航空、航天飞行器的关键结构材料，并在舰船、石油、化工、能源、医疗、制药等领域的应用越来越广泛，开发低成本和高性能新型钛合金，努力使其进入具有巨大市场潜力的民用工业领域是世界各国的努力方向。从用量占比看，钛材在国际上仍以民用航空及军事防务应用为主，消耗量占世界钛材总产量的50%以上，其他各类应用包括电力、化工、深海石油、油气开采等。另外，随着全球宇航事业的蓬勃发展以及先进制造、医疗、制药等高端产业的技术突破，对钛材的需求量在未来将持续快速增长。

国内钛材应用方向必然会同国际快速接轨，国内在航空和军事领域的钛材消费量会有较大幅度的提升。随着我国社会经济的快速发展，国内钛材在民用市场占87%，随着航空航天、船舶、化工、冶金、电力、真空制盐、医疗、制药、体育休闲等行业的快速发展，对钛材的需求量将明显增加，钛产业将迎来高速发展的黄金期。

参考文献

[1] 廖世明，柏谈论．国外钒冶金［M］．北京：冶金工业出版社，1985.
[2] 黄道鑫．提钒炼钢［M］．北京：冶金工业出版社，2000.
[3] 陈厚生．中国钒工业的创建和发展［J］．钒钛，1992（6）：25～28.
[4] 陈厚生．钒和钒合金．化工百科全书·第4卷［M］．北京：化学工业出版社，1993.
[5] Holl J. 南非共和国对提取钛磁铁矿中铁和钒所做出的贡献［C］．钒钛磁铁矿开发利用国际学术会议论文集，攀枝花，1989.
[6] 文喆．国内外钒资源与钒产品的市场分析［J］．世界有色金属，2001，17（11）：7～8.
[7] 杜厚益．俄罗斯钒工业及其发展前景［J］．钢铁钒钛，2001，22（1）：71～75.
[8] 杨守春．南非的钒生产［J］．现代材料动态，2004（4）：15～16.
[9] 陈东辉．钒产业2018年年度评价［J］．河北冶金，2019（8）：5～15.
[10] 王雪峰．我国钒钛磁铁矿典型矿区资源综合利用潜力评价研究［D］．北京：中国地质大学（北京），2015.
[11] 陈露露．我国钒钛磁铁矿资源利用现状［J］．中国资源综合利用，2015，33（10）：31～33.
[12] 周军．全球钒钛资源概况及开发情况［N］．世界金属导报，2013-03-19（B15）.
[13] 周军．我国钒钛资源及利用情况［N］．世界金属导报，2012-09-11（B15）.
[14] 谭其尤，陈波，张裕书，等．攀西地区钒钛磁铁矿资源特点与综合回收利用现状［J］．矿产综合利用，2011（6）：6～10.
[15] 中国科技情报所重庆分所．国外钒钛工业及钒钛磁铁矿的利用情况［J］．国外钒钛，1977（8）：1～14.
[16] 唐光荣．资源型城市转型中高新技术产业发展思考——以攀枝花市为例［J］．攀枝花学院学报，2018，35（6）：66～70.
[17] 高铭蔓．攀枝花市产业转型与可持续发展研究［D］．成都：西南交通大学，2018.
[18] 孙朝晖．钛产业走向中高端面临三大难题［J］．中国金属通报，2017（3）：24.
[19] 许光辉，于东明．打造中国最大的钒钛产业综合利用基地［J］．河北国土资源，2006（7）：20.
[20] 常福增．发挥资源与平台优势　打造钒钛产业链强企［N］．世界金属导报，2019-05-07（B08）.
[21] 白瑞国．钒钛新材料的应用及展望［J］．河北冶金，2019（3）：1～8.

钒钛的基本性质

本章课件

【本章内容提要】

钒钛的基本性质是研究和生产钒钛材料的基础。本章着重介绍钒和钛的物理化学性质，钒的主要化合物，如钒氧化物、钒酸及钒酸盐、钒的卤化物、二元钒合金；钛的主要化合物，如钛的氧化物、钛酸、钛酸盐、钛的卤化物、碳（氮、硼）化钛等。通过本章内容的学习，使学生能够运用钒钛及其化合物的性质对生产中的现象和问题进行分析。

2.1　钒及其化合物的基本性质

<table>
<tr><td>学习目标</td><td colspan="2">1. 掌握钒及其主要化合物的物理化学性质；
2. 理解钒的热力学性质；
3. 了解钒的毒性</td></tr>
<tr><td>能力要求</td><td colspan="2">1. 对钒及其主要化合物的物理化学性质有清楚的了解；
2. 对钒的热力学性质有一定的理解；
3. 具有独立思考和自主学习意识，并能开展讨论，逐渐养成终身学习的能力</td></tr>
<tr><td rowspan="2">重点难点预测</td><td>重点</td><td>钒的物理化学性质及热力学性质，钒氧化物、钒酸及钒酸盐、钒的卤化物、二元钒合金</td></tr>
<tr><td>难点</td><td>钒的热力学性质，钒氧化物、钒酸及钒酸盐</td></tr>
<tr><td>知识清单</td><td colspan="2">钒的物理化学性质及热力学性质，钒氧化物、钒酸及钒酸盐、钒的卤化物、二元钒非金属化合物、二元钒合金</td></tr>
<tr><td>先修知识</td><td colspan="2">材料化学</td></tr>
</table>

钒是地球上广泛分布的微量元素，其含量约占地壳构成的0.02%。钒是一种化学元素，是一种稀有的、柔弱而黏稠的过渡金属。钒共有31个同位素，其中有1个同位素（51V）是稳定的。钒是中文从英语的Vanadium音译过来的，其词根来源于美丽女神维纳斯的名字Vanadis。

1801年西班牙矿物学家里奥（A. M del Rio）在研究铅矿时发现钒，并以“赤元素”命名，以为是铬的化合物；1830年瑞典化学家塞弗·斯托姆（N. G. Sefstrom）在冶炼生铁时分离出一种元素，用女神Vanadis命名；德国化学家沃勒（F. Wohler）证明了N. G. Sefstrom发现的新元素与A. M del Rio的发现是同一元素；1867年亨利·英弗尔德·罗斯科用氢还原亚氯酸钒（Ⅲ）首次得到了纯的钒。

2.1.1 金属钒的基本性质

2.1.1.1 金属钒的主要物理化学性质

A 钒的物理性质

钒具有延展性、质坚硬、无磁性。钒的主要物理性质见表2-1。

表 2-1 钒的主要物理性质

性质	数值
密度（20℃）/g·cm^{-3}	6.1
熔点/℃	1929
沸点/℃	3410
平均比热（0～100℃）/J·$(kg \cdot K)^{-1}$	498
气化热/kJ·mol^{-1}	457.2
热导率（0～100℃）/W·$(m \cdot K)^{-1}$	31.6
电阻率（20℃）/μΩ·cm	19.6

工业金属钒的力学性能见表2-2。

表 2-2 工业金属钒的力学性能

性　质	工业纯品		高纯品
抗拉强度 σ_b/MPa	245～450	210～250	180
延展性/%	10～15	40～60	40
维氏硬度 HV/MPa	85～150	60	60～70
弹性模量/GPa	137～147	120～130	
泊松比	0.35	0.36	
屈服强度/MPa	125～180		

B 钒的化学性质

钒原子的价电子结构为$3d^3 4s^2$，五个价电子都可以参加成键，能生成+2、+3、+4、+5价氧化态的化合物，其中以五价钒的化合物较稳定。五价钒的化合物具有氧化性能，低价钒则具有还原性。钒的价态越低还原性能越强。室温下金属钒较稳定，不与空气、水和碱作用，也能耐稀酸。钒能耐盐酸、稀硫酸、碱溶液及海水的腐蚀，但能被硝酸、氢氟酸或者浓硫酸腐蚀。钒的抗腐蚀性能见表2-3。

表 2-3 钒的抗腐蚀性能

介　质	腐蚀速度/mg·$(cm^2 \cdot h)^{-1}$	腐蚀速度（70℃）/nm·h^{-1}
10% H_2SO_4（沸）	0.055	20.5
30% H_2SO_4（沸）	0.251	
10% HCl（沸）	0.318	25.4
17% HCl（沸）	1.974	

续表 2-3

介　质	腐蚀速度（35℃）/μm·a^{-1}	腐蚀速度（60℃）/μm·a^{-1}
4.8% H_2SO_4	15.2	53.3
3.6% HCl	15.2	48.3
20.2% HCl	132	899
3.1% HNO_3	25.4	1100
11.8% HNO_3	68.6	88390
10% H_3PO_4	10.2	45.7
85% H_3PO_4	25.4	160

高温下，金属钒很容易与氧和氮作用。当金属钒在空气中加热时，钒氧化成棕黑色的三氧化二钒、蓝黑色的四氧化二钒，并最终成为橘红色的五氧化二钒。钒在氮气中加热至900～1300℃会生成氮化钒。钒与碳在高温下可生成碳化钒。当钒在真空下或惰性气氛中与硅、硼、磷、砷一同加热时，可形成相应的硅化物、硼化物、磷化物和砷化物。

室温时，致密的钒对氧、氮和氢都是稳定的，钒在空气中加热时，氧化成棕黑色的三氧化二钒（V_2O_3）、蓝黑色的四氧化二钒（V_2O_4）或者橘红色五氧化二钒（V_2O_5）；在较低温度下，钒与氯作用生成四氯化钒（VCl_4）；在较高温度下，与碳和氮作用生成碳化钒（VC）及氮化钒（VN）。

2.1.1.2 钒的热力学性质

金属钒的热容 C_p、热焓变化 $H_T^\ominus - H_{298}^\ominus$ 及熵 $S_T^\ominus$ 见表 2-4。

表 2-4 金属钒的热容 C_p、热焓变化 $H_T^\ominus - H_{298}^\ominus$ 及熵 $S_T^\ominus$

T/K	C_p/J·(mol·K)$^{-1}$	$H_T^\ominus - H_{298}^\ominus$/J·mol^{-1}	$S_T^\ominus$
300	24.79	46	29.52
600	27.55	8000	47.65
900	29.52	16500	59.16
1200	32.78	25830	68.08
1500	36.59	36260	75.82
1800	40.53	47940	82.81
2100	44.00	60710	89.35
2400	39.77	90430	102.87
2700	39.77	102370	107.56
3000	39.77	114300	111.75

钒的蒸发热 $\Delta H_T^\ominus$、蒸发吉布斯自由能变化及蒸气压见表 2-5。

表 2-5 钒的蒸发热 $\Delta H_T^\ominus$、蒸发吉布斯自由能变化及蒸气压

T/K	$\Delta H_T^\ominus$/J·mol^{-1}	$\Delta G_T^\ominus$/J·mol^{-1}	p/Pa
298.15	514770	469000	5.49×10^{-78}
400	514770	453220	5.39×10^{-55}
700	513930	407550	3.85×10^{-26}

续表 2-5

T/K	$\Delta H_T^{\ominus}$/J·mol^{-1}	$\Delta G_T^{\ominus}$/J·mol^{-1}	p/Pa
1000	512680	262190	1.15×10^{-14}
1300	510590	317260	1.72×10^{-8}
1600	507450	272740	1.20×10^{-4}
1900	502650	229270	4.81×10^{-1}
2200	467100	185590	3.39
2400	472970	159470	3.29×10
2800	467110	107630	9.55×10^{2}
3000	464400	82140	3.64×10^{3}
3200	461680	56640	1.17×10^{4}
3600	456870	6480	7.91×10^{4}
3800	454780	−18.600	1.76×10^{5}

2.1.2 钒的主要化合物

钒原子的价层电子构型为$3d^34s^2$，可形成+5、+3、+2 等氧化数的化合物，其中以氧化数为+5 的化合物较重要。

2.1.2.1 钒的主要氧化物

由氧-钒二元相图可知，钒有多种氧化物。V_2O_3-V_2O_5 系相图见图 2-1。V_2O_3 和 V_2O_5 之间，存在着可用通式 V_nO_{2n-1}（$3\leqslant n\leqslant9$）表示的同族氧化物，在 V_2O_3 到 V_2O_5 之间，已知有 V_3O_5、V_3O_7、V_4O_7、V_4O_9、V_5O_9、V_6O_{11}、V_6O_{13} 等。工业上钒氧化物主要是以五氧化二钒、四氧化二钒和三氧化二钒，特别是五氧化二钒的生产尤为重要。它们的主要性质列于表 2-6。

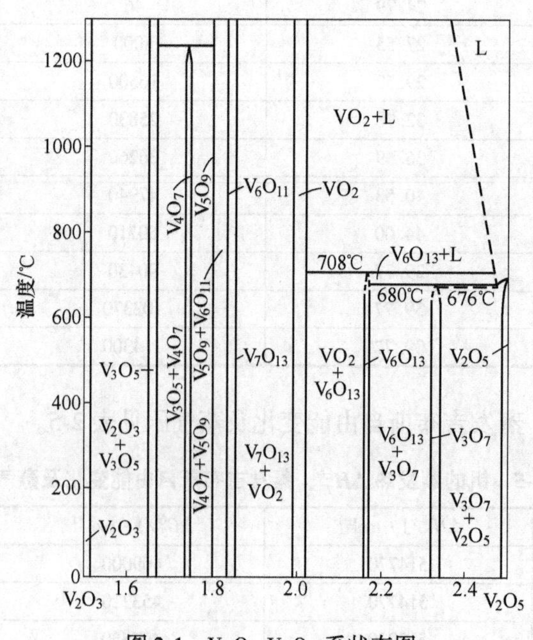

图 2-1 V_2O_3-V_2O_5 系状态图

表 2-6 主要钒氧化物的性质

性质	VO	V_2O_3	VO_2	V_2O_5
晶系	面心立方	菱形	单斜	斜方
颜色	浅灰	黑	深蓝	橘红色
密度/kg·m^{-3}	5550～5760	4870～4990	4330～4339	3252～3360
熔点/℃	1790	1970～2070	1545～1967	650～690
分解温度/℃				1690～1750
升华温度/℃	2063	2343	1818	943
生成热 $\Delta H_{298}^{\ominus}$/kJ·mol^{-1}	-432	-1219.6	-718	-1551
绝对熵 S_{298}/J·(mol·K)$^{-1}$	38.91	98.8	62.62	131
自由能 $\Delta G_{298}^{\ominus}$/kJ·mol^{-1}	-404.4	-1140.0	-659.4	-1420
水溶性	无	无	微	微
酸溶性	溶	HF 和 HNO_3	溶	溶
碱溶性	无	无	溶	溶
氧化还原性	还原	还原	两性	氧化
酸碱性	碱	碱	碱	两性

表2-7给出了钒的氧化物生成的热效应 $\Delta H_T^{\ominus}$ 和吉布斯自由能变化 $\Delta G_T^{\ominus}$。

表 2-7 钒的氧化物生成的热效应 $\Delta H_T^{\ominus}$ 和吉布斯自由能变化 $\Delta G_T^{\ominus}$

T/K	VO		V_2O_3		V_2O_4	
	$\Delta H_T^{\ominus}$/kJ·mol^{-1}	$\Delta G_T^{\ominus}$/kJ·mol^{-1}	$\Delta H_T^{\ominus}$/kJ·mol^{-1}	$\Delta G_T^{\ominus}$/kJ·mol^{-1}	$\Delta H_T^{\ominus}$/kJ·mol^{-1}	$\Delta G_T^{\ominus}$/kJ·mol^{-1}
289.15	-418.0 (±20.9)	-390.8 (±20.9)	-1239.0 (±25)	-1160.0 (±27)	-1432 (±16.5)	1323.0 (±19)
400	-418.0	-381.0	-1237.0	-1132.5	-1421.5	-1287.5
600	-418.6	-464.3	-1233.0	-1080.5	-1417.5	-1220.5
800	-414.5	-347.5	-1227.0	-1028.5	-1411.0	-1155.5
1000	-412.4	-330.8	-1222.5	-982.0	-1404.5	-1093.0
1200	-408.2	-314.0	-1218.5	-933.6	-1398.5	-1032.5
1400	-406.1	-299.4	-1214.0	-885.5	-1392.0	-971.5
1600	-404.0	-282.6	-1206.0	-839.5	-1388.0	-912.5
1800	-401.9	-268.0	-1201.5	-793.5	-1383.5	-852.0
2000	-399.8	-253.3	-1195.5	-751.5	-1260.0	-806.0
2200	-414.9	-236.6	-1208.0	-703.5	-1287.5	-760.0

续表 2-7

T/K	VO		V_2O_3		V_2O_4	
	$\Delta H_T^{\ominus}$/kJ·mol^{-1}	$\Delta G_T^{\ominus}$/kJ·mol^{-1}	$\Delta H_T^{\ominus}$/kJ·mol^{-1}	$\Delta G_T^{\ominus}$/kJ·mol^{-1}	$\Delta H_T^{\ominus}$/kJ·mol^{-1}	$\Delta G_T^{\ominus}$/kJ·mol^{-1}
2400	-412.4	-220.2	-1204.0	-658.0	-1277.0	-712.0
2600	-410.3	-203.9	-1197.5	-613.5	-1264.5	-663.5
2800	-408.2	-187.6	-1193.5	-507.5	-1254.0	-615.5
3000	-406.1	-171.7	-1187.0	-521.5	-567.5	-567.5

T/K	V_6O_{13}		V_2O_5	
	$\Delta H_T^{\ominus}$/kJ·mol^{-1}	$\Delta G_T^{\ominus}$/kJ·mol^{-1}	$\Delta H_T^{\ominus}$/kJ·mol^{-1}	$\Delta G_T^{\ominus}$/kJ·mol^{-1}
400	-4438.0	-3988.0	-1559.5	-1386.0
600	-4402.5	-3770.5	-1553.5	-1300.5
800	-4366.5	-3566.0	-1547.0	-1217.0
1000	-4333.5	-3368.5	-1476.0	-1139.0
1200	-4716.5	-3167.5	-1467.5	-1072.0
1400	-4681.0	-2966.5	-1461.5	-1007.5
1600	-4647.5	-2765.8	-1455.0	-942.0
1800	-4612.0	-2564.8	-1471.0	-879.5
2000	-4576.0	-2364.0	-1449.0	-814.5
2200	-4647.5	-2160.8	-1481.5	-748.5
2400	-4615.5	-1943.0	-1478.0	-682.0
2600	-4586.5	-1708.6	-1474.7	-615.5
2800	-4557.5	-1482.5	-1471.2	-548.6
3000	-4528.0	-1256.0	-1465.4	-482.0

问题讨论：根据钒的氧化物生成的热效应 $\Delta H_T^{\ominus}$ 和吉布斯自由能变化 $\Delta G_T^{\ominus}$，判断钒的氧化物被氧化的顺序。

A 一氧化钒（VO）

一氧化钒为浅灰色带有金属光泽的晶体粉末，是非整比氧化物，组成为 $VO_{0.94\sim1.12}$，固体是离子型的并具有氯化钠型结构；由于结构中的金属-非金属键具有较高的导电性；具有碱性的氧化物性质，不溶于水，能溶解于酸中生成强还原性的紫色钒盐 $[V(H_2O)_6]^{2+}$离子。在空气和水中不稳定，容易被氧化成 V_2O_3；在真空中发生歧化反应生成金属钒和 V_2O_3；用氢在1700℃下还原 V_2O_5 或 V_2O_3 制得。

B 三氧化二钒（V_2O_3）

V_2O_3 是灰黑色有光泽的结晶粉末，为非整比的化合物 $VO_{1.35\sim1.5}$，晶体结构为 α-

Al_2O_3 型的菱面体晶格。熔点很高（2070℃），属于难熔化合物，并具有导电性。它是碱性氧化物，溶于酸生成蓝色的三价钒盐 $[V(H_2O)_6]^{3+}$ 离子。已知它有相当大的八面体络合，在水中会部分水解生成 $V(OH)^{2+}$ 和 VO^+。它在空气中缓慢被氧化，在氯气中迅速被氧化，生成三氯氧钒（$VOCl_3$）和 V_2O_5。常温下暴露于空气中数月后，它变成靛青蓝色的 VO_2。它不溶于水及碱，是强还原剂，高温下用碳或氢还原 V_2O_5 制备。纯的 V_2O_3 是把 V_2O_5 粉末在氢气流中（流速 10L/h）于 500℃下还原 20h 而得到的黑色粉末。工业上制取方法是用氢气、一氧化碳、氨气、天然气、煤气等气体还原 V_2O_5 或钒酸铵制取。

V_2O_3 具有金属-非金属转变的性质（也称为 MST 或 MIT），低温相变特性好，电阻突变可达六个数量级，还伴随着晶格和反铁磁性的变化，低温为单斜反铁磁半导体结构。V_2O_3 具有两个相变点：150~170K 和 500~530K，其中的高性能的低温相变使其在低温装置中有着光明的应用前景。

C 二氧化钒（VO_2 或 V_2O_4）

二氧化钒是深蓝色晶体粉末，温度超过 128℃时为金红石型结构。VO_2 是整比化合物，两性氧化物，溶于酸和碱。在强碱溶液中可生成多种 $M_2V_4O_9$ 或 $M_2V_2O_5$ 四价亚钒酸盐。

二氧化钒溶于酸中时不能生成 V^{4+} 离子，而生成正二价钒氧基 VO^{2+} 离子。VO^{2+} 离子在水溶液中呈浅蓝色，钒氧基盐如 $VOSO_4$、$VOCl_2$ 在酸性溶液中非常稳定，加热煮沸也不分解。

二氧化钒是将 V_2O_5 与草酸共熔进行温和的还原作用来制备的。也可由 V_2O_5 与 V_2O_3、C、CO、SO_2 等还原剂制得。工业上可用钒酸铵或 V_2O_5 用气体还原制得。一般认为二氧化钒也是 V_2O_5 作为氧化反应催化剂使用时，催化剂本身进行的氧化还原过程中的一种存在形式。

二氧化钒有金属-非金属转变的性质（也称为 MST 或 MIT），是 20 世纪 50~60 年代期间被发现的。V_6O_{11}、V_3O_5、V_2O_3 等也具有类似的特点，这种材料发生相变时，光学和电学性质会发生明显的变化：当温度低时，在一定温度范围内，材料会突然发生从金属性质转变到非金属（或半导体）性质，同时还伴随着晶体在纳秒级时间范围内（约 20ns）向对称形式较低的结构转化，光学透过率也同时从低透过转变为高透过。

VO_2 是这些钒氧化物中研究最多的一种，这不仅仅是因为其性质突变十分明显，更重要的是因为其转变温度 340K（相当于 67℃）最接近室温，具有较大的应用潜力，VO_2 的金属—非金属转变性质是 20 世纪 50 年代末 F. J. Morin 发现的。由于 VO_2 的薄膜形态不易因反复相变而受到损坏，因此，其薄膜形态受到了比其粉体、块体形态更为广泛的研究（见第 5 章）。

D 五氧化二钒（V_2O_5）

V_2O_5 是一种无味、无嗅、有毒的橙黄色或橘红色的粉末，微溶于水（约 0.07g/L），溶液呈微黄色。它大约 670℃熔融，冷却时结晶成黑紫色正交晶系的针状晶体，它的结晶热很大，当迅速结晶时会因灼热而发光。V_2O_5 是两性氧化物，但主要是酸性的。当溶解在极浓的 NaOH 中时，得到一种含有八面体钒酸根离子 VO_4^{3-} 的无色溶液。与 Na_2CO_3 一起共熔得到不同的可溶性钒酸钠。

$$V_2O_5 + 3Na_2CO_3 = 2Na_3VO_4 + 3CO_2$$
$$V_2O_5 + 2Na_2CO_3 = Na_4V_2O_7 + 2CO_2$$
$$V_2O_5 + Na_2CO_3 = 2NaVO_3 + CO_2$$

V_2O_5 是一种中等强度的氧化剂，可被还原成各种低氧化态的氧化物。例如，V_2O_5 溶于盐酸发生如下氧化还原反应：

$$V_2O_5 + 10HCl = 2VCl_4 + Cl_2\uparrow + 5H_2O$$
$$V_2O_5 + 6HCl = 2VOCl_2 + Cl_2\uparrow + 3H_2O$$

V_2O_5 与 Cl_2 在650℃反应生成 $VOCl_3$：

$$2V_2O_5 + 6Cl_2 = 4VOCl_3 + 3O_2$$

V_2O_5 与干燥的 HCl 作用也能生成 $VOCl_3$：

$$V_2O_5 + 6HCl = 2VOCl_3 + 3H_2O$$

V_2O_5 与硫酸亚铁发生下列反应：

$$V_2O_5 + 2FeSO_4 + 3H_2SO_4 = V_2O_2(SO_4)_2 + Fe_2(SO_4)_3 + 3H_2O$$

V_2O_5 可被氢还原制得一系列低价钒氧化物。可被硅、钙、铝等还原为金属：

$$2V_2O_5 + 5Si = 5SiO_2 + 4V \quad (加热)$$
$$V_2O_5 + 5Ca = 5CaO + 2V \quad (加热)$$
$$3V_2O_5 + 10Al = 5Al_2O_3 + 6V \quad (加热)$$

V_2O_5 在高温下与水蒸气作用生成挥发性的钒化合物：

$$V_2O_5 + 2H_2O = V_2O_3(OH)_4 \quad (500 \sim 600℃)$$
$$V_2O_5 + 3H_2O = 2VO(OH)_3 \quad (639 \sim 899℃)$$

在700℃以上，V_2O_5 显著地挥发，其蒸气压随温度的升高呈直线上升。

将熔融的 V_2O_5 注入水中可制备 V_2O_5 溶胶，在应用上具有一定意义。

根据导电率和热电势的测定结果，可以确认 V_2O_5 是 N-型半导体，其导电性系来自氧原子的晶格缺陷。

因为在 V_2O_5 晶格中比较稳定地存在着脱除氧原子而得的阴离子空穴，所以在700～1125℃范围内可逆地失去氧，这种现象可解释为 V_2O_5 的催化性质。

$$2V_2O_5 \rightleftharpoons 2V_2O_4 + O_2$$

V_2O_5 可用偏钒酸铵在空气中于500℃左右分解制得。此时，如果空气流通不好，就被分解的氨气还原成中间氧化物 $(NH_4)_2O \cdot 2V_2O_5$ 及 $(NH_4)_2O \cdot 3V_2O_5$ 等。为了得到纯 V_2O_5，最好在上述温度下，通入足量的空气煅烧 3h 左右。此外，在瓷坩埚中制备时，最初应尽量在低温下徐徐加热分解，还要在500～550℃加热数小时，待完全红热后，加入少量不含氯的高纯度硝酸，使之完全氧化，再蒸干。为了制取结晶性的 V_2O_5，可把上法所得到的产物放入石英玻璃管中，在通入氧气的同时，在稍高于熔点的温度下加热熔融，并在熔融状态下保持较长时间后，使之缓慢冷却，析出结晶，再把结晶沿析出壁面取出。结晶最大可达宽7mm，长25mm左右，但这不是完全的单晶，而是稍大的单晶集聚成的镶嵌多晶体。

V_2O_5 是最重要的钒氧化物，工业上用量最大。工业 V_2O_5 的生产，用含钒矿石、钒渣、含碳的油灰渣等提取，制得粉状或片状 V_2O_5。它大量作为制取钒合金的原料，少量作为催化剂。

问题讨论：1. 最稳定和最易获得的钒氧化物是什么？
2. V_2O_5 有哪些主要的化学性质？

2.1.2.2 钒酸及钒酸盐

A 钒酸的性质

钒酸具有较强的缩合能力。在碱性钒酸盐溶液酸化时，将发生一系列的水解-缩合反应，形成不同组成的同多酸及其盐，并与溶液的钒浓度和 pH 值有关（见图 2-2）。随着 pH 值下降，聚合度增大，溶液颜色逐渐加深，从无色到黄色再到深红色。在强碱性（pH=11～14）溶液中，钒以正四面体型的正钒酸根离子 VO_4^{3-} 的形式存在；加酸来降低 pH 值时，这个离子加合质子并聚合生成了在溶液中很大数目的不同含氧离子：在 pH=10～12 时，以二钒酸根 $V_2O_7^{4-}$ 离子（或称之为焦钒酸根离子）存在；当 pH 值下降到 9 左右时，进一步缩合成四钒酸根 $V_4O_4^{4-}$ 离子；pH 值继续下降，将进一步缩合成多聚钒酸根离子，如 $V_6O_{17}^{4-}$、$V_6O_{16}^{2-}$、$V_{10}O_{28}^{6-}$、$V_{12}O_{31}^{2-}$ 等离子；在 pH≈2 时，缩合的多钒酸根离子遭到破坏，水合的 V_2O_5 沉淀析出。在极强酸的存在下这个水合氧化物即溶解并生成比较复杂的离子，直到在 pH<1 时，生成 VO_2^+ 离子的形式存在于溶液中。在不同的 pH 值条件下结晶出来许多固体化合物，但是这些化合物并不一定具有相同的结构，并且水合程度也不一样。

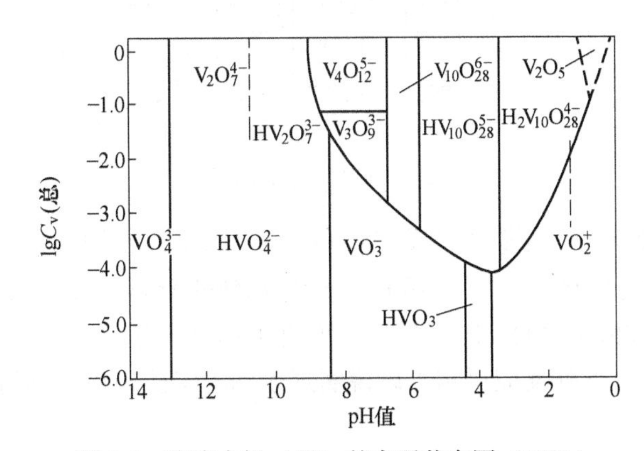

图 2-2 溶液中钒（V）的离子状态图（25℃）

钒酸根离子也能同其他酸根离子生成络合物。由于缩合在一起的酸单元不止一个，所以这些化合物叫做杂多酸。杂多酸总是由钒酸根离子和钨酸根离子同来自约 40 个元素的一个或多个较强的酸根离子（如磷酸根、砷酸根或硅酸根）结合在一起生成的。不同类型单元数目之间的比值往往是 12∶1 或 6∶1。对杂多酸的研究是很困难的，因为它们的分子量常达 3000 或更大，并且水含量是可变的。

具有工业意义的钒酸盐有偏钒酸钠（$NaVO_3$），偏钒酸钾（KVO_3），偏钒酸铵（NH_4VO_3），其纯净的化合物是白色或浅黄色的晶体。

B 钒的钠盐

在研究 V_2O_5-Na_2O 体系相图时发现（图 2-3），有五种化合物存在，其中正钒酸钠（Na_3VO_4），焦钒酸钠（$Na_4V_2O_7$）和偏钒酸钠（$NaVO_3$）溶解于水。另外还有两类化合物中同时含有四价钒和五价钒的化合物称为钒青铜。NaV_6O_{15}［通式为 $Na_2O \cdot xV_2O_4 \cdot (6-x)V_2O_5(x=0.85 \sim 1.06)$］和 $Na_8V_{24}O_{23}$［通式为 $5Na_2O \cdot xV_2O_4 \cdot (12-x)V_2O_5$（$x=0 \sim 2$）］。它们是在偏钒酸钠结晶时脱氧后形成的，条件不同得到不同的产物。多数钒青铜不溶于水。钒青铜和可溶性钒酸盐之间的转变具有可逆性，钒青铜在空气中氧化可变为可溶性钒酸盐，当可溶性钒酸盐熔体缓慢冷却时结晶脱氧变成钒青铜。这一特性对钒渣提钒氧化焙烧时，具有很大的指导意义。

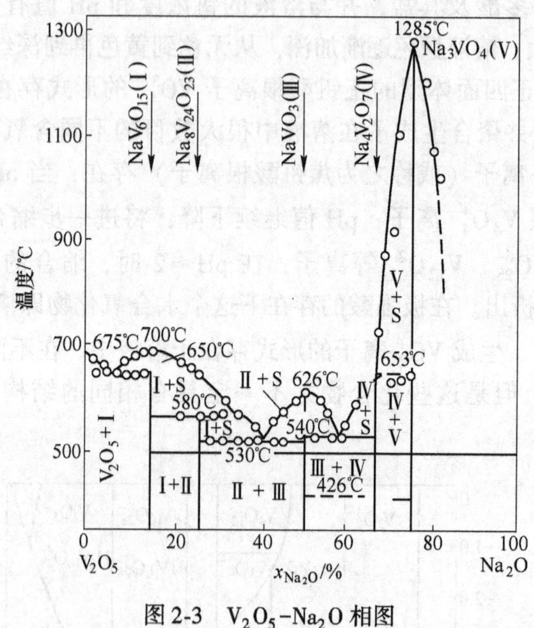

图 2-3 $V_2O_5-Na_2O$ 相图

除了上述的钠盐外，在酸性溶液中还可制得十二钒酸钠 $Na_2V_{12}O_{31}$（熔点 635 ~ 645℃）、六钒酸钠 $Na_2V_6O_{16}$（熔点 548℃）和十钒酸钠 $Na_4V_{10}O_{27}$（熔点 581℃）等。

Na_3VO_4 水溶液加酸来降低 pH 值时，这个离子加合质子并聚合生成了在溶液中很大数目的不同含氧离子。下列反应过程可以说明观察到的实验现象，不过各种不同物种中的水合程度未知。

$$[VO_4]^{3-} \xrightarrow{pH=12} [VO_3 \cdot OH]^{2-} \xrightarrow{pH=10} [V_2O_6 \cdot OH]^{3-} \xrightarrow{pH=9} [V_3O_9]^{3-}$$

$$\downarrow pH=7$$

$$[VO_2]^{+} \xleftarrow{pH<1} [V_{10}O_{28}]^{6-} \xleftarrow{pH=2.2} V_2O_5[H_2O]_n \xleftarrow{pH=6.3} V_5O_{14}$$

其中，V_5O_{13}、$V_2O_5 \cdot [H_2O]_n$ 是沉淀出了具有此结构的物质。

四价钒（V^{4+}）的钠盐有 Na_2VO_3 和 $Na_2V_2O_5$，属于四方晶系，不溶于水，溶于稀硫酸。

三价钒（V^{3+}）的钠盐有 $NaVO_2$，是六方晶系。

C 钒的铵盐

偏钒酸铵（NH_4VO_3）是白色或带淡黄色的结晶粉末，在水中的溶解度较小，20℃时为0.48g/100g水，50℃时为1.78g/100g水，随温度升高而增大，在真空中加热到135℃开始分解，超过210℃时分解生成V_2O_4和V_2O_5。许多人研究过偏钒酸铵在不同气氛下的热分解过程，得到很多的中间产物，见表2-8。

表2-8 偏钒酸铵热分解条件及产物

温度/℃	气 氛	分解产物
250	空气和氧气、NH_3	V_2O_5
250	空气	$(NH_4)_2O\cdot 3V_2O_5$
340	空气	$(NH_4)_2O\cdot V_2O_4\cdot 5V_2O_5$
420~440	空气	NH_3，V_2O_5
310~325	氧气	V_2O_5，NH_3
约320	氢气	$(NH_4)_2O\cdot 3V_2O_5$
约400	氢气	$(NH_4)_2O\cdot V_2O_4\cdot 5V_2O_5$
约1000	氢气	V_6O_{13}、V_2O_3、V_2O_4
350	二氧化碳、氮气或氩气	$(NH_4)_2O\cdot V_2O_4\cdot 5V_2O_5$
400~500	二氧化碳、氮气或氩气	V_6O_{13}
200~240	氮气和氢气	$(NH_4)_2O\cdot 3V_2O_5$
320	氮气和氢气	$(NH_4)_2O\cdot V_2O_4\cdot 5V_2O_5$
400	氮气和氢气	V_6O_{13}
225	水蒸气	$(NH_4)_2O\cdot 3V_2O_5$

除了偏钒酸铵外，五价钒（V^{5+}）的铵盐还有很多种，如（NH_4）$_2V_4O_{11}$、$(NH_4)_2V_6O_{16}$、$(NH_4)_4V_6O_{17}$、$(NH_4)_4V_{10}O_{27}$、$(NH_4)_6V_{10}O_{33}$、$(NH_4)_2V_{12}O_{31}$、$(NH_4)_6V_{14}O_{38}$、$(NH_4)_{10}V_{18}O_{40}$、$(NH_4)_6V_{20}O_{53}$、$(NH_4)_8V_{26}O_{69}$等。工业生产V_2O_5时，采用酸性铵盐沉钒时，在不同钒浓度和pH值等沉钒条件下，可以得到上述的钒酸铵沉淀，通常称之为多钒酸铵（英文缩写为APV），是制取V_2O_5的中间产品，多为橙红色或橘黄色，也称为“黄饼”。在水中的溶解度较小，随着温度升高，溶解度降低。APV在空气中煅烧脱氨后，得到工业V_2O_5。

D 钒酸钙

在V_2O_5-CaO体系中（图2-4）有三种钒酸钙，偏钒酸钙（$CaO\cdot V_2O_5$）、焦钒酸钙（$2CaO\cdot V_2O_5$）和正钒酸钙（$3CaO\cdot V_2O_5$）：它们的熔点分别为778℃、1015℃和1380℃。在水中溶解度都很小，但溶解于稀硫酸和碱溶液。

在图2-5中说明V_2O_5-CaO系中除了有上述三种钒酸钙外，还可能生成另外三种钒酸钙，分别是熔点1100℃的四钒酸钙$Ca_7V_4O_{17}$、1250℃生成的聚合钒酸钙$Ca_4V_2O_9$和700~1300℃生成的聚合钒酸钙$Ca_5V_2O_{10}$。

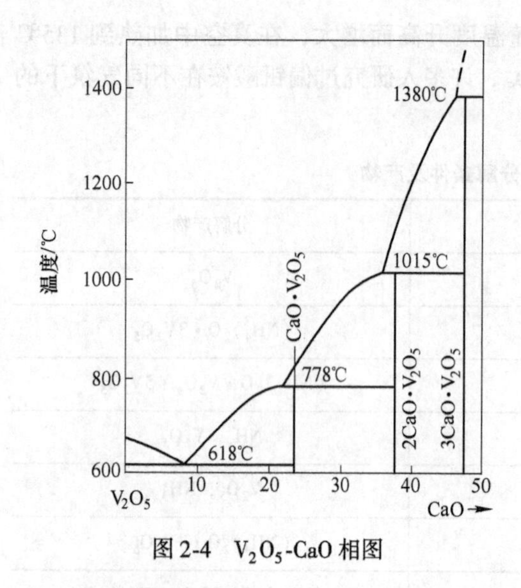

图 2-4 V_2O_5-CaO 相图

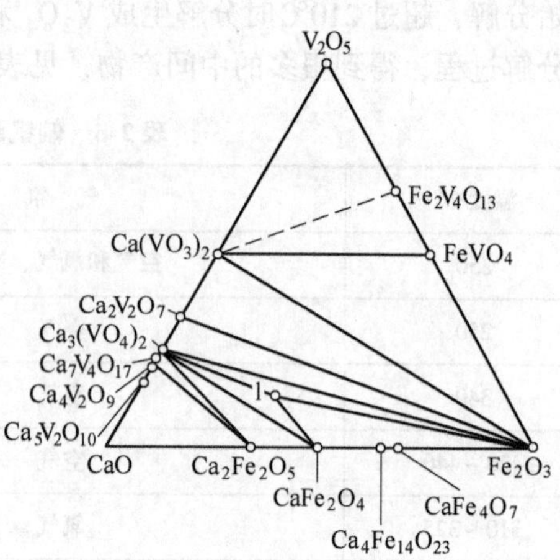

图 2-5 CaO-Fe_2O_3-V_2O_5 系

四价钒的钙盐有 CaV_2O_5、$CaVO_3$。还存在含有四价钒（V^{4+}）的钙钒青铜 $Ca_xV_2O_5$（$0.17 \leqslant x \leqslant 0.33$），如 CaO · V_2O_4 · $5V_2O_5$。

三价钒的钙盐有 CaV_2O_4。

E 钒酸镁

MgO-V_2O_5 体系比较复杂，不同研究条件得到不同的镁盐，得到的钒酸镁有：偏钒酸镁 MgO · V_2O_5（熔点 742～760℃）、焦钒酸镁 2MgO · V_2O_5（熔点 950～980℃）、正钒酸镁 3MgO · V_2O_5（熔点 1074～1212℃）以及 3MgO · $2V_2O_5$（熔点 760℃）、2MgO · $3V_2O_5$（熔点 640℃）、7MgO · $3V_2O_5$（熔点为 1162℃）等。它们在水中溶解，且随着温度升高，溶解度增大。

F 钒酸铁

在 Fe_2O_3-V_2O_5 体系中发现有两种钒酸铁：偏钒酸铁 $FeVO_4$，当温度在 870～880℃时，它分解成液态的 V_2O_5 和固态的 Fe_2O_3；Fe_2O_3 · $2V_2O_5$，它在 700℃分解为偏钒酸铁 $FeVO_4$ 和熔融物。

四价钒（V^{4+}）也有铁的钒青铜 Fe_2O_3 · V_2O_4 · V_2O_5，450℃开始氧化得到 Fe_2O_3 · $2V_2O_5$。

三价钒（V^{3+}）与 FeO 可生成钒尖晶石 FeO · V_2O_3，密度为 4.89g/cm^3，属立方晶系。在含钒矿物钛磁铁矿和钒渣中，钒主要以三价钒（V^{3+}）的状态存在于这种尖晶石相中。

G 钒酸锰

MnO-V_2O_5 系存在三种钒酸锰：正钒酸锰 $(Mn)_3(VO_4)_2$，焦钒酸锰 $Mn_2V_2O_7$ 和偏钒酸锰 $Mn(VO_3)_2$。后两者的熔点分别为 1023℃和 805℃。正钒酸锰不稳定，在高温空气加热条件下分解为焦钒酸锰 $Mn_2V_2O_7$ 和 Mn_2O_3。

四价钒与 MnO 生成 MnO · $3VO_2$。

三价钒与 MnO 生成锰钒尖晶石 MnO · V_2O_3，密度为 4.76g/cm^3。

问题讨论： 1. 在 pH=11~14、pH=10~12、pH=9、pH=2、pH=1 的溶液中，钒分别以什么形式存在于溶液中？

2. Na_3VO_4 水溶液加酸来调节 pH 值时，不同 pH 值的离子加合质子的聚合态分别是什么？

2.1.2.3 钒卤化合物性质

钒的卤化物和卤氧化物的性质见表 2-9。

表 2-9 钒的卤化物和卤氧化物性质

氧化态	分子式	颜色	熔点/℃	沸点/℃	密度/g·cm^{-3}
+2	VF_2	蓝			3.96（20℃）
	VCl_2	浅绿	约 910，升华		3.09（20℃）
	VBr_2	棕橙	约 800，升华		4.52（25℃）
	VI_2	红	750~800，（真空）升华		5.0（0℃）
+3	VF_3	绿	1406，分解		3.36（19℃）
	VCl_3	红紫	425，歧化		2.82（20℃）
	VBr_3	绿棕	400，歧化		4.20（25℃）
	VI_3	棕黑	280，（真空）分解		5.14（20℃）
	VOCl	棕	620，（真空）分解		3.44（25℃）
	VOBr	紫	约 480，分解		4.00（18℃）
+4	VF_4	绿	100，升化和歧化		3.15（20℃）
	VCl_4	暗棕	−25.7	152	1.82（25.3℃）
	VBr_4	品红	−23，分解		
	VOF_2	黄			3.396（19℃）
	$VOCl_2$	绿	约 300，歧化		2.88（13℃）
	$VOBr_2$	黄棕	约 320，分解		
+5	VF_5	白	19.5	48.3	>2.5（20℃）
	VOF_3	淡黄	100，升华		2.495（20℃）
	$VOCl_3$	黄	−78.9	127.2	1.83（20℃）
	$VOBr_3$	深红	−59	130，分解	2.993（15℃）
	VO_2F	棕	>300		
	VO_2Cl	橙	100，分解		2.29（20℃）

A 二卤化钒

所有的二卤化钒都是吸潮性的，具有强烈的还原性，在操作时要隔绝空气，在水中它们都生成 $[V(H_2O)_6]^{2-}$离子。

VF_2：在 115℃将适当比例的 HF 与 H_2 的混合物还原 VF_3 可得到 VF_2。

VCl_2：在 475℃下用 H_2 还原 VCl_3，或在 N_2 或 CO 气氛下，在 800℃下 VCl_3 歧化反应

可得到 VCl_2。

VBr_2：在 H_2 气氛下还原 VBr_3 可得到 VBr_2。

VI_2：在 280℃下 VI_3 分解得到 VI_2。

B 三卤化钒

VF_3：在 N_2 气氛下，HF 与 VCl_3 或 VBr_3 在 600℃反应、HF 与 VH 在 400℃反应、VF_4 在 400℃歧化反应、在 200℃下金属钒与 F_2 反应，均可得到 VF_3。

VCl_3：在 H_2 或 CO_2 气流中 VCl_4 加热到 160～170℃分解得到 VCl_3。

VBr_3：Br_2 与氮化钒隔绝空气加热至红热、Br_2 与 VC 加热到 400℃、Br_2 与金属钒真空加热到 400℃、Br_2 与钒铁加热到红热、CBr_4 与 V_2O_5 加热到 350℃，均可得到 VBr_3。

VI_3：I_2 与金属钒真空加热到 350～400℃可得到 VI_3。

C 四卤化钒

VF_4：液态 HF 与 VCl_4 在-28℃作用、F_2 与金属钒 200℃反应、Ar 气氛下 F_2 与 VCl_4 在 150℃反应，均可制得 VF_4。

VCl_4：金属钒与 Cl_2 在 200～500℃反应、钒铁与 Cl_2 加热反应可得到 VCl_4。

VBr_4：用 Br_2 与 VBr_3 真空加热到 325℃生成 VBr_4。

D 卤化氧钒

VOF_2：HF 与 $VOBr_2$ 加热到 500～700℃可得到 VOF_2。

$VOCl_2$：用 Zn 粉在 400℃还原 $VOCl_3$ 可得到 $VOCl_2$。

$VOBr_2$：$VOBr_3$ 在 180℃热分解得到 $VOBr_2$。

VOI_2：V_2O_5 与 HI 作用得到 VOI_2。

VOF_3：VF_3 与 O_2 加热到红热可得到 VOF_3。

$VOCl_3$：用 V_2O_5 或 V_2O_3 用 Cl_2 在 600～800℃氯化得到 $VOCl_3$。

$VOBr_3$：Br_2 与 V_2O_5 或 V_2O_5 与碳混合物在 600℃反应得到 $VOBr_3$。

问题讨论： 钒的卤化物有哪些？这些卤化物或卤氧化合物是否容易获得？性质是否稳定？

2.1.2.4 钒的其他二元非金属化合物

钒的其他二元非金属化合物性质列于表 2-10 中。

表 2-10 钒的其他二元非金属化合物

名称	分子式	颜色	熔点/℃	密度/$g \cdot cm^{-3}$	结构
碳化物	V_2C	暗黑	2200	5.665	立方
	VC	暗黑	2830	5.649	立方
氮化物	VN	灰紫	2050	6.04	立方
硅化物	V_3Si		1350	5.67	立方
	V_5Si_3		2150	4.8	立方
	VSi_2		1750	4.7	六方

续表 2-10

名称	分子式	颜色	熔点/℃	密度/g·cm^{-3}	结构
硫化物	V_3S	黑	825~950，相变		<825℃，四方；>950℃，立方
	VS	棕黑	600，相变	4.2	<600℃，斜方；>600℃，六方
	V_5S_4	黑	>700，歧化		六方
	V_3S_5	黑	450，分解		六方
	V_2S_3	灰黑	850~950，分解	4.7	单斜
	VS_4	黑	>500，分解		
磷化物	VP	灰黑	1230，分解		六方
硼化物	V_3B_2		约 1900	5.44	正方
	VB		2300，分解		
	V_3B_4		约 2400	5.10	正交

钒的硅化物：由 V-Si 状态图（图 2-6）可知，已经查明的有三种化合物：V_3Si、V_5Si_3 和 VSi_2。此外发现了新相 V_5Si_4，它是在 1670±10℃ 下按包晶反应 V_5Si_3+液相形成的。

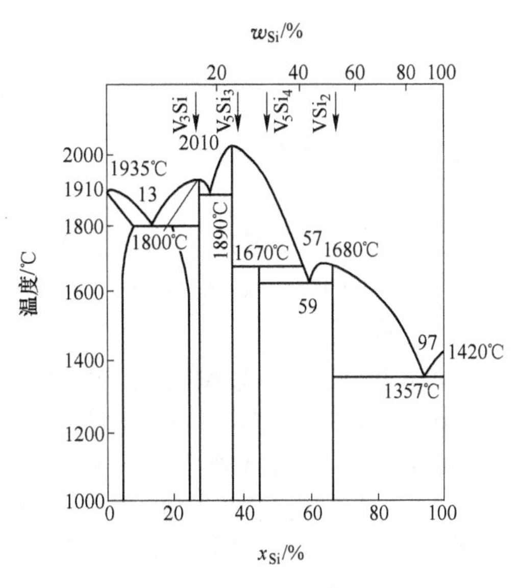

图 2-6 V-Si 状态图

钒的硫化物：有多种化合物，VS_3 是在 1400℃ 由包晶反应生成的。V_2S_5 是在隔绝空气下将 V_2O_5 与 S 一起加热到 400℃ 制得，加热时氧化转变成 V_2O_5。V_2S_5 不溶于水，稍溶于盐酸和热的稀硫酸，能溶于热的浓硫酸和热的稀硝酸，溶于氨水和易溶于碱液中。VS_4 是自然界存在的绿硫矿中钒存在的形式，能溶于氢氧化钾溶液，但不被酸氧化，高于 500℃ 不稳定。V_2S_3 是 V_2O_5 与 H_2S 在 750℃ 反应生成的，是最稳定、最典型的硫化物，在空气中加热氧化生成 V_2O_5 和 SO_2。VS 是在 1000℃ 用 H_2 还原 V_2S_3 或在 N_2 中 1000℃ 使 V_2S_3 热分解得到的，在空气中不稳定，加热时迅速生成 V_2O_5 并放出 SO_2。

钒的磷化物：已知存在四种磷化物，V_3P、V_2P、VP 和 VP_3，其中最稳定的是 VP。将 P 与 V 在高温下直接反应可得到磷化物。

钒的硼化物：已经确定有四个：VB_2、V_3B_4、VB 和 V_3B_2。利用 V_2O_3 与硼用碳还原可得到硼化物。其中 VB_2 是十分稳定的化合物，溶于硝酸和高氯酸，加热时除草酸外，溶于一切已知酸。硼化物易在空气中氧化，VB_2 开始氧化的温度为 1100℃。

钒的氢化物：钒能溶解氢，生成氢化物。V-H 体系相图（图 2-7）表明，钒吸收氢可生成不同氢化物相，如 α-H 为无序 bcc 固溶体，β-H 为 V_2H，γ-H 为 VH_2，δ-H 为 V_3H_2，ε-H 为存在于 175~197℃ 之间的 V_2H 相，η-H 为 β-H 的低温变体。此外钒可以生成二氢化物

VH_2，但很不稳定，温度为13℃时，其离解压已达1.01×10^5Pa，其反应为$2VH_2 = 2VH + H_2$，其反应热为40.2kJ/mol。钒的氢化物为灰色金属物质，金属钒吸收氢后，晶格膨胀。随着氢化物成分不同，其密度比金属钒小约6%～10%。金属钒吸收氢后变脆。在真空中加热到600～700℃，钒的氢化物分解，随着氢的释出，钒的硬度降低，并恢复塑性性能。氢化钒不与水作用，也不与煮沸的盐酸作用，但可被硝酸氧化。

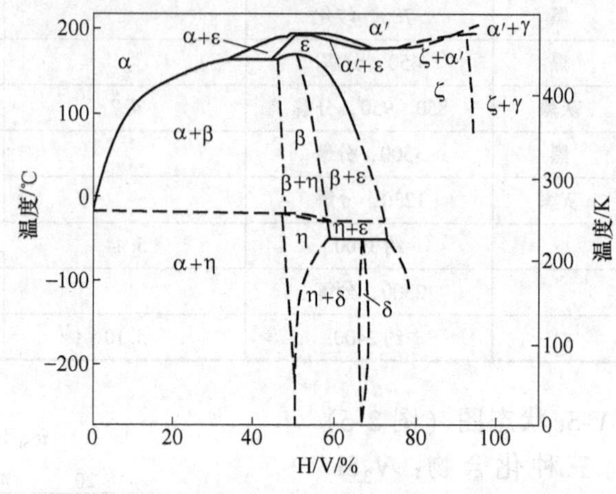

图 2-7 V-H 状态图

2.1.2.5 二元钒合金

A 钒铁

由 V-Fe 二元相图可知，钒和铁之间可形成连续的固溶体。V-Fe 化合物为正方晶系，晶格常数 $a=0.895$nm，$c=0.462$nm，$c/a=0.516$。最低共熔点为1468℃（含 V 31%）。

B 钒铝

VAl_3：正方晶格，晶格常数 $a=0.5345$nm，$c=0.8322$nm，$c/a=1.577$。

VAl_{11}：面心立方晶格，晶格常数 $a=1.4586$nm。

VAl_6：六方晶格，晶格常数 $a=0.7718$nm，$c=1.715$nm。

V_5Al_8：体心立方晶格，晶格常数 $a=0.9270$nm。

钒合金的密度及熔化温度见表2-11。

表 2-11 钒合金的密度及熔化温度

合金	主要成分/%				密度/g·cm⁻³	熔化温度/℃
	V	Al	Si	C		
FeV40	45～55	<4.0	<2.0	<0.2	6.7	1450
FeV60	50～65	2.0	1.5	0.15	7.0	1450～1600
FeV80	78～82	1.5	1.5	0.15	6.4	1680～1800
V99	>99	<0.01	<0.1	<0.06	6.1	1910
V80Al	75～85	15～20	0.4	0.05	5.2	1850～1870
V40Al	40～45	55～60	0.3	0.1	3.8	1500～1600

C 其他钒合金

V-Cr、V-W、V-Ti、V-Nb 合金都是无限固溶。它们之间最低共熔点分别为：含钒 30%（mol）的 V-Cr 1750℃；含钒 12%（mol）的 V-W 为 1630℃；含钒 28.7%（mol）的 V-Ti 为 1620℃；含钒 22.8%（mol）的 V-Nb 为 1820℃。

问题讨论： 1. 钒铁和钒铝合金分别属于什么晶系？
2. 钒与 Cr、W、Ti、Nb 等元素为什么能无限固溶？而与铁只能连续固溶？

2.1.3 钒的生理影响

2.1.3.1 钒的食物来源

钒是人体必需的微量元素，在人体内含量大约为 25mg，在体液 pH=4～8 条件下，钒的主要形式为 VO_3^-，即亚钒酸离子（metavandate）；另一个为+5 价氧化形式（VO_4）$^{3-}$，即正钒酸离子（orthovanadate）。由于生物效应相似，一般钒酸盐统指这两种+5 价氧化离子。VO_3^- 经离子转运系统或自由进入细胞，在细胞内被还原型谷胱甘肽还原成 VO^{2+}（+4 价氧化态），即氧钒根离子（vanadate）。由于磷酸和 Mg^{2+} 在细胞内广泛存在，VO_3^- 与磷酸结构相似，VO^{2+} 与 Mg^{2+} 大小相当，因而二者就有可能通过与磷酸和 Mg^{2+} 竞争结合配体干扰细胞的生化反应过程，如抑制 ATP 磷酸水解酶、核糖核酶磷酸果糖激酶、磷酸甘油醛激酶、6-磷酸葡萄糖酶、磷酸酪氨酸蛋白激酶，钒进入细胞后具有广泛的生物学效应。钒的食物来源主要是谷类制品、肉类、鸡、鸭、鱼、小黄瓜、贝壳类、蘑菇、欧芹、莳萝籽、黑椒等。

2.1.3.2 钒的代谢吸收

人类摄入的钒只有少部分被吸收，估计吸收的钒不足摄入量的 5%，大部分由粪便排出。摄入的钒于小肠与低分子量物质形成复合物，然后在血中与血浆运铁蛋白结合，血中钒很快就运到各组织，通常大多组织每克湿重含钒量低于 10ng。吸收入体内的 80%～90% 由尿排出，也可以通过胆汁排出，每克胆汁含钒为 0.55～1.85ng。

2.1.3.3 钒的生理功能及生理需要

钒是正常生长可能必需的矿物质。钒有多种价态，有生物学意义的是四价和五价态。最被认可的钒缺乏表现来自 1987 年报道的对山羊和大鼠的研究，钒缺乏的山羊表现出流产率增加和产奶量降低。大鼠实验中，钒缺乏引起生长抑制，甲状腺重量与体重的比率增加以及血浆甲状腺激素浓度的变化。对于人体钒缺乏症研究尚不明确，有的研究认为它的缺乏可能会导致心血管及肾脏疾病、伤口再生修复能力减退和新生儿死亡。

有实验显示，钒调节（Nak）-ATP 酶、调节磷酰转移酶、腺苷酸环化酶、蛋白激酶类的辅因子，与体内激素、蛋白质、脂类代谢关系密切。可抑制年幼大鼠肝脏合成胆固醇，可能存在以下作用：(1) 防止因过热而疲劳和中暑；(2) 促进骨骼及牙齿生长；(3) 协助脂肪代谢的正常化；(4) 预防心脏病突发；(5) 协助神经和肌肉的正常运作。

人的膳食中每天可提供不足 30μg 的钒，多为 15μg，因此考虑每天从膳食中摄取 10μg 钒就可以满足需要。一般不需要特别补充，需要提醒的是，摄取合成的钒容易引起中毒，吸烟会降低钒的吸收。

在生物体内钒是一些酶的必要组成部分。一些固氮的微生物使用含钒的酶来固定空气中的氮。鼠和鸡也需要少量的钒，缺钒会阻碍它们的生长和繁殖。含钒的血红蛋白存在于海鞘类动物中。一些含钒的物质具有类似胰岛素的效应，也许可以用来治疗糖尿病。

钒在人体内含量极低，体内总量不足1mg。主要分布于内脏，尤其是肝、肾、甲状腺等部位，骨组织中含量也较高。人体对钒的正常需要量为100μg/d；钒在胃肠吸收率仅5%，其吸收部位主要在上消化道。环境中的钒可经皮肤和肺吸收入体中，血液中约95%的钒以离子状态（VO_2^+）与转铁蛋白结合而输送，因此钒与铁在体内可相互影响。

钒与骨和牙齿正常发育及钙化有关，能增强牙对龋牙的抵抗力。钒还可以促进糖代谢、刺激钒酸盐依赖性NADPH氧化反应、增强脂蛋白脂酶活性、加快腺苷酸环化酶活化和氨基酸转化及促进红细胞生长等作用。因此，钒缺乏时可出现牙齿、骨和软骨发育受阻。肝内磷脂含量少、营养不良性水肿及甲状腺代谢异常等。

2.1.3.4 钒的毒性

虽然钒对人体是必不可少的微量有益元素，但是当人体吸入一定量后，将对人体造成危害。本节对钒的毒性及危害进行了综合介绍，目的是提供给从事钒研究、管理和生产人员参考，对从事钒生产工人的身体健康具有十分重要的意义，同时也应采取必要的防护和环保措施，对长期接触钒的工作人员的卫生条件应引起重视。

A 钒的吸收过程

钒及其化合物通常具有毒性，随化合物价态升高而毒性增大，其中五价钒的化合物毒性最大。

在冶金、化工和机械加工过程中由于钒化合物的升华、蒸发和机械流失产生的钒化合物的蒸气和悬浮物微尘通过呼吸道吸入及皮肤接触侵害人体。毒害程度取决于化合物的浓度、粒度、可溶性及接触时间长短等因素。五氧化二钒对皮肤有刺激，能否吸收尚无确证，而20%的钒酸钠溶液则可经皮肤吸收，钒尘及烟尘可通过肺部吸入人体，一般钒经消化道侵入的机会不多，经皮肤吸收的也极少见，造成危害的主要是五氧化二钒和可溶性化合物从呼吸道侵入。生产中应对呼吸和皮肤方面的影响引起足够的重视，改善工作环境，保证操作人员的健康。

B 钒的排出

主要通过肾脏及大便排出体外。但排出速度与钒的侵入途径及侵入的钒的性质有关。人体胃肠道从每100g钒中仅吸收0.1%～1%，吸收的钒可在24h内由肾排泄出去。皮肤遇钒及其化合物发生过敏反应，进入人体的钒及化合物可通过大便排出75%～86%；尿排泄13%～24%；汗毛及其他排放1%～4%。

人经口摄入钒酸铵盐时，约12%随尿排出，其余几乎全部随粪便排出体外。

静脉及腹腔内摄入的钒化合物从肾脏排出约60%，肠道排出9%～12%，尿便排出之比为6：1，推测由肠道排出部分主要与肝脏泌胆功能有关。

肾脏排出钒的特点是：侵入体内钒大约61%在第一天可迅速排出。侵入钒6h后，光谱分析可发现血液中钒升高，接触钒至少6h后尿钒才能升高。

吸入的钒粒度大于10μm者多停留在上呼吸道及中小支气管，可随痰排出，如吞咽可进入胃肠，直径小于5μm者可进入支气管乃至肺泡，故致病作用最强。除吸收入血者外，小部分也能于24h左右从肺部清除。

此外，许多文献报道钒在人体内不会发生积累，可排出体外。

C 钒中毒的临床表现

人体中毒多因呼吸道吸入高浓度钒所致，所以临床表现也以呼吸道及外露黏膜的刺激症状为主，综合国内外对钒侵入人体造成的危害研究，结果如下：

呼吸系统：喉部刺激，顽固的干咳，弥漫的双肺罗音和支气管痉挛，描述中还发现肺高度充血，伴随肺泡上皮破坏，及胸部紧迫感。引起鼻干、鼻出血、咳嗽、咳黏痰或血痰、咽痒、咽喉痛、声嘶、绿舌，劳动时呼吸困难、胸闷、气短及喘息等症状。引起呼吸系统的慢性职业病，如鼻炎、咽炎、支气管炎、肺气肿、弥散肺硬变等。除化学作用外，还会造成有害的物理作用，引起尘肺，有时并发肺结核病。

眼症状：眼结膜充血，分泌物增多，眼内异物及视物不清，患眼结膜炎等。

神经系统：头昏、失眠、记忆力减退、倦怠乏力、下肢活动不灵、手震颤、心悸、精神失常等。包括中枢神经系统功能失调和心血管病变（心电图出现心律不齐和期外收缩，QRST间期延长，P波和T波振幅下降）。

皮肤症状：出现皮肤瘙痒、过敏及职业性皮炎、丘疹、湿疹等。

消化系统：食欲不振、恶心，腹泻及肝、肾损害等症状。

心血管循环系统：钒化合物会引起人体新陈代谢障碍，血液生化过程的改变，抑制酶的活性，造成体重下降，血细胞减少，血红蛋白降低，发生贫血，心血管病变等。

急性接触所吸收高浓度的钒（几十 mg/m^3）会引起血管收缩、充血、出血，损害肝、肾、心和脑。由接触钒所引起的生化改变有：胱氨酸和半胱氨酸的分解代谢增强和合成代谢下降，并伴有血清蛋白巯基的全面偏低。

一般从事钒工艺生产的工作人员，并未发现致癌和致畸变的记载。

钒中毒的征状对照标准见表2-12。

表2-12 征状对照标准

征状				体征			
征状	发生率/%		卡方值	物理状态	发生率/%		卡方值
	对照标准	接触钒	χ^2		对照标准	接触钒	χ^2
咳嗽	33.3	83.4	13.71	手苍白	4.5	4.2	0.32
痰	13.3	41.5	5.55	血压升高	13.3	16.6	0.0002
呼吸困难	24.4	12.5	0.592	喘息、罗音	0	20.8	6.93
眼鼻喉刺激征	6.6	62.5	3.17	肝大	8.9	12.5	0.003
头痛	20.0	12.5	0.124	眼刺激征	2.2	16.6	2.94
心悸	11.1	20.8	0.538	咽红肿	4.4	41.5	12.62
鼻衄	0	4.2	0.148	绿舌	0	37.5	14.53
喘气	0	16.6	5.20				

D 生产环境要求及防治

有关资料中介绍了钒化合物毒性试验，结果见表2-13。

表 2-13　钒化合物的毒性试验

钒化合物	半致死量（LD_{50}）/mg · kg^{-1}	
	口服	静脉注射
五氧化二钒	23	1～2
三氧化二钒	130	
偏钒酸铵		1.5～2
正钒酸钠		2～3
偏钒酸钠	100	
焦钒酸钠		3～4
四钒酸钠		6～8
二氯化钒	540	
三氯化钒	350	
四氯化钒	160	
氯化氧钒	160	
硫酸氧钒		18～20

如果可溶性钒进入血液循环中，对 70kg 体重的健康人致死量仅为 30mg 五氧化二钒（0.43mg V_2O_5/kg），同时报道了在食物和水中摄入任何常量钒后并未见到有害的影响。经口服少量钒盐时毒性并不高，由静脉注射时则毒性很高。

表 2-14 列出了生产环境钒化合物粉尘及烟尘的浓度限量标准。

表 2-14　环境对钒的浓度限量标准

项　　目	单位	限量	制定标准国家
凝聚的悬浮 V_2O_5 微尘	mg/m³	0.4～0.5	中、日、俄、德等
烟气中 V_2O_5	mg/m³	0.1	中、日、俄、德等
大气中 V_2O_5 长期标准浓度（平均 24h）	mg/m³	0.002	俄、德、保等
		0.003	捷克、前南斯拉夫等
钒酸盐、钒的氯化物	mg/m³	0.5	俄罗斯
吹炼钒渣环境悬浮 V_2O_5 粉尘	mg/m³	0.4	俄罗斯
钒铁合金	mg/m³	1	中、美、日、俄等
碳化钒	mg/m³	4	俄罗斯
三氧化二钒	mg/m³	0.5	俄罗斯
排放水中最大允许浓度（钒化合物）	mg/L	5	俄罗斯
地面水中允许最高浓度（V）	mg/L	0.1	中、俄

根据生产环境钒化合物及烟尘的浓度限制，必须达到标准排放要求，预防钒中毒必须消除钒的废气、烟尘及废水的排放。对废气的处理工业上要求相应地设置有效的收尘设备，如电除尘、布袋收尘等。对废水的处理可采取还原-中和或离子交换等方法处理回收钒与铬。

问题讨论：1. 人体对钒的正常需要量为100μg/d，主要从什么渠道获得？钒缺乏可能会对人体健康带来什么危害？
2. 钒中毒有哪些临床表现？钒工业生产环境钒化合物粉尘及烟尘的浓度限量的重要性是什么？

2.2 钛

学习目标	1. 了解钛的物理化学性质； 2. 理解钛的主要化合物的性质； 3. 了解钛的生物特性	
能力要求	1. 对钛的物理化学性质有清楚的了解； 2. 清楚钛的主要化合物的性质； 3. 具有独立思考和自主学习意识，并能开展讨论，逐渐养成终身学习的能力	
重点难点预测	重点	钛的氧化物、钛酸、钛酸盐
	难点	钛酸、钛酸盐、钛的卤化物、碳（氮、硼）化钛
知识清单	钛的物理化学性质、钛的氧化物、钛酸、钛酸盐、钛盐、钛的卤化物、碳（氮、硼）化钛、钛的生物特性	
先修知识	材料化学	

钛发现于1789年，英国业余矿物学家格雷戈尔（William Gregor）神甫在其教区哥纳瓦尔州的默纳金山谷里的黑色磁性砂石（钛铁矿）中发现一种新的元素（钛），当时命名为“默纳金尼特”（Menaccanite）。1795年，德国化学家克拉普罗特（M. H. Klaproth）在对岩石矿物做系统分析检验时发现一种新的金属氧化物，即是现在的金红石（TiO_2）亦含有此新元素，他把此新元素以希腊神话中天地之子Titans（泰坦神）命名为钛（Titanium）。钛的元素符号为Ti，原子序数22，原子量47.88，在元素周期表中位于第4周期ⅣB族。1910年美国人亨特（M. A. Hunter）用金属钠还原四氯化钛制得较纯的金属钛；1932年卢森堡科学家克劳尔（W. J. Kroll）用钙还原制得金属钛；1940年克劳尔在氩气保护下用镁还原制得金属钛。从此金属钠还原法（亨特法）和镁还原法（克劳尔法）成为海绵钛的工业生产方法。

工业化钛产品包括钛白（TiO_2）、四氯化钛（$TiCl_4$）、海绵钛、钛合金、钛加工材和钛功能材料。

2.2.1 钛的主要物理化学性质

钛有两种同素异构体：α-Ti在882℃以下稳定，为密排六方晶格（hcp）结构，20℃ α-Ti点阵常数$a=0.2950$nm，$c=0.4683$nm，$c/a=1.587$；β-Ti在882℃与熔点1678℃之间稳定存在，具有体心立方晶格（bbc）结构，20℃ β-Ti点阵常数$a=0.3282$nm（20℃）或$a=0.3306$nm（900℃）。在882℃发生α→β转变。根据杂质含量，钛分为高纯钛（纯度达99.9%）和工业纯钛（纯度达99.5%）。工业纯钛有三个牌号，分别用TA+顺序号数字1、2、3表示，数字越大，纯度越低。

钛合金的密度一般在 $4.5g/cm^3$ 左右，仅为钢的 60%，纯钛的强度接近普通钢的强度，一些高强度钛合金超过了许多合金结构钢的强度。因此钛合金的比强度（强度/密度）远大于其他金属结构材料，可制出比强度高、刚性好、质轻的零部件。目前飞机的发动机构件、骨架、蒙皮、紧固件及起落架等都使用钛合金。

钛的化学活性大，与大气中 O、N、H、CO、CO_2、水蒸气、氨气等产生强烈的化学反应。含碳量大于 0.2% 时，会在钛合金中形成硬质 TiC；温度较高时，与 N 作用也会形成 TiN 硬质表层；在 600℃ 以上时，钛吸收氧形成硬度很高的硬化层；氢含量上升，也会形成脆化层。吸收气体而产生的硬脆表层深度可达 0.1～0.15mm，硬化程度为 20%～30%。钛的化学亲和性也大，易与摩擦表面产生黏附现象。

2.2.2 钛的主要无机化合物

2.2.2.1 钛的氧化物

在钛的氧化物中，主要是二氧化钛，其次还有许多低价钛氧化物，如 TiO、Ti_2O_3、Ti_2O_5 等。此外，还有钛的高价氧化物，如 TiO_3、Ti_2O_7 等。它们彼此间可形成固溶体。

A 二氧化钛（TiO_2）

粉末钛或熔化钛在过量氧气中燃烧生成 TiO_2，在 800℃ 下，TiO 等低价氧化钛的氧化也生成 TiO_2：

$$2TiO + O_2 = 2TiO_2$$

TiO_2 可由钛的各种化合物氧化反应制取，如 $TiCl_4$ 的氧化。同时，各种钛酸煅烧时也生成 TiO_2，如：

$$H_2TiO_3 = TiO_2 + H_2O$$

$$H_4TiO_4 = TiO_2 + 2H_2O$$

但 TiO_2 的工业生产方法只有硫酸法和氯化氧化法两种。

TiO_2 在自然界中存在三种同素异形态，即金红石型、锐钛型和板钛型三种，它们的性质是有差异的。

金红石型 TiO_2 是三种变体中最稳定的一种，即使在高温下也不发生转化和分解。金红石型 TiO_2 的晶型属于四方晶系，晶格的中心有一个钛原子，其周围有 6 个氧原子，这些氧原子位于八面体的棱角处，两个 TiO_2 分子组成一个晶胞。

锐钛型 TiO_2 的晶型也属于四方晶系，由四个 TiO_2 分子组成一个晶胞。锐钛型 TiO_2 在低温下稳定，在温度达到 610℃ 时便开始缓慢转化为金红石型，730℃ 时这种转化已有较高速度，915℃ 完全转化为金红石型。

板钛型 TiO_2 的晶型属于斜方晶系，六个 TiO_2 分子组成一个晶胞。板钛型 TiO_2 是不稳定的化合物，在加温高于 650℃ 时则转化为金红石型。

TiO_2 是一种白色粉末，它的主要物理性能如下。

密度（g/cm^3）：金红石型 4.261（0℃），4.216（25℃）；锐钛型 3.881（0℃），3.894（25℃）；板钛型 4.135（0℃），4.105（25℃）。

熔点：金红石型 1842±6℃，熔化热 811J/g。

沸点：金红石型 2670±6℃，气化热 3762±313J/g。

TiO_2 是两性化合物，它的碱性略强于酸性。TiO_2 是一种十分稳定的化合物，它在许多无机和有机介质中都有很好的稳定性。它不溶于水和许多其他溶剂。

在高温下 TiO_2 可被许多还原剂还原，还原产物取决于还原剂的种类和还原条件，一般为低价钛氧化物，只有少数几种强还原剂才能将其还原为金属钛。

干燥的氢气流缓慢通过 750～1000℃下的 TiO_2，便会将其还原生成 Ti_2O_3：

$$2TiO_2 + H_2 = Ti_2O_3 + H_2O$$

在温度 2000℃和 13～15MPa 的氢气中可将其还原为 TiO：

$$TiO_2 + H_2 = TiO + H_2O$$

加热的 TiO_2 可被钠蒸气和锌蒸气还原为低价氧化钛：

$$4TiO_2 + 4Na = Ti_2O_3 + TiO + Na_4TiO_4$$

$$TiO_2 + Zn = TiO + ZnO$$

铝、镁、钙在高温下可还原 TiO_2 为低价钛氧化物。在高真空中也能将其还原为金属钛，如：

$$3TiO_2 + 4Al = 3Ti + 2Al_2O_3$$

由 TiO_2 还原得到的金属钛，一般氧含量较高。

TiO_2 在高温下可被金属钛还原为低价钛氧化物：

$$3TiO_2 + Ti = 2Ti_2O_3$$

$$TiO_2 + Ti = 2TiO$$

铜和钼在加热 1000℃以上也能还原 TiO_2。

TiO_2 在高温下可被碳还原为低价钛氧化物及碳化钛：

$$TiO_2 + C = TiO + CO$$

$$TiO_2 + 3C \xlongequal{1800℃} TiC + 2CO$$

TiO_2 与 CaH_2 反应生成氢化钛：

$$TiO_2 + 2CaH_2 = TiH_2 + 2CaO + H_2$$

反应生成的 TiH_2 在高温真空中脱氢后可制得金属钛。

TiO_2 容易与 F_2 反应生成 TiF_4，并放出氧：

$$TiO_2 + 2F_2 = TiF_4 + O_2$$

TiO_2 较难与 Cl_2 进行反应，即使在 1000℃下反应也不完全：

$$TiO_2 + 2Cl_2 = TiCl_4 + O_2$$

TiO_2 与氟化氢反应生成可溶于水的氧氟钛酸。TiO_2 也可与气体氯化氢或液体氯化氢反应生成二氯二氧钛酸。

$$TiO_2 + 2HCl = H_2(TiO_2Cl_2)$$

在高于 800℃时 TiO_2 与氯化氢加碳反应生成 $TiCl_4$：

$$TiO_2 + C + 4HCl = TiCl_4 + CO_2 + 2H_2$$

在高温下，TiO_2 可与其他氯化物反应生成 $TiCl_4$，如：

$$TiO_2 + 2SOCl_2 = TiCl_4 + 2SO_2$$

TiO_2 在通常条件下不与氮发生反应，在加热时可与氮及氢的混合物反应生成氮化钛：

$$2TiO_2 + N_2 + 4H_2 = 2TiN + 4H_2O$$

在高温下，TiO_2 可与氨反应生成氮化钛：

$$6TiO_2 + 8NH_3 = 6TiN + 12H_2O + N_2$$

TiO_2 不溶于水，但可与过氧化氢反应生成过氧偏钛酸。除氢氟酸外，TiO_2 不溶于其他稀无机酸中，各种浓度的氢氟酸均可溶解 TiO_2 生成氧氟钛酸。TiO_2 可溶于热的浓硫酸、硝酸和苛性碱中，也能很好地溶于碳酸氢钾的饱和溶液中。但金红石型 TiO_2 很难溶于浓硫酸中。

TiO_2 不溶于大多数有机化合物中，在低温下也不与它们发生反应，仅在高温下才能同有机物反应。在高温下，TiO_2 可被乙醇和丙醇还原为 TiO，甚至可还原为金属钛。

TiO_2 是重要的化工原料，也是当今最好的白色颜料，主要有以下用途：

搪瓷：TiO_2 由于折射率高，是搪瓷釉最好的白色乳浊剂。钛搪瓷的釉层可为锑搪瓷层厚度的二分之一，而且色相、光泽和耐酸性均比锑搪瓷好。

电焊条：TiO_2 是电焊条外涂层的主要成分之一，是焊药的造渣剂、黏结剂和稳定剂。用 TiO_2 制造的电焊条可以交直流两用，焊接时脱渣容易、点弧快、电弧稳定、焊缝美观、机械性能好。使用 TiO_2 的电焊条产品有钛型、钛钙型和钛铁矿三种，在这三类型的焊药配方中 TiO_2 用量为 10% ~14%。作为电焊条用的 TiO_2，根据产品类型不同，可以钛白粉、天然金红石和人造金红石、还原钛铁矿等形式加入。

电子陶瓷：TiO_2 具有高介电常数和高电阻率，是制造电子陶瓷的重要原料，已广泛用作电容器陶瓷、压电陶瓷、热敏陶瓷和透明电光陶瓷等材料。目前，新型电子陶瓷材料在现代科学技术中有着重要用途，TiO_2 在这领域中的应用范围会不断扩大。

冶金：冶金级 TiO_2 可用作炼制合金钢、碳化钛、氮化钛、硼化钛以及钛-铁、钛-铝中间合金的原料。

玻璃：TiO_2 可用于制造耐热玻璃、乳白玻璃和微晶玻璃等。

问题讨论：TiO_2 有三种晶型，作涂料的 TiO_2 用哪种晶型？作催化剂的 TiO_2 用哪种晶型？

B 一氧化钛（TiO）

TiO 呈金黄色，是一种碱性氧化物，又是一种强还原剂，容易被氧化，与卤素作用生成卤化钛或卤氧化钛，如：

$$2TiO + 4F_2 = 2TiF_4 + O_2$$

$$TiO + Cl_2 = TiOCl_2$$

在空气中加热至400℃时，TiO 开始逐渐被氧化，达到800℃时则氧化为 TiO_2。

TiO 能溶于稀盐酸和稀硫酸中，并放出氢气：

$$2TiO + 6HCl = 2TiCl_3 + 2H_2O + H_2\uparrow$$

$$2TiO + 3H_2SO_4 = Ti_2(SO_4)_3 + 2H_2O + H_2\uparrow$$

上述反应说明 TiO 具有金属性质，可在酸性溶液中离解出金属阳离子，上面两式可简化为离子式：

$$2TiO + 6H^+ = 2Ti^{3+} + 2H_2O + H_2\uparrow$$

TiO 可以作为乙烯聚合反应的催化剂。

C 三氧化二钛（Ti_2O_3）

Ti_2O_3 可由各种还原剂还原 TiO_2 而制取，如采用镁还原时反应为：

$$2TiO_2 + Mg \xlongequal[\text{氩气氛}]{750\sim800℃} Ti_2O_3 + MgO$$

Ti_2O_3 是一种紫黑色粉末，存在两种变体，转化温度为200℃，转化热为6.35J/g。低温稳定态 α-Ti_2O_3 属于斜方六面体，高温稳定态 β-Ti_2O_3，10℃密度为4.60g/cm³，25℃为4.53g/cm³。熔点为1889℃，熔化热为6.35kJ/g。液体 Ti_2O_3 在3200℃时分解。Ti_2O_3 具有P型半导体性质。

Ti_2O_3 是一种弱碱性氧化物。Ti_2O_3 当蒸发为气态时则发生歧化：

$$Ti_2O_3 \xlongequal{} TiO + TiO_2$$

Ti_2O_3 在空气中仅在很高的温度下才被氧化为 TiO_2：

$$2Ti_2O_3 + O_2 \xlongequal{} 4TiO_2$$

Ti_2O_3 不溶于水，也不与稀盐酸、硫酸和硝酸反应，溶于浓硫酸时生成紫色溶液：

$$Ti_2O_3 + 3H_2SO_4 \xlongequal{} Ti_2(SO_4)_3 + 3H_2O$$

Ti_2O_3 能与氢氟酸、王水反应，并放出热量。它还溶于熔化的硫酸氢钾并发生氧化：

$$Ti_2O_3 + 4KHSO_4 \xlongequal{} K_2[TiO_2(SO_4)] + K_2[TiO(SO_4)_2] + SO_2 + 2H_2O$$

Ti_2O_3 与 CaO、MgO 等金属氧化物熔融时，反应生成复盐。

D 五氧化二钛（Ti_2O_5）

Ti_2O_5 存在两种变体，转化温度177℃。α-Ti_2O_5 密度为4.57g/cm³，β-Ti_2O_5 密度为4.29g/cm³。在高钛渣中存在的 Ti_2O_5 是一种黑色粉末。

2.2.2.2 氢氧化钛

钛的氢氧化物有二氢氧化钛 $Ti(OH)_2$、三氢氧化钛 $Ti(OH)_3$、正钛酸 H_4TiO_4（即 H_4TiO_4，又称 α 钛酸）、偏钛酸 H_2TiO_3（又称 β 钛酸）和多钛酸等。$Ti(OH)_2$ 是碱性化合物，$Ti(OH)_3$ 是弱碱性化合物，H_2TiO_3 和 H_4TiO_4 是两性氢氧化物。

A 氢氧化钛（Ⅱ）

向氢气保护下的二价钛盐溶液中加入氢氧化物或碳酸铵会生成 $Ti(OH)_2$ 沉淀：

$$Ti^{2+} + 2NH_4OH \xlongequal{} 2NH_4^+ + Ti(OH)_2\downarrow(\text{黑色沉淀})$$

$$Ti^{2+} + (NH_4)_2CO_3 + H_2O \xlongequal{} 2NH_4^+ + CO_2 + Ti(OH)_2\downarrow(\text{褐色沉淀})$$

$Ti(OH)_2$ 是一种强还原剂，很容易被氧化。刚制取的 $Ti(OH)_2$ 颜色很暗，但放置时颜色逐渐变浅，最后变为白色，这是由于 $Ti(OH)_2$ 被自然氧化为 TiO_2：

$$Ti(OH)_2 \xlongequal{} H_2 + TiO_2$$

在空气中加热 $Ti(OH)_2$ 则其被氧化为偏钛酸：

$$2Ti(OH)_2 + O_2 \xlongequal{} 2H_2TiO_3$$

$Ti(OH)_2$ 是一种典型的碱性氢氧化物，它易溶于酸中放出氢气：

$$2Ti(OH)_2 + 6H^+ \xlongequal{} 2Ti^{3+} + 4H_2O + H_2\uparrow$$

当 $Ti(OH)_2$ 在氢气保护下溶于酸中时，便生成二价钛盐：

$$Ti(OH)_2 + 2H^+ = Ti^{2+} + 2H_2O$$

B　氢氧化钛（Ⅲ）

在三价钛盐溶液中加入氢氧化铵、碱金属氢氧化物、硫化物或碳酸盐，便生成 $Ti(OH)_3$ 沉淀：

$$TiCl_3 + 3OH^- = Ti(OH)_3\downarrow + 3Cl^-$$

$$2TiCl_3 + 3S^{2-} + 6H_2O = 2Ti(OH)_3\downarrow + 6Cl^- + 3H_2S$$

$$2TiCl_3 + 3CO_3{}^{2-} + 6H_2O = 2Ti(OH)_3\downarrow + 6Cl^- + 3H_2CO_3$$

$Ti(OH)_3$ 是一种强还原剂，容易被氧化。刚制取的 $Ti(OH)_2$ 颜色较深，但放置时颜色逐渐变浅，最后变为白色，这是由于在水的作用下其被氧化为正钛酸：

$$2Ti(OH)_3 + 2H_2O = 2H_4TiO_4 + H_2$$

另外，$Ti(OH)_3$ 也容易在空气中被氧化生成偏钛酸：

$$2Ti(OH)_3 + 1/2O_2 = 2H_2TiO_3 + H_2O$$

$Ti(OH)_3$ 是一种弱氢氧化物，它可溶于酸中生成三价钛盐：

$$Ti(OH)_3 + 3H^+ = Ti^{3+} + 3H_2O$$

2.2.2.3　钛酸

A　正钛酸

硫酸或盐酸的二氧化钛溶液与碱金属氢氧化物或碳酸盐反应，将反应生成物在常温下干燥可得到正钛酸。

$TiCl_4$ 在大量水中水解时，可生成正钛酸的水化物：

$$TiCl_4 + 5H_2O = H_4TiO_4\cdot H_2O + 4HCl$$

粉末钛与沸腾水反应也可生成正钛酸。

正钛酸通常是无定型的白色粉末。它是一种不稳定的化合物，热水洗涤、加热或长时间在真空中干燥时便转化为偏钛酸。正钛酸不溶于水和醇，但易转化为胶体溶液。正钛酸是两性氢氧化物，它在常温下易溶于无机酸和强有机酸中，也能溶于热的浓碱溶液中。

在水溶液中，正钛酸通常以水化物的形式存在。

B　偏钛酸

偏钛酸可由金属钛与40%硝酸反应：

$$3Ti + 4HNO_3 + H_2O = 3H_2TiO_3 + 4NO$$

金属钛与氨中的过氧化氢反应也生成偏钛酸：

$$Ti + 5H_2O_2 + 2NH_3 = H_2TiO_3 + 7H_2O + N_2$$

$TiCl_4$ 在沸腾水中水解可生成偏钛酸。$Ti(SO_4)_2$ 和 $TiOSO_4$ 的酸性溶液在沸水中水解生成偏钛酸沉淀。在140℃或在真空中干燥正钛酸时，也会生成偏钛酸。

偏钛酸是一种白色粉末，加热时变黄。25℃时密度为4.3g/cm^3，不导电。

偏钛酸不溶于水，也不溶于稀酸和碱溶液中，却溶于热浓硫酸。偏钛酸的酸性表现为在高温下能与金属氧化物、氢氧化物、碳酸盐烧结生成相应的钛酸盐；与金属卤化物反应也生成钛酸盐，并析出卤化氢。

偏钛酸是不稳定化合物，在煅烧时发生分解，生成 TiO_2。偏钛酸脱水的初始温度为200℃，300℃已达到较大的脱水度，但需在高温下才能脱水完全。

问题讨论： $Ti(OH)_3$、H_2TiO_3、H_4TiO_4 之间是什么关系？试用化学方程式表达。

2.2.2.4 钛的卤化物

A 四氯化钛（$TiCl_4$）

$TiCl_4$制取方法很多，一般是用氯或其他氯化剂（如 $COCl_2$、$SOCl_2$、CCl_4 等）氯化钛及其化合物（如氧化钛、氮化钛、碳化钛、硫化钛、钛酸盐及其他含钛化合物）而制得。

在工业生产中，均采用氯化金红石和高钛渣等富钛物料的方法来制取 $TiCl_4$。

常温下四氯化钛是无色透明液体，在空气中冒白烟，具有强烈的刺激性气味。$TiCl_4$ 分子是正四面体结构，钛原子位于正四面体的中心，顶端为氯原子。Ti-Cl 间距为 0.219nm，Cl-Cl 间距为 0.358nm。$TiCl_4$ 呈单分子存在，偶极距为 0，不导电。$TiCl_4$ 不能离解为 Ti^{4+}离子，在含有 Cl^-离子的溶液中可形成 $[TiCl_6]^{2-}$络阴离子，这说明 $TiCl_4$ 是共价化合物。四氯化钛固体是白色晶体，属于单斜晶系。其主要物理参数为：熔点-23.2℃，沸点 135.9℃；液体蒸发热（kJ/mol）= $54.5\pm0.048T$；临界温度 365℃，临界压力 4.57MPa；临界密度 2.06g/cm^3(194K)；膨胀系数 $9.5\times10^{-4}K^{-1}$（273K）；$9.7\times10^{-4}K^{-1}$(293K)；导热系数（W/(m·K)）0.085(293K)、0.0928(323K)、0.108(373K)、0.116(409K)；磁化率-2.87×10^{-7}；折射指数 1.61(293K)；介电常数 2.83(273K)、2.73(297K)。

$TiCl_4$ 的热稳定性很好，在 2500K 下仅有部分分解，只有在 5000K 高温下才能完全分解为钛和氯。但是，$TiCl_4$ 是很活泼的化合物，它可与许多元素和化合物发生反应。

依据还原剂的种类和还原条件的不同，许多金属都能把 $TiCl_4$ 还原成 $TiCl_3$、$TiCl_2$ 和金属钛。

镁、钠和钙在高温下都能把 $TiCl_4$ 还原为金属钛。

铝与 $TiCl_4$ 在 200℃时便可进行反应，在 163～400℃下存在 $AlCl_3$ 时生成 $TiCl_3$：

$$3TiCl_4 + Al = 3TiCl_3 + AlCl_3$$

在约 1000℃下可被还原为金属钛：

$$3TiCl_4 + 4Al = 3Ti + 4AlCl_3$$

由于钛与铝生成金属间化合物，所以铝还原产物为 Ti-Al 合金。

$TiCl_4$ 在低于 300℃时几乎不与金属钛反应，钛在 400℃时可反应生成 $TiCl_3$，500～600℃时反应生成 $TiCl_3$ 与 $TiCl_2$ 的混合物，700℃时主要反应产物为 $TiCl_2$。若金属钛过量时主要生成 $TiCl_2$，$TiCl_4$ 过量时主要生成 $TiCl_3$。

铜可把 $TiCl_4$ 还原为 $TiCl_3$；有氧存在时，铜与 $TiCl_4$ 反应生成 $Cu[TiCl_4]$：

$$TiCl_4 + Cu = Cu(TiCl_4)$$

在加热时银能把部分 $TiCl_4$ 还原为 $TiCl_3$：

$$TiCl_4 + Ag = TiCl_3 + AgCl$$

在大于 100℃时，汞也能与 $TiCl_4$ 反应生成 $TiCl_3$。在 500～800℃下氢把 $TiCl_4$ 还原为 $TiCl_3$：

$$2TiCl_4 + H_2 = 2TiCl_3 + 2HCl$$

在高于 800℃和过量氢时可将其还原：

$$TiCl_4 + H_2 = TiCl_2 + 2HCl$$

在更高的温度下（2000℃以上）和大量过量氢时则可将其还原为金属钛：

$$TiCl_4 + 2H_2 = Ti + 4HCl$$

与氧在550℃开始反应：

$$TiCl_4 + O_2 = TiO_2 + 2Cl_2$$

此时也有可能生成氯氧化钛：

$$4TiCl_4 + 3O_2 = 2Ti_2O_3Cl_2 + 6Cl_2$$

$TiCl_4$ 与氧在 800～1000℃下可完全反应生成 TiO_2。在通常条件下，$TiCl_4$ 不与氮气发生反应。在存在氯化铝时，$TiCl_4$ 与硫反应生成 $TiCl_3$：

$$2TiCl_4 + 2S = 2TiCl_3 + S_2Cl_2$$

氟与 $TiCl_4$ 发生取代反应：

$$TiCl_4 + 2F_2 = TiF_4 + 2Cl_2$$

$TiCl_4$ 与液氯可按任意比例混合，也可溶解气体氯。

$TiCl_4$ 与溴可按任意比例混合，其混合物为亮红色。在 $TiCl_4$ 与 Br_2 共存的系统中生成 $TiCl_4Br$ 和 $TiCl_4Br_4$ 两个化合物，并有三个低共熔点。

$TiCl_4$ 能很好地溶解碘，混合物为紫色，但不与碘生成化合物。

$TiCl_4$ 与水接触便发生激烈反应，冒白烟，生成淡黄色或白色沉淀，并放出大量热。水和液体 $TiCl_4$ 间的反应是复杂的，它与温度和其他条件有关：在水量充足时生成五水化合物 $TiCl_4 \cdot 5H_2O$，在水量不足和低温时生成二水化合物 $TiCl_4 \cdot 2H_2O$。

四氯化钛是钛及其化合物生产过程的重要中间产品，为钛工业生产的重要原料，并有着广泛的用途。$TiCl_4$ 在工业中的主要用途有：生产金属钛的原料；生产钛白的原料；生产三氯化钛的原料；生产钛酸酯及其衍生物等钛有机化合物的原料；生产聚乙烯和三聚乙醛的催化剂，也是生产聚丙烯及其他烯烃聚合催化剂的原料；作发烟剂。此外，还可应用于陶瓷、玻璃、皮革和纺织印染等工业部门。

B　三氯化钛

无水的 $TiCl_3$ 由各种还原剂还原 $TiCl_4$ 而制得。如在 500～800℃下用氢还原制得 $TiCl_3$。

$$2TiCl_4 + H_2 = 2TiCl_3 + 2HCl(500 \sim 800℃)$$

但是，这种反应是可逆的，如果不断排出反应物则还原反应更容易进行。

也可用其他金属还原剂，控制适宜的反应条件还原 $TiCl_4$ 而制取 $TiCl_3$，如：

$$TiCl_4 + Na = TiCl_3 + NaCl(270℃)$$

$$2TiCl_4 + Mg = 2TiCl_3 + MgCl_2(400℃)$$

$$3TiCl_4 + Ti = 4TiCl_3(400 \sim 600℃)$$

$$3TiCl_4 + Al = 3TiCl_3 + AlCl_3(>136℃)$$

$TiCl_3$ 的水溶液，可在氢气氛或惰性气体保护下由金属钛盐酸制得。

$TiCl_3$ 存在四种变体，通常在高温下还原 $TiCl_4$ 所制取的是 α 型，它是紫色片状结构，属于六方晶系，晶格常数为 $a=0.6122nm$，$c=1.752nm$。烷基铝还原 $TiCl_4$ 得到 β 型 $TiCl_3$，它是褐色粉末，纤维状结构。铝还原 $TiCl_4$ 得到 γ 型 $TiCl_3$，它是红紫色粉末。将 γ 型 $TiCl_3$ 研磨则得到 δ 型 $TiCl_3$，它比其他晶型具有较高的催化性能。$TiCl_3$ 的熔点为 730～920℃，密度（25℃时）的计算值为 $2.69g/cm^3$，测量值为 $2.66g/cm^3$。

$TiCl_3$ 中的钛是中间价态，这种化合物稳定性较差，容易分解。$TiCl_3$ 具有还原剂的特征，容易被氧化为高价钛化合物，但它也可以被还原，不过被氧化的倾向大于被还原的倾向。另外，$TiCl_3$ 既具有盐类的特征，也具有弱酸性的特征，它可形成三价钛酸盐。$TiCl_3$ 不溶于 $TiCl_4$。

$TiCl_3$ 在真空中加热至500℃便发生歧化反应：

$$2TiCl_3 = TiCl_2 + TiCl_4$$

$TiCl_3$ 的歧化反应热在298K时为1.02kJ/g，673K时为0.95kJ/g；歧化时熵为0.97J/(g·K)。

在氢气流中加热 $TiCl_3$ 时，歧化同时发生还原：

$$2TiCl_3 + H_2 = 2TiCl_2 + 2HCl$$

在氧气中 $TiCl_3$ 会发生氧化：

$$4TiCl_3 + O_2 = 3TiCl_4 + TiO_2$$

在卤素的作用下，$TiCl_3$ 也会被氧化，如：

$$2TiCl_3 + Cl_2 = 2TiCl_4$$

高温下 $TiCl_3$ 也可被 HCl 氧化：

$$2TiCl_3 + 2HCl = 2TiCl_4 + H_2$$

加热时碱金属或碱土金属能将 $TiCl_3$ 还原为金属钛，如：

$$TiCl_3 + 3Na = Ti + 3NaCl$$

$TiCl_3$ 在湿空气中潮解，可溶于水，慢慢蒸发其水分可得到紫色的 $TiCl_3 \cdot 4H_2O$ 或 $TiCl_3 \cdot 6H_2O$ 结晶。可用碱从 $TiCl_3$ 的水溶液中析出三价钛的氢氧化物沉淀：

$$TiCl_3 + 3OH^- = Ti(OH)_3 \downarrow + 3Cl^-$$

在盐酸溶液中，$TiCl_3$ 与碱金属氯化物生成水化络合盐 $Me_2[TiCl_5(H_2O)]$，它较难溶于盐酸。

无水的 $TiCl_3$ 溶于碱金属氯化物熔盐生成 $MeTiCl_4$、Me_2TiCl_5、$MeTi_3Cl_6$ 三种类型的络合盐。

$TiCl_3$ 与甲酸、乙酸和草酸反应生成相应钛（Ⅲ）甲酸酯、乙酸酯和草酸酯沉淀。

$TiCl_3$ 可以溶于各种醇中，特别能溶于甲醇和乙醇中。在醇溶液中 $TiCl_3$ 能与 $NaOCH_3$ 和 $NaOC_2H_5$ 反应，生成相应的烷氧基钛：

$$TiCl_3 + 3NaOCH_3 = Ti(OCH_3)_3 + 3NaCl$$

$$TiCl_3 + 3NaOC_2H_5 = Ti(OC_2H_5)_3 + 3NaCl$$

$TiCl_3$ 也溶于酮，但不溶于醚和二硫化碳。

在化学工业中，$TiCl_3$ 是许多有机化学反应的催化剂，它广泛用作生产聚丙烯的主催化剂。

C　二氯化钛

$TiCl_2$ 通常用作还原剂，在控制适宜的反应条件下可由还原 $TiCl_4$ 制得：

$$TiCl_4 + 2Na = TiCl_2 + 2NaCl$$

$$TiCl_4 + Ti = 2TiCl_2$$

也可采用氢还原 $TiCl_4$ 制取。然而用上述方法生成的 $TiCl_2$，一般不容易将它分离出来，因 $TiCl_2$ 在空气中容易被氧化。例如，把金属钛溶于稀盐酸中，开始为无色的 $TiCl_2$ 溶液，过一段时间便产生颜色，即出现了 $TiCl_3$。用干法制取的 $TiCl_2$ 中，一般含有 $TiCl_3$ 和其他反应产物混合物，需要在惰性气氛中或还原性气氛中保存。

$TiCl_2$ 是黑褐色粉末，属于六方晶系，晶格常数为 $a=0.3561\pm0.0005nm$，$c=0.5875\pm0.0008nm$。$TiCl_2$ 熔点为 1030±10℃，沸点为 1515±20℃，密度（25℃）的计算值为 $3.06g/cm^3$，实测值为 $3.13g/cm^3$。

$TiCl_2$ 是具有离子键特征的化合物，是一种典型的盐类，它的稳定性较差，容易被氧化，是一种强还原剂，加热时分解。

在真空中加热至 800℃或氢气中加热至 1000℃，$TiCl_2$ 发生歧化反应：

$$2TiCl_2 = Ti + TiCl_4$$

$TiCl_2$ 在空气中吸湿并氧化，溶于稀盐酸时迅速被氧化，并放出氢气：

$$2TiCl_2 + 2HCl = 2TiCl_3 + H_2\uparrow$$

$TiCl_2$ 溶于浓盐酸时，初始溶液呈绿色，逐渐被氧化为紫色。在空气中或氧气中加热则氧化生成 TiO_2 和 $TiCl_4$：

$$2TiCl_2 + O_2 = TiCl_4 + TiO_2$$

$TiCl_2$ 也可被 Cl_2 和 $TiCl_4$ 所氯化：

$$TiCl_2 + Cl_2 = TiCl_4$$

$$TiCl_2 + TiCl_4 = 2TiCl_3$$

在高温下，$TiCl_2$ 与 HCl 反应生成 $TiCl_3$ 或 $TiCl_4$：

$$2TiCl_2 + 2HCl = 2TiCl_3 + H_2$$

$$TiCl_2 + 2HCl = TiCl_4 + H_2$$

加热时，$TiCl_2$ 可被碱金属或碱土金属还原为金属钛，如：

$$TiCl_2 + 2Na = Ti + 2NaCl$$

$TiCl_2$ 溶于碱金属或碱土金属氯化物熔盐中，同这些金属氯化物生成复盐。只有 LiCl 是例外，它与 $TiCl_2$ 形成无限固溶体。

$TiCl_2$ 能溶于甲醇和乙醇中，并放出氢气，生成黄色溶液。

D 二氯氧钛

可按下列方法制取 $TiOCl_2$：

$$TiO + Cl_2 = TiOCl_2$$

$$TiCl_2 + Cl_2O = TiOCl_2 + Cl_2$$

$$2TiO_2 + MgCl_2 = TiOCl_2 + MgTiO_3$$

另外，过量的 $TiCl_4$ 蒸气与 TiO_2 反应时也生成 $TiOCl_2$。

$TiCl_4$ 在水蒸气中的水解产物一般总存在一些 $TiOCl_2$，在 $TiCl_4$ 的生产过程中，很容易产生 $TiOCl_2$，这是因为 $TiCl_4$ 与空气接触或氯化温度低（<600℃）而造成。因此，氯化制得的粗 $TiCl_4$ 中往往含有少量的 $TiOCl_2$。

$TiOCl_2$ 是一种具有吸湿性的黄色粉末，属于立方晶系，晶格常数为 $a=0.451\pm0.001nm$，密度为 $2.45g/cm^3$。

$TiOCl_2$ 是一个不稳定的化合物，只有在室温下的干空气中才能存在，加热时（180～

350℃）便发生分解。

$$2TiOCl_2 = TiCl_4 + TiO_2$$

$TiOCl_2$ 与氟作用生成 TiF_4：

$$2TiOCl_2 + 4F_2 = 2TiF_4 + O_2 + 2Cl_2$$

在高温下与氧反应生成 TiO_2：

$$2TiOCl_2 + O_2 = 2TiO_2 + 2Cl_2$$

120℃下与液体硫反应生成二硫化钛：

$$TiOCl_2 + 2S = TiS_2 + Cl_2O$$

$TiOCl_2$ 在热水中水解生成偏钛酸：

$$TiOCl_2 + 2H_2O = H_2TiO_3 + 2HCl$$

$TiOCl_2$ 能溶于盐酸和硫酸中，在盐酸溶液中如果存在 NH_4Cl 则可生成 $[TiOCl_4]^{2-}$ 和 $[TiOCl_5]^{3-}$ 络合离子。

E 一氯氧钛

$TiCl_3$ 与水蒸气作用在 600℃ 时便可生成 TiOCl。另外，氧化物与 $TiCl_3$ 反应也生成 TiOCl，如：

$$3TiCl_3 + Fe_2O_3 = 3TiOCl + 2FeCl_3$$

$$2TiCl_3 + TiO_2 = 2TiOCl + TiCl_4$$

TiOCl 是淡蓝色的针状或长方形片状结晶。密度在 25℃ 时为 3.14g/cm³。在存在 $TiCl_3$ 的密闭管中加热 550～700℃时，TiOCl 发生升华。

TiOCl 是一个不稳定的化合物，在真空中加热时发生分解：

$$3TiOCl = Ti_2O_3 + TiCl_3$$

在湿空气中氧化并水解生成偏钛酸：

$$4TiOCl + O_2 + 6H_2O = 4H_2TiO_3 + 4HCl$$

在空气中加热则发生热氧化，生成 TiO_2 和 $TiCl_4$：

$$4TiOCl + O_2 = 3TiO_2 + TiCl_4$$

F 四氟化钛

氟或氟化氢与钛化合物反应可制取 TiF_4，如：

$$TiO_2 + 2F_2 = TiF_4 + O_2$$

$$TiC + 4F_2 = TiF_4 + CF_4$$

$$TiCl_4 + 4HF = TiF_4 + 4HCl$$

TiF_4 是白色粉末，为强烈挥发性物质，10℃时密度为 2.84g/cm³，20℃时为 2.80g/cm³。它不经熔化便直接升华，在 284℃时，其蒸气压已达 0.1MPa。

TiF_4 加热至红热温度可被碱金属、碱土金属、铝、铁等还原为金属钛，例如：

$$TiF_4 + 4Na = Ti + 4NaF$$

TiF_4 不与氮、碳、氢、氧、硫及卤素发生反应。

TiF_4 是强的吸湿性物质，它溶于水中时放出大量的热，蒸发其水溶液可析出结晶水化物 $TiF_4 \cdot 2H_2O$。

TiF_4 可用作 HF 氟化 CCl_4 及烯烃异构化等有机反应的催化剂。

其他氟化钛：TiF_3 是一种紫色粉末，它的密度为 $3.0g/cm^3$，熔点为1230℃，沸点约为1500℃。TiF_2 是暗紫色粉末，25℃时密度为 $3.79g/cm^3$，熔点1280℃，沸点2150℃。TiF_3 和 TiF_2 的性质分别与 $TiCl_3$ 和 $TiCl_2$ 相似，它们的稳定性都差，加热时发生歧化，容易被氧化。

G 四溴化钛

在高温下以溴蒸气与碳化钛或（TiO_2+C）反应则可生成 $TiBr_4$：

$$TiC + 2Br_2 \xlongequal{\quad} TiBr_4 + C$$

$$TiO_2 + 2C + 2Br_2 \xlongequal{\quad} TiBr_4 + 2CO(650 \sim 700℃)$$

HBr 与沸腾的 $TiCl_4$ 反应也可生成 $TiBr_4$。

$TiBr_4$ 存在两种变体，低于-15℃时稳定态为 α 型，属于单斜晶系；高于-15℃时稳定态为 β 型，属于立方晶系。它的熔点为38.25℃，沸点为232.6℃。25℃时固体密度为 $3.37g/cm^3$。40℃时液体密度为 $2.95g/cm^3$，40℃时液体黏度为 $1.915\times10^{-3}Pa\cdot s$。

$TiBr_4$ 是吸湿性强的黄色结晶，其化学性质与 $TiCl_4$ 相似。$TiBr_4$ 在高温下可被氢还原为低价溴化钛和金属钛：

$$2TiBr_4 + H_2 \xlongequal{\quad} 2TiBr_3 + 2HBr(600 \sim 700℃)$$

$$TiBr_4 + H_2 \xlongequal{\quad} TiBr_2 + 2HBr(800 \sim 900℃)$$

$$TiBr_4 + 2H_2 \xlongequal{\quad} Ti + 4HBr(1200 \sim 1400℃)$$

在800℃时可与 O_2 反应生成 TiO_2：

$$TiBr_4 + O_2 \xlongequal{\quad} TiO_2 + 2Br_2$$

其他溴化钛：TiB_3 是紫红色物质，25℃时密度为 $3.94g/cm^3$，熔点高于1260℃，600℃时蒸气压为13MPa，隔绝空气加热至400℃时则发生歧化。TiB_2 是黑色粉末，25℃时密度为 $4.13g/cm^3$，熔点950℃，沸点1200℃，加热至500℃时便开始缓慢地发生歧化。

H 碘化钛

碘蒸气通过加热的金属钛便生成 TiI_4，钛的碘化反应是个可逆反应，在温度较低时主要生成 TiI_4，温度高时 TiI_4 发生分解。碘化氢与 $TiCl_4$ 在加热沸腾时也生成 TiI_4。

碘与氢的混合物与热的 $TiCl_4$ 反应也得到 TiI_4：

$$TiCl_4 + 2H_2 + 2I_2 \xlongequal{\quad} TiI_4 + 4HCl$$

TiI_4 是一种红褐色晶体，属于立方晶系，其晶格常数 $a=1.20nm$，106℃时发生晶型转化，转化后晶格常数 $a=1.22nm$，转化热为17.8J/g。它的熔点为155℃。液体 TiI_4 在160℃的蒸气压为439MPa，25℃时固体密度为 $4.01g/cm^3$，380℃时液体密度为 $3.41g/cm^3$。

TiI_4 在湿空气中冒烟，在水中发生水解，水解的中间产物为 $Ti(OH)_3\cdot 2H_2O$，最终产物为正钛酸 H_4TiO_4。TiI_4 可溶于硫酸及硝酸中，并发生分解析出碘，也可被碱溶液所分解。TiI_4 可溶于苯中。

加热时 TiI_4 歧化为金属钛和碘，歧化开始温度约为1000℃，1500℃可完全歧化。这是碘化法制取高纯钛工艺的原理。

在高温下，TiI_4 可被氢和金属还原为低价钛碘化物或金属钛，它与金属钛的反应存在下列平衡：

$$TiI_4 + Ti = 2TiI_2 (250℃)$$
$$TiI_4 + TiI_2 = 2TiI_3 (250℃)$$

TiI_4 在高温下与氧反应生成 TiO_2：

$$TiI_4 + O_2 = TiO_2 + 2I_2$$

TiI_4 与 F_2、Cl_2 和 Br_2 均可发生取代反应，如：

$$TiI_4 + 2F_2 = TiF_4 + 2I_2$$

TiI_4 与 $TiCl_4$ 反应生成碘氯化钛：

$$TiI_4 + 3TiCl_4 = 4TiCl_3I$$

TiI_4 溶于液体卤代烃、乙醇及二乙醚中，它与醇（甲醇、乙醇、丙醇、丁醇）在加热时发生反应。

其他碘化钛：TiI_3 是一种具有金属光泽的紫黑色晶体，15℃时密度为 4.76g/cm^3，熔点约为 900℃。TiI_3 隔绝空气加热至 350℃以上便发生歧化：

$$2TiI_3 = TiI_2 + TiI_4$$

在氧气中加热则被氧化为 TiO_2：

$$2TiI_3 + 2O_2 = 2TiO_2 + 3I_2$$

在含有碘化氢的水溶液中则可析出紫色的六水化合物 $TiI_3 \cdot 6H_2O$。

TiI_3 溶液也容易在氧和其他氧化剂的作用下发生氧化。

TiI_2 是一种具有金属光泽的褐黑色结晶的强吸湿性化合物。20℃ 时的密度为 4.65g/cm^3，熔点约为 750℃，沸点约为 1150℃。TiI_2 在真空中加热至 450℃不发生变化，当温度大于 480℃时则部分蒸发，部分发生歧化：

$$2TiI_2 = Ti + TiI_4$$

TiI_2 在加热时容易被氧化：

$$TiI_2 + O_2 = TiO_2 + I_2$$

TiI_2 在高温下可被氢还原为金属钛：

$$TiI_2 + H_2 = Ti + 2HI$$

TiI_2 在水中溶解时部分发生分解，激烈反应析出氢，生成含有三价钛的紫红色溶液。在碱和氨溶液中分解生成黑色的二氢氧化钛沉淀：

$$TiI_2 + 2OH^- = Ti(OH)_2 \downarrow + 2I^-$$

TiI_2 在盐酸溶液中溶解生成浅蓝色溶液。它还与硫酸和硝酸激烈反应，甚至在冷溶液中就析出碘。TiI_2 不溶于有机溶剂（醇、醚、氯仿、CS_2、苯）中。

在钛的卤化物中还有许多混合卤化钛，如 TiFCl、TiF_2Cl_2、$TiFCl_3$、$TiCl_2Br_2$、$TiCl_3I$ 等；还有许多卤氧化钛，如 Ti_2OCl_6、$Ti_2O_3Cl_2$、$TiOBr_2$、$TiOI_2$ 等。

问题讨论： 1. 钛的卤化物中哪种化合物在工业中最常用？
2. $TiCl_3$ 哪种晶型的催化能力最强？

2.2.2.5 氮化钛、碳化钛和硼化钛

A 氮化钛

钛的氮化物很多，如 TiN、TiN_2、Ti_2N、Ti_3N、Ti_4N、Ti_3N_4、Ti_3N_5、Ti_5N_6 等，但其

中比较重要的是 TiN。它们相互能形成一系列连续固溶体。

TiN 在 Ti-N 体系中形成固溶体，在 800～1400℃下钛可直接与 N_2 反应生成 TiN，如粉末钛或熔化钛在过量的氮气中燃烧便生成 TiN：

$$2Ti + N_2 = 2TiN$$

TiO_2 和碳的混合物在氮气流中加热至高温也生成 TiN：

$$2TiO_2 + 4C + N_2 = 2TiN + 4CO$$

氮和氢的混合物可在高温金属表面上（如 1450℃钨丝上）与 $TiCl_4$ 反应，在该金属表面上沉积 TiN 层：

$$2TiCl_4 + N_2 + 4H_2 = 2TiN + 8HCl$$

在铁表面上沉积 TiN 层可不需要氢：

$$2TiCl_4 + N_2 + 4Fe = 2TiN + 4FeCl_2$$

TiN 的外形像金属。它的颜色随其组成而变化，可为亮黄色至黄铜色。它的晶体构造为立方晶系。25℃时密度为 $5.21g/cm^3$。它的硬度很高，莫氏硬度为 9，显微硬度为 2.12GPa。熔点为 2930℃。TiN 具有很好的导电性能，20℃时比电导为 8.7μS/m。随温度升高，它的导电性降低，表现为金属性质。在 1.2K 时，TiN 具有超导性。在电解质表面上镀上 TiN 薄层，便成为半导体。

在常温下 TiN 是相当稳定的。在真空中加热时它可失去部分氮，生成含氮量比 TiN 少的升华物，此升华物可重新吸氮。TiN 不与氢反应，可在氧中或空气中燃烧生成 TiO_2：

$$2TiN + 2O_2 = 2TiO_2 + N_2$$

在高于 1200℃时，上述反应已有足够的反应速度，但随着时间的延长出现的白色二氧化钛消失，表面变黑，这是因为在 TiN-TiO 系中形成了含氧无限固溶体。

TiN 在加热时可与氯气反应生成氯化物：

$$2TiN + 4Cl_2 = 2TiCl_4 + N_2$$

TiN 不溶于水，在加热时与水蒸气反应生成氨和氢：

$$2TiN + 4H_2O = 2TiO_2 + 2NH_3 + H_2$$

TiN 在稀酸中（除硝酸以外）是相当稳定的，但存在氧化剂时可溶于盐酸。TiN 与加热的浓硫酸反应：

$$2TiN + 6H_2SO_4 = 2TiOSO_4 + 4SO_2 + N_2 + 6H_2O$$

在 1300℃下，TiN 与氯化氢反应生成 $TiCl_4$，TiN 与碱反应析出氨。

TiN 不与 CO 反应，可慢慢与 CO_2 反应生成 TiO_2：

$$2TiN + 4CO_2 = 2TiO_2 + N_2 + 4CO$$

TiN 硬度大，耐磨耐蚀性好，外观呈金黄色，颜色很美。在涂镀工业上常用它代替装饰用镀金和硬质合金表面强化镀层。也可直接应用作为硬质合金材料和制造熔融金属的坩埚。

B　碳化钛

钛的碳化物也很多，其中最重要的是 TiC。

熔化的金属钛在 1800～2400℃下直接与碳反应生成 TiC。一般在高温（1800℃以上）真空下用碳还原 TiO_2 制取 TiC。

在高于 1600℃下碳和氢（或 $CO+H_2$）的混合物与 $TiCl_4$ 反应也生成 TiC：

$$TiCl_4 + 2H_2 + C = TiC + 4HCl$$

$$TiCl_4 + CO + 3H_2 = TiC + 4HCl + H_2O$$

TiC 是一种具有金属光泽的铜灰色结晶，晶型构造为正方晶系，20℃时密度为 4.91g/cm^3。TiC 具有很高的熔点和硬度，熔点为 3150±10℃，沸点为 4300℃，升华热为 10.1kJ/g，莫氏硬度为 9.5，显微硬度为 2.795GPa，它的硬度仅次于金刚石。TiC 具有良好的传热性能和导电性能，随着温度升高其导电性降低，这说明 TiC 具有金属性质。它在 1.1K 时具有超导性。TiC 是弱顺磁性物质。

在常温下 TiC 是稳定的，在真空加热高于 3000℃时会放出含钛量比 TiC 更多的蒸气。在氢气中加热高于 1500℃时它便会慢慢脱碳。高于 1200℃时 TiC 与 N_2 反应生成组成变化的 Ti(C、N) 混合物。致密的 TiC 在 800℃时氧化很慢，但粉末状 TiC 在 600℃时可在氧气中燃烧：

$$TiC + 2O_2 = TiO_2 + CO_2$$

TiC 在 400℃时可与氯气反应生成 $TiCl_4$。TiC 不溶于水，在高于 700℃时与水蒸气反应生成 TiO_2：

$$2TiC + 6H_2O = 2TiO_2 + 2CO + 6H_2$$

TiC 不溶于盐酸，也不溶于沸腾的碱，但能溶于硝酸和王水中。

TiC 在 1200℃下可与 CO_2 反应生成 TiO_2：

$$TiC + 3CO_2 = TiO_2 + 4CO$$

TiC 在 1900℃下与 MgO 反应生成 TiO：

$$TiC + 2MgO = TiO + 2Mg + CO$$

碳化钛是已知的最硬的碳化物，是生产硬质合金的重要原料。TiC 与其他碳化物如 WC、TaC、NbC 等比较，它的密度最小，硬度最大，还能与钨和碳等形成固溶体。WC-TiC 合金、WC+（WC-Mo_2C-TiC）固溶体、TiC-TaC 合金等已成为重要的切削材料。

TiC 还具有热硬度高、摩擦系数小、热导率低等特点，因此含有 TiC 的刀具比 WC 及其他材料的刀具具有更高的切削速度和更长的使用寿命。如果在其他材料（如 WC）的刀具表面上沉积一层 TiC 薄层时，则可大大提高刀具的性能。TiC 薄层可在高温（1000℃以上）真空中由 $TiCl_4$ 与甲烷反应制得。

C 硼化钛

钛的硼化物很多，有 Ti_2B、TiB、TiB_2、Ti_2B_5 等，它们均为灰黑色粉末。硼化钛是一种重要的硼化物材料，它的物理化学性质优异，如 TiB_2 比 ZrB_2 的密度小、硬度大、熔点也低。

制取硼化钛的方法甚多，常用的方法大多是一步合成法。例如，将 TiO_2、B_4C 和 C 混合经高温合成，反应为：

$$2TiO_2 + B_4C + 3C = 2TiB_2 + 4CO$$

将 TiO_2、B_4C 和 Mg 粉混合让其自然燃烧。便会生成 TiB_2：

$$2TiO_2 + B_4C + 3Mg = 2TiB_2 + 3MgO + CO$$

再将燃烧反应物破碎、筛分和酸洗除去 MgO，就得到 TiB_2。

TiB_2 价键结合力强。因此具有熔点高、硬度大、导热性能和导电性能好等特性。

TiB_2 的晶体构造为六方晶格，密度为 $4.5g/cm^3$，熔点为2980℃，莫氏硬度为9，显微硬度为2.9GPa，电导率常温下为 $6.25\times10^5S/m$，电阻温度系数为正，热膨胀系数为 $4.6\times10^{-6}K^{-1}$，TiB 的熔点为2200℃。

TiB_2 具有良好的热稳定性能，常温下非常稳定，即使在高温下也具有优异的抗氧化性能。这是因为 TiB_2 表面覆盖一层复合氧化物保护层，故它的使用温度可达2000～3000℃。TiB_2 具有良好的耐磨和耐蚀性能，它耐熔融金属的腐蚀性能优异，耐酸性能也好。TiB_2 在碱中或氯气氛中加热到高温时会被侵蚀，与氟在常温下也会反应。

TiB_2 主要用作惰性气氛或真空中的高温发热体材料，如用粉末冶金法制得的含57% TiB_2 和43% TiCN 的导电复合材料适于制造金属真空蒸发皿。以 TiB_2 为基的工程陶瓷烧结体可以制造高硬度、高韧性的切削刀具、管坯拉模、高压喷嘴等，还是最佳的铝电解槽专用阴极材料，如在铝电解槽上使用碳化纤维增强的 TiB_2/C 复合涂层阴极节能显著。TiB_2 和其他结构陶瓷材料一样，具有强度低、脆性大的缺点，必须提高它的机械性能方能扩大它的应用领域。为此，最近开发了不少 TiB_2 的二元素和三元素复合陶瓷材料，如 TiB－TiCN 复合材料就是其中的一种。

问题讨论： 1. TiN、TiC、TiB_2 是金属吗？它们都有些什么重要的性质？
2. 金色的钛金门窗表面是什么成分？

2.2.2.6　钛的无机盐

钛的无机盐种类很多，下面介绍几种常见的钛盐。

A　钛盐（Ⅳ）

四价钛的硫酸盐有：$Ti(SO_4)_2$、$Ti(S_2O_7)_2$、$TiOSO_4$、$Ti_4O_5(SO_4)_3$、$Ti_7O_{13}(SO_4)$、$Ti_2O_3(SO_4)$ 等。

正硫酸钛 $Ti(SO_4)_2$：过量的 SO_3 与 $TiCl_4$ 反应，或用硝酸氧化 TiS_2 均可制取正硫酸钛。

正硫酸钛是一种白色易吸湿粉末，在加热高于150℃时开始分解：

$$Ti(SO_4)_2 = TiOSO_4 + SO_3$$

在更高温度下可完全分解。它溶于水时放出热，说明发生了水解，生成硫酸基钛酸；还可溶于醇、醚及丙酮中发生分解。它与活性金属的硫酸盐反应生成三硫酸基钛酸盐。它在氢气流中于100～120℃下被还原生成 TiS_2。

硫酸氧钛 $TiOSO_4$：将正钛酸 $Ti(SO_4)_2$ 加热至500～550℃生成 $TiOSO_4$，或者把 TiO_2 溶于浓硫酸并加热至225℃时也生成 $TiOSO_4$。浓硫酸 TiO_2 溶液在高于150℃下结晶，也可获得 $TiOSO_4$。

SO_3 与金属钛反应也生成 $TiOSO_4$：

$$Ti + 3SO_3 = TiOSO_4 + 2SO_2$$

$TiOSO_4$ 是白色结晶，具有双重折射性，通常是以无定型粉末形式存在。在加热时，它分解析出 SO_3 蒸气，在450～580℃温度范围内的分解压力可由下式表示：

$$\lg(p/Pa) = 3145 - 2.35 \times 10^6 T^{-1}$$

在579℃时分解压力达到0.1MPa。

$TiOSO_4$ 能溶于冷水中，生成硫酸基钛酸，被热水水解时生成偏钛酸。$TiOSO_4$ 溶于硫酸时也生成硫酸基钛酸。它还溶于盐酸，也可被碱和氨液所分解。

$TiOSO_4$ 可催化 SO_2 的氧化反应，这是因为 SO_2 与吸收热的 $TiOSO_4$ 反应生成三价钛硫酸盐：

$$2TiOSO_4 + SO_2 = Ti_2(SO_4)_3$$

$Ti_2(SO_4)_3$ 再与 O_2 反应生成 SO_3，并再生成 $TiOSO_4$：

$$2Ti_2(SO_4)_3 + O_2 = 4TiOSO_4 + 2SO_3$$

硝酸钛 $Ti(NO_3)_4$：由 Ti_2O_5 和硝酸盐作用可制得无水 $Ti(NO_3)_4$。它的熔点为 58℃，具有挥发性。$Ti(NO_3)_4$ 易和有机物激烈反应，常引起燃烧或爆炸，这可能是通过放出很活泼的 NO_3 自由基而起反应的。无水硝酸钛具有特殊的十二面体结构。

B 钛酸盐

可把钛酸盐看成是复合氧化物，主要有偏钛酸盐 $MeTiO_3$、正钛酸盐 Me_2TiO_4 和多钛酸盐如 $MeTi_2O_5$ 等（Me 为二价金属元素）三种类型。钛酸盐可由 TiO_2 或水合 TiO_2 与相应的金属氧化物、氢氧化物或碳酸盐混合加热制备。钛酸盐一般都是稳定的化合物，它不溶于水，但可被浓酸分解。

钛酸钾：钛酸钾在工业生产中有着广泛的用途，因为它在一定条件下具有形成纤维晶须的特性。

钾的钛酸盐的化学通式为 $K_2O \cdot nTiO_2$（$n=1 \sim 8$），其中单钛酸钾（K_2TiO_3）熔点为 800℃左右，二钛酸钾（$K_2Ti_2O_5$）熔点为 980℃，四钛酸钾（$K_2Ti_4O_9$）熔点为 1114℃，六钛酸钾（$K_2Ti_6O_{13}$）熔点为 1370℃。

钛酸钾纤维主要是指化学组成以六钛酸钾（$K_2Ti_6O_{13}$）和八钛酸钾（$K_2Ti_8O_{17}$）为主的单纤维晶须。它具有很高的化学稳定性和热稳定性，导热率极低，耐腐蚀性极好，对红外光反射率高。在国外作为商品出售的钛酸钾纤维的主要性能如下，纤维平均直径 0.2 ~ 0.5μm，纤维平均长度 10 ~ 40μm，熔点 1300 ~ 1350℃，真密度约 3.3g/cm^3，松装密度小于 0.2g/cm^3，比表面积（BET 法）7 ~ 10m^2/g，拉伸强度 4.5 ~ 5.0GPa，拉伸模量 200 ~ 240GPa，维氏硬度 6.38GPa，热膨胀系数 8.7×10^{-6}/℃。这种纤维易分散在树脂等有机基体中，其水浆液可制成纸、毡及多孔模坯等。

日本对钛酸钾纤维的制造和应用技术进行了广泛深入的研究。日本大家化学有限公司有生产钛酸钾纤维的工厂，年产能力 1000t。

钛酸钾纤维是制造复合材料的增强剂，主要用于增强塑料、橡胶、金属和陶瓷材料。它的作用是提高复合材料的强度，增强韧性、耐磨性、耐热性、隔热性、绝缘性和耐磨蚀性等。此外，钛酸钾纤维还可用来制造特种高温和抗氧化涂料、制动品衬套、过滤材料、催化剂支撑材料、绝缘材料以及电池隔膜材料等。

钛酸钾纤维有多种制造方法，其中常用的是烧结法（固相反应法）。将 TiO_2 或水合 TiO_2 与碳酸钾（需过量）混合、成型、烧结 900 ~ 1300℃生长纤维，烧结物在水中溶胀析出，经过洗涤、干燥分散成纤维产品。

钛酸锶：钛酸锶是钙钛矿型结构，熔点 2080℃，密度 5.12g/cm^3，可用固相法或液相法制备。固相法是将纯 TiO_2 和 $SrCO_3$ 混合烧结而成。液相法是从 $TiCl_4$ 和 $SrCl_2$ 溶液中以草酸复盐形式沉淀出来，经洗涤、干燥而制得。在 $BaTiO_3$ 热敏陶瓷中加入 $SrTiO_3$，可降低其居里点和改变其温度系数。$SrTiO_3$ 的另一个重要用途是制造压敏电阻器，它具有电阻器和电容器的双重功能，在抗干扰电路中有着广泛的用途。$SrTiO_3$ 也是制造电容器的中间材料。

钛酸铅：钛酸铅是黄色固体，密度为 $7.3g/cm^3$，可由 TiO_2 和 PbO 混合烧结制备。钛酸铅在制造功能陶瓷中有重要的应用，也是制造钛酸锆铅铁电陶瓷的重要原料。

钛酸锌：正钛酸锌（Zn_2TiO_4）可由 ZnO 和 TiO_2 在1000℃下烧结而成，为尖晶石结构，呈白色固体状，密度为 $5.12g/cm^3$。

钛酸锑镍：钛酸镍是鲜黄色固体，密度为 $5.08g/cm^3$。当 Sb_2O_3 加到 $NiCO_3$ 和 TiO_2 混合物中并加热至980℃时，就形成钛酸锑镍，它是一种黄色颜料。

钛酸镁：在 TiO_2-MgO 体系中可生成正钛酸镁 $Mg_2TiO_4(2MgO \cdot TiO_2)$、偏钛酸镁 $MgTiO_3(MgO \cdot TiO_2)$、二钛酸镁 $MgTi_2O_5(MgO \cdot 2TiO_2)$、三钛酸镁 $Mg_2Ti_3O_8(2MgO \cdot 3TiO_2)$ 和四钛酸镁 $MgTi_4O_9(MgO \cdot 4TiO_2)$ 五种钛酸盐。其中四钛酸镁是不稳定的。

2份 TiO_2 和1份 MgO 在10份 $MgCl_2$ 溶剂中熔融便可生成正钛酸镁。正钛酸镁是一种亮白色结晶，属于正方晶系，固体密度为 $3.52g/cm^3$，熔点（固液同成分）为1732℃。它不溶于水，在硝酸、盐酸中长时间加热便分解。

TiO_2 和 Mg 的混合物加热至1500℃可生成偏钛酸镁 $MgTiO_3$。在高温下 TiO_2 与 $MgCl_2$ 反应也生成偏钛酸镁。偏钛酸镁属六方晶系，固体密度为 $3.91g/cm^3$，熔点（固液同成分）为1630℃。

偏钛酸镁在1050℃氢气流中被还原为三价钛酸镁 $Mg(TiO_2)_2$；在与碳混合物加热至1400℃时也发生相应的还原。

偏钛酸镁能缓慢地溶于稀盐酸中，在浓盐酸中溶解速度很快，也溶于硫酸氢氨的熔融液中。

在 TiO_2-MgO 体系中形成二钛酸镁 $MgTi_2O_5$，这是一种白色结晶，固体密度为 $3.58g/cm^3$，熔点（固液同成分）为1652℃。$MgTi_2O_5$ 与碳的混合物加热至1400℃被还原为三价钛酸盐：

$$MgTi_2O_5 + C \xlongequal{} Mg(TiO_2)_2 + CO\uparrow$$

$MgTi_2O_5$ 在水和稀酸中都不溶解。

偏钛酸与碳酸镁烧结便生成三钛酸镁 $Mg_2Ti_3O_8$。这是一种白色结晶，具有较大的介电常数。

钛酸钙：在 TiO-CaO 体系中形成偏钛酸钙 $CaTiO_3(CaO \cdot TiO_2)$ 和正二钛酸钙 $Ca_3Ti_2O_7$。

TiO_2 与相应量的 CaO 加热烧结便生成偏钛酸钙 $CaTiO_3$。偏钛酸钙是黄色晶体，属于单斜晶系，固体密度 $4.02g/cm^3$，在1260℃发生同素异形转化，转化热为4.70J/g，1650℃开始软化，1980℃（固液同成分）熔化。

偏钛酸钙不溶于水，在加热的浓硫酸和盐酸中发生分解，与碱金属硫酸氢化物或硫酸铵熔化时也发生分解。

正二钛酸钙 $Ca_3Ti_2O_7$ 是一种黄色结晶，熔点（固液同成分）为1770℃，熔化析出偏钛酸钙。正二钛酸钙不溶于水，在加热的浓硫酸或碱金属硫酸氢化物中分解。

钛酸钡：在 TiO_2-BaO 体系中，通过控制不同的钛钡比可制取偏钛酸钡（$BaTiO_3$）、正钛酸钡（Ba_2TiO_4）、二钛酸钡（$BaTi_2O_5$）和多钛酸钡（$BaTi_3O_7$、$BaTi_4O_9$ 等），其中以偏钛酸钡最有应用价值。

制取偏钛酸钡的方法很多，可归纳为固相法和液相法两类。固相法一般以 TiO_2 和 $BaCO_3$ 按摩尔比 1∶1 混合，并可适当压制成型，放入 1300℃左右氧化气氛炉中焙烧，其反应式为：

$$TiO_2 + BaCO_3 = BaTiO_3 + CO_2$$

反应产物经破碎磨细为产品。作为电子陶瓷材料使用的偏钛酸钡，在其生产中不希望有其他几种钛酸钡生成，所以原料的配比必须准确和混合均匀，这是该法的难点之一。固相法产品因受原料纯度和制备过程的污染，一般纯度较低，活性较差，且较难磨细成超细粉。

液相法是以精制的四氯化钛和氯化钡为原料，使它们与草酸反应生成草酸盐 $Ba(TiO)(C_2O_4)_2 \cdot 4H_2O$ 沉淀，经焙烧获得偏钛酸钡。液相法可获得高纯度、高活性和超细的产品，产品中钛钡比可达到很精确的程度。我国已能用这种方法生产质量较好的适合于功能陶瓷使用的钛酸钡，但有待进一步改进工艺设备以提高产品质量的稳定性。

偏钛酸钡有四种不同的晶型，各具有不同的性质。高于 122℃稳定的是立方晶型，它不是一种强性电解质。122℃是偏钛酸钡的居里点。5～120℃下稳定的是正方晶型，它是一种强性电解质。-90～+5℃下稳定的是斜方晶型，它也是一种强性电解质。低于-90℃下稳定的是斜方六面体，它会发生极化。

偏钛酸钡是白色晶体，密度 6.0g/cm^3，熔点 1618℃，不溶于水，在热浓酸中分解。偏钛酸钡可与其同素异形体、锆酸盐、铪酸盐等形成连续固溶体，这些固溶体具有强性电解质的性质。

由于偏钛酸钡具有极高的介电常数、耐压和绝缘性能优异，是制造陶瓷电容器和其他功能陶瓷的重要原料。用偏钛酸钡制造的电子陶瓷元件已在无线电、电视和通信设备中大量使用，使设备的性能提高和小型化，成为高频电路元件中不可缺少的材料。偏钛酸钡的强电性能也正在广泛地被利用来制造介质放大、调频、存储装置等。另外，偏钛酸钡陶瓷具有电致伸缩和压电性能，用它制造的压电晶体质量优于其他晶体，从用作超声波振子开始，现已被广泛地应用于各种声学装置、测量或滤波器等方面。

偏钛酸钡是制造正温度系数（PTC）热敏陶瓷电阻的重要原料。虽然纯 $BaTiO_3$ 是一种良好绝缘体，但加入微量元素（如以三价镧置换二价钡）便具有半导体性质，即它的电阻率具有随温度变化而发生突变的特性，在居里温度以下是一种导体；而在居里温度以上其阻值剧增几个数量级，几乎成为绝缘体，这就是所谓的 PTC 现象，现已广泛利用 $BaTiO_3$ 这一性质制造 PTC 热敏陶瓷电阻，它已成为一种重要的功能陶瓷材料，在现代工业中具有广泛的应用。

钛酸锰：在自然界的红钛锰矿（$MnO \cdot TiO_2$）中存在偏钛酸锰 $MnTiO_3$。偏钛酸与二氯化锰加热熔化生成偏钛酸锰。它属于六方晶系，密度为 4.84g/cm^3，熔点（固液同成分）为 1390℃。

5 份 $MnCl_2$ 和 2 份偏钛酸混合物加热熔化生成正钛酸锰 Mn_2TiO_4，无定型 TiO_2 与 $MnCO_3$（摩尔比 1∶1）混合物在氢或氮气氛中加热至 1000℃烧结得到正钛酸锰。

钛酸铁：在 TiO_2-FeO 和 TiO_2-Fe_2O_3 系中形成各种二价铁和三价铁的钛酸盐，在自然界的矿物中常有这些钛酸盐存在。

在 TiO_2-FeO 系中形成正钛酸亚铁 Fe_2TiO_4。5 份 FeF_2 和 2 份偏钛酸在 NaCl 熔盐介质中烧结便可生成 Fe_2TiO_4。正钛酸亚铁是亮红色的结晶，属于斜方晶系，密度 4.37g/cm³，熔点 1375℃，是非磁性物质。

TiO_2 与相应量的 FeO 在 700℃下烧结，或偏钛酸与相应量的 $FeCl_2$ 烧结均可得到偏钛酸亚铁 $FeTiO_3$。偏钛酸亚铁是较稳定的，在 1000～1200℃下的氢气中仅有一半铁被还原：

$$2FeTiO_3 + H_2 = Fe + FeTi_2O_5 + H_2O$$

偏钛酸亚铁不溶于水，也不和稀酸发生反应；在加热时可在浓硫酸、盐酸与氧的混合物中分解。偏钛酸亚铁在自然界中以尖钛铁矿形式存在。

钛酸铝：在 Al_2O_3-TiO_2 体系中仅发现一个化合物——偏钛酸铝 $Al_2O_3 \cdot TiO_2$，没有发现正钛酸铝 $Al_2O_3 \cdot 3TiO_2$。2 份 Al_2O_3 和 5 份 TiO_2 在冰晶石介质中加热可生成偏钛酸铝。

TiO_2 与相应量的 Al_2O_3 熔化生成 $Al_2O_2 \cdot TiO_3$，生成物属于斜方晶系，25℃时密度为 3.67g/cm³，熔点为 1860℃。它的热膨胀系数很小，因此 $Al_2O_2 \cdot TiO_3$ 可用作耐火材料。$Al_2O_2 \cdot TiO_3$ 与二钛酸镁可形成无限固溶体。

2.2.2.7　卤钛酸盐

六氟钛酸钠 Na_2TiF_6：是一种细小的六方棱晶，熔点 700℃，在熔化时发生分解挥发。它属于六方晶系，它在 20℃水中的溶解度为 6.1%，在 98% 的乙醇中溶解度为 0.004%。

六氟钛酸钾 K_2TiF_6：是一种细小片状结晶，属于三角晶系，在 300～350℃转化为立方晶系。15℃时密度为 3.012g/cm³，780℃熔化并部分分解挥发，在 865℃时完全分解。在加热的氢气流中还原 K_2TiF_6 为 K_2TiF_5。K_2TiF_6 难溶于水中。

六氟钛酸钾与水生成一水化合物 $K_2TiF_6 \cdot H_2O$，后者在 30℃的饱和离解压为 2.66kPa，容易在空气中脱水。

无水 K_2TiF_6 可在高于 30℃的饱和水溶液中结晶出来。在水溶液中 K_2TiF_6 可与碱金属氢氧化物反应：

$$K_2TiF_6 + 4KOH = 6KF + H_4TiO_4$$

六氯钛酸钾 K_2TiCl_6：气体 $TiCl_4$ 与 KCl 反应可生成少量 K_2TiCl_6：

$$2KCl + TiCl_4 = K_2TiCl_6$$

K_2TiCl_6 仅在氯化氢气氛中稳定，属于立方晶系。K_2TiCl_6 在 300℃开始离解，在 525℃离解压力已达 0.1MPa。

六氯钛酸钠（Na_2TiCl_6）：气体 $TiCl_4$ 与熔融氯化钠反应仅生成极少量的 Na_2TiCl_6，它是很不稳定的化合物。

问题讨论：1. $Ti(SO_4)_2$、$TiOSO_4$、$Ti_2(SO_4)_3$ 三种物质之间是什么关系？试用化学方程式表示。

2. 钛酸钾、钛酸锶、钛酸钡、钛酸钙、钛酸铅、钛酸镍在工业中分别有什么用途？

2.2.3 钛的有机化合物

钛的有机化合物品种繁多，基本的定义是含有一个 Ti 与 C 或含 C 原子团形成共价键的化合物。钛的有机化合物大致可以分为钛酸酯及其衍生物、有机钛化合物、含有机酸的钛盐或钛皂三类。

2.2.3.1 钛酸酯及其衍生物

钛酸酯及其衍生物在工业上有着十分广泛的用途，可用作各种表面处理剂，如耐高温（500～600℃）涂料的基料、酯化和醇解的催化剂、含羟基树脂的交联剂、环氧树脂固化剂、聚酯漆包线等有机硅漆的固化促进剂、乳胶漆的触变剂和玻璃表面处理剂等。

A 钛酸酯

其分子结构中含有至少一个 C—O—Ti 键的化合物称为钛烃氧基化合物。钛（Ⅳ）烃基化物的通式为 $Ti(OR)_4$。可把 $Ti(OR)_4$ 看成是正钛酸 $Ti(OH)_4$ 的烃基酯，所以通常称它为（正）钛酸酯。

制备低级钛酸酯最常用的方法是 Nells 法，其原理是：

$$TiCl_4 + 4ROH = Ti(OR)_4 + 4HCl$$

该方法的关键是用氨除去反应生成物 HCl，以使反应完全：

$$TiCl_4 + 4ROH + 4NH_3 = Ti(OR)_4 + 4NH_4Cl$$

戊酯以上的高级钛酸酯可用醇解法方便地由低级酸酯（如钛酸丁酯）和高级醇（R′OH）来制备：

$$Ti(OC_4H_9)_4 + 4R'OH = Ti(OR')_4 + 4C_4H_9OH$$

反应生成的低级醇（如丁醇）用常压或减压蒸出。它们的主要物理化学性质列于表 2-15。

表 2-15 低级钛酸酯的基本物理性质

名称	分子式	外观	熔点/℃	沸点/℃	沸点时的蒸压/Pa	密度 d_4^{35}/g·cm^{-3}	折光率 n_{35}^{D}	黏度 η_{25}/mPa·s
钛酸甲酯	$Ti(OCH_3)_4$	白色结晶晶体	210	170（升华）	1.3			
钛酸乙酯	$Ti(OC_2H_5)_4$		<-40	103	13	1.107	1.5051	44.45
钛酸丙酯	$Ti(OC_3H_7)_4$	浆状黏稠液		124	13	0.997	1.4803	161.35
钛酸异丙酯	$Ti[OCH(CH_3)_2]$	≥18.5℃时为微黄色液体	18.5	49	13	0.971	1.4568	4.5
钛酸丁酯	$Ti(OCH_3)_4$	微黄色液体	约 50	142	13	0.992	1.4863	67

另外，含 C_{10} 以上的高级钛酸酯都是无色蜡状固体。

低级钛酸酯（除钛酸甲酯外）在与潮气或水接触时，会迅速水解而生成含有 Ti-O-Ti 的聚合物，通常为聚钛酸酯。钛酸酯的水解和聚合是逐渐进行的，生成一系列中间聚合物。随着聚合度的增加，聚钛酸酯的黏度和水解的稳定性增大，耐氧化和耐高温性能提高，钛酸酯 R 基团的碳原子数越多，水解就越难进行。

低级钛酸酯易与高级醇或其他含羟基化合物交换烃氧基：

$$Ti(OR)_4 + 4R'OH = Ti(OR')_4 + 4ROH$$

较低级钛酸酯在加热时极易与有机酸的较高级酯起交换反应，如：

$$Ti[OCH(CH_3)_2]_4 + 4CH_3COOC_4H_9 = Ti(OC_4H_9)_4 + 4CH_3COOCH(CH_3)_2$$

钛酸酯还易与有机酸、酸酐反应生成钛酰化合物。正戊酯以下的低级钛酸酯的热稳定性较好，在常压蒸馏时不会发生变化，但长期加热会发生缩聚作用，生成如水解时所生成的那种聚钛酸酯。随着烃基中碳原子数的增加，钛酸酯的热稳定性降低，高级钛酸酯（如钛酸正十六烷基酯）即使在高真空下蒸馏也会完全分解。热分解的最终产物是聚合 TiO_2。

B 钛的烃氧基卤化物

钛的烃氧基卤化物通式为 $Ti(OR)_nX_{4-n}$，R 为烷基、烯基或苯基，X 为 F、Cl 或 Br。

在由 $TiCl_4$ 与醇或酚制取钛酸酯的过程中生成钛的烃氧基卤化物，如：

$$TiCl_4 + ROH = ROTiCl_3 + HCl$$

$$ROTiCl_3 + ROH = (RO)_2Ti(Cl)_2 + HCl$$

$$(RO)_2TiCl_2 + ROH = (RO)_3TiCl + HCl$$

钛（Ⅳ）的烃氧基氟化物和氯化物是无色或黄色晶体，新制取的黏稠液体放置后颜色变暗。而钛的苯氧基卤化物是橙红色固体，熔点较高。它们都易潮解并且易溶于水并逐渐发生水解，生成相应的醇、烃基卤化物和水合 TiO_2。

C 钛螯合物

钛螯合物是钛酸酯的衍生物。低级钛酸酯与螯合剂反应生成钛螯合物，此时钛酸酯中的钛原子与螯合原子（如 O、N 等）形成配价键，从而使钛的配位数为 6，使之形成一个稳定的八面体结构。如：

$$Ti[OCH(CH_3)_2]_4 + R(OH)_2 \longrightarrow (CH_3)_2CHO\text{-}Ti\text{-}OCH(CH) + (CH_3)_2CHOH$$

螯合剂是具有两个官能基以上的有机化合物，其中一个官能基是羟基。另一个基团需含有螯合原子 O、N 等，可作为螯合剂的化合物有二元醇、羟基酸、二元羟酸、双烯酮、酮酯、烷醇胺等。

钛螯合物是依靠分子内的配位作用而形成的八面体结构，因而它的稳定性，特别是对水解的稳定性要比相应的钛酸酯好得多。钛酸酯因易在空气中潮解而限制了它的应用，而钛螯合物则没有这方面的问题。钛螯合物仍有烃氧基存在。因此，除了它对水解稳定性较好以外，其他性质与钛酸酯相近。

2.2.3.2 有机钛化合物

有机钛化合物是指分子中至少含有一个 C—Ti 键的化合物。这类化合物是由 $TiCl_4$ 与有机金属化合物（如有机镁、钠、锂试剂）反应制取。这类化合物包括钛的烃基化合物、苯基化合物、茂基化合物和羰基化合物等。有机钛化合物在催化乙烯聚合和固氮方面有着重要的用途。

（1）钛的烃基化合物。钛的烃基化合物大多是很不稳定的，只有甲基钛比较稳定。四甲基钛（$(CH_3)_4Ti$）在-50～-80℃的乙醚里存放，它由甲基锂（CH_3Li）缓慢加入$TiCl_4$的乙醚复合物悬浊液中得到：

$$TiCl_4 + 4CH_3Li = (CH_3)_4Ti + 4LiCl$$

$(CH_3)_4Ti$的热稳定性差，高于-20℃发生分解。

三氯甲基钛可用二氯甲基铝与$TiCl_4$反应制得：

$$TiCl_4 + CH_3AlCl_2 = CH_3TiCl_3 + AlCl_3$$

CH_3TiCl_3可用作乙烯聚合的催化剂。

（2）钛的苯基化合物。在-70℃的乙醚中，用苯基锂（C_6H_5Li）与$TiCl_4$制取四苯基钛：

$$4C_6H_5Li + TiCl_4 = (C_6H_5)_4Ti + 4LiCl$$

四苯基钛是橙色晶体，也很不稳定，在高于-20℃时发生分解。

钛苯基衍生物都比较稳定，如三异丙氧基苯基钛（$(C_6H_5)Ti[OCH(CH_3)_2]_3$）是白色晶体，熔点88～90℃，在低于10℃或惰性气体中是稳定的，但在水中迅速分解。

（3）钛的茂基化合物。近年来已制得四茂基钛及其衍生物，如二π—茂基二氯化钛可由$TiCl_4$茂基钠反应制得：

$$TiCl_4 + 2C_5H_5Na = (\pi - C_5H_5)_2TiCl_2 + 2NaCl$$

二π—茂基二氯化钛是深红色晶体，可溶于非极性溶剂中，具有抗磁性，可用作链烯聚合反应的均相催化剂。

（4）钛的羰基化合物。用CO与二π—茂基二氯化钛和正丁基锂或茂酸钠的混合物反应，可制得中性的二π—茂基二羰基钛（$(\pi\text{-}C_5H_5)_2Ti(CO)_2$），是红褐色固体，热稳定性差，温度高于90℃时发生分解。

2.2.4　钛的生理影响和生物特性

钛本身没有毒性，即使大剂量时也是如此，钛在人体中不会发生任何自然作用。但是吸入钛金属粉尘，会对上呼吸道有刺激性，引起咳嗽、胸部紧束感或疼痛。钛在人体中分布广泛，正常人体中的含量为每70kg体重不超过15mg，其作用机理尚不清楚。但钛能刺激吞噬细胞，使免疫力增强这一作用已被证实。

钛在人体内，能抵抗分泌物的腐蚀且无毒，对任何杀菌方法都适应。因此被广泛用于制医疗器械，制人造髋关节、膝关节、肩关节、肘关节、头盖骨，主动心瓣、骨骼固定夹。当新的肌肉纤维环包在这些“钛骨”上时，这些钛骨就开始维系着人体的正常活动。最常见的生物医学植入材料有不锈钢、Co-Cr合金、钛合金3种。与前两种合金相比，钛合金具有生物相容性好、综合力学性能优异、耐腐蚀能力强等特点，因而现在已成为生物医学材料领域的主流开发产品。

习　题

一、填空题

1. ________型TiO_2是三种变体中最稳定的一种，即使在高温下也不发生转化和分解。

2. 锐钛型 TiO_2 的晶型属于________晶系。锐钛型 TiO_2 ________温（高、低）下稳定，________型 TiO_2 是不稳定的化合物。
3. 除________酸外，TiO_2 不溶于其他稀无机酸中。
4. $TiCl_4$ 分子是________结构。
5. ________是已知的最硬的碳化物，是生产硬质合金的重要原料。
6. 钛酸钾纤维是制造复合材料的________。
7. 钛酸锶是________型结构。
8. 钒酸具有较强的缩合能力，随着 pH 下降，________增大，溶液颜色逐渐变________（深、浅），从________色到________色再到________色。
9. 钒共有________个同位素，其中同位素________是稳定的。
10. 钒原子的价电子结构为________。
11. 钒在空气中加热时，氧化成的________色三氧化二钒（V_2O_3）、________色的四氧化二钒（V_2O_4）或者橘红色的________；在较低温度下，钒与氯作用生成________。
12. 在较高温度下，与碳作用生成________。
13. VO 在空气中和水中不稳定，容易氧化成________。
14. 二氧化钒是深蓝色晶体粉末，温度超过 128℃ 时为________型结构。
15. V_2O_5 与干燥的 HCl 作用能生成 $VOCl_3$，反应式为：________。
16. 钒酸具有较强的缩合能力，随着 pH 下降，________增大，溶液颜色逐渐变________（深、浅），从________色到________色再到________色。

二、是非题（对的在括号内填“√”号，错的填“×”号）

1. 室温时，致密的钒对氧、氮和氢都是稳定的。（　）
2. 钒具有延展性，质坚硬，有磁性。（　）
3. 钒能耐盐酸、硫酸、硝酸、氢氟酸、碱溶液等的腐蚀，所以具有极强的耐蚀性。（　）
4. V_2O_3 是灰黑色有光泽的结晶粉末，是非整比的化合物 $VO_{1.35\sim1.5}$。（　）
5. V_2O_3 是酸性氧化物，属于难熔化合物，并具有导电性。（　）
6. V_2O_5 是两性氧化物，但主要是酸性的。（　）
7. 所有的铵盐都极易溶于水，所以偏钒酸铵（NH_4VO_3）在水中的溶解度很大。（　）
8. 所有的二卤化钒都是吸潮性的，具有强烈的还原性。（　）
9. 钒能溶解氢，生成稳定的二氢化物 VH_2。（　）
10. TiO_2 是两性化合物，它的酸性略强于碱性。（　）
11. 偏钛酸很不稳定，热水洗涤或加热时或长时间在真空中干燥转化为正钛酸。（　）
12. 常温下四氯化钛是无色透明液体，在空气中冒白烟，具有强烈的刺激性气味。（　）
13. $TiCl_3$ 粉末不溶于 $TiCl_4$。（　）
14. 钛酸酯 R 基团的碳原子数越多，水解就越难进行。（　）
15. 钛没有毒性，所以人在任何钛工业生产环境中都不会对健康有影响。（　）

三、简答题

1. 工业上为什么不采用 TiO_2 与 Cl_2 进行反应制备 $TiCl_4$？
2. 刚制取的 $Ti(OH)_2$ 颜色较深，但放置时颜色逐渐变浅，最后变为白色，是为什么？
3. 在约 1000℃ 下 Al 可还原 $TiCl_4$ 为金属钛：$3TiCl_4+4Al=3Ti+4AlCl_3$，为何不用金属铝还原 $TiCl_4$ 制备金属钛？
4. 低级钛酸酯最常用的方法是 Nells 法，其原理是什么？该方法的关键之处是什么？用化学方程式表示。

参 考 文 献

[1] 杨保祥. 钒基材料制造 [M]. 北京：冶金工业出版社，2014.
[2] 黄道鑫. 提钒炼钢 [M]. 北京：冶金工业出版社，2000.
[3] 陈厚生. 钒和钒合金. 化工百科全书·第4卷 [M]. 北京：化学工业出版社，1993.
[4] 陈厚生. 钒化合物. 化工百科全书·第4卷 [M]. 北京：化学工业出版社，1993.
[5] 马兰，刘景景，彭富昌，等. 材料化学基础 [M]. 北京：冶金工业出版社，2017.
[6] 杨保祥. 钛基材料制造 [M]. 北京：冶金工业出版社，2014.
[7] 杨绍利，刘国钦，陈厚生. 钒钛材料 [M]. 北京：冶金工业出版社，2007.

3 钒原料制备及应用

本章课件

【本章内容提要】

钒原料是制备和生产钒结构材料和功能材料的基础。在钒结构材料和功能材料的制备和生产中，往往需要高品质的钒原料才能获得达到性能和指标要求的产品，钒原料种类较多。本章着重介绍钒渣、V_2O_5、钒铁合金、钒氮合金等原材料的产品标准、主要用途及典型生产工艺及生产原理。通过本章内容的学习，能够就复杂的钒原料生产问题进行设计或分析。

学习目标	1. 了解已规模化生产的钒原料概况； 2. 掌握钒渣、V_2O_5、钒铁合金、钒氮合金等原材料的产品标准、主要用途及典型生产工艺，了解其生产原理	
能力要求	1. 掌握钒渣、V_2O_5、钒铁合金、钒氮合金等原材料的性质、主要用途及典型生产工艺； 2. 具有自主学习意识，能开展自主学习，逐渐养成终身学习的能力； 3. 能够就某个复杂的钒钛原料生产工程问题进行设计或分析	
重点难点预测	重点	钒渣、V_2O_5、钒铁合金、钒氮合金等原材料的典型生产工艺
	难点	钒渣、V_2O_5、钒铁合金、钒氮合金等原材料的生产原理
知识清单	钒渣、V_2O_5、钒铁合金、钒氮合金	
先修知识	材料化学基础	

3.1 钒　　渣

3.1.1 钒渣的性质及用途

3.1.1.1 钒渣的概念

钒钛铁精矿经过高炉还原冶炼流程（或非高炉冶炼流程）得到含钒铁水，含钒铁水经过氧化吹炼得到以氧化钒为主要成分的炉渣和半钢，半钢用于转炉炼钢原料，这种以氧化钒为主要成分的炉渣称为钒渣。另外，钒钛磁铁矿、含钒铁精矿经过焙烧-浸取-沉淀-煅烧分解等湿法冶金工艺过程提取的以钒氧化物为主要成分的富钒产物也称为钒渣。

3.1.1.2 钒渣的化学成分和产品标准

按 V_2O_5 含量的不同，以及硅、磷、钙含量的不同，将含钒生铁冶炼的钒渣分成 4 个牌号（YB/T 008—2006），其化学成分见表 3-1，并要求交货钒渣中铁含量不大于 19%。

表 3-1　我国黑色冶金行业规定的钒渣牌号（YB/T 008—2006）和化学成分

牌号	化学成分（质量分数）/%							CaO/V_2O_5		
	V_2O_5	SiO_2			P					
		一级	二级	三级	一级	二级	三级	一级	二级	三级
		不大于								
FZ1	0.8～10.0	16.0	20.0	24.0	13.0	0.30	0.50	0.11	0.16	0.22
FZ2	>10.0～14.0									
FZ3	>14.0～18.0									
FZ4	>18.0									

3.1.1.3　钒渣的物相组成

钒渣的微观结构中包含了多种物相，常见的有以下几种：

（1）含钒物相。在钒渣结构的许多研究中都证明了钒在钒渣中是以三价离子存在于尖晶石中的。尖晶石相是钒渣中主要含钒物相，其一般式可写成 $MeO \cdot Me_2O_3$，其中 Me 代表 Fe^{2+}、Mg^{2+}、Mn^{2+}、Zn^{2+}等二价元素离子；Me_2 代表 Fe^{3+}、V^{3+}、Mn^{3+}、Al^{3+}、Cr^{3+}等三价元素离子。钒渣中所含元素最多的是铁和钒，因此，可称为铁钒尖晶石。纯的铁钒尖晶石熔点在 1700℃左右。因此，在用铁水提钒时首先结晶的是铁钒尖晶石相。

（2）黏结相。钒渣物相中还含有硅酸盐相，其中，最主要的是橄榄石，其通式为 $MeSiO_4$，式中 Me 为 Fe^{2+}、Mn^{2+}、Mg^{2+}等二价金属离子。其中，铁橄榄石 $FeSiO_4$ 的熔点为 1220℃，是成渣的主要矿相。因此，在提钒时铁橄榄石最后凝固，将尖晶石包裹在它之中，也是钒渣的黏结相。

对于含硅、钙、镁高的钒渣中有时还会有另一种硅酸盐——辉石。其一般式可写成 $Me_2[Si_2O_6]$（或 $MeSiO_3$），式中 Me 为 Fe^{2+}、Mg^{2+}、Ca^{2+}，有时有 Na^+、Fe^{3+}，Al^{3+}、Ti^{3+}等离子。其中钙辉石 $CaSiO_3$ 和镁辉石 $MgSiO_3$ 的熔点分别为 1540℃和 1577℃。当含硅高时，钒渣中还可能存在游离的石英相 α-SiO_2。

（3）夹杂相。钒渣中还含有金属铁。金属铁以两种形式存在于钒渣中，一种是以细小弥散的金属铁微粒夹杂在钒渣的物相之中；而另一种是以球滴状、网状、片状等形式夹杂在钒渣中。用肉眼可观察到夹杂在钒渣中的粒度较大的金属铁。

钒渣的结构对钒渣下一步提取五氧化二钒的影响主要表现在钒渣中钒的氧化速度，钒渣中钒氧化率的高低取决于钒渣中含钒尖晶石颗粒的大小和硅酸盐黏结相的多少。钒渣中的尖晶石粒度一般为 20～100μm，影响尖晶石颗粒大小的主要因素取决于生产钒渣时钒渣的冷却速度。冷却速度慢时，尖晶石结晶颗粒大；反之，钒渣冷却速度快时，尖晶石结晶细小，且分布不均匀。尖晶石结晶颗粒越大，破碎后表面增大越有利于氧化。

黏结相硅酸盐相越少，包裹尖晶石程度小，越容易氧化分解破坏其包裹，使尖晶石越容易氧化。但辉石含量高的钒渣在氧化焙烧时不易分解，会影响焙烧时钒氧化率的提高。

同时，固溶于尖晶石、硅酸盐中的杂质种类和数量对转化率也有一定的影响。

3.1.1.4　钒渣的主要用途

世界钒需求量的 80% 来自钒钛磁铁矿。钒渣是提取五氧化二钒、冶炼钒合金和金属钒的主要原料。

3.1.2 含钒铁水吹炼钒渣基本原理

3.1.2.1 铁水中碳与钒氧化转化温度

提钒过程是铁水中铁、钒、碳、硅、锰、钛、磷、硫等元素的氧化反应过程，这些元素的氧化反应进行的速度取决于铁水本身的化学成分、吹钒时的热力学和动力学条件。在氧势图（图3-1）中，碳氧势线与钒氧势线有一个交点，此点对应的温度称为碳钒转化温度。低于此温度，钒优先于碳被氧化，高于此温度，碳优先于钒被氧化。提钒就是利用选择氧化的原理，采用高速纯氧射流在顶吹转炉中对含钒铁水进行搅拌，将铁水中的钒氧化成高价稳定的钒氧化物来制取钒渣的一种物理化学反应过程。在反应过程中通过加入冷却剂控制熔池温度在碳钒转换温度以下，达到“去钒保碳”的目的。

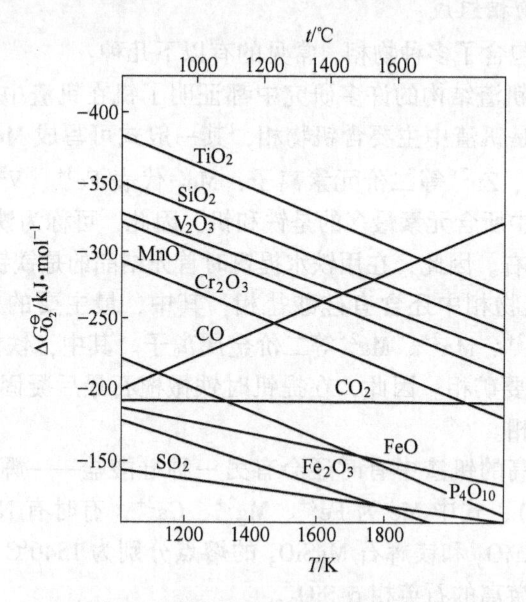

图3-1 铁液中元素氧化的 $\Delta G^{\ominus}$-T 图

通过铁水成分可以估算转化温度，根据工艺的要求，规定出适当的半钢成分，在吹炼过程中控制过程温度不要超过此温度，做热平衡计算以估计需用的冷却剂用量，并算出吹炼的终点温度。

吹钒过程是铁水中的铁、钒、碳、硅、钛、锰、磷等元素的氧化过程，这些元素的氧化反应进行速度取决于铁水本身的化学成分、吹钒时本身的热力学条件。

气-液相间发生的反应：$m/n[\mathrm{Me}] + 1/2\{\mathrm{O_2}\} = 1/n(\mathrm{Me}_m\mathrm{O}_n)$。反应能力的大小取决于铁水组分与氧的化学亲和力，即标准生成自由能 $\Delta G^{\ominus}$，$\Delta G^{\ominus}$值越负，氧化反应越容易进行。

由图3-1可见，各元素的氧化能力从大到小如下：钛→硅→钒→锰→铬。同时，还可以求出标准状态下铁水中某元素与碳的氧化顺序转换的温度——选择性氧化的转化温度 $T_{转}$（P_{CO}=0.1MPa 时被固体碳还原的初始温度），即 CO 的 $\Delta G^{\ominus}$线段与其他氧化物的相应线段的交点温度。例如对钒来说：$T_{转}$ 为 V_2O_5 与 CO 线段的交点的温度。

含钒铁水吹钒时，在标准状态下某元素选择性氧化的转化温度 $T^{\ominus}_{转}$ 极为重要，因为当铁水中的组元 Ti、Si、Cr、Mn、C、Fe 等氧化时要放出大量的热，这会使熔池温度快速上升，当温度超过 $T_{转}$ 时，铁水中的碳将大量氧化，抑制了钒的氧化，因此，需要加入冷却剂来降温。

实际的 $T_{转}$ 与标准状态下的 $T_{转}^{\ominus}$ 是有差距的，它随铁水成分和炉渣成分的变化而变化。

$T_{转}^{\ominus}$ 的计算方法。

例：标准状态下钒的 $T_{转}^{\ominus}$ 计算。

已知：

$$C_{(s)} + 1/2\{O_2\} = CO_{(g)} \qquad \Delta G_1^{\ominus} = -114400 - 85.77T \tag{3-1}$$

$$C_{(s)} = [C] \qquad \Delta G_2^{\ominus} = -22590 - 42.26T \tag{3-2}$$

$$2/3V_{(s)} + 1/2\{O_2\} = 1/3V_2O_3 \qquad \Delta G_3^{\ominus} = -40096 + 79.18T \tag{3-3}$$

$$V_{(s)} = [V] \qquad \Delta G_4^{\ominus} = -20710 - 45.61T \tag{3-4}$$

求反应 $2/3\ [V] + CO_{(g)} = 1/3\ (V_2O_3) + [C]$ 的 $T_{转}^{\ominus}$。

解：碳的氧化反应：

式（3-1）-式（3-2）得：

$$[C] + 1/2\{O_2\} = CO_{(g)} \tag{3-5}$$

$$\Delta G_5^{\ominus} = \Delta G_1^{\ominus} - \Delta G_2^{\ominus} = -136990 - 43.51T$$

钒的氧化反应：

式（3-3）-2/3 式（3-4）得：

$$2/3[V] + 1/2\{O_2\} = 1/3(V_2O_3) \tag{3-6}$$

$$\Delta G_6^{\ominus} = \Delta G_3^{\ominus} - 2/3\Delta G_4^{\ominus} = -387160 + 109.58T$$

由式（3-6）-式（3-5）得：

$$2/3[V] + CO_{(g)} = 1/3(V_2O_3) + [C] \tag{3-7}$$

$$\Delta G_7^{\ominus} = \Delta G_6^{\ominus} - \Delta G_5^{\ominus} = -250170 + 153.09T$$

当 $\Delta G_7^{\ominus} = 0$ 时有：

$$T_{转}^{\ominus} = 250170/153.09 = 1634\text{K} = 1361^{\circ}\text{C}$$

实际吹钒过程的转化温度随着铁水中的钒的浓度升高和氧分压的增大，转化温度略有升高，同时随着铁液中的钒浓度的降低，即半钢中的余钒含量越低，转化温度越低，保碳就越难，在脱钒到一定程度后，而要求半钢温度越高时，则只有多氧化一部分碳的条件下才能做到。实际操作温度控制在 1340～1400℃最好。

3.1.2.2 铁质初渣与金属熔体间的氧化反应

铁水中的铁在吹钒初期强烈氧化并形成铁质初渣。这是提钒操作的主要特点。当铁质渣出现在表面上以后，由于其具有氧化性，在金属-渣界面上随即进行了如下的质量交换的氧化反应：

$$(FeO) + m/n[Me] = [Fe] + 1/n(Me_mO_n) \tag{3-8}$$

例如：$(FeO)+2/3[V]=[Fe]+1/3(V_2O_3)$，$(FeO)+1/2[Si]=[Fe]+1/2(SiO_2)$。

3.1.2.3 转炉提钒脱钒规律

吹炼前期，熔池处于“纯脱钒”状态，脱钒量占总提钒量的 70%，进入中后期，碳氧化逐渐处于优先，而且钒含量降低，脱钒速度也随着降低。

3.1.2.4　转炉提钒脱碳规律

在熔池区域，碳的氧化按下列反应进行：

$$[C]+[O]=\{CO\} \tag{3-9}$$

在射流区域，碳的氧化按下列反应进行：

$$2[C]+\{O_2\}=2\{CO\} \tag{3-10}$$

在吹炼前期，脱碳较少，反应速度较低，中后期脱碳速度明显加快，在此期间碳氧化率达70%。另外在倒炉及出半钢期间，也有少量碳的氧化。

3.1.3　转炉吹炼含钒铁水用主要原料

（1）含钒铁水。含钒铁水是提钒的主要原料，其化学成分决定着钒渣质量和提钒工艺流程。由于铁水含硫高，攀钢钒采用炉外脱硫，脱硫前后铁水钒略有下降。含钒铁水中硅和锰含量的总和不超过0.6%，这对于转炉提钒获得优质钒渣是有利的。

经过脱硫工序处理后的含钒铁水称为脱硫含钒铁水，其区别在于铁水中［S］含量大幅度降低，而其他元素基本无变化（在使用钙基脱硫剂的脱硫工艺条件下）。无论高炉含钒铁水还是脱硫含钒铁水，在进入提钒转炉前都必须经过撇渣处理，以去除高炉渣和脱硫渣，避免带入的氧化钙等杂质污染钒渣，经测定，入转炉的铁水带渣量要求小于铁水质量的0.5%。

（2）辅助原料。为了达到“去钒保碳”的目的，整个提钒过程中需将熔池温度控制在一定的范围。在吹钒过程中，含钒铁水中的其他元素也随之氧化并放出热量，使得熔池温度升高而超出提钒所需控制的温度范围。由此可见，选择合适的冷却材料及合理的配比对提钒是很重要的。

雾化提钒过程中起冷却作用的是大量进入雾化室的冷空气。转炉提钒由于具有散状料设备系统，故其在冷却剂的种类选用上具备可选性。目前，在提钒上采用的冷却剂有：生铁块、铁矿石、冷固球团、铁皮球、半钢覆盖剂等。

1）铁矿石。铁矿石化学成分见表3-2。铁砂石粒度不大于40mm，其中小于10mm的部分应不大于5%。

表3-2　铁矿石的化学成分　（%）

TFe	SiO_2	CaO	S	P	水分
≥40.0	≤10.0	≤0.60	≤0.060	≤0.050	≤2.0

2）冷固球团。冷固球团化学成分见表3-3。冷固球团粒度为5～50mm，小于5mm的粉末量应不大于5%。在2m高处落下到钢板上不粉碎。

表3-3　冷固球团的化学成分　（%）

TFe	SiO_2	CaO	S	P	V_2O_5	水分
≥65.0	2.0～6.0	≤0.50	≤0.04	≤0.04	≥0.40	≤1.0

3）铁皮球。氧化铁皮球（以下简称铁皮球）主原料只能采用热轧氧化铁皮，其成分应符合表3-4要求，其余原料由加工厂根据需要添加。铁皮球理化指标见表3-5。

表3-4　氧化铁皮球的主原料成分　（%）

TFe	SiO_2	CaO	P
>70	≤4	≤0.5	≤0.04

表3-5　铁皮球理化指标　（%）

TFe	SiO_2	CaO	P、S	H_2O
>68	≤6	≤0.5	≤0.05	≤1.0

铁皮球的规格粒度为5～50mm，交货产品中粒度小于5mm的部分不大于5%；任取十个球在距离钢板两米高的距离自由落下不破碎成粉。

（3）半钢覆盖剂（碳化硅、半钢复合增碳剂、半钢脱氧覆盖剂等）。半钢是介于铁水与钢水之间的半成品，虽然吹钒后的半钢氧化性不如钢液强，但其中仍有部分氧，加上目前转炉提钒出钢时间偏长（7～9min），在出钢过程中造成半钢碳的烧损。据统计，在该过程中［C］损失约0.06%，温降达36℃。另外出半钢过程及出半钢后钢水裸露，易产生大量的烟尘污染环境，所以，通过试验验证，在出半钢前向罐内加入一定量的碳化硅、增碳剂或半钢脱氧覆盖剂，可有效减少［C］的烧损及温降。

1）碳化硅。碳化硅主要成分见表3-6。

表3-6　碳化硅的主要成分　（%）

SiC	$C_{游离}$	SiO_2	H_2O	S
50+5	≤26	≤10	≤1.5	≤0.2

2）半钢复合增碳剂。半钢复合增碳剂的化学成分见表3-7。粒度3～15mm，小于3mm的部分应不大于5%。

表3-7　半钢复合增碳剂的化学成分　（%）

$C_{固}$	SiC	S	P	挥发分	水分
≥65.0	≥8.0	≤0.15	≤0.09	≤4.0	≤1.0

3）半钢脱氧覆盖剂。半钢脱氧覆盖剂主要成分见表3-8。

表3-8　半钢脱氧覆盖剂的主要成分　（%）

$C_{固}$	SiC	S	P	SiO_2	H_2O	CaO
6～12	15～21	≤0.15	≤0.15	26～32	<1.0	<5.0

3.1.4　含钒铁水吹炼钒渣典型工艺

钒渣的生产方法很多，以含钒铁水为原料进行氧化吹炼制取钒渣，是目前钒渣生产的最主要途径之一。目前世界上从含钒铁水中提取钒渣的方法主要有：南非海威尔德的摇包提钒法、新西兰的铁水包吹氧提钒法、俄罗斯丘索夫空气底吹转炉法，以及俄罗斯下塔吉尔钢铁公司、中国攀钢和河北承钢的氧气顶吹转炉提钒法、空气底吹转炉提钒法、顶底复吹转炉提钒法，见图 3-2。其中，氧气顶吹转炉法（双联法）成为含钒铁水生产钒渣的主流工艺。

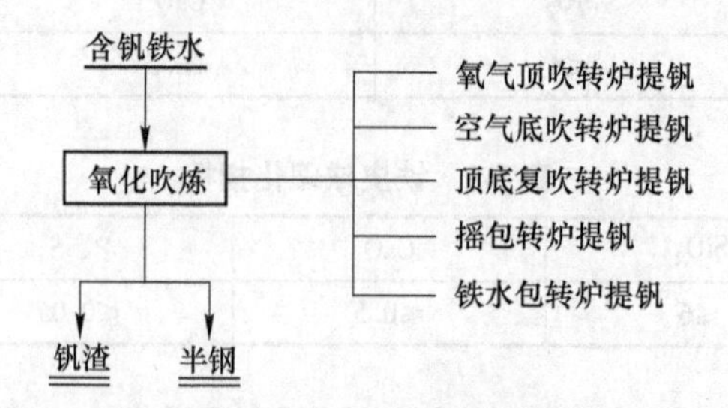

图 3-2 含钒铁水生产钒渣原则流程及主要方法

在吹炼过程中，要求最大限度地把铁水中的钒氧化并进入钒渣，并且得到的钒渣适合下一步生产 V_2O_5 工艺技术要求。以含钒铁水为原料进行氧化吹炼制取钒渣的原则工艺有如下几种。

3.1.4.1 氧气顶吹转炉提钒法（双联法）

用含钒铁水氧化吹炼通常是在转炉中进行的，有两种工艺选择，即先炼钢后提钒工艺、先提钒后炼钢工艺。

（1）先炼钢后提钒工艺。该工艺直接将含钒铁水倒入炼钢转炉中进行氧化吹炼，得到钢水与含钒钢渣。含钒钢渣是碱性渣，其三元碱度（$(CaO+MgO)/SiO_2$）通常在 3 左右，主要特点是含钒量低（V_2O_5 通常在 5% 左右）、碱金属含量高（CaO 通常在 30% 左右，CaO+MgO 通常在 50% 左右）。含钒钢渣的这些特点决定了以其为原料采用水法提取五氧化二钒技术难度很大，故该工艺几乎没有应用。

（2）先提钒后炼钢工艺。该工艺分两步对含钒铁水进行氧化吹炼，首先将含钒铁水倒入提钒转炉吹炼得到转炉钒渣（简称钒渣）与半钢，再将半钢倒入炼钢转炉吹炼，得到低钒钢渣和钢水。低钒钢渣呈碱性，其三元碱度（$(CaO+MgO)/SiO_2$）通常在 3 左右，主要特点是钒含量低（V_2O_5 通常在 1.5% 左右）、碱金属含量高（CaO 通常在 30% 左右，CaO+MgO 通常在 50% 左右）。所以，低钒钢渣不是水法提取五氧化二钒的经济原料。而转炉钒渣是酸性渣，其三元碱度（$(CaO+MgO)/SiO_2$）通常在 0.3～0.5，主要特点是钒含量高（V_2O_5 通常在 15%～25%）、碱金属含量低（CaO 通常在 1.5%～3.5%，MgO 通常在 3.0%～5.0%），转炉钒渣才是最经济的提取五氧化二钒原料。目前，先提钒后炼钢工艺是世界上含钒铁水吹炼制取钒渣和炼钢的主流工艺，并且 85% 左右的五氧化二钒都是用转炉提钒-炼钢工艺生产的。

目前世界上采用先提钒后炼钢工艺提钒的厂家有俄罗斯下塔吉尔钢铁公司和中国攀钢钒、西昌钢钒、河钢承钢等。攀钢钒有 2 座 120t 的氧气顶吹提钒转炉，一年可处理铁水 610 万吨，产钒渣 25 万吨；河北承德钢厂 80t、100t、150t 的氧气顶吹提钒转炉各 1 座，年产钒渣 14 万吨。下塔吉尔钢铁公司有 100～130t 氧气顶吹提钒转炉 4 座。

氧气顶吹转炉提钒法的优点：半钢温度高，制取的钒渣含钒高，CaO、P 等杂质少，有利于下一步提取 V_2O_5，钒渣金属夹杂物少，转炉衬砖寿命高，钒氧化率高。

含钒铁水化学成分：C 4.2% ~4.5%；V 0.45% ~0.48%；Si 0.20% ~0.25%；Mn 0.27% ~0.33%；Ti 0.15% ~0.25%；Cr 0.03% ~0.10%。铁水温度1300℃。

含钒铁水注入转炉后，加入冷却-氧化剂轧钢铁皮40~80kg/tFe（根据铁水中的硅含量和钢的用途定），用水冷氧气喷枪喷吹工业氧气。吹炼初期枪位通常为2m左右，后期降低到0.9~1.2m。当铁水硅高时，整个冶炼期间枪位始终保持下限。

吹氧气时间5~8min，吹炼过程熔池温度从1230~1260℃提高到1340~1410℃。半钢余钒0.03% ~0.04%，余碳2.8% ~3.6%。抬起氧枪停止吹氧，将半钢倒入半钢罐车，送至另一座转炉炼钢。钒渣倒入渣罐或留在炉内（留渣操作时）。半钢收率94% ~97%，转炉钒渣的产率为38~42kg/t半钢。商品钒渣回收率为82% ~84%。

转炉钒渣的化学成分中有9% ~11%的金属夹杂物。其他成分为：V_2O_5 15% ~22%；$\sum Fe$ 26% ~32%；$Fe_{弥散}$ 1% ~3%；MnO 9% ~10%；Cr_2O_3 2% ~4%；TiO_2 8% ~9%；SiO_2 17% ~18%；CaO 1.2% ~1.5%；P 0.03% ~0.04%。

氧气顶吹转炉提钒法的缺点：

(1) 转炉车间炼钢的生产率低，半钢周转需要一定时间，使冶炼周期从40~45min延长到60~70min。

(2) 因吹钒时须要加入冷却剂，致使半钢温度较低（1370~1420℃），半钢转炉炼钢时热量紧张，不能应用大量的废钢。

(3) 由于炼钢渣量小，金属脱硫率极低（12% ~15%），而传统的氧气顶吹转炉炼钢法脱硫率为30% ~50%。

3.1.4.2 空气底吹转炉提钒法

俄罗斯丘索夫冶金工厂用底吹空气转炉生产钒渣。有3座转炉，装料量为18~22t/炉，炉膛容积为$20m^3$，炉壁用镁砖砌衬，炉底用硅砖砌筑。在炉底上设有6个黏土砖风嘴，每个风嘴都装有7个直径各为2.2cm的喷管。

底吹转炉提钒方法的优点：建设投资省，厂房较低，不用炉顶上部的喷枪、料仓和支撑等设置；生产效率高、成本低；吹钒时吹炼平稳、喷溅少、搅拌强度大、反应迅速，热利用率高，烟尘少等。

此方法的缺点：终点靠时间控制和倒炉测温取样判断、挡渣劳动强度大且钒渣损失多、钒渣含金属铁高、炉底风口管道系统复杂，更换修理任务重、炉龄短、容量小、生产环境粉尘多、劳动条件差。

含钒铁水成分：V 0.48% ~0.55%；Si 0.30% ~0.40%；Mn 0.25% ~0.40%；Cr 0.30% ~0.40%；Ti 0.20% ~0.30%。铁水温度为1280~1320℃。

转炉在注入含钒铁水之前装入冷却剂40~100kg/t，冷却剂是用提取五氧化二钒浸出残渣和磁选铁料制成的含钒烧结矿，其成分见表3-9。

表3-9 丘索夫冶金厂用冷却剂的化学成分 (%)

FeO	Fe_2O_3	V_2O_5	SiO_2	MnO	TiO_2	Cr_2O_3	Al_2O_3	CaO
30~32	50~55	1.2~1.5	5~6	2.2~2.6	2.0~2.8	2	1.5	<1.0

主要吹炼工艺参数：供氧强度30~$50m^3/min$，供氧压力0.18~0.22MPa。

开始吹炼后大约经过4~5min金属脱钒率就可以达到最大程度，半钢含钒0.03%~0.04%。后期随着半钢温度升高，碳氧化加速，半钢中余钒重新升高。因此吹炼总时间不宜过长，控制在6~7min，半钢温度提高到1320~1380℃。

半钢成分为：C 2.2%~4.2%，V 0.06%~0.09%。钒渣平均化学成分：V_2O_5 15.6%；Cr_2O_3 6.8%；TiO_2 8.7%；SiO_2 18.4%；CaO 1.1%。

3.1.4.3 顶底复吹转炉提钒法

为了提高熔池的搅拌强度，采用炉底吹入搅拌气体、炉顶吹氧的办法即为顶底复合吹钒工艺。钒在铁水侧扩散是钒氧化反应的限制性环节。钒氧化速度与钒浓度呈线性关系，而钒从钒渣向半钢的逆向还原位于化学反应限制环节内，钒还原速度与温度呈指数关系。因此，为了有效脱钒，从热力学角度看，应使熔体及元素与氧化剂接触表面保持适宜的温度；从动力学角度看，加速钒在铁侧扩散传质是加快低钒铁水中钒氧化的首要条件。加强搅拌，不仅可以加快低钒铁水传质，而且还可增加反应界面，是加快钒氧化的主要手段。

前苏联和我国河北承钢先后在100kg、20t及100t氧气转炉上进行过顶底复吹转炉提钒试验研究（承钢还进行过顶底侧复吹转炉提钒试验研究），取得了较好效果。但是，由于炉底风口管道系统复杂、劳动强度大等原因，顶底复吹转炉提钒法目前在世界上仍处于试验阶段，并未在工业上获得大规模应用。

3.1.4.4 摇包提钒法

摇包提钒法是在摇包中通过吹氧使含钒铁水中的钒变为钒渣的含钒铁水提钒工艺。通过摇包的偏心摇动，可以对铁水产生良好的搅拌，使氧气在较低的压力下能够传入金属熔池，获得较高的提钒率并可防止粘枪。

摇包法铁水提钒是由南非海威尔德钢钒有限公司于1968年开始用于生产的。摇包也称为振动罐，是一个带有茶壶嘴式出铁口的反应装置，该公司的60t摇包结构见图3-3。

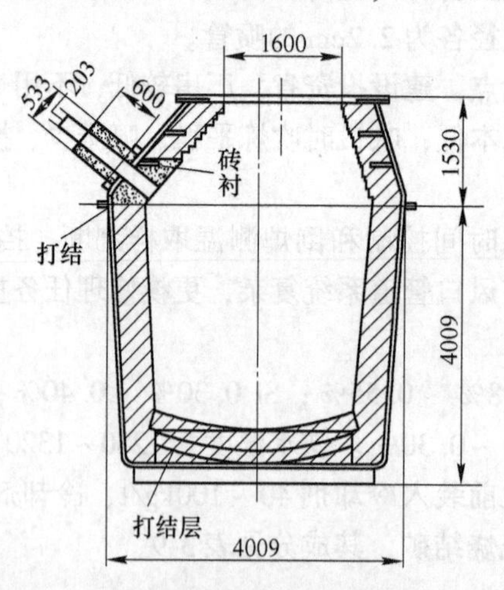

图3-3 南非海威尔德钢钒公司60t摇包

工艺操作：摇包放在摇包架上，以30次/min的频率做偏心摇动。根据铁水成分和温度计算出吹氧量和冷却剂加入量。冷却剂铁块和废钢在开始吹氧前加入，吹炼过程中枪位高度750mm，氧气流量28~42m^3/min，氧压为0.15~0.25MPa。当吹氧量达到预定值时，即提枪停止吹氧，停氧后继续摇包5min以降低渣中氧化铁含量并提高钒渣品位。提钒结束后，即将半钢兑入转炉、把钒渣运至渣场冷却。

海威尔德钒钢公司60t摇包提钒的工艺条件及主要指标：铁水装入量66.8t，铁矿石加入量1.5t，铁块装入量6.0t，河沙加入量0.19t，半钢产量68.2t，钒渣产量5.85t。钒的提取率93.4%，金属收得率93%，耗氧量21.54m^3/t。所用含钒铁水、所产半钢及钒渣成分见表3-10和表3-11。

表3-10　摇包提钒铁水、半钢成分　（%）

成分	C	V	Si	Ti	Mn	P	S	Cr	Cu	Ni
含钒铁水	3.95	1.1	0.24	0.22	0.22	0.08	0.037	0.29	0.04	0.11
半钢	3.17	0.07	0.01	0.01	0.01	0.09	0.040	0.04	0.04	0.11

表3-11　摇包提钒钒渣成分　（%）

V_2O_5	FeO	CaO	MgO	SiO_2	Al_2O_3	Fe
27.8	22.4	0.5	0.3	17.3	3.5	13.0

摇包提钒法虽可得到高的钒提取率，但其摇包包衬寿命短、生产效率低，综合指标低于转炉提钒法。

3.1.4.5　铁水包吹氧提钒法

新西兰钢铁公司采用回转窑—电炉炼铁—铁水包提钒法。所用的含钒铁水成分见表3-12。

表3-12　新西兰含钒铁水成分　（%）

C	Si	Mn	P	S	V	Ti
3.5~4	0.2~0.25	0.3~0.31	0.08~0.1	0.04~0.05	0.35~0.4	0.1~0.15

铁水温度1450~1470℃，铁水包容量60t。

铁水包提钒用两个喷枪：一个是内径30mm的氧枪，喷吹氧气用于氧化铁水中的钒，其中心线与铁水包中心线重合，其喷嘴距熔池表面500mm；另一个氮枪，吹氮气搅拌，氮枪位置在铁水包中心线和包边缘之间，喷枪插入铁水中，距离包底500mm。铁水包顶部包盖上设有三个孔，分别为氧枪孔、氮枪孔和冷却剂加入孔。冷却剂是颗粒状氧化铁。

吹炼过程：先将含钒铁水从电炉内兑入到铁水包中，然后将铁水包安放在吹钒装置下面，盖上包盖，包盖上面有烟罩。由于铁水含碳低要先渗碳，渗碳后扒出熔渣。插入氧枪和氮枪吹炼铁水，完毕后取样，用扒渣机扒出钒渣，将铁水包中的半钢送氧气顶吹转炉炼钢。

主要吹炼工艺参数：吹钒温度控制在1300~1400℃，一般控制在1350℃；供氧量为9m^3/t铁水；氧气压力0.37MPa；氮气压力0.2~0.4MPa。

整个吹炼周期为62min。其中安放铁水包4min，再渗碳时间5min，扒熔渣时间5min，吹氧时间39min，取样时间2min，扒钒渣时间5min，移动铁水包时间2min。所得钒渣品位为五氧化二钒质量分数18%~22%。

3.1.5　含钒铁水转炉提钒主要技术经济指标

（1）钒回收率。转炉提钒工序的钒回收率是指生产钒渣中钒的绝对量占铁水中钒的绝对量的比例。

$$钒回收率=\frac{进入成品钒渣的钒总量}{铁水及铁块含钒总量}\times 100\%$$

通常情况下，钒回收率低于氧化率。其原因是部分钒渣的损失，包括烟尘喷溅损失、出渣过程喷溅损失和精整磁选过程损失。

（2）钒氧化率：

$$钒氧化率=\frac{铁水含钒量-半钢余钒量}{铁水含钒量}\times 100\%$$

（3）实物产渣率：

$$实物产渣率=\frac{钒渣实物量}{提钒铁水量+生铁块量}\times 100\%$$

（4）折合产渣率：

$$折合产渣率=\frac{钒渣折合量}{提钒铁水量+生铁块量}\times 100\%$$

（5）钒渣折合量。

钒渣折合量指扣除金属铁（MFe）后的粗钒渣折算成含10%的 V_2O_5 的钒渣量。

$$钒渣折合量=\frac{(钒渣实物量-废渣量)\times(V_2O_5)\%\times(1-(MFe)\%)}{10\%}$$

（6）吨渣铁耗。

吨渣铁耗是指生产一吨折合钒渣所吹损的含钒金属料的重量，单位是：千克铁/吨渣。

$$吨渣铁耗=\frac{提钒铁水量+生铁块量-半钢量}{折合钒渣量}$$

（7）铁水提钒率：

$$铁水提钒率=\frac{提钒铁水量}{进厂铁水总量}\times 100\%$$

（8）提钒纯吹氧时间。

提钒纯吹氧时间指从开氧至该炉关氧的时间。

（9）提钒炉龄。

提钒炉龄指一个炉役期间提钒炼钢的所有炉数。

（10）提钒冶炼时间。

提钒冶炼时间指从开始兑铁水至该炉出半钢结束的时间。

（11）提钒冶炼周期。

提钒冶炼周期指某一段提钒冶炼日历时间除以生产炉数（扣除炉役检修时间）。

$$提钒冶炼周期=\frac{日历时间(不含修炉时间)}{提钒炉数}$$

问题讨论：1. 何为钒渣？其定义和钛渣、高钛渣、高钛型高炉渣等有何异同点？
2. 钒渣的主要矿物组成有哪些？
3. 国内含钒铁水吹炼钒渣采用的主流工艺是什么？
4. 钒渣的加工处理与利用途径有哪些？

3.2 五氧化二钒

3.2.1 五氧化二钒用途及产品标准

五氧化二钒广泛用于冶金、化工等行业，主要用于冶炼钒铁。用作合金添加剂，占五氧化二钒总消耗量的90%以上，其次是用作有机化工的催化剂，约占总量的5%，另外用作无机化学品、化学试剂、搪瓷和磁性材料等约占总量的5%。提钒的原料有很多种，五氧化二钒的制备方法也有很大的差异，世界上提钒原料主要有钒钛磁铁精矿、钒渣、碳质页岩等，还有废催化剂、石油灰渣等二次资源。我国黑色冶金行业标准规定的五氧化二钒化学成分见表3-13，本标准适用于以钒渣或其他含钒物料为原料制得的五氧化二钒。

表3-13 五氧化二钒标准（YB/T 5304—2016）化学成分

类别和牌号		化学成分（质量分数）/%							
		TV（以 V_2O_5 计）	Si	Fe	P	S	As	Na_2O+K_2O	V_2O_4
		不小于	不大于						
片钒	$V_2O_5$98.0—F	98.00	0.25	0.30	0.05	0.03	0.02	1.50	—
	$V_2O_5$99.0—F	99.00	0.20	0.20	0.03	0.01	0.01	1.00	—
	$V_2O_5$99.5—F	99.50	0.10	0.10	0.01	0.01	0.01	0.40	—
粉钒	$V_2O_5$98.0—P	98.00	0.20	0.25	0.03	0.10	0.02	1.00	2.5
	$V_2O_5$99.0—P	99.00	0.08	0.08	0.03	0.08	0.01	0.80	1.5
	$V_2O_5$99.5—P	99.50	0.08	0.06	0.02	0.05	0.01	0.30	1.0
	$V_2O_5$99.8—P	99.80	0.05	0.03	0.02	0.03	0.01	0.10	0.60

3.2.2 钒渣氧化-钠化法生产五氧化二钒工艺

传统的以苏打为主添加剂的钒渣生产 V_2O_5 的工艺流程主要有原料预处理（包括钒渣破碎、粉碎、配料、混料）、氧化焙烧、熟料浸出、沉钒及熔化五个工序。工艺流程见图3-4。

3.2.2.1 钒渣预处理

氧气转炉提钒法制备的钒渣是大块不纯的钒渣，称为粗钒渣，不能直接用来生产制备五氧化二钒，必须进行预处理。粗钒渣预处理工序包括破碎、研磨、配料及混料四个步骤，最后得到细小的粉末状的精钒渣粉。

A　粗钒渣破碎

粗钒渣破碎处理的目的是将大块的粗钒渣破碎成小颗粒的精钒渣，同时通过磁选的方法去除其中夹带的强磁性的金属明铁，挑选出其中混杂的宏观夹杂物。

破碎过程作业通常包括落锤（或者液压破碎锤）破碎、颚式破碎、对辊破碎、圆锥破碎、磁选等环节。破碎过程中得到了精钒渣与块度较大、金属明铁含量较高的块状物，由于块状物中仍含有一定量的钒渣，通过反复破碎、磁选，直到最终得到的块状物不能再选出钒渣为止，称这样的块状物为绝废渣，通常绝废渣的金属明铁含量在70%以上。

粗钒渣通过破碎处理最终得到了精钒渣与绝废渣，这个过程称为粗钒渣精选作业，精钒渣占粗钒渣的百分比称为粗钒渣的精选成渣率。

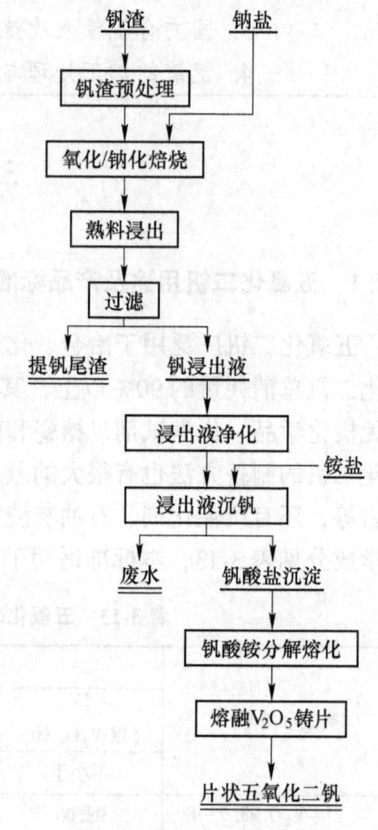

图3-4　钒渣氧化-钠化法生产五氧化二钒工艺流程

实际破碎时，首先通过落锤（或者液压破碎锤）破碎，破碎后用电磁盘将大块铁直接选走，然后将破碎钒渣送入水平带式磁选系统，得到一次低铁大块钒渣与一次高铁大块物；一次高铁大块物返回落锤破碎—水平带式磁选系统循环处理，直到高铁大块物金属明铁含量在70%以上为止；低铁大块钒渣进入颚式破碎机—磁选系统进行破碎与磁选，得到二次低铁小块钒渣与二次高铁大块物，二次高铁中块物并入一次高铁大块物处理；二次低铁小块钒渣进入对辊破碎—磁选系统进行破碎与磁选，得到三次低铁小块钒渣与三次高铁小块物，三次高铁小块物并入一次高铁大块物处理；三次低铁小块钒渣进入圆锥破碎—磁选系统进行破碎与磁选，得到四次低铁小块精钒渣与四次高铁小块物，四次高铁小块物并入一次高铁大块物处理。通常四次低铁小块精钒渣金属铁MFe≤6%，块度≤30mm，作为后续处理用精钒渣。

落锤破碎时，如果粗钒渣温度较高，需要适当喷水冷却，但要控制精钒渣含水率，以不超过2%为宜，通常控制在0.2%~0.5%。过高的含水率会给后续处理过程造成麻烦。

B　精钒渣的研磨

精钒渣研磨处理的目的有两个：一是减小精钒渣粉的颗粒大小，通常控制精钒渣粉颗粒大小不超过100μm甚至更小；二是减少精钒渣粉中MFe含量，通常控制MFe在5%~7%范围。

由于精钒渣中的钒元素是需要提取的目标元素，该目标元素以含钒尖晶石类矿物存在，而该矿物的大小通常在5~30μm，故需要将精钒渣进一步研磨处理，充分暴露含钒尖晶石矿物，便于后续钒的提取。研磨可选用球磨、棒磨或者球棒混磨工艺，但通常选用球磨工艺。

精钒渣球磨过程中，首先进入球磨机前仓破碎与研磨，然后通过球磨机前仓与后仓之间的隔仓板间隙进入球磨机后仓中继续研磨。满足颗粒大小要求的钒渣粉通过后仓板的间隙出料。前仓中的钢球由大、中、小钢球组成，以大钢球为主，主要功能是精钒渣的破碎，并辅以少量研磨；后仓中的钢球由中、小钢球组成，以小钢球为主，主要功能是精钒渣粉的研磨。

(1) 精钒渣粉颗粒大小控制。常用的有风选工艺与筛分工艺两种。风选工艺的实质是控制单钒渣粉颗粒的质量大小，风选的结果是控制单钒渣粉颗粒的质量不超过某一数值；筛分工艺的实质是控制单钒渣粉颗粒的尺寸大小，筛分的结果是控制单钒渣粉颗粒的尺寸不超过某一数值。

风选是在风选系统中进行的。风选时，鼓风机将精钒渣粉分散吹扫，满足要求的精钒渣粉被吹走，不合要求的精钒渣粉沉降返回循环研磨，收集被吹走的精钒渣粉即得到粒度合格的精钒渣粉。筛分是在筛分系统中进行的，筛分时，将精钒渣粉均匀分散在筛网中，振动或者转动筛网，使其上的精钒渣粉做振动或往复运动，满足要求的精钒渣粉穿过筛网的筛孔，不合要求的精钒渣粉从筛面排出返回循环研磨，收集穿过筛孔的精钒渣粉，即得到粒度合格的精钒渣粉。

(2) 精钒渣粉 MFe 含量控制。常用的有磁选工艺与筛分工艺两种。磁选工艺的实质是利用 MFe 的磁性来实现 MFe 与精钒渣粉的分离，磁选的结果是得到了磁性弱的精钒渣粉，磁性强的 MFe 被除去；筛分工艺的实质是控制单钒渣粉颗粒的尺寸大小，筛分的结果是控制单钒渣粉颗粒的尺寸不超过某一数值。但由于精钒渣中纯钒渣与 MFe 的破碎指数有显著的差异，纯钒渣的破碎指数较小，MFe 的破碎指数较大，前者容易破磨，后者难破磨。在相同的破磨条件下，前者容易破磨成尺寸更小的粉末，后者则更多的以尺寸更大的颗粒存在，利用这两者的尺寸差异，利用筛分的方法在实现颗粒尺寸分选的同时也实现了 MFe 的分选。

实际生产中多采用筛分工艺，既可以完成粒度控制，也可以实现 MFe 控制。由于含铁物相在磁选过程中磁化的影响以及粉末的夹带、吸附能力强，导致磁选时纯钒渣粉与 MFe 分离困难，故磁选工艺几乎不用。

C 精钒渣粉的配料

精钒渣粉的配料与混料目的有两个：一是确定合适的钠盐加入比例；二是将精钒渣粉与钠盐混合均匀。

(1) 钠盐的种类与选择。从广义上讲，几乎所有的含钠化合物都可以作为钒渣钠化焙烧用钠盐。但受资源供应、价格、环境影响等诸方面的限制，常用的钠盐有 Na_2CO_3、$NaCl$、Na_2SO_4 三种；除此之外，$NaOH$ 与 Na_2SiO_3 也是不错的选择。对钒渣而言，综合效果最好的是 Na_2CO_3，$NaCl$、Na_2SO_4 与 Na_2CO_3 配合使用，也可收到较好的技术效果，也会有较好的经济性，但必须要统筹考虑 HCl、Cl_2、SO_2、SO_3 对设备腐蚀以及环境的影响。

(2) 配料计算。配料计算的目的是确定钠盐的加入比例。准确的配料计算首先应该确定生成钠盐的种类。钒渣体系中氧化物与钠盐反应的强弱顺序是：$P_2O_5 > V_2O_5 > SiO_2$，也就是说钒渣氧化-钠化焙烧过程中，生成钠盐的优先顺序是：磷酸钠>钒酸钠>硅酸钠。

磷酸钠的生成不可避免；钒酸钠与硅酸钠的生成与钒渣条件有关，还与焙烧过程有关。对 SiO_2 含量较高的钒渣，在含钒物相没有充分暴露之前，部分钠盐与硅酸盐优先反应生成硅酸钠，硅酸钠再与含钒物相反应生成钒酸钠，必须要考虑生成硅酸钠的影响；对钒酸钠，可溶于水的钒酸钠有 $Na_2O \cdot V_2O_5$、$2Na_2O \cdot V_2O_5$、$3Na_2O \cdot V_2O_5$ 三种，其水溶性与生成的难易程度顺序为：$Na_2O \cdot V_2O_5 > 2Na_2O \cdot V_2O_5 > 3Na_2O \cdot V_2O_5$。综合来看，钠盐配比按照生成 $2Na_2O \cdot V_2O_5$ 来计算。

生成磷酸钠需要的钠盐量依据如下反应计算：

$$P_2O_5 + 3Na_2CO_3 \longrightarrow 2Na_3PO_4 + 3CO_2\uparrow$$

$$W_{Na-P} = 3 \times 106/142 \times W_P/C$$

式中 W_{Na-P}——生成磷酸钠需要的实际碳酸钠量，kg；

W_P——钒渣中的五氧化二磷量，kg；

C——碳酸钠的纯度，%。

生成硅酸钠需要的理论钠盐量依据如下反应计算：

$$SiO_2 + Na_2CO_3 \longrightarrow Na_2SiO_3 + CO_2\uparrow$$

$$W_{Na-Si} = 106/60 \times W_{Si}/C$$

式中 W_{Na-Si}——生成硅酸钠需要的实际碳酸钠量，kg；

W_{Si}——钒渣中的二氧化硅量，kg。

生成钒酸钠的计算：

$$V_2O_5 + 2Na_2CO_3 \longrightarrow 2Na_2O \cdot V_2O_5 + 2CO_2\uparrow$$

$$W_{Na-V} = 2 \times 106/182 \times W_V/C$$

式中 W_{Na-V}——生成钒酸钠需要的实际碳酸钠量，kg；

W_V——钒渣中的五氧化二钒量，kg。

总钠盐配比量 W_{Na} 的计算：

1）不考虑熟料中硅酸钠的残留：

$$W_{Na} = W_{Na-P} + \mathrm{Max}(W_{Na-Si}, W_{Na-V})$$

2）考虑熟料中硅酸钠的残留：

当 $W_{Na-Si} > W_{Na-V}$，不考虑残留问题时：

$$W_{Na} = W_{Na-P} + W_{Na-Si}$$

当 $W_{Na-V} > W_{Na-Si}$，应考虑残留问题时：

$$W_{Na} = W_{Na-P} + W_{Na-V} + kW_{Na-Si}$$

式中，k 为残留系数，是指熟料中残留的硅酸钠占生成硅酸钠的比例，通常根据生产中的经验选取。

计算举例：现有钒渣 100kg，V_2O_5 含量 17.5%、SiO_2 含量 16.3%、P_2O_5 含量 0.175%，添加碳酸钠焙烧，碳酸钠纯度 98%，硅酸钠残留系数 0.15。计算碳酸钠添加量（渣盐比）。

$$W_{Na-P} = 3 \times 106/142 \times W_P/C = 3 \times 106/142 \times 0.175/0.98 = 0.40(\mathrm{kg})$$

$$W_{Na-V} = 2 \times 106/182 \times W_V/C = 2 \times 106/182 \times 17.5/0.98 = 20.80(\mathrm{kg})$$

$$W_{Na-Si} = 106/60 \times W_{Si}/C = 106/60 \times 16.3/0.98 = 29.38(\mathrm{kg})$$

由于 $W_{Na-Si} > W_{Na-V}$，故不需要考虑硅酸钠残留系数，所以 $W_{Na} = W_{Na-P} + W_{Na-Si} = 0.40 + 29.38 = 29.78(\mathrm{kg})$。

所以，渣盐比=精钒渣粉量：钠盐总量=100：29.78。

D 混料

混料的目的是让钒渣与钠盐之间充分混合均匀，缩短钠离子的扩散距离，改善反应条件，缩短反应时间，取得好的焙烧效果。

常用的混料工艺有两种，连续混料工艺与间歇式混料工艺。连续混料工艺是将精钒渣粉与钠盐按照计算的渣盐比连续、同时加入到双螺旋混料器中，在实现物料输送的过程中同步完成两种物料的混匀作业。该工艺的优点：生产效率高；缺点：对计量要求高、物料均匀性较差，物料均匀性受双螺旋的转速、长度的影响较大。

间歇式混料工艺是将精钒渣粉与钠盐按照计算的渣盐比按批次同时加入到强力搅拌混料器中，进行搅拌、混合均匀后出料，然后再进行下一个批次的混料。该工艺的优点：物料均匀性好；缺点：生产效率低，物料均匀性受搅拌转速、混料时间的影响。

通过配料、混料后得到了精钒渣粉混合料，作为下一步氧化-钠化焙烧的原料。

3.2.2.2 钒渣氧化-钠化焙烧

A 焙烧过程中主要化学反应

根据前人的研究结果，钒渣氧化-钠化焙烧过程是在氧化气氛下，从低温到高温再逐渐降温的连续过程，其间发生了一系列复杂的化学反应。

钒渣氧化-钠化焙烧过程中主要化学反应如下。

在300℃左右金属铁MFe发生氧化反应：

$$2Fe + O_2 = 2FeO$$

$$6FeO + O_2 = 2Fe_3O_4$$

$$4Fe_3O_4 + O_2 = 6Fe_2O_3$$

反应过程分步进行，是强放热反应，对焙烧物料的温度变化有重要影响。

在500～600℃时，硅酸盐发生氧化/钠化反应：

具有可变价阳离子的偏硅酸盐，氧化过程中低价阳离子被氧化成高价阳离子，例如$FeSiO_3$、$MnSiO_3$等，完成偏硅酸盐的分解、重组，反应如下：

$$4FeSiO_3 + O_2 = 2Fe_2O_3 + 4SiO_2$$

$$4MnSiO_3 + O_2 = 2Mn_2O_3 + 4SiO_2$$

对具有不变价阳离子的偏硅酸盐，例如$CaSiO_3$、$MgSiO_3$等，不会发生分解。

偏硅酸盐的氧化-钠化反应：

$$4FeSiO_3 + 4Na_2CO_3 + O_2 = 2Fe_2O_3 + 4Na_2SiO_3 + 4CO_2\uparrow$$

$$4MnSiO_3 + 4Na_2CO_3 + O_2 = 2Mn_2O_3 + 4Na_2SiO_3 + 4CO_2\uparrow$$

正硅酸盐的氧化反应与偏硅酸盐相似，主要反应如下：

$$2(2FeO\cdot SiO_2) + O_2 = 2Fe_2O_3 + 2SiO_2$$

$$2(2MnO\cdot SiO_2) + O_2 = 2Mn_2O_3 + 2SiO_2$$

正硅酸盐的氧化-钠化反应与偏硅酸盐相似，主要反应如下：

$$2(2FeO\cdot SiO_2) + 2Na_2CO_3 + O_2 = 2Fe_2O_3 + 2Na_2SiO_3 + 2CO_2\uparrow$$

$$2(2MnO\cdot SiO_2) + 2Na_2CO_3 + O_2 = 2Mn_2O_3 + 2Na_2SiO_3 + 2CO_2\uparrow$$

在600～700℃时，含钒尖晶石发生氧化-钠化反应：

$$4(FeO\cdot V_2O_3) + 5O_2 = 4FeVO_4 + 2V_2O_5$$

$$4(MnO \cdot V_2O_3) + 5O_2 = 4MnVO_4 + 2V_2O_5$$

$$4(FeO \cdot V_2O_3) + 8Na_2CO_3 + 5O_2 = 4(2Na_2O \cdot V_2O_5) + 2Fe_2O_3 + 8CO_2\uparrow$$

$$4(MnO \cdot V_2O_3) + 8Na_2CO_3 + 5O_2 = 4(2Na_2O \cdot V_2O_5) + 2Mn_2O_3 + 8CO_2\uparrow$$

$$2FeVO_4 + 2Na_2CO_3 = 2Na_2O \cdot V_2O_5 + Fe_2O_3 + 2CO_2\uparrow$$

$$2MnVO_4 + 2Na_2CO_3 = 2Na_2O \cdot V_2O_5 + Mn_2O_3 + 2CO_2\uparrow$$

$$4(FeO \cdot V_2O_3) + 8Na_2SiO_3 + 5O_2 = 4(2Na_2O \cdot V_2O_5) + 2Fe_2O_3 + 8SiO_2$$

$$4(MnO \cdot V_2O_3) + 8Na_2SiO_3 + 5O_2 = 4(2Na_2O \cdot V_2O_5) + 2Mn_2O_3 + 8SiO_2$$

$$2FeVO_4 + 2Na_2SiO_3 = 2Na_2O \cdot V_2O_5 + Fe_2O_3 + 2SiO_2$$

$$2MnVO_4 + 2Na_2SiO_3 = 2Na_2O \cdot V_2O_5 + Mn_2O_3 + 2SiO_2$$

含铬尖晶石也发生氧化-钠化反应：

含铬尖晶石与含钒尖晶石一样，焙烧过程中也要发生氧化-钠化反应：

$$4(FeO \cdot Cr_2O_3) + 7O_2 = 2Fe_2O_3 + 8CrO_3$$

$$4(MnO \cdot Cr_2O_3) + 7O_2 = 2Mn_2O_3 + 8CrO_3$$

$$4(FeO \cdot Cr_2O_3) + 8Na_2CO_3 + 7O_2 = 2Fe_2O_3 + 8Na_2CrO_4 + 8CO_2\uparrow$$

$$4(MnO \cdot Cr_2O_3) + 8Na_2CO_3 + 7O_2 = 2Mn_2O_3 + 8Na_2CrO_4 + 8CO_2\uparrow$$

$$CrO_3 + Na_2CO_3 = Na_2CrO_4 + CO_2\uparrow$$

$$4(FeO \cdot Cr_2O_3) + 8Na_2SiO_3 + 7O_2 = 2Fe_2O_3 + 8Na_2CrO_4 + 8SiO_2\uparrow$$

$$4(MnO \cdot Cr_2O_3) + 8Na_2SiO_3 + 7O_2 = 2Mn_2O_3 + 8Na_2CrO_4 + 8SiO_2\uparrow$$

$$CrO_3 + Na_2SiO_3 = Na_2CrO_4 + SiO_2$$

Al_2O_3 的钠化反应：Al_2O_3 的钠化反应通常生成的不是铝酸钠，而是生成钠长石（$NaAlSi_3O_8$），主要反应如下：

$$Al_2O_3 + 6SiO_2 + Na_2CO_3 = Na_2O \cdot Al_2O_3 \cdot 6SiO_2(2NaAlSi_3O_8) + CO_2\uparrow$$

研究结果表明，反应过程中生成物正钒酸铁（$FeVO_4$）、硅酸钠（Na_2SiO_3）、钠长石（$NaAlSi_3O_8$）对钒的提取影响极大，需要重点关注。

在温度690～700℃时，钒渣中的玻璃质将完成非晶态向晶态的转变，该反应是放热反应，使焙烧物料的温度升高。

B　焙烧过程中物料状态变化

关注焙烧过程中物料状况，对钒渣焙烧温度的选择与过程是否顺行具有重要意义。合适的物料状况有利于焙烧温度的高限选择，也有利于钒渣焙烧过程中物料始终呈分散状态，对保证生产顺行有重要意义。

钒渣氧化-钠化焙烧反应过程中，反应物与生成物的种类很多，其熔点高低差别很大，这就决定了钒渣氧化-钠化焙烧过程中有的物相会熔化，而有的物相则保持固态不变。反应过程中物料的存在状态与反应炉况是否顺行密切相关，过多的液相将使炉料发黏、结块，甚至烧结、包裹等，使反应过程不能顺利进行，严重时会被迫停炉，使生产过程中断。关注反应过程中物料的熔点以及炉况具有重要意义。

钒渣氧化-钠化焙烧过程中，物料状况取决于反应物与生成物的种类与数量，同时还与焙烧温度高低有关。首先取决于反应物与生成物的种类，低熔点相质在反应过程中优先熔化生成液相，对反应过程产生重要影响。

根据钒渣氧化-钠化焙烧过程中实际控制参数可知，应用回转窑焙烧时物料的最高温度通常不超过850℃，应用多膛炉焙烧时物料的最高温度通常不超过800℃。

C　钒渣氧化-钠化焙烧过程中物相转化规律

钒渣氧化-钠化焙烧过程中，由于钠盐促进了钒渣物相的转化，直到最终转化成钠化熟料。氧化-钠化焙烧过程中物料物相总体上呈现三种变化规律：持续减少、持续增加、先增加后减少。

钒尖晶石形貌变化规律：钒渣中正常的钒尖晶石呈致密状；在氧化-钠化焙烧过程中，钒尖晶石内部氧浓度低，外部氧浓度高，在内外氧浓度差下易于氧化的Fe元素率先氧化，在钒尖晶石边部形成细长的氧化带；随着氧化反应的继续进行，钒尖晶石心部也开始出现点状的氧化铁隐晶质，氧化铁持续向边部聚集长大，钒尖晶石晶形完整。

随着焙烧温度的升高，氧化过程继续进行，钒尖晶石晶体内部开始出现晶格缺陷，即孔洞形成，铁板钛矿雏形晶开始形成，氧化铁晶形也开始向蠕虫状、米粒状过渡；氧化铁持续长大，晶形逐渐向多边形过渡，同时铁板钛矿开始聚集长大，晶形逐渐向米粒状过渡；随后铁板钛矿开始长成长柱状，钒尖晶石完全解体；氧化铁和铁板钛矿继续长大，一些钒酸钠丝状雏晶开始生成；钒酸钠丝逐渐长大向粒状、絮状、羽毛状过渡。

钒尖晶石微区成分变化规律：钒尖晶石的初步氧化过程中，钒尖晶石氧化并分解为铁板钛矿和氧化铁固溶体，随着温度的升高和氧化的持续进行，氧化铁和铁板钛矿固溶体微区成分逐渐发生变化，最后形成钒酸钠固溶体，其成分也逐渐向纯净的钒酸钠过渡。

铁橄榄石形貌变化规律：钒渣中的铁橄榄石主要为柱状、板状，其晶体表面光滑且晶形较完整；氧化反应刚开始时，铁橄榄石中的Fe^{2+}开始被氧化为Fe^{3+}，并在内外氧浓度差的作用下在其边部析出氧化铁，形成细长灰白色氧化铁带，边部开始出现点状氧化铁析出相，心部氧化铁并未开始氧化；随着氧化过程的进行，铁橄榄石心部和边部均变得粗糙，出现点状氧化铁析出相；铁橄榄石继续氧化，米粒状辉石相开始形成；随后，部分辉石相逐渐转化为硅酸钠和钠长石过渡相；随着氧化的持续进行，最终生成较为纯净的硅酸钠。

铁橄榄石微区成分变化规律：铁橄榄石氧化分解过程中，元素Fe的含量百分比逐渐下降；然后逐渐向硅酸钠和钠长石成分过渡。

碳酸钠：一直呈递减趋势直到反应结束时基本分解完全。钠化焙烧过程中，碳酸钠的形貌变化过程：最初加入的碳酸钠有两种形貌，一是内部致密，二是内部疏松多孔；随着氧化焙烧的进行，最先发生反应的是内部疏松多孔的碳酸钠，元素V在内外浓度差的影响下逐渐向碳酸钠内部扩散并与Na^{+}发生反应，此时碳酸钠内部开始出现泛白现象，碳酸钠中元素V的含量逐渐升高，直到最终碳酸钠反应完全。

氧化铁（Fe_2O_3）：从无到有，一直呈递增趋势直到反应结束时达到最大值。

石英：从少到多，达到最大值后逐渐减少，直到反应结束时基本分解完全。

钙铁橄榄石：一直呈递减趋势直到反应结束时基本分解完全。

金属铁：一直呈递减趋势直到反应结束时基本分解完全。

钠长石：一直呈递增趋势直到反应结束时达到最大值，常与硅酸钠共生。

钒酸铁：从无到有，达到最大值后逐渐减少，到反应结束时基本分解完全。

硅酸钠：一直呈递增趋势直到反应结束时达到最大值；最终熟料中硅酸盐主要为硅酸钠，内部常析出氧化铁，常与钠长石共生。

锥辉石：一直呈递增趋势直到反应结束时达到最大值，常与钠长石、硅酸钠共生。

镁橄榄石：该物相从无到有，过程中达到最大值，然后逐渐减少，直到反应结束时基本分解完全。

铁板钛矿：从无到有，达到最大值后逐渐减少，直到反应结束时达到某一较小值。

玻璃质：一直呈递减趋势直到反应结束时基本分解完全。

钒酸锰：从无到有，达到最大值后逐渐减少，直到反应结束时基本分解完全。

钒酸钠：从无到有，一直呈递增趋势直到反应结束时达到最大值，多呈絮状、羽毛状和粒状在硅酸钠表面生成。

钒酸铝：从无到有，达到最大值后逐渐减少，直到反应结束时基本分解完全。

镁铁尖晶石：从无到有，到达某一含量后变化不大，总体含量水平较低。

铁尖晶石：从无到有，达到最大值后逐渐减少，直到反应结束时达到较低含量水平。

铝酸钠：从无到有，到达某一含量后变化不大。

硅酸钙：从无到有，一直呈递增趋势直到反应结束时达到最大值。

需要说明的是，钒渣氧化-钠化焙烧过程中，各种物相生成量的多少与多种因素有关，随钠盐加入量与加入方式、焙烧温度与焙烧时间、物料含钒量等的不同而不同。

D　钠化熟料中钒元素的赋存状态

钠化熟料中钒元素的分布相对集中，分布在多种物相中，其分布率从大到小的排序通常是：钒酸钠—锥辉石—硅酸钠—氧化铁—钠长石—铁板钛矿。

E　钒渣氧化-钠化焙烧效果的主要影响因素

钒渣氧化-钠化焙烧转化率是钠化熟料中水溶性钒量占钒渣中全钒量之比。影响焙烧转化率的因素很多，除了钒渣内在质量特性之外，其他还有很多影响因素，分述如下：

（1）精钒渣粉粒度。在钒渣氧化-钠化焙烧时，精钒渣粉必须满足一定粒度要求才能够取得较佳的焙烧效果。虽然精钒渣粉粒度越细越有利于焙烧过程中钒的转化，但相应地会增加磨矿成本，还会增加精钒渣粉在输送、焙烧过程中粉尘量，增大回收成本。因此国外一般要求精钒渣粉颗粒尺寸不超过 0.1mm，我国一般要求精钒渣粉粒度过 120 目筛（0.177mm）。

（2）钠盐种类。钠盐种类选择对焙烧有很大影响，一般应遵循钠盐的资源、价格、焙烧效果三方面情况综合考虑来选择。近年来由于环境要求更加严格，钠盐的选择除了这三项原则外，还要充分考虑钠盐对环境、“三废”处理的影响等因素。

通常钒渣钠化焙烧使用的钠盐有苏打（Na_2CO_3）、工业盐（NaCl）和芒硝（Na_2SO_4）。综合考虑前面的五项选择原则，钒渣钠化焙烧用钠盐通常选择苏打。在条件许可时，采用苏打与工业盐、芒硝的复配钠盐体系能够取得更佳的效果，既可以提高钒的转化率，降低生产成本，还可以使焙烧过程顺行。对含硅高的钒渣可减少苏打量，多配些食盐或芒硝，对避免硅高带来的影响和提高焙烧转化率是有利的。单独使用食盐或芒硝做添加剂的焙烧效果都不好。

（3）钠盐用量。钠盐配入量的多少是影响钒渣焙烧转化率的重要因素之一。在不影响焙烧转化率的条件下，为了降低成本和使工艺顺行，应尽量减少钠盐的用量；在焙烧过程顺行的条件下，为了提高钒的焙烧转化率，应尽量增加钠盐的用量。钠盐的配入量多少取决于钒渣的钒、硅、铝等含量，在硅、铝含量波动较小的情况下，通常只考虑钒含量变化的影响；当硅、铝含量波动较大时，则必须要考虑其钠盐消耗的增减。

一般情况下，钠盐用量有两种表征方式：苏打比与碱比。苏打比表示配料中苏打与 V_2O_5 的质量比；碱比表示配料中每 100g 钒渣需配加苏打的质量数（g）。

$$苏打比=\frac{Na_2CO_3\ 量}{钒渣中\ V_2O_5\ 量}\times 100\%$$

计算实例：采用苏打和工业盐作为添加剂，钒渣中的 V_2O_5 品位为 17%，苏打比为 1.5，工业盐配入量为苏打量的 30%。计算 1t 钒渣需配入苏打和工业盐的量（苏打 Na_2CO_3 含量 98%，工业盐 NaCl 含量 95%）；计算配料的碱比。

1000kg 钒渣中 V_2O_5 = 1000kg×17% = 170kg

按照：苏打比 = Na_2CO_3 质量/V_2O_5 质量，则有：Na_2CO_3 质量 = 苏打比×V_2O_5 质量

1000kg 钒渣需要配入 Na_2CO_3 量 = 1.5×170kg = 255kg

1000kg 钒渣需要配入 NaCl 量 = 255kg×30% = 76.5kg

1000kg 钒渣需要配入苏打量 = （255kg−76.5kg）/98% = 182.2kg

1000kg 钒渣需要配入工业盐量 = 76.5kg/95% = 80.6kg

即：1t 钒渣需配入苏打 182.2kg、工业盐 80.6kg。

配料的碱比 = 1000kg：255kg/98% = 100kg：26.02kg，即碱比为 26.02。

计算可以看出，用苏打比进行配料计算，结果比较准确，但稍显麻烦；用碱比进行配料，稍显粗糙，但简便易行。

实际生产中钠盐的用量选择，既要兼顾钒的转化率，也要考虑生产过程顺行，故需要进行焙烧试验，确定合适的钠盐用量。当钒渣质量稳定，品位，硅、铝含量变化不大时，只需要对既定的钠盐用量进行适当修正即可；当钒渣质量变化大，品位、硅含量、铝含量变化明显时，则需要进行焙烧试验，重新确定合适的钠盐用量。

（4）焙烧温度。不论何种焙烧炉，钒渣在炉内焙烧的温度，实际上是连续地从低温到高温，再从高温到低温逐渐变化的过程，很难严格区分。但是根据钒渣和钠盐在炉内的反应变化过程，通常将炉子分为三个带（阶段）：氧化带、钠化带（或称为烧成带）和冷却带。

氧化带主要是钒渣脱水和金属铁、可变价金属的低价氧化物（FeO、MnO、V_2O_3、Cr_2O_3）氧化的阶段，一般从钒渣进入炉内开始，到 600℃左右完成的阶段。

钠化带是从 600℃开始到焙烧最高温度之间的阶段，焙烧最高温度对多膛炉控制在不超过 800℃，对回转窑可适当提高一些，但通常也不超过 850℃。具体焙烧温度要根据炉料的情况来确定。过高的焙烧温度不仅会造成能源的浪费，增加生产成本，还会造成炉料中低熔点物质的熔融，导致炉料结球，影响炉况，甚至使生产作业不能正常进行。

冷却带是从焙烧最高温度降低到 550～650℃这一阶段。冷却带的划分具有三个方面的原则：一是钒转化充分原则，只要钒已经转化充分了，就应该出炉；二是提高焙烧设备效率原则，炉外能完成的就不在炉内完成，就应该出炉；三是避免水溶钒转为水不溶钒原则。研究表明，常压下钠化熟料中的水溶钒在 500℃左右又会转化为水不溶性的钒青铜，降低钒的转化率，要严格控制冷却带钠化熟料的最低温度不低于 550℃，然后出炉冷却。

关于水不溶性的钒青铜，国外研究表明，钠化熟料缓慢冷却时，使已经生成的水溶性钒酸钠在结晶时脱氧变成不溶于水的钒青铜。为了减少或者避免钒青铜的生成，可从三个方面入手解决，一是确保足够的钠盐用量，保证有充足的钠盐与 V_2O_5 结合；二是焙烧过

程中保证足够的氧化气氛，将可变价金属的低价氧化物充分转化为高价氧化物，减少还原性物质的来源；三是钠化熟料出炉快冷，快速通过500℃左右的钒青铜生成温度区间。

（5）焙烧时间。含钠物料焙烧时间可分为预热时间、氧化时间和钠化时间三部分。预热时间是指物料升温到300℃之前的时间，主要是物料脱水与充分预热；氧化时间指钒渣中的单质铁、可变价金属的低价氧化物氧化为高价氧化物（氧化带）所需要的时间，该时间内铁几乎全部氧化成+3价、锰部分氧化成+3价、铬少部分氧化成+6价、钒绝大部分氧化成+5价；钠化时间指+5价钒与钠盐反应生成钒酸钠（钠化带）所需要的时间。

根据精钒渣粉混合料的微区特征，钒渣氧化-钠化焙烧过程中同时存在多种反应，包括氧化反应、钠化反应、硅酸盐氧化与分解、尖晶石氧化与分解等过程，因此，氧化反应与钠化反应不能截然分开，只能用统计的方法将可变价金属从低价氧化成高价所需要的时间称为氧化时间，此时用氧化率来表征氧化的程度。尽管如此，该过程中也同时存在生成新钠盐的钠化反应；反应继续到生成水溶性钒酸钠达到一定的比例的时间成为钠化时间，此时用焙烧转化率来表征钠化反应的程度。为此，充足的钠盐用量、足够的氧化气氛、适当的氧化时间是钠化反应的基础，钠化时间是钒转化效果的保证。

根据钒渣物相组成与结构、成分、粒度等条件，一般高温焙烧时间不得低于60min，焙烧总时间不得低于210min。

（6）炉况的影响。焙烧过程中炉况的影响不可忽略，合适的炉况可使焙烧过程顺行，物料微观孔道畅通，有利于氧化过程的进行。实际生产中由于物料中低熔点物质的不断生成，使得焙烧过程中产生液相，炉料出现黏结而使生产不能进行。

液相的产生源于两方面原因：一是钒渣中的活性硅酸盐 SiO_3^{2-}、SiO_4^{4-} 的影响；二是新生成的钒酸盐 VO_3^-、$V_2O_7^{4-}$、VO_4^{3-} 等的影响。故实际生产中控制液相通常有两种方法：一是控制焙烧过程的最高温度不超过低熔点物质的熔点；二是控制液相的相对量，将液相分散。实际生产中视原料等条件而定，两种方法既可单独使用，也可联合使用。实际生产中采用钠化熟料水浸残渣返回焙烧过程分散液相，取得了不错的效果。

综上，上述各种影响钒渣焙烧转化率的因素是交互作用的，因此，实际过程中要灵活应用。当使用一种新钒渣时必须先进行实验室小试验，找到最佳的条件后再在生产上实现应用，如此可以取得经济、合理的焙烧效果。

F　主要焙烧设备

目前钒渣氧化-钠化焙烧的主体设备多采用回转窑和多膛炉（如攀钢），应用最多、最广泛的是回转窑（如河钢承钢）。

a　回转窑

回转窑是稍微倾斜的圆筒形炉，以耐火砖作内衬，炉料从一端装入，在出料端设有烧嘴进行加热。炉料边从旋转的炉壁上落下边被搅拌焙烧，焙烧后的熟料从出料端排出。由于有烟气的抽吸作用，可防止从回转窑两端漏出烟气和粉尘。钒渣氧化-钠化焙烧用回转窑见图3-5。

回转窑由筒体、滚圈、托轮、挡圈、传动装置、热交换装置、窑头燃烧室、窑尾、窑头、窑尾密封装置、砌体等部分组成。

应用回转窑进行钒渣氧化-钠化焙烧的优点：结构简单、搅拌良好、对物料配比要求严格，即使有熔体存在的炉料也能进行处理，热分布均匀、生产能力大、机械化程度高、

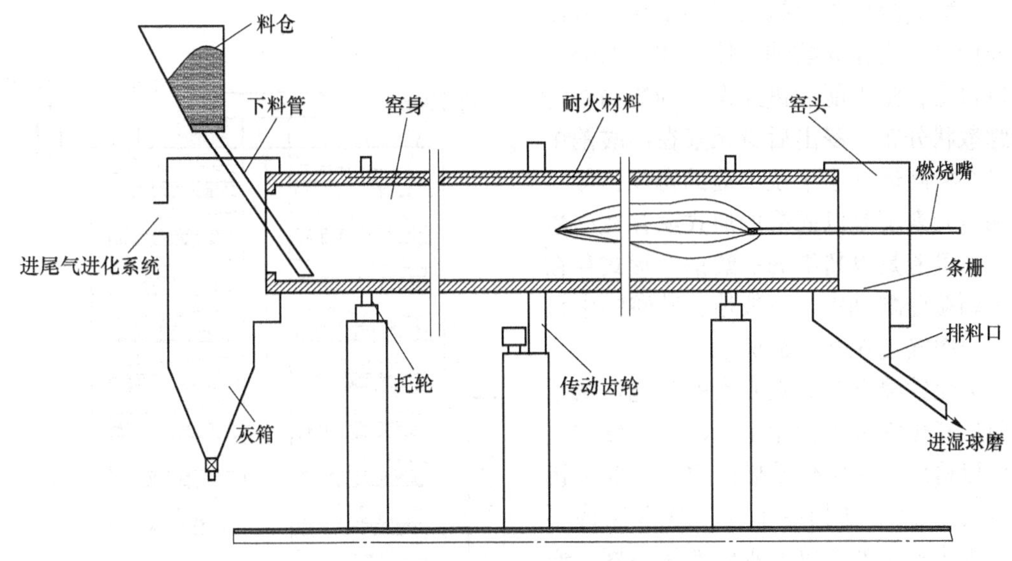

图 3-5　钒渣氧化-钠化焙烧用回转窑

维护及操作简单。缺点：温度难控制，易结成球状料，一旦结成环状炉结（结圈），则给操作和检修带来困难。

b　多膛炉

多膛炉是间隔成多层（8～12 层）炉膛的竖式圆筒型炉。在其中心部位装有旋转的中心轴，由此向各层伸出了带刮刀的搅拌耙臂随轴转动，其搅拌耙臂全部采用空气内冷。物料从上层装入，通过搅拌由周边向中心集中，又从中心向周边分散地逐层下移，经干燥、焙烧后从最底层排出。炉气在炉内沿着与炉料相反的方向流动，直到干燥预热最上层的炉料后逸出。

应用多膛炉进行钒渣氧化-钠化焙烧的优点：虽然钒渣在炉内所经过的路径较长，但炉子外形结构简单、占地面积小、散热量少、热效率高，物料加热均匀，搅拌充分。其缺点：温度难以控制、一旦低熔点生成物增多，易粘耙齿而积料，因此对钒渣焙烧时要配入惰性残渣，对物料配比及下料量要求严格、稳定，生产能力小，此外还容易发生漏气。钒渣氧化-钠化焙烧用多膛炉见图 3-6。

3.2.2.3　熟料的浸出

钒渣与钠盐经焙烧后得到的物料称为钠化熟料。钠化熟料的浸出通常指水浸，水浸是将钠化熟料中的水溶性钒酸钠溶解到水溶液的过程。此外，对于不溶解于水的钒酸盐（钒酸铁、钒酸锰、钒酸钙等），可以用酸或碱浸出的方法处理，以进一步提取其中的钒。

A　钠化熟料主要物相中钒的浸出特征

钒渣钠化熟料中存在多种物相，只有少数几种物相中的钒能够被水浸出，并且浸出的效果是有差异的。

钒酸钠浸出前后钒元素的变化：一般说来，钒酸钠的水浸效果很好，钒元素接近完全浸出，浸出率近 100%。

锥辉石中通常包裹了较多的钒，在水浸过程中该部分钒的浸出率较低，通常在 40%～50%。

硅酸钠浸出前后钒元素的变化：从浸出前后钒元素在硅酸钠单体物相中的分布可以得出，浸出前后钒元素在硅酸钠中均呈弥散状分布，浸出后钒元素在硅酸钠中的赋存密度远远小于浸出前的密度，可以推测钒元素不是以固溶的形式赋存在硅酸钠中，可能是以超细的钒酸钠的形式存在于大颗粒硅酸钠中。一般地，硅酸钠中钒的水浸率接近60%～80%。

氧化铁浸出前后钒元素的变化：从浸出前后氧化铁单体物相中钒元素含量的变化可以得出，在氧化铁微区内浸出前后钒元素的含量密度相差不大，基本保持不变，表明氧化铁中钒的水浸效果不好，通常在20%～40%左右。

钠长石中钒含量水浸前后变化不大，钒的水浸率在40%～80%。

钒酸铝中钒的水溶性较好，通常钒的水浸较完全，水浸率接近100%。

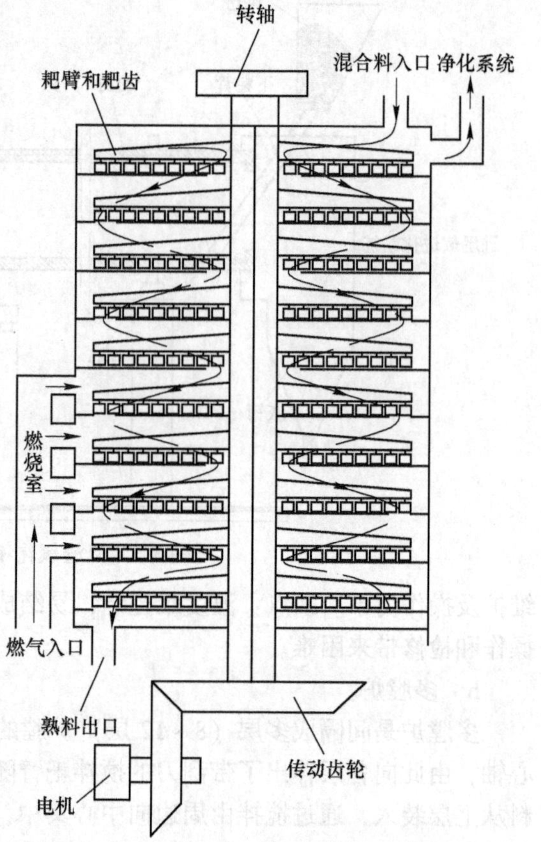

图 3-6　钒渣氧化-钠化焙烧用多膛炉

B　钠化熟料含钒物相浸出规律

钠化熟料水浸后钒元素主要赋存在氧化铁、锥辉石、硅酸钠、钠长石、铁橄榄石（$MgO \cdot Fe_2O_3$）和铁板钛矿中，浸出前后含钒物相变化规律如下。

氧化铁单体矿物微区形貌和成分：浸出前后氧化铁的微区形貌变化不大，均为小颗粒粒状集合体或者无定形状；从化学成分来看，钒含量显著降低，铁、钛含量变化不大，锰、镁含量增加。

硅酸钠单体矿物微区形貌和成分：浸出前后硅酸钠的形貌变化较为显著，焙烧后的硅酸钠表面裂理较为发育，而水浸后硅酸钠表面裂理消失；从化学成分来看，钒、铁含量显著降低，硅、钙、铝显著增加，镁含量略有降低。

钠长石单体矿物微区形貌和成分：浸出前后钠长石的显微形貌也有变化，浸出前主要为圆粒状集合体，浸出后则为树枝状；从化学成分来看，钒、铁含量略有降低，钠、镁含量显著降低，铝、硅、钛、锰含量略有增加。

铁橄榄石单体矿物微区形貌和成分：浸出前后铁橄榄石的微区形貌变化不大，均是表面嵌有白色氧化铁的深灰色粒状颗粒；从化学成分来看，钒、铁、锰、钙、硅、镁略有降低，钛、钠略有升高。

铁板钛矿单体矿物微区形貌和成分：浸出前后铁板钛矿微区形貌变化也不显著，均为隐晶质米粒状的雏晶集体；从化学成分来看，钒、钛、钙、镁、钠、锰略有降低，铁略有升高。

C 钒渣钠化熟料水不溶钒的特征

钒渣钠化熟料中，钒分布在不同的物相中，水浸后不同物相中残留钒的分布因水溶性的不同也不同。根据实际检测结果，不同物相中残留钒的量由大到小的顺序为：氧化铁（Fe_2O_3）>锥辉石（$Na_2O \cdot Fe_2O_3 \cdot 4SiO_2$）>硅酸钠（$Na_2SiO_3$）>钠长石（$Na_2O \cdot Al_2O_3 \cdot 6SiO_2$）。

D 浸出方法

钠化熟料一般用水浸出，主要有两种浸出方式：连续式浸出和间歇式浸出。

连续式浸出：连续式浸出适于制成微细粉末或通过焙烧等转变成易溶性焙烧熟料的连续浸出。连续式浸出可得到浓度均匀的浸出液，液体和钠化熟料的运动方向有同向并流和反向逆流两种。

有搅拌的连续浸出法，是将焙烧后熟料直接进入湿球磨机内，边冷却、边研磨、边浸取，然后料浆被输送到水平真空带式过滤机过滤，用80℃稀液或热水洗涤，最后得到滤渣（或称残渣）与浓液、稀液。残渣输送到渣场另行处理；浓液送下一道净化工序处理；稀液用于钠化熟料的循环浸出。

我国大多数钒厂采用这种连续式浸出方式。连续式浸出的优点：浸出过程中水和熟料一起进入球磨机，在强烈搅拌下浸出，方法简单。固体和液体都是动态的，不但改善了浸出的动力学条件，同时还可充分利用熟料的热量。缺点：设备庞大、浸出液中悬浮杂质多，澄清后底流（泥浆）量大，含水分多不易处理，造成钒损失大，熟料与液体接触时间短（5min 左右）等。

间歇式浸出：间歇式浸出是将钠化焙烧熟料先经冷却器冷却后，排放到可倾翻的浸滤器内，内部设有多孔底的渗透浸出槽，并在底部安放有滤板，上面盛放渗透性好的粗颗粒钠化熟料。浸出液借助重力自上而下流出来，或者由水泵由下面注入，从上面溢流再循环返回浸出。当浸出液自上而下流出时，由于物料颗粒堵塞，会出现只从容易通过的渠道流出的可能，但用抽真空的方法能很好地解决这一问题，但此方法的占地面积大、浸出周期长、生产效率低。

用80℃稀液或热水分别浸洗3～4次，最后得到了残渣、浓液、稀液。残渣从浸滤器翻倒在皮带输送机上，送到残渣场另行处理；浓液送净化工序处理；稀液用于钠化熟料的循环浸出。间歇浸出法可避免连续浸出法的缺点，但是装卸料时间长，设备利用率低。

对浸出的残渣，如果含钒仍然较高，则需要从焙烧、浸出两方面分析原因，直到问题解决。为了进一步提取残渣中的钒，可采用酸浸、碱浸、二次焙烧等方法，但存在效率低、能耗高等缺点。

E 影响钠化熟料浸出效果的主要因素

钠化熟料中钒酸钠的溶解过程是简单溶解，水溶性钒的溶解速度和扩散速度是影响浸出率的关键。

钠化熟料粒度：原则上粒度细可增大液-固间接触面积，提高溶解速度和扩散速度，有利于提高浸出率。但是，过细使浸出液悬浮物和杂质增多，溶液难澄清和过滤，残渣含水分高，造成钒损失。因此工业上熟料粒度控制在0.15mm 左右即可。

熟料可溶钒含量：钒含量越低，则浸出浓度越稀，越有利于提高溶解速度和扩散速度。

液固比：液固比越大，则浸出率越高。但水量大使浸出液含钒浓度降低，不利于沉钒。可通过多次返回浸出解决，对钒渣熟料的浸出液固比最终控制在（3～5）：1。可通过增加洗涤次数提高浸出率，洗液作为对新熟料浸出的溶剂。

浸出温度：温度高，有利于扩散和提高溶解度。同时有利于破坏硅酸阴离子团胶，使溶液易澄清。工业上要求浸出温度大于80℃。

浸出时间：实践表明，钠化熟料与水接触开始得越快，浸出的效果就越好。浸出时间长有利于提高浸出率。工业上要求20min以上。

搅拌：搅拌有利于提高扩散速度，提高浸出率。

浸出方式：因为钠化熟料含钒浓度高，采用间歇式浸出比连续浸出效果好。

浸出液pH值：浸出液pH值的高低，取决于添加剂中苏打用量的多少、钠化反应的完全程度、钒渣的化学成分等。浸出液pH值高，原则上有利于钒酸钠的溶解，可提高浸出率。但同时使溶液中阴离子杂质增多，不利于澄清；浸出液pH值高，对含硅高的钠化熟料易在熟料颗粒表面生成硅酸钠胶体，阻碍可溶钒向外扩散，反而降低浸出率。因此要根据上述情况确定最佳的浸出液pH值。一般浸出液pH值控制在8～9。对高硅钒渣控制在7～8。

F 主要浸出设备

熟料浸出设备主要有两种。一种是湿式球磨机，即边进入浸出液边将熟料磨碎浸出的设备。水平真空带式过滤机可与湿式球磨机联合使用，用于浓度低而量大的悬浮液。

另一种是间歇式浸出槽。用钢板制成的矩形槽，槽中装有滤板，熟料装在滤板上，上面淋入浸出液，下面与真空系统相连接，浸出和过滤同时完成。根据情况可制成可翻转结构，将滤渣翻出，也可做成可翻转的移动式的槽车。

3.2.2.4 浸出液净化

在钠化熟料浸出过程中，一些微细粒级的颗粒与杂质元素也随着钒酸钠一起浸出到溶液中，影响沉钒和产品质量，因此需要对浸出后得到的含钒浓溶液中的杂质净化去除。

微细粒级的颗粒可通过引入电解质或者加入聚沉剂将其聚集长大、沉降后分离除去。常用的电解质有氯化钙、氯化镁、聚合氯化铁、聚合硫酸铁、硫酸铝等；聚沉剂有聚丙烯酰胺、聚丙烯酸钠、木质纤维素等。杂质元素在钒酸钠溶液中通常是以阳离子或者阴离子的形式存在，例如Fe^{3+}，Al^{3+}、Fe^{2+}、Mn^{2+}、Mg^{2+}、SiO_3^{2-}、CrO_4^{2-}、PO_4^{3-}等。对于阳离子，常用水解沉淀的方法生成氢氧化物沉淀而除去。其反应为：

$$Me^{n+} + nOH^- \xlongequal{} Me(OH)_n \downarrow$$

式中，Me^{n+}表示阳离子。当反应达到平衡时，氢氧化物溶度积K_{sp}公式：

$$K_{sp} = a_{OH^-}^n \cdot a_{Me}^n$$

对Fe^{3+}、Al^{3+}、Fe^{2+}、Mn^{2+}、Mg^{2+}等阳离子，其氢氧化物沉淀特性值见表3-14。

表 3-14 298K 及 $a_{Me}^{n+}=1$ 时某些金属氢氧化物沉淀的 pH 值和有关数据

$Me(OH)_n$	反应标准自由能变化 $\Delta G^{\ominus}$/kJ	氢氧化物平衡溶度积 K_{sp}	溶解度/mol·L^{-1}	pH 值$_{始}$	pH 值$_{终}$
$Fe(OH)_3$	-211.88	6.92×10^{-38}	2.25×10^{-10}	1.62	3.20
$Al(OH)_3$	-186.68	1.78×10^{-33}	2.82×10^{-9}	3.08	4.90
$Fe(OH)_2$	-83.93	1.91×10^{-15}	7.93×10^{-6}	6.64	8.90
$Mn(OH)_2$	-76.41	4.00×10^{-14}	2.15×10^{-5}	7.30	10.10
$Mg(OH)_2$	-63.08	8.71×10^{-12}	1.30×10^{-4}	8.47	11.00

从表 3-14 中看出，沉淀由强到弱的顺序为：

$$Fe(OH)_3 > Al(OH)_3 > Fe(OH)_2 > Mn(OH)_2 > Mg(OH)_2$$

但对钒酸钠溶液而言，pH 值通常在 10～11，利用水解沉淀的方法 $Fe(OH)_3$、$Al(OH)_3$、$Fe(OH)_2$、$Mn(OH)_2$、$Mg(OH)_2$ 都能够除去，故阳离子不是净化的难点。

对 SiO_3^{2-}、CrO_4^{2-}、PO_4^{3-} 等阴离子，则多用外加阳离子生成沉淀的方法除去。对 SiO_3^{2-} 离子，通常用 Mg^{2+}、Al^{3+}沉淀除去，反应如下：

$$SiO_3^{2-} + Mg^{2+} \xlongequal{} MgSiO_3\downarrow$$

$$3SiO_3^{2-} + 2Al^{3+} \xlongequal{} Al_2(SiO_3)_3\downarrow$$

对 CrO_4^{2-} 离子，通常用 Mg^{2+}沉淀除去，反应如下：

$$CrO_4^{2-} + Mg^{2+} \xlongequal{} MgCrO_4\downarrow$$

对 PO_4^{3-} 离子，常用沉淀的生成条件见表 3-15。

表 3-15 磷酸盐生成条件

磷酸盐	$Mg_3(PO_4)_2$	$Ca_3(PO_4)_2$	$Mn_3(PO_4)_2$	$AlPO_4$
pH 值$_{始}$	9.76	7.00	5.76	3.79

从表 3-15 中可以看出，对 PO_4^{3-} 离子的沉淀去除，用 Mg^{2+}、Ca^{2+}、Mn^{2+}、Al^{3+}都是可以的，反应如下：

$$2PO_4^{3-} + 3Mg^{2+} \xlongequal{} Mg_3(PO_4)_2\downarrow$$

$$2PO_4^{3-} + 3Ca^{2+} \xlongequal{} Ca_3(PO_4)_2\downarrow$$

$$2PO_4^{3-} + 3Mn^{2+} \xlongequal{} Mn_3(PO_4)_2\downarrow$$

$$PO_4^{3-} + Al^{3+} \xlongequal{} AlPO_4\downarrow$$

单独使用 Mg^{2+}得到的沉淀物 $Mg_3(PO_4)_2$ 粒度细、沉淀周期长、过滤效果差，通常 Mg^{2+}需要与 NH_4^+ 配合使用，得到沉降性能、过滤性能更好的 NH_4MgPO_4 沉淀，反应如下：

$$PO_4^{3-} + NH_4^+ + Mg^{2+} \xlongequal{} NH_4MgPO_4\downarrow$$

在我国工业上常采用氯化钙水溶液，控制溶液 pH=8～9，使磷生成磷酸钙沉淀，同时可破坏胶体，使悬浮物凝聚沉降，加快澄清速度，是比较简单而有效的净化剂。

实际反应中，当溶液 pH<8 时生成 $CaHPO_4$ 或 $Ca(H_2PO_4)_2$，它们在水中的溶解度较大，影响除磷的效果。当 pH>9 时 $CaCl_2$ 水解生成 $Ca(OH)_2$，也将影响除磷效果。

过多的氯化钙会生成白色的钒酸钙沉淀造成钒的损失，所以 $CaCl_2$ 加入量的控制非常重要：

$$VO_3^- + Ca^{2+} = Ca(VO_3)_2 \downarrow$$

$$V_2O_7^{4-} + 2Ca^{2+} = Ca_2V_2O_7 \downarrow$$

$$2VO_4^{3-} + 3Ca^{2+} = Ca_3(VO_4)_2 \downarrow$$

德国 GFE 公司曾经用石膏乳（$CaSO_4 \cdot 2H_2O$）作为除磷剂，但用量较大，反应如下：

$$2PO_4^{3-} + 3(CaSO_4 \cdot 2H_2O) = Ca_3(PO_4)_2 \downarrow + 3SO_4^{2-} + 6H_2O$$

用石膏乳除磷，除了用量比较大之外，还有一个好处是不会生成钒酸钙而造成钒损失，同时也有除硅的效果，反应如下：

$$Na_2SiO_3 + CaSO_4 \cdot 2H_2O = CaSiO_3 \downarrow + Na_2SO_4 + 2H_2O$$

3.2.2.5 浸出液沉钒及过滤洗涤

A 浸出液沉钒原理

浸出液沉钒原理是利用钒酸盐的缩合原理、在引入 H^+ 的条件下发生缩合反应，将水溶性钒酸盐转化成水不溶性钒酸盐沉淀析出。

在工业级钒含量（20g/L 左右）条件下，钒酸钠溶液随着其 pH 值的逐渐下降，缩聚反应条件与缩聚形态见表 3-16。钒酸盐从正钒酸盐转化到多钒酸盐，直到转化成钒酸，钒在浸出中的溶解度逐渐降低，从偏钒酸盐开始便逐渐从钒酸盐溶液中结晶沉淀出来，完成了钒酸盐沉淀。

表 3-16 钒酸盐缩聚反应条件与缩聚形态

pH 值范围	钒酸盐缩聚形态
>13.6	VO_4^{3-}
13.6~9.8	$V_2O_7^{4-}$
9.8~7.0	$V_4O_{12}^{4-}$ 或 $V_3O_9^{3-}$
7.0~5.9	$V_{10}O_{28}^{6-}$
5.9~3.7	$HV_{10}O_{28}^{5-}$
3.7~1.6	$H_2V_{10}O_{28}^{4-}$
1.6~0.6	$V_2O_5 \cdot nH_2O$
<0.6	VO_2^+

B 沉钒方法

按照钒沉淀时 pH 值不同，依次称为弱碱性沉钒、弱酸性沉钒、酸性沉钒；按照沉淀产物不同又称为偏钒酸盐沉钒、多钒酸盐沉钒；按照沉淀产物中阳离子不同，又分为钒酸钠沉淀法、钒酸铵沉淀法、钒酸钙沉淀法、钒酸铁沉淀法。

不同的阳离子与钒酸根的结合能力是不一样的，以十二钒酸盐为例，不同阳离子与钒酸根的结合能力见表 3-17。

表 3-17　不同阳离子与十二钒酸盐反应的平衡常数

阳离子	Li^+	Na^+	K^+	NH_4^+
平衡常数	0.4±0.05	3.5±0.3	11.9±0.8	9.96±1.50

从表 3-17 中看出，阳离子与钒酸根选择性顺序为：$K^+>NH_4^+>Na^+>Li^+$。

常用的沉淀方法是铵盐沉钒法，铁盐沉淀法与钙盐沉淀法多用于从含钒稀溶液中富集回收钒，钠盐沉淀法多用于特殊用途。

a　铵盐沉淀法

为制取高品位 V_2O_5，需采用铵盐沉淀法。将钒酸钠溶液用酸调节到不同酸度，加入铵盐可得到不同聚合状态的钒酸铵沉淀。

偏钒酸铵沉淀工艺：在经过净化的钒酸钠溶液中加入氯化铵或硫酸铵，可结晶出白色偏钒酸铵（常简写成 NH_4VO_3，后同）沉淀。沉淀 pH 值在 8 左右，弱碱性。铵盐必须过量，偏钒酸铵溶解度随温度升高而增大，因此在低温下使偏钒酸铵结晶析出，一般 20～30℃。采用搅拌或加入晶种可加快偏钒酸铵结晶。现代偏钒酸铵沉淀技术中，常采用高温（80℃）进行偏钒酸铵的反应，然后在低温下进行偏钒酸铵的沉淀结晶，这样既可提高钒的沉淀率，也可以提高偏钒酸铵的质量。过滤后的偏钒酸铵用 1% 铵盐水溶液洗涤可进一步降低杂质含量，经 35～40℃干燥后可得到化工用的偏钒酸铵产品。一般废液中含钒 1～2.5g/L。这种方法的特点是要求钒液含钒浓度较高（30～50g/L）、铵盐加入量大、结晶速度慢、沉淀周期长。

多钒酸铵沉淀工艺：多钒酸铵沉淀法包括弱酸性铵盐沉钒法与酸性铵盐沉钒法。

弱酸性铵盐沉钒时，含钒溶液控制在 pH 值 4～6 加入氯化铵或者硫酸铵沉钒，沉淀产物因条件不同而不一样。当沉淀温度较低、铵盐加入量不足、反应时间短时，得到的沉淀产物通常是 $Na_x(NH_4)_{6-x}V_{10}O_{28}\cdot nH_2O(0<x\leqslant 2)$，最常见的是 $Na_2(NH_4)_4V_{10}O_{28}\cdot 11H_2O$。由于 $Na_x(NH_4)_{6-x}V_{10}O_{28}\cdot nH_2O$ 中的钠是结合态存在，不能通过水洗的方法来去除钠离子。沉淀的反应如下：

$$10Na_4V_2O_7 + 14H_2SO_4 + (6-x)(NH_4)_2SO_4 = 2Na_x(NH_4)_{6-x}V_{10}O_{28}\downarrow + (20-x)Na_2SO_4 + 14H_2O$$

$$5Na_4V_2O_7 + 7H_2SO_4 + 2(NH_4)_2SO_4 + 4H_2O = Na_2(NH_4)_4V_{10}O_{28}\cdot 11H_2O\downarrow + 9Na_2SO_4$$

当沉淀温度高、铵盐加入量足、反应时间长时，得到的沉淀产物是十钒酸铵 $(NH_4)_6V_{10}O_{28}\cdot nH_2O$，沉淀的反应如下：

$$5Na_4V_2O_7 + 7H_2SO_4 + 3(NH_4)_2SO_4 = (NH_4)_6V_{10}O_{28}\downarrow + 10Na_2SO_4 + 7H_2O$$

酸性铵盐沉钒时，将含钒 15～35g/L 溶液调节到 pH=1.9～2.1，搅拌下加入氯化铵或者硫酸铵，在沸腾条件下沉钒，结晶出橘黄色至砖红色的多钒酸铵（ammonium poly vanadate，简称 APV）沉淀，因其外观颜色呈黄色，也俗称“黄饼”。沉淀后母液含钒因沉淀原液、沉淀过程操作的差异，通常不超过 0.20g/L。按照国外研究，沉淀产物的实际组成为 $(NH_4)_4(VO_2)_2V_{10}O_{28}$，简写成 $(NH_4)_2V_6O_{16}$，近年来已有文献将其简写为 $NH_4V_3O_8$，沉淀的反应如下：

$$3Na_4V_2O_7 + 5H_2SO_4 + (NH_4)_2SO_4 \longrightarrow (NH_4)_2V_6O_{16} \downarrow + 6Na_2SO_4 + 5H_2O$$

酸性铵盐沉钒的特点是操作简单、沉钒结晶速度快（20~40min）、铵盐消耗量少、产品纯度高，但硫酸消耗量大。该工艺是目前工业上普遍采用的铵盐沉钒工艺。

b 钠盐沉淀法

钠盐沉淀法即水解沉钒法，是钒酸钠溶液随着溶液 pH 值降低，钒酸根逐步缩聚，由单聚体转化成多聚体，随着在水中溶解度的降低而沉淀结晶析出，沉淀产物实际上就是多钒酸钠。沉淀的反应如下。

生成多钒酸钠的一般反应式为：

$$yNa_4V_2O_7 + (2y-x)H_2SO_4 \longrightarrow xNa_2O \cdot yV_2O_5 \cdot nH_2O \downarrow + (2y-x)Na_2SO_4 + (2y-x-n)H_2O$$

生成十钒酸钠的一般反应式为：

$$5Na_4V_2O_7 + 9H_2SO_4 \longrightarrow Na_2O \cdot 5V_2O_5 \cdot 2H_2O \downarrow + 9Na_2SO_4 + 7H_2O$$

实际生产中将钒酸钠溶液加酸调节 pH 值到 1.7~1.9，在沸腾条件下搅拌沉淀出红棕色的多钒酸钠（$xNa_2O \cdot yV_2O_5 \cdot nH_2O$），俗称“红饼”。这是工业上最早采用的方法，目前俄罗斯图拉厂仍然采用这种方法沉淀钒酸铁锰溶液中的钒。我国在 20 世纪 80 年代前也是采用这种方法。这种方法的优点是操作简单、生产周期短，缺点是钒沉淀率低、沉淀产物 V_2O_5 品位低只有 85%~90%，沉淀产物主要杂质是钠，酸耗大、废酸液多而逐渐被铵盐沉淀法淘汰，但当产品有特定用途时，该工艺具有意义。

c 钒酸钙和钒酸铁沉淀法

对含钒浓度较低的溶液，在 pH=5.1~11 的条件下，加入石灰乳或氯化钙溶液后，加热、搅拌得到白色钒酸钙沉淀。也可在酸性条件下加入硫酸亚铁、硫酸铁或三氯化铁沉淀剂，加热、搅拌可得到黄色到黑绿色钒酸铁沉淀。这两种沉钒方法是从低浓度钒液中富集钒的方法，产品可进一步加工成钒铁或五氧化二钒。

C 影响多钒酸铵沉淀的条件及控制

钒酸钠溶液钒浓度：溶液的浓度高低影响沉淀物的组成。浓度高有利于 APV 的晶粒长大，加快沉钒速度。但浓度过高沉钒物夹杂的杂质增多。因此对酸性铵盐沉钒的溶液含钒浓度一般控制在 20g/L 左右较适宜，国外采用 30g/L 以上的溶液沉钒，要加强洗涤，除掉夹杂的硫酸钠等可溶性杂质。随着高浓度沉钒新技术的应用，钒酸钠溶液铵盐沉钒的钒浓度已经达到了 35g/L 以上甚至更高的水平。

沉淀的 pH 值：沉钒控制的 pH 值高低，影响产品的组成。pH 值是影响沉钒速度的主要因素之一，降低酸度有利于加快沉钒速度，pH 值过低会引起水解反应发生，影响产品的质量，因此一般工业上要求控制 pH 值为 1.9~2.5，钒浓度越高，pH 值则越小。

调节 pH 值可用硫酸或盐酸，多用硫酸。加酸时要搅拌，避免局部酸度过浓发生水解。对含钒浓度较低的溶液，最好采取冷态加酸。热加酸易生成细晶沉淀。

铵盐种类与用量：工业上使用的有硫酸铵、氯化铵、硝酸铵等铵盐，要根据当地资源和价格确定，多数使用硫酸铵。铵盐加入的多少取决于溶液含钒的浓度，以硫酸铵为例，工业上按下式确定：

$$M_{硫酸铵} = K_{NH_4^+}VC$$

式中 $M_{硫酸铵}$——硫酸铵加入量，kg；

C——溶液含钒浓度，kg/m^3；

V——溶液的体积，m^3；

$K_{NH_4^+}$——加铵系数。

一般工业上 $K_{NH_4^+}$ 取值范围 1~1.2，但具体取值需要通过产品质量要求结合实验来确定。铵盐加入多，有利于置换反应完全，但生产成本增加。

铵盐加入的方式，一般在碱性溶液中铵盐易分解，因此工业上先将溶液调节到 pH 值 4~5 左右，再加入铵盐，然后在搅拌条件下，再用酸调节 pH 值到 2~2.5 左右，再加热沉钒。除此之外，还可以将铵盐溶解制成饱和铵盐溶液加入，也可以将铵盐分多次加入。

搅拌条件：沉钒时加酸、加铵等过程中搅拌有利于加快沉钒速度和保证晶粒长大和产品的质量。

工业上搅拌普遍采用气体搅拌与机械搅拌两种方式。气体搅拌最常用的有压缩空气搅拌或和蒸气直接通入溶液加热搅拌的方法；机械搅拌最常用的是机械搅拌桨，也有使用耐酸腐蚀的搅拌桨。

沉淀时间：在保证上述条件下，在搅拌和加热状态下，多钒酸铵沉淀沉钒时间一般需要 20min 以上。终点控制通过沉钒上清液的分析确定，当上清液含钒满足既定的含量水平后，即视为沉淀反应达到了终点。

D 沉钒与过滤设备

沉钒罐：钢板制成的圆筒形罐，内衬有防酸内衬，具体尺寸根据生产规模决定（如直径 2~5m，容量 5~40m^3）。罐中心设有不锈钢搅拌器，也可用蒸汽或压缩空气搅拌。罐壁设有蒸汽加热管。

过滤机：有板框压滤机、外滤式转鼓真空过滤机、圆盘式真空过滤机、带式真空过滤机、管式真空过滤机等。目前用得最多的是板框压滤机与水平带式真空过滤机，或水平真空带式过滤机与板框压滤机联合使用。

E 沉淀物的洗涤

（1）对溶解度比较大的沉淀物，最好用沉淀剂的稀溶液来洗涤，例如用 1% 的硫酸铵溶液洗涤多钒酸铵，可减少沉淀物因溶解造成的损失。

（2）对溶解度非常小的非晶态沉淀物，一般采用含有易挥发电解质的稀溶液来洗涤，可避免洗涤过滤中又分散成胶体。

（3）沉淀物的溶解度很小而且又不易生成胶体时，可用蒸馏水或去离子水洗涤。

（4）热洗涤液容易将沉淀物洗干净，还可防止产生胶体溶液，也容易通过滤布。可是热洗涤液中沉淀物损失较多，所以只对溶解度很小的非晶态沉淀物才适宜。

洗涤时可采用多次洗涤而每次洗涤液用量少一些为宜。

3.2.2.6 沉淀熔化/铸片制取五氧化二钒

A 片状五氧化二钒的制取

五氧化二钒的工业产品大部分是用于冶金行业，产品以片状为主，只有少量用于化工上的五氧化二钒是粉状的。片状五氧化二钒的制备通常将钒酸盐经过处理而得到的。钒酸盐的处理通常有三个步骤：干燥脱出游离水、煅烧脱出化合水等、熔化制片。

按照这三个步骤是否在同一个设备中依次完成，有两种工艺路线：即一步法与三步法。一步法是将三个步骤在同一个设备中依次完成，而三步法则是将这三个步骤在不同的设备中分别完成。国内多用一步法工艺，三步法工艺正在兴起，具有广阔的发展前景。

a　用多钒酸钠制备

含钒浸出液经过水解沉淀过滤后得到“红饼”（$x\mathrm{Na_2O}\cdot y\mathrm{V_2O_5}\cdot n\mathrm{H_2O}$），其通常含水质量分数为50%～70%。将“红饼”加热到500～550℃脱除物理水，进一步煅烧分解脱出化合水，最后在800～900℃温度下熔化铸片，得到片状五氧化二钒。用“红饼”制备的片状五氧化二钒，其化学组成实际上是多钒酸钠。反应如下：

干燥脱水：$x\mathrm{Na_2O}\cdot y\mathrm{V_2O_5}\cdot n\mathrm{H_2O}$+游离水（液态）$=\!=\!=$ $x\mathrm{Na_2O}\cdot y\mathrm{V_2O_5}\cdot n\mathrm{H_2O}$+游离水（气态）

煅烧分解化合水：$x\mathrm{Na_2O}\cdot y\mathrm{V_2O_5}\cdot n\mathrm{H_2O} =\!=\!= x\mathrm{Na_2O}\cdot y\mathrm{V_2O_5}+n\mathrm{H_2O}\uparrow$

高温熔化：$x\mathrm{Na_2O}\cdot y\mathrm{V_2O_5} =\!=\!= \mathrm{Na_{2x}V_{2y}O_{5y+x}}$

这样的多钒酸钠熔片钠含量高，五氧化二钒品位低，多在85%～92%。该制品多用于钒铁生产，用途有限。由于钠含量高，冶炼过程中氧化钠被还原产生金属钠蒸气，遇空气氧化产生白烟，既影响环境，又增加生产成本。多钒酸钠还原反应为：

$$\mathrm{Na_{2x}V_{2y}O_{5y+x}} + \frac{10y+2x}{3}\mathrm{Al} =\!=\!= 2y\mathrm{V} + \frac{5y+x}{3}\mathrm{Al_2O_3} + 2x\mathrm{Na}\uparrow$$

$$4\mathrm{Na} + \mathrm{O_2} =\!=\!= 2\mathrm{Na_2O}$$

实际生产中，俄罗斯图拉和我国过去“红饼”的脱水、熔化是在同一座熔化炉（反射炉）内完成的，其结构见图3-7。熔化炉采用水冷炉底，以便在炉底形成一层凝固的五氧化二钒保护层，将“红饼”从炉顶加料到炉内，用重油或煤气燃烧加热，炉膛温度控制在900～1100℃左右，熔化的五氧化二钒从出料口流出，流到水冷旋转台上铸成一定厚度的薄片。

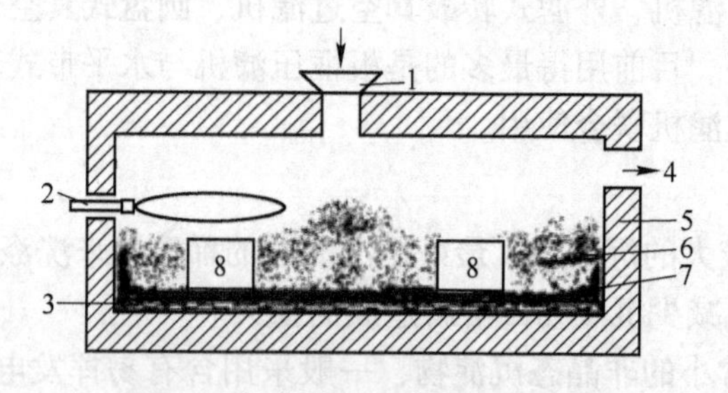

图3-7　熔化炉（反射炉）示意图

1—进料口；2—喷枪；3—水冷炉底；4—烟气出口；5—炉体；6—炉料；7—熔化层；8—炉门（出料口）

b　用多钒酸铵制备

酸性铵盐沉钒的产物多钒酸铵中含有大量的硫酸钠，在过滤过程中要进行洗涤，用1%浓度的氨水或硫酸铵水溶液洗涤，洗涤后得到的“黄饼”含水分质量分数为20%～60%，其水分的高低取决于过滤机的种类。从“黄饼”到片状五氧化二钒要经过干燥脱水、煅烧分解脱氨和熔化三个步骤（以六钒酸铵为例）。

在100℃以上干燥脱出游离水：

$$\mathrm{(NH_4)_2V_6O_{16}} + 游离\ \mathrm{H_2O} =\!=\!= \mathrm{(NH_4)_2V_6O_{16}} + \mathrm{H_2O}\uparrow$$

在500℃以上煅烧分解脱氨，同时还发生 $\mathrm{V_2O_5}$ 被 $\mathrm{NH_3}$ 还原为 $\mathrm{V_2O_4}$ 以及 $\mathrm{V_2O_4}$ 被氧化

为 V_2O_5 的副反应：

$$(NH_4)_2V_6O_{16} = 3V_2O_5 + H_2O\uparrow + 2NH_3\uparrow$$

$$3V_2O_5 + 2NH_3 = 3V_2O_4 + 3H_2O\uparrow + N_2\uparrow$$

$$2V_2O_4 + O_2 = 2V_2O_5$$

在800℃以上 V_2O_5 熔化，同时还发生 V_2O_5 气化的副反应：

$$V_2O_{5(s)} = V_2O_{5(l)}$$

$$V_2O_{5(l)} = V_2O_5\uparrow$$

工业上熔化多钒酸铵，国外欧美、南非等国以及我国河北承钢、建龙集团等采用三段熔化法，工艺流程见图3-8。

三段熔化法工艺过程：首先在干燥器中脱水，然后在回转炉中分解脱氨，得到粉状五氧化二钒。将粉状五氧化二钒在电炉内熔化，出炉后经水冷旋转台铸成一定厚度的五氧化二钒薄片（片钒）。用这种方法从钒酸铵到片钒的钒回收率可达99%以上。

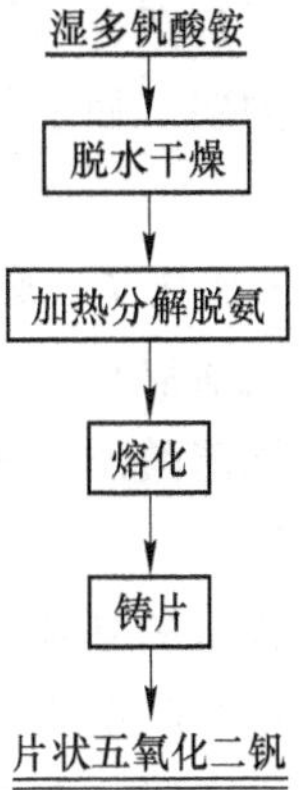

湿多钒酸铵

脱水干燥

加热分解脱氨

熔化

铸片

片状五氧化二钒

图3-8 三段熔化法工艺流程

德国采用的三段熔化法：第一步干燥采用气流干燥设备，天然气加热的热风及含水的质量分数为20%左右的多钒酸铵一起送入干燥机内，瞬时即可使其干燥到含水质量分数为1%以下的水分。第二步脱氨对脱水后的多钒酸铵在外部用天然气加热的不锈钢回转窑内在氧化气氛下经550℃左右脱氨，得到粉状五氧化二钒。第三步是在三相电弧炉内将粉状五氧化二钒熔化，出炉经水冷旋转台铸片。

南非海威尔德的凡特拉厂采用外部电加热的旋转干燥器干燥多钒酸铵，采用外部用电加热的脱氨装置脱氨，最后用硅碳棒加热炉熔化。将熔化后的五氧化二钒液体注入到旋转的水冷钢轮中，再从钢轮上刮下凝固的片状五氧化二钒。

目前，我国采用一步法分解熔化多钒酸铵制取片钒，使用与熔化“红饼”相同的设备——反射炉，即在同一座熔化炉内完成脱水、脱氨和熔化三个步骤，钒回收率一般在95%左右。在熔化过程中，如果温度过高特别是在900℃以上时会造成五氧化二钒的挥发损失，因此控制温度很重要。

由于干燥和熔化在同一个炉内进行，干燥后的粉状物很容易被热风吹走，这也是造成钒回收率低的原因。此外，在用“黄饼”作原料时，分解出的氨气在高温下分解出还原气体氢气并将五氧化二钒还原为熔点较高的低价钒氧化物，只有当氨全部脱除后才能将低价钒氧化物再氧化为高价低熔点的五氧化二钒，因此一步法熔化周期长、热利用率低、能耗高。最好的办法应是采用先进的三段熔化法。

B 粉状五氧化二钒的制取

粉状五氧化二钒是钒酸铵经过干燥脱水、煅烧氧化得到的，元素组成为 V：O＝2：5、具有晶型结构的粉末状物质。粉状五氧化二钒生产一般需要经过干燥脱水、煅烧分解脱氨、氧化结晶等阶段。

粉状五氧化二钒国内多用于化工与冶金领域，前者主要用作催化剂。硫酸催化剂用五氧化二钒，除了要求粉状五氧化二钒纯度高之外，还对碱溶速度、碱不溶物量有要求；后者多用于合金的生产，例如钒氮合金、钒铝合金等，要求杂质含量要低。

国内粉状五氧化二钒生产多用偏钒酸铵煅烧制备，多钒酸铵煅烧制备的粉状五氧化二钒能够满足冶金的要求。

主要反应如下：

干燥脱水阶段：$(NH_4)_2V_6O_{16} \cdot nH_2O = (NH_4)_2V_6O_{16} + nH_2O\uparrow$

煅烧分解脱氨阶段，该阶段还伴生 V_2O_5 还原为 V_2O_4：

$$(NH_4)_2V_6O_{16} = 3V_2O_5 + 2NH_3\uparrow + H_2O\uparrow$$

$$3V_2O_5 + 2NH_3 = 3V_2O_4 + 3H_2O\uparrow + N_2\uparrow$$

氧化结晶阶段： $2V_2O_4 + O_2 = 2V_2O_5$

主要设备为煅烧窑，常用的有回转窑与箱式电阻炉。前者多为外热式回转窑，既可采用电阻加热，也可采用燃气、重油等加热，连续生产工艺，生产周期较短，但产品质量调控能力弱。后者为间歇式生产工艺，采用电阻加热，生产周期长，但产品质量调控能力强。

3.2.2.7 废水处理

钒渣氧化-钠化法生产五氧化二钒，同时附产出大量的酸性氨氮废水，它是钒酸钠溶液添加硫酸调节 pH 值后再添加铵盐沉淀钒酸铵后所产的废液。铵盐多用硫酸铵，也可用氯化铵。

废水的基本离子组成有：Na^+、NH_4^+、VO_2^+、$H_2V_{10}O_{28}^{4-}$、$Cr_2O_7^{2-}$、SO_4^{2-}、Cl^-等，其中对环境影响最大的是含钒、铬、氨氮的离子。传统的废水处理方法是利用还原-中和沉淀法除去含钒、铬离子。近年来，废水零排放已经成为一种重要工艺选择，最新的处理工艺是在传统工艺基础上增加第二步蒸发浓缩结晶沉淀工序，冷凝水循环利用，硫酸钠残渣用作生产硫化钠的原料。故现有废水处理工艺分三步进行：

钒铬离子还原→钒铬中和沉淀→蒸发浓缩与冷却结晶沉淀分离→钠盐与铵盐

（1）钒铬离子还原。通常去除废水中钒、铬的处理方法很多，包括钡盐沉淀法、离子交换法、还原沉淀法等，但应用最多、处理最彻底的是还原沉淀法。常用的还原剂有无机还原剂与有机还原剂两大类。无机还原剂有铁粉（Fe）、硫酸亚铁（$FeSO_4$）、亚硫酸钠（Na_2SO_3）、亚硫酸氢钠（$NaHSO_3$）、硫代硫酸钠（$Na_2S_2O_3$）、焦亚硫酸钠（$Na_2S_2O_5$）、硫化钠（Na_2S）；有机还原剂有淀粉、蔗糖、草酸等。考虑等成本因素，多用无机还原剂，常用的无机还原剂有硫酸亚铁与焦亚硫酸钠，还原钒铬的反应如下：

$$2VO_2^+ + 2Fe^{2+} + 4H^+ = 2Fe^{3+} + 2VO^{2+} + 2H_2O$$

$$H_2V_{10}O_{28}^{4-} + 10Fe^{2+} + 34H^+ = 10Fe^{3+} + 10VO^{2+} + 18H_2O$$

$$Cr_2O_7^{2-} + 6Fe^{2+} + 14H^+ = 6Fe^{3+} + 2Cr^{3+} + 7H_2O$$

$$4VO_2^+ + S_2O_5^{2-} + 2H^+ = 2SO_4^{2-} + 4VO^{2+} + H_2O$$

$$2H_2V_{10}O_{28}^{4-} + 5S_2O_5^{2-} + 38H^+ = 10SO_4^{2-} + 20VO^{2+} + 21H_2O$$

$$2Cr_2O_7^{2-} + 3S_2O_5^{2-} + 10H^+ = 6SO_4^{2-} + 4Cr^{3+} + 5H_2O$$

（2）钒铬中和沉淀。钒、铬中和沉淀采用提高 pH 值的方法进行水解沉淀，固液分离后得到钒、铬沉淀物与滤液。中和剂通常用石灰（石灰乳 $Ca(OH)_2$）、氢氧化钠、碳酸钠等，最常用的是石灰（石灰乳）、氢氧化钠。

硫酸盐体系反应如下：

$$2Fe^{3+} + 3CaO + 9H_2O + 3SO_4^{2-} \longrightarrow 2Fe(OH)_3\downarrow + 3(CaSO_4 \cdot 2H_2O)\downarrow$$

$$VO^{2+} + CaO + 3H_2O + SO_4^{2-} \longrightarrow VO(OH)_2\downarrow + CaSO_4 \cdot 2H_2O\downarrow$$

$$2Cr^{3+} + 3CaO + 9H_2O + 3SO_4^{2-} \longrightarrow 2Cr(OH)_3\downarrow + 3(CaSO_4 \cdot 2H_2O)\downarrow$$

$$2Fe^{3+} + 3Ca(OH)_2 + 6H_2O + 3SO_4^{2-} \longrightarrow 2Fe(OH)_3\downarrow + 3(CaSO_4 \cdot 2H_2O)\downarrow$$

$$VO^{2+} + Ca(OH)_2 + 2H_2O + SO_4^{2-} \longrightarrow VO(OH)_2\downarrow + CaSO_4 \cdot 2H_2O\downarrow$$

$$2Cr^{3+} + 3Ca(OH)_2 + 6H_2O + 3SO_4^{2-} \longrightarrow 2Cr(OH)_3\downarrow + 3(CaSO_4 \cdot 2H_2O)\downarrow$$

$$Fe^{3+} + 3OH^- \longrightarrow Fe(OH)_3\downarrow$$

$$VO^{2+} + 2OH^- \longrightarrow VO(OH)_2\downarrow$$

$$Cr^{3+} + 3OH^- \longrightarrow Cr(OH)_3\downarrow$$

氯盐体系反应如下：

$$2Fe^{3+} + 3CaO + 3H_2O \longrightarrow 2Fe(OH)_3\downarrow + 3Ca^{2+}$$

$$VO^{2+} + CaO + H_2O \longrightarrow VO(OH)_2\downarrow + Ca^{2+}$$

$$2Cr^{3+} + 3CaO + 3H_2O \longrightarrow 2Cr(OH)_3\downarrow + 3Ca^{2+}$$

$$2Fe^{3+} + 3Ca(OH)_2 \longrightarrow 2Fe(OH)_3\downarrow + 3Ca^{2+}$$

$$VO^{2+} + Ca(OH)_2 \longrightarrow VO(OH)_2\downarrow + Ca^{2+}$$

$$2Cr^{3+} + 3Ca(OH)_2 \longrightarrow 2Cr(OH)_3\downarrow + 3Ca^{2+}$$

（3）蒸发浓缩与冷却结晶沉淀分离。无论是硫酸盐废水还是氯盐废水，只有通过蒸发浓缩使其中的盐分含量达到过饱和后才能结晶分离出来。蒸发过程中的水分蒸发冷凝后循环利用，浓缩结晶分离得到固体盐。以硫酸盐废水为例，体系为 Na_2SO_4-$(NH_4)_2SO_4$-H_2O 三元体系，体系状态图见图 3-9。

从图 3-9 中可以看出，该体系在不同温度下物相组成不同，高温下（60℃）有三个固相区；低温（10℃）下则可以多达七个固相区。通过控制不同的结晶条件可以得到不同的固体盐。

通过蒸发浓缩，控制适当的 Na^+/NH_4^+ 摩尔比，高温下结晶析出粉末状的无水硫酸钠（Na_2SO_4），结晶残液中 Na^+/NH_4^+ 摩尔比降低；随着温度的不断降低，结晶残液中结晶析出（$Na_2SO_4 \cdot (NH_4)_2SO_4 \cdot 4H_2O$）复盐，结晶残液中 Na^+/NH_4^+ 摩尔比进一步降低，得到了 $(NH_4)_2SO_4$ 含量较高的富铵液，该溶液既可以直接循环利用，也可以进一步蒸发浓缩结晶固体硫酸铵。

3.2.2.8 钒渣氧化-钠化焙烧生产五氧化二钒工艺技术特点

钒渣氧化-钠化焙烧生产五氧化二钒工艺，是目前世界上工艺最成熟、产品质量最好的工艺，具有以下几个方面的特点：

（1）产品质量好。通常五氧化二钒的品位在 98% ~99%。

（2）浸出工艺简单、成本低。钠化熟料只需要用清水浸泡、洗涤、过滤即可得到高钒含量、低杂质含量的钒酸钠溶液，过程控制操作简单。

（3）采用铵盐沉钒-煅烧技术制备的五氧化二钒纯度高。铵盐沉淀的产物是钒酸铵，煅烧过程中铵分解排出体系，残留物即为氧化钒。

（4）焙烧温度低，有利于设备选型、降低能源成本。焙烧过程采用钠盐作为添加剂，降低了炉料的熔点，采用较低的焙烧温度即可满足工艺要求。

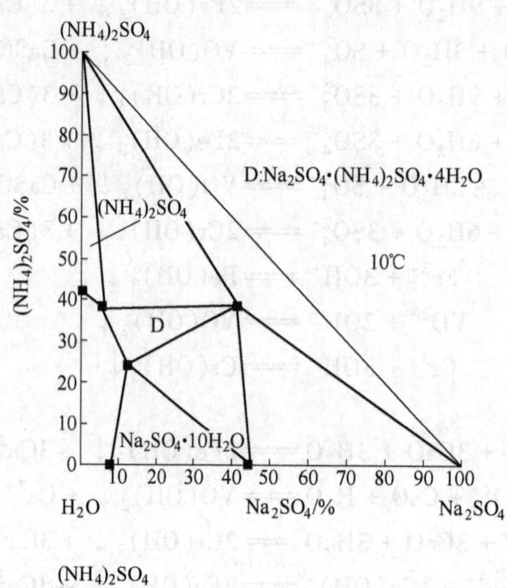

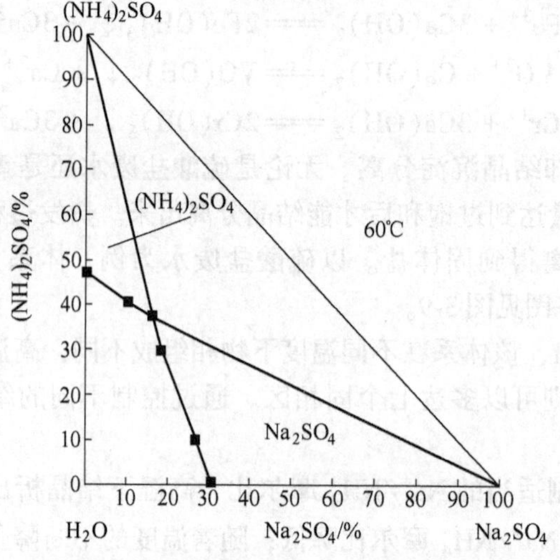

图 3-9　Na_2SO_4-$(NH_4)_2SO_4$-H_2O 状态图

(5) 主要设备可以实现大型化，有利规模化生产。无论是回转窑还是多膛炉，焙烧过程都可实现规模化生产，操作过程简单。

(6) 废渣、废水低成本处理是目前主要难题，也是该工艺实现可持续应用的限制性环节。

3.2.2.9　主要生产技术指标

钒渣氧化-钠化焙烧工艺生产五氧化二钒，其主要产品是片状五氧化二钒或粉状五氧化二钒，涉及的技术经济指标有两类，即产品质量指标与钒的回收率指标。

(1) 五氧化二钒质量。我国五氧化二钒质量执行黑色冶金行业标准（YB/T 5304—2016）。

目前五氧化二钒产品主要以片状为主，少量的粉状用于化工等特殊用途。片状五氧化二钒主要用于生产钒铁、钒氮合金，纯度较高的片状五氧化二钒也用于生产钒铝合金。

粉状五氧化二钒质量标准参差不齐，最低标准是用于硫酸生产的钒催化剂，但要求碱溶残渣量少、初期碱溶速度快；较高级的粉状五氧化二钒则要求杂质含量低，不得超过0.010%；更高级的粉状五氧化二钒则用于制备钒电池。

（2）钒的回收率。钒的回收率是钒渣氧化-钠化焙烧生产五氧化二钒的关键经济性指标，是指生产过程中产出的 V_2O_5 总量占投入的 V_2O_5 总量的百分比，其高低通常与生产工艺过程有关。

在钒渣氧化-钠化焙烧生产五氧化二钒工艺中，通常包括粗钒渣精选、精钒渣研磨、混料配料、焙烧、水浸、沉淀、净化、干燥煅烧（熔化）、铸片、包装等工序，每个工序环节都会有钒的损失，故钒的回收率包括工序中钒的回收率与总的钒回收率，总的钒回收率 $\eta_{总}$ 等于各工序钒的回收率 η_i 之乘积，即：

$$\eta_{总} = \eta_1\eta_2\eta_3\cdots\eta_i$$

通常情况下的各工序钒的回收率汇总在表3-18中。

表3-18 各工序钒的回收率

序号	工序名称	钒的回收率/%	钒损途径
1	粗钒渣精选	89.0～90.0	绝废渣、粉尘
2	精钒渣研磨	98.5～99.5	铁粒、粉尘
3	配料与混料	99.6～99.8	粉尘
4	焙烧	99.6～99.8	粉尘
5	水浸	85.0～90.0	水浸残渣、粉尘
6	净化	90.0～95.0	残渣
7	沉钒	94.5～99.5	废水
8	干燥	99.0～99.5	粉尘
9	煅烧	99.0～99.5	粉尘
10	熔化	95.5～98.5	V_2O_5 蒸气、粉尘
11	包装	99.5～99.7	粉尘
12	总的钒回收率	80.0～88.0	绝废渣、残渣、废水、粉尘、V_2O_5 蒸气

3.2.2.10 存在的主要技术问题

钒渣氧化-钠化焙烧生产五氧化二钒工艺，虽然具有产品质量好、钒收率高等优点，但也存在生产流程较长、生产成本较高、“三废”处理困难等问题。

（1）生产流程较长。从粗钒渣开始到生产出五氧化二钒，通常需要经过焙烧等十道工序，生产流程较长、累计钒损失较大。从目前的研究来看，采用全湿法冶金、免焙烧工艺生产五氧化二钒是未来发展的方向。重庆大学、东北大学、昆明理工大学、武汉科技大学等已经开展了相关研究，取得了阶段性的进展，可望大大缩短生产流程。

（2）生产成本较高。钒渣氧化-钠化焙烧工艺中，需要添加较多的价格较高的药剂，包括苏打、硫酸铵等，致使生产成本居高不下、产品竞争力不足。攀钢开发了钒渣钙盐焙烧—硫酸浸出—铵盐沉钒的提钒工艺，采用廉价的石灰石替代价格较高的苏打，大大降低了生产成本；俄罗斯开发了钒渣钙盐焙烧—硫酸浸出—水解沉钒工艺，在攀钢工艺基础上用廉价的硫酸替代了价格较高的铵盐，进一步降低了生产成本。国内重庆大学、东北大学等对钙盐焙烧工艺开展了技术研究，获得了许多技术基础数据。

（3）“三废”处理难度大。钒渣氧化-钠化焙烧提钒工艺中，存在焙烧尾气、浸出残渣、沉钒废水处理困难和成本高等问题，严重制约了五氧化二钒的生产，降低了市场竞争力。焙烧用苏打做添加剂时，尾气中主要成分是 CO_2，近期不会是问题，远景来看也不会成为问题；焙烧用工业盐做添加剂时，尾气中主要成分是 HCl、Cl_2 等，对环境危害大，目前的办法是不用工业盐做添加剂，限制了工业盐的应用。有的钒生产企业用水洗的方法处理焙烧尾气，但依然存在设备腐蚀等问题，需要开展进一步的研究。

3.2.2.11 *技术发展方向*

钠化提钒残渣（提钒尾渣）中含 TFe 27% ~32%、TiO_2 9% ~13%、MnO 7% ~9%、SiO_2 13% ~16%、Na_2O 2.0% ~6.5%，是宝贵的二次资源，具有较高的综合回收应用价值。河钢承钢、成渝钒钛等企业因残渣中 Na_2O 含量在2.0%左右，返回高炉炼铁，收到了较好的效果。攀钢因提钒残渣中 Na_2O 含量在5.5%左右，返回高炉炼铁受到制约，需要开展新技术研究，开发新的应用领域。例如冶金辅料等的生产中添加水浸残渣，用于转炉炼钢、转炉提钒等可望取得新的进展。

废水的处理是难点，氧化—钠化焙烧—铵盐沉钒废水中含有大量的盐类，目前到今后相当长的时期内，主要处理工艺是蒸发浓缩—结晶分离，但存在设备投资大、设备腐蚀、处理费用高等问题；处理过程中产生的钒铬残渣、盐类等的资源化利用也是技术难点，钒铬残渣实现钒铬分离与应用、盐类实现分离与应用是未来研究的重点。

虽然钙盐焙烧—硫酸浸出工艺避免了废水中的盐类处理问题，但新产生的含镁、锰硫酸盐的废水处理也是新的难点。重庆大学系统研究了低硫酸锰废水电解制备锰粉工艺技术，解决了这一难题，可望成为今后的技术方向，但相应的含有大量硫酸钙的硫酸浸出残渣的应用又成为新的技术难题。

在现有基础上，开发钒渣锰化焙烧—硫酸浸出—水解沉钒—电解制备锰粉新工艺，实现五氧化二钒、金属锰粉产业联动，可望成为未来研究的热点，该工艺可从根本上解决钒渣生产五氧化二钒工程中的“三废”难题。

3.2.3 钒渣氧化-钙化法生产五氧化二钒工艺

3.2.3.1 *基本原理*

钒渣氧化-钙化焙烧提钒法是将钒渣（或其他含钒原料）与钙氧化物或钙盐（如石灰或石灰石等）混合后进行氧化焙烧，使钒生成钒酸钙，然后利用钒酸钙的酸溶性变化用稀硫酸浸出再沉钒的工艺。这种方法的理论基础是根据 V_2O_5-CaO 之间可生成溶于酸的钒酸钙：偏钒酸钙 $Ca(VO_3)_2$、焦钒酸钙 $Ca_2V_2O_7$ 和正钒酸钙 $Ca_3(VO_4)_2$。在不同的焙烧温度、不同的混合料的 Ca/V 比值条件下，具体生成三种不同的钒酸钙。主要化学反应如下：

$$2(FeO \cdot V_2O_3) + 2CaCO_3 + 3O_2 = 2(CaO \cdot V_2O_5) + Fe_2O_3 + 2CO_2$$
$$4(MnO \cdot V_2O_3) + 8CaCO_3 + 5O_2 = 4(2CaO \cdot V_2O_5) + 2Mn_2O_3 + 8CO_2$$
$$2(MnO \cdot V_2O_3) + 3CaCO_3 + 4O_2 = 2(3CaO \cdot V_2O_5) + Mn_2O_3 + 3CO_2$$

在不同温度下，三种钒酸钙在水中的溶解度不同。如在25℃时，三种钒酸钙在水中的溶解度分别为0.0022mol/L、0.0035mol/L和0.012mol/L，都是很小的。但是三种钒酸钙在硫酸或氢氧化钠溶液中都不同程度地溶解。三种钒酸钙在20℃和60℃时的溶解度见图3-10。

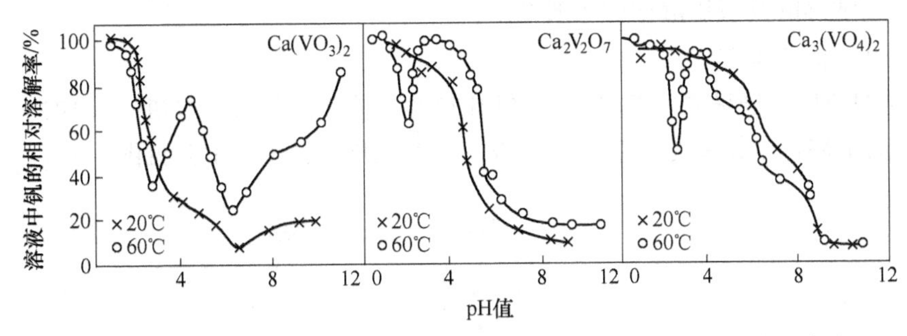

图3-10 三种钒酸钙在 H_2SO_4 和NaOH溶液中的溶解度与pH值的关系

从图3-10中得出：

（1）当pH<1.35时，三种钒酸钙几乎全部溶解；当pH=1.35～2.5时，溶解度曲线都出现一个低峰。这是由于 V_2O_5 水解引起的；当pH=2.5～4时，三种钒酸钙溶解度都出现一个高峰，以后随pH值升高，溶解率又开始下降。

（2）在碱性溶液中（pH>7.0），只有偏钒酸钙溶解率增大，而正钒酸钙和焦钒酸钙变化不大。

（3）当控制pH值在2.5～3.0之间时，焦钒酸钙的溶解度最高，因此在配料时控制 CaO/V_2O_5 的质量比为0.5～0.6，使之生成焦钒酸钙是最佳选择。

如果用硫酸浸出并且pH值控制在2.5～3.0之间时，钒在溶液中以 $(V_{10}O_{28})^{6-}$ 离子形式存在，而钙是以硫酸钙形式存在于固相中。

在研究钒酸钙溶解状态时，研究钒渣中其他杂质在酸浸时的溶解行为也是十分重要的，Fe、P、Mn等杂质在pH=1.0～4.5时浸出石灰焙烧过的钒渣时的溶解率示于图3-11。

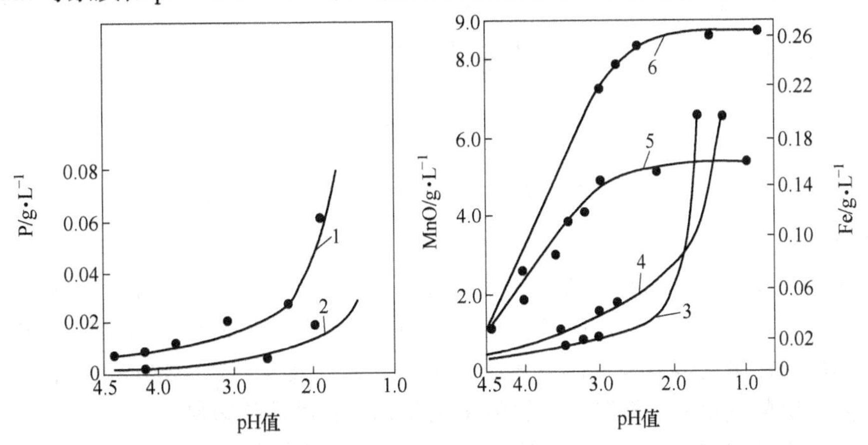

图3-11 钒渣中杂质溶解度与介质pH值和钒渣初始成分的关系曲线

钒渣Ⅰ：1—P0.087%；4—$Fe_2O_3$46.1%；5—Mn5.70%

钒渣Ⅱ：2—P0.040%；3—$Fe_2O_3$44.74%；6—Mn9.87%

从图3-11看出：Fe、P、Mn三种杂质在溶液中的浓度随酸度增强而逐步上升。当pH值达到1.8~2.0时，P和Fe的浓度突然上升，而Mn在pH=2.5时逐渐稳定；杂质溶解的浓度还与其初始钒渣中该杂质的含量有关，杂质含量越高则其溶解度也越高。

由此得出结论，在用稀酸（pH=2.5~3.2）浸出条件下，P和Fe溶解很少，而Mn溶解较多，因此Mn是浸出液中的主要杂质。

3.2.3.2 生产工艺

俄罗斯图拉厂是最早应用钒渣氧化-钙化焙烧工艺生产五氧化二钒的（1974年建成投产），原料为下塔吉尔钢铁公司生产的钒渣，其五氧化二钒生产工艺见图3-12。

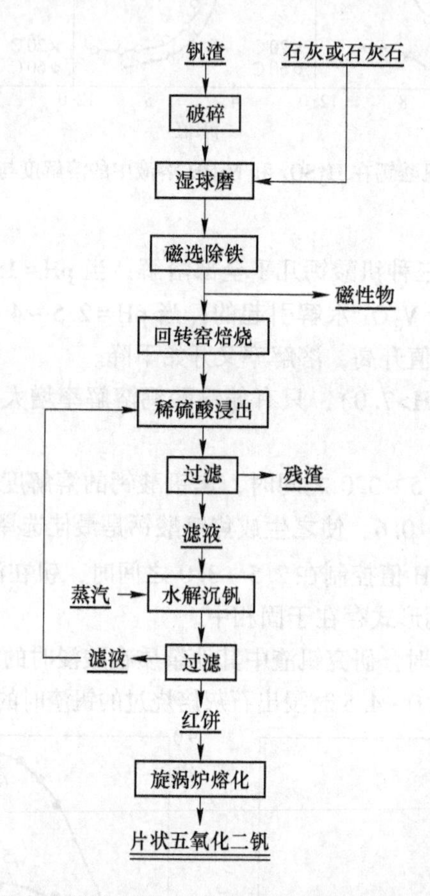

图3-12 图拉厂钒渣氧化-钙化焙烧生产五氧化二钒工艺流程

工艺特点：

(1) 采用石灰或石灰石作添加剂，在回转窑中进行氧化-钙化焙烧生成钒酸钙，这样可避免传统的添加苏打高温焙烧时炉料易黏结的问题，同时也避免了添加食盐或硫酸钠等钠盐分解释放出的氯气等有害气体对环境的污染问题，大大释放了焙烧设备的生产效率。同时也提高了钒的氧化率，解除了对钒渣中氧化钙含量的严格限制。

(2) 钒渣和添加剂（石灰或石灰石）同时进行湿球磨和湿法磁选，有利于添加剂和钒渣的混匀，也减少了粉尘对环境的污染。

(3) 焙烧后的熟料经湿球磨磨细后用稀硫酸浸出，能使钒酸钙充分地溶解。

钒渣钙化熟料的浸出条件：焙烧熟料粉碎到0.074mm，加水打浆，液固比控制在(4~5)∶1，用浓度为5%~10%的稀硫酸溶液调节pH=2.5~3.2，浸出温度为50~70℃，在不断搅拌条件下，熟料中90%以上的钒溶解到溶液中，同时锰和铁溶解进入到溶液中。

主要反应：

$$Ca(VO_3)_2 + 2H_2SO_4 = (VO_2)_2SO_4 + CaSO_4\downarrow + 2H_2O$$

$$Ca_2V_2O_7 + 3H_2SO_4 = (VO_2)_2SO_4 + 2CaSO_4\downarrow + 3H_2O$$

$$Ca_3(VO_4)_2 + 4H_2SO_4 = (VO_2)_2SO_4 + 3CaSO_4\downarrow + 4H_2O$$

$$Mn(VO_3)_2 + 2H_2SO_4 = (VO_2)_2SO_4 + MnSO_4 + 2H_2O$$

$$2FeVO_4 + 4H_2SO_4 = (VO_2)_2SO_4 + Fe_2(SO_4)_3 + 4H_2O$$

酸浸法虽然简单，但对浸出设备耐腐蚀性要求高，溶液中杂质较多，产品中V_2O_5含量较低。

(4) 采用传统的水解沉钒方法，过滤后“红饼”含水分降低，产品纯度较苏打法高，五氧化二钒纯度达92%，磷含量为0.010%~0.015%；产品中的杂质主要是锰和铁。

(5) 熔化工序在外形尺寸较小、生产率高的旋涡炉内完成。

(6) 整个工厂自动化程度高，设备及其生产能力较大。

(7) 钒的回收率比传统的钠化法高2%左右。

还可以使用专门生产的含氧化钙高的钒渣（控制钒渣中CaO/V_2O_5为0.6左右，称为“钙钒渣”），球磨后不用另外配添加剂，直接进行氧化-钙化焙烧。焙烧温度为900~930℃，氧化焙烧后生成含钒酸钙的熟料，对焙烧熟料采用稀硫酸连续浸出、水解沉钒。此方法特点：工艺简单，焙烧过程易控制，钒转化率高和浸出率高，消除了氯气等有害气体的污染，生产成本较低。

3.2.4 用石煤生产五氧化二钒工艺

石煤也是生产五氧化二钒的主要原料之一。以石煤为原料生产五氧化二钒的工艺基本上与钒渣为原料时类似，具体工艺有：无添加剂氧化焙烧—酸浸—提钒、钠化焙烧—酸浸—离子交换、氧化焙烧—稀碱浸出、添加氧化钙焙烧提钒、一步法石煤提钒工艺、原矿直接酸浸—萃取提钒等。

用石煤生产五氧化二钒按是否有焙烧工序分为无添加剂焙烧、有添加剂焙烧两类，按添加剂不同分为钠化焙烧工艺和钙化焙烧工艺两类，按浸出剂不同为酸浸工艺和碱浸工艺。

石煤矿物类型有三种：硅质类型，含V_2O_5平均0.68%；碳质黏土型矿石，V_2O_5平均品位0.94%；硅质、碳质黏土型矿石，平均含V_2O_5 1.26%。

用石煤生产五氧化二钒的主要工艺参数汇总如下：

(1) 石煤成分。石煤中V_2O_5品位0.84%~1.57%。

(2) 焙烧参数。

石煤粒度：适宜粒度50~200目。

石灰或钠盐配入量：6%~16%。

焙烧温度：600~950℃，最高1000℃。

焙烧时间：一般2~3h。若对石煤粉及添加剂进行混合造球后进行焙烧，则焙烧时间最长可达 10h 以上。

钒转化率：达到 87.62%。

（3）浸出参数。一般采用氧化-钠化焙烧石煤时，适用水浸，当采用氧化-钙化焙烧时，适用酸浸。

焙烧熟料粒度：-0.074～-0.36mm 占75% 以上。

液固比：（1.0～4.0）∶1。

浸出温度：60～95℃。

浸出时间：短者 1～3h，长者 12～20h。

浸出酸浓度：1.5%～4.0%，高者达 15%。

酸浸溶液 pH 值：1.5～2.0。

酸浸液钒浓度：一般 1.8～4.0g/L，高者大于 4g/L。

钒浸出率：73.83%～90.0%，高者在 90% 以上。

（4）萃取→反萃提钒参数。酸浸、萃取适合于含耗酸物（如碳酸盐、有机质等）较少、含铁少的石煤型钒矿，不适宜钒渣提钒。含酸物消耗高，将消耗大量酸，增加成本；铁含量高，将被酸浸入溶液，干扰萃取，增加萃取剂再生工作量及再生成本。本工艺是酸法作业，许多设备要求防腐，因此比氧化-钠化法投资成本高 20%～30%。

1）萃取工艺参数。

萃取剂种类：P204 与 TBP 的煤油溶液（如 10% P204+5% TBP+85% 磺化煤油，磺化煤油为萃溶剂）；三正辛胺（TOA）；N-263+辛醇（如 15% N-263+3% 仲辛醇+82% 磺化煤油，辛醇为协萃剂，相比为 1∶（2～3））；N-235；2-乙基磷酸；联 13 胺等。

萃取液浓度：含 V_2O_5 为 2.97～5.40g/L。萃余液浓度 0.0114～0.105g/L。

萃取级数：1～7 级。

pH 值：2～9，温度 5～45℃。

萃取时间：7～15min。

萃取率：94%～99.62%。

2）反萃工艺参数。

反萃取剂种类：不同浓度的稀硫酸；纯碱（如 0.5～0.7mol/L 苏打溶液）；P204；1mol/L 的 NH_4OH+4mol/L 的 NaCl 溶液。

反萃取级数：2～6 级。

反萃时间：7～20min。

反萃溶液 pH 值：11～13。

反萃溶液浓度：低者 V_2O_5 为 16～20g/L，高者 V_2O_5 浓度为 90～130g/L。萃余液含 V_2O_5 为 0.044～0.07g/L。

反萃取率：99.4%～99.9%。

总收率：70.7%～75%。

产品纯度：99.24%，石煤消耗：160.7t/t。

（5）沉淀参数。

1）铵盐沉钒：酸性铵盐，氯化铵等。

铵盐沉钒 pH 值：8～13。

沉钒液中 V_2O_5 浓度：120～200g/L。

沉钒后母液中 V_2O_5 浓度：小于0.52g/L。

沉钒温度和时间：60～92℃，搅拌1～3h。室温下沉淀12h。常温下搅拌2～10h。

沉钒率：91.7%～99.4%。

产品品位：86.75%～98.6%。

2）水解沉钒。

pH值：1.9～2.5，高者可达4。

沉钒液浓度：16～35.7g/L。

沉钒温度和时间：60～90℃，搅拌2～3h。

沉淀率：91.7%～99%。

3）钒酸钙沉钒。沉钒温度50℃，时间30min，在pH值为10左右以焦钒酸钙形式沉淀，沉淀率可达到99%以上。这种产物中含有铁、锰的钒酸盐，混合物中含有 V_2O_5 20%～25%。

（6）分解熔化参数。

煅烧温度和时间：400～600℃，2～6h。

煅烧气氛：氧化气氛。

产品品位：99%～99.5%。

总回收率：47%～90%，高者大于98.0%。

一步法石煤提钒工艺：湖北某地高钙云母型含钒石煤进行钠化焙烧，在800℃焙烧后磨碎至-0.074mm占75%，用体积分数为15%的硫酸按照1.5∶1的固液比、在98℃下浸取6h，浸出液再经过预处理、萃取、反萃、酸性铵盐沉钒、煅烧等步骤，可得到 V_2O_5，工艺流程见图3-13。

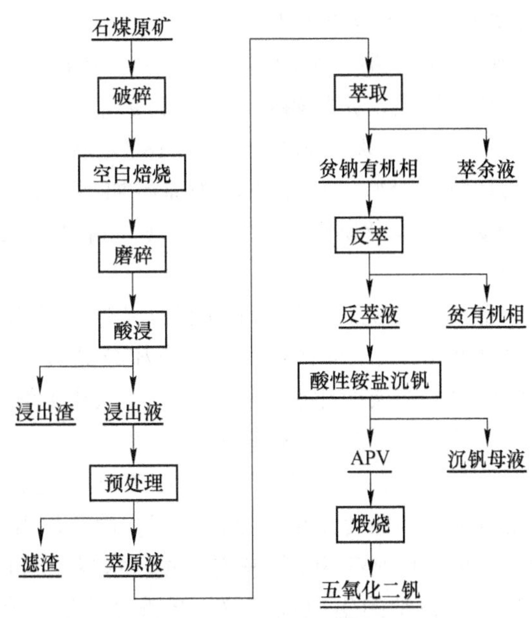

图3-13　一步法石煤提钒工艺

该石煤原矿通过钠化焙烧后，钒主要以4种形态存在，即：（1）钒酸钠；（2）钒酸钙；（3）自由的钒氧化物；（4）存在于被钠钾长石包裹的白云母中。

水浸过程只能溶解钒酸钠，剩余的钒存在于水浸渣中。再通过酸浸，可以浸出自由的含钒氧化物和钒酸钙，最后仍有约25%存在于被钠钾长石包裹的白云母中的钒未能浸出。对这类石煤，需要优化焙烧过程，减少被包裹的钒，从而提高钒的浸出率。

在石煤浸出过程中，除传统常温常压浸出外，为提高钒的浸出率，目前发展出了助浸剂浸出、多级逆流浸出、机械活化酸浸、氧压浸出、混合酸浸出等多种浸出方式。

3.2.5　从其他含钒原料中回收五氧化二钒

（1）从钾钒铀矿中提取五氧化二钒。在美国科罗拉多高原有钾钒铀矿物，平均含 V_2O_5 2.955%，含 U 0.2% ~0.4%。以生产铀为主，副产 V_2O_5。如联合碳化物公司、科特矿物公司、原子能原料公司等使用该矿。采取的工艺是加盐焙烧后，经酸浸或碱浸，再用离子交换或萃取法回收铀和 V_2O_5。也可直接酸浸，每吨矿石硫酸用量 50 ~150kg/t。对含钙高的矿石，加盐焙烧后，用纯碱浸取。

（2）从石油燃烧后的灰渣中提取五氧化二钒。加拿大的蒙特利尔和委内瑞拉、墨西哥等的石油中含有 0.02% ~0.06% V_2O_5，在重油、石油焦及其燃烧灰渣中使钒得到富集，可直接从石油或石油加工产物中提钒。秘鲁、阿根廷的沥青矿燃烧灰渣可作为提钒原料；含 V_2O_5 5% ~35%，可直接用硫酸浸取，酸浸液经氯酸钠将钒氧化成五价，用氨水沉淀出钒酸铵，再得到五氧化二钒。也有将油渣与烧碱混合后在高压釜中高温高压氧化浸出，得到浸出液，再从浸出液中回收钒。

（3）从磷酸盐矿中提取五氧化二钒。美国依塔荷、蒙大拿、怀俄明和犹他等州的磷矿中含有 24% ~32% P_2O_5 和 0.15% ~0.35% V，在电炉生产磷肥时钒进入磷铁中，克尔·麦吉公司利用含 V 3% ~7% 的磷铁为原料采用加盐焙烧法，再用酸浸取、浓缩分离出磷酸钠，沉淀先加入石灰乳分离磷酸钙，再沉淀出 V_2O_5。

俄罗斯也有大量的磷酸盐矿，制磷肥同时得到磷铁，磷铁成分为：V1.8% ~3.5%，P 20% ~23%，Si 痕量，其余为铁。先将磷铁在 10t 转炉上吹炼成钒渣，钒渣平均成分：V_2O_5 20% ~25%，P_2O_5 20% ~30%，MnO 12% ~18%，SiO_2 4% ~8%，TFe 15% ~20%，CaO 1% ~2%，MgO 3% ~5%。以磷钒渣为原料加苏打焙烧，水浸制取富钒液中 V_2O_5 达到 40 ~50g/L，用氯化钙净化除磷后，溶液含 P 含量降至 0.002 ~0.03g/L。然后进行水解沉钒，制取 V_2O_5。

（4）从铝土矿中提取五氧化二钒。俄罗斯和美国一些铝土矿中含有 V_2O_5 0.1%左右，在生产氧化铝时 30% ~40% 的钒浸出到溶液中，在冷却结晶时得到含钒 7% ~15% 的原料。可用硫酸或纯碱溶解出钒，溶液净化后用沉淀法或萃取法提取 V_2O_5。

（5）从含钒钢渣中回收五氧化二钒。有些钢渣中含有 V_2O_5 2% ~6%，CaO 40% ~50%。这种高钙钢渣可作为提钒原料。我国从 20 世纪 70 年代起就进行了大量研究工作。如直接酸浸、碱浸或加盐焙烧—碳酸化浸出等湿法工艺，最有代表性的工艺是将钢渣配入苏打在回转窑内氧化焙烧，温度控制在 800℃左右，然后水浸，同时通入 CO_2 气体使 CaO 成为碳酸钙固定后，有利于钒酸钠的生成和溶解。溶液净化后，水解沉钒得到五氧化二钒。钒回收率达到 68%。

也有研究将含 V_2O_5 1.54%、CaO 43% ~47% 的含钒钢渣配入一定量的河沙和煤粉，在三相矿热电弧炉内冶炼得到含钒2.59%～3.99%的高钒铁水，钢渣到含钒铁水的钒回收率可达90%以上。

也有将钢渣、石煤、废催化剂、残渣等含钒废料混合起来作为提钒原料回收五氧化二钒的。

（6）从硫酸工业的废钒催化剂中提取五氧化二钒。硫酸工业用五氧化二钒作为二氧化硫转化为三氧化硫的催化剂，每年要更换大量的废钒催化剂。废钒催化剂中含 V_2O_5 为4%～8%。从废钒催化剂中回收钒的方法很多，由于方法较简单前面已经有介绍。主要有：

浸出-氧化沉淀法：该法是将废钒催化剂加水、加热煮沸，加入还原剂（SO_2 或 Na_2SO_3 等）还原，使钒以 $VOSO_4$ 形式溶解到溶液中，将溶液蒸发、浓缩后再加入氧化剂，然后水解沉钒。

酸浸法：用硫酸或盐酸溶解钒，对含钒溶液同时加热、氧化，最后水解沉钒。

碱浸法：用碳酸钠或氢氧化钠碱液浸出，使钒浸入溶液，然后水解沉钒。

氧化-钠化焙烧—水浸法：与传统方法类似。

氧化焙烧碱浸法：先进行高温氧化焙烧，再加入氧化剂氯酸钾补充氧化，再用碳酸氢铵溶液浸出，用铵盐沉钒。

问题讨论： 1. 传统的以苏打为主添加剂的钒渣生产 V_2O_5 的工艺流程，为什么要进行原料的预处理？预处理各环节的目的是什么？沉钒过程中影响多钒酸铵沉淀的条件是什么？如何控制？

2. 从不同含钒原料中提钒的共同点是什么？

3.3 钒铁合金

3.3.1 钒铁合金用途及产品标准

钒铁合金广泛用作冶炼含钒合金钢和合金铸铁的元素加入剂，以及用来制造永久磁铁原料。国际上根据钒铁合金含钒量不同，分为：低钒铁（FeV 35%～50%），一般用硅热法生产；中钒铁：（FeV 55%～65%）和高钒铁（Fe 70%～80%），一般用铝热法生产。

我国国家质量监督检验检疫总局和国家标准化管理委员会于2012年发布了现行钒铁产品标准，按钒和杂质含量分为9个牌号，其化学成分应符合表3-19规定，其粒度要求应符合表3-20规定。

表3-19 国家标准规定的钒铁化学成分（GB/T 4139—2012）

牌号	化学成分（质量分数）/%						
	V	C	Si	P	S	Al	Mn
		不大于					
FeV50-A	48.0～55.0	0.40	2.0	0.06	0.04	1.5	—
FeV50-B	48.0～55.0	0.60	3.0	0.10	0.06	2.5	—

续表 3-19

牌号	化学成分（质量分数）/%						
	V	C	Si	P	S	Al	Mn
		不大于					
FeV50-C	48.0～55.0	5.0	3.0	0.10	0.06	0.5	—
FeV60-A	58.0～65.0	0.40	2.0	0.06	0.04	1.5	—
FeV60-B	58.0～65.0	0.60	2.5	0.10	0.06	2.5	—
FeV60-C	58.0～65.0	3.0	1.5	0.10	0.06	0.5	—
FeV80-A	78.0～82.0	0.15	1.5	0.05	0.04	1.5	0.50
FeV80-B	78.0～82.0	0.30	1.5	0.08	0.06	2.0	0.50
FeV80-C	75.0～80.0	0.30	1.5	0.08	0.06	2.0	0.50

表 3-20　国家标准规定的钒铁粒度要求（GB/T 4139—2012）

粒度组别	粒度/mm	小于下限粒度/%	大于上限粒度/%
		不大于	
1	5～15	5	5
2	10～50	5	5
3	10～100	5	5

3.3.2　钒铁合金冶炼工艺

按还原剂分类：根据冶炼钒铁合金使用的还原剂不同，通常分为硅热法、碳热法和铝热法三种。

按还原设备分类：在电炉中冶炼的有电炉法（包括碳热法、电硅热法和电铝热法），不用电炉加热只依靠自身反应放热的方法称为铝热法（即炉外法）。

按含钒原料分类：用五氧化二钒、三氧化二钒原料冶炼的方法和用钒渣直接冶炼钒铁的方法。

3.3.2.1　*硅热法*

A　硅热法冶炼钒铁基本原理

用硅还原钒氧化物时，由于热量不足，反应进行得很缓慢且不完全，为了加速反应必须外加热源。一般硅热法冶炼钒铁是将 V_2O_5 铸片在电弧炉内用硅铁冶炼成钒铁。主要反应如下：

$$2/5V_2O_{5(l)} + Si = 4/5V + SiO_2 \qquad \Delta G_T^{\ominus}(Si) = -326840 + 46.89T(J/mol)$$

$$V_2O_{5(l)} + Si = V_2O_3 + SiO_2 \qquad \Delta G_T^{\ominus}(Si) = -1150300 + 259.57T(J/mol)$$

$$2V_2O_3 + 3Si = 4V + 3SiO_2 \qquad \Delta G_T^{\ominus}(Si) = -103866.7 + 17.17T(J/mol)$$

$$2VO + Si = 2V + SiO_2 \qquad \Delta G_T^{\ominus}(Si) = -56400 + 15.44T(J/mol)$$

在高温下用硅还原钒低价氧化物的自由能变化是正值，说明在酸性介质中用硅还原钒低价氧化物是不可能的。此外，这些低价钒氧化物与二氧化硅反应后生成硅酸钒，钒自硅酸钒中再还原就更为困难。因此，需向炉料中配加石灰，其作用是：

（1）使 SiO_2 与 CaO 生成稳定的硅酸钙，防止生成硅酸钒。

（2）降低炉渣的熔点和黏度以改善炉渣的性能，强化了冶炼条件。

（3）在有氧化钙存在情况下，提高炉渣碱度，改善还原热力学条件，从而使还原反应的可能性增大。其反应为：

$$2/5V_2O_{5(1)} + Si + CaO = 4/5V + CaO \cdot SiO_2$$

$$\Delta G_T^{\ominus}(Si) = -419340 + 49.398T(J/mol)$$

$$2/5V_2O_{5(1)} + Si + 2CaO = 4/5V + 2CaO \cdot SiO_2$$

$$\Delta G_T^{\ominus}(Si) = -445640 + 35.588T(J/mol)$$

$$2/3V_2O_3 + Si + 2CaO = 4/3V + 2CaO \cdot SiO_2$$

$$\Delta G_T^{\ominus}(Si) = -341466.67 - 5.43T(J/mol)$$

此外，在高温下硅还原低价钒氧化物的能力不如碳。为了避免增碳，生产实际中在还原初期用硅作为还原剂，后期用铝作为还原剂。

B 硅热法冶炼钒铁工艺

a 原料

V_2O_5：厚度不超过 5mm，块度不大于 200mm；硅铁：通常用 75% 硅铁，块度 20～30mm；石灰：应煅烧良好，有效 CaO>85%，P<0.015%，块度 30～50mm；铝块：30～40mm 块度；废钢：用废碳素钢或从钒渣中磁选出的废半钢，应清洁、少锈。也可用废钢屑或其他优质钢铁料，但要求含 C≤0.5%，P≤0.035%。

b 生产工艺流程

电硅热法冶炼钒铁技术是成熟技术，冶炼是在电弧炉内进行，分还原期和精炼期。还原期又分为二期冶炼法和三期冶炼法，用过量的硅铁还原上炉的精炼渣，至炉渣中含 V_2O_5 低于 0.35% 时从炉内排出废渣开始精炼，再加入五氧化二钒和石灰等混合料精炼。当合金中 Si 含量小于 2% 时出炉，排出的精炼渣中含 V_2O_5 10%～15%，返回下炉使用。国内普遍采用的三期冶炼法钒铁工艺流程见图 3-14。

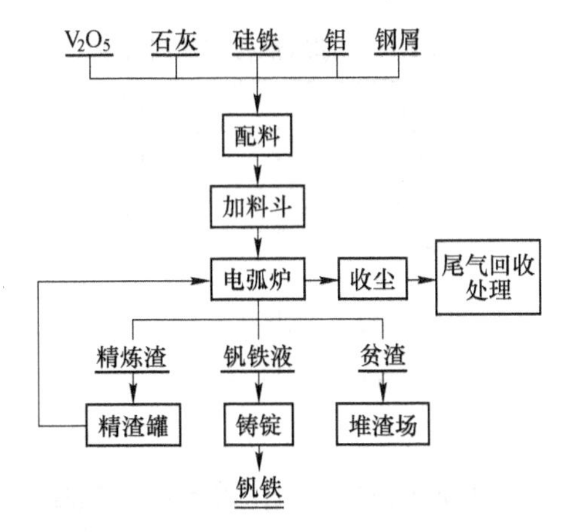

图 3-14 硅热法冶炼钒铁工艺流程

c 生产主要设备

硅热还原法生产钒铁是在炼钢型电弧炉里进行的。如某厂电弧炉电压为 150～250V，电流为 4000～4500A；炉盖、炉底和炉壁用镁砖砌筑；使用石墨电极，电极直径 200～250mm。

d 冶炼配混料计算

以冶炼 1t 钒铁为例计算：

五氧化二钒配入量：理论需 V_2O_5 量 $W_1 = 1 \times$ 钒铁含钒（%）×182/102

其中：182/102 为 V_2O_5 中的含钒比。

实际五氧化二钒配入量 W 比理论量过剩 7% 左右。

$$\text{五氧化二钒配入量 } W = \frac{W_1 \times 107\%}{V_2O_5\text{纯度}\% \times \text{钒回收率}\%}$$

硅铁需要量：还原中有 80% 的五氧化二钒用硅铁还原，20% 用铝还原，由于烧损，需要 Si 过剩 10%，Al 过剩 30%，石灰过剩 10%。

按反应 $2V_2O_5+5Si = 4V+5SiO_2$ 计算出还原 1kg V_2O_5 理论需硅 0.385kg，则：

$$\text{硅铁配入量 } W_2 = \frac{W_1 \times 80\% \times 0.385}{\text{硅铁中 Si}\%} \times 110\%$$

铝块配入量：按反应 $3V_2O_5 + 10Al = 6V + 5Al_2O_3$ 计算出还原 1kg V_2O_5 理论需铝 0.5kg，则：

$$\text{铝块配入量 } W_3 = \frac{W_1 \times 20\% \times 0.5}{\text{铝块纯度}\%} \times 130\%$$

钢屑配入量：需钢屑量 $W_4 = 1 \times$［1－钒铁含钒（%）－钒铁杂质（%）］－硅铁带入铁量

其中：硅铁带入铁量＝需硅铁量 $W_2 \times$［1－硅铁含硅（%）］

$$\text{石灰配入量} = \frac{W_2 \times \text{硅铁 Si}\% \times \frac{62}{28} \times \text{碱度}}{\text{石灰 CaO}\%} \times 110\%$$

e 冶炼过程的炉料分配

电硅热法冶炼钒铁有两个过程：还原过程和精炼过程。还原过程可分为二阶段（三期冶炼法）。三期冶炼法各阶段炉料分配见表 3-21。

表 3-21 三期冶炼各期炉料分配 （%）

炉料	1 还原期	2 还原期	3 精炼期
V_2O_5	15～18	50～47	35
硅铁	75	25	0
铝块	35	65	0
石灰	20～25	50	30～25
钢屑	100	0	0

f 技术经济指标

贫渣含 $V_2O_5 \leq 0.35\%$，冶炼时间 80min/t，单耗见表 3-22。

表 3-22 冶炼 1tFeV40 的原料单耗 （kg/t）

V_2O_5 100%	FeSi75	铝锭	钢屑	电极	镁砖	镁砂	石灰	水	压缩空气 $/m^3 \cdot t^{-1}$	综合电耗 $/kWh \cdot t^{-1}$	冶炼电耗 $/kWh \cdot t^{-1}$
735.6	340	130	250	28	130	130	1540	80	500	1600	1520

硅热法制得的钒铁含钒品位一般为35%～55%，钒的冶炼回收率可高达98%以上。由于采用价格比铝低很多的硅铁作还原剂，每吨含钒40%的钒铁耗电1600～1700kWh，冶炼成本较低。但难以冶炼含钒大于80%的钒铁，产品含碳量一般很难降到0.2%～0.3%以下。

3.3.2.2 铝热法

A 金属热法冶炼铁合金基本原理

金属热法冶炼铁合金一般是用比较活泼的金属（如铝、硅、镁、钙等）去还原比较不活泼的金属氧化物，并使得该金属与铁熔于一起生成铁合金。主要反应为：

$$Me_xO_y + Al \longrightarrow Al_2O_3 + Me \qquad \Delta H^{\ominus}_{298}(Al) = Q \quad kJ/mol$$

$$Me_xO_y + Si \longrightarrow SiO_2 + Me \qquad \Delta H^{\ominus}_{298}(Si) = Q \quad kJ/mol$$

$$Me_xO_y + Mg \longrightarrow MgO + Me \qquad \Delta H^{\ominus}_{298}(Mg) = Q \quad kJ/mol$$

$$Me_xO_y + Ca \longrightarrow CaO + Me \qquad \Delta H^{\ominus}_{298}(Ca) = Q \quad kJ/mol$$

一般认为，上述反应热效应 Q 值等于+301.39kJ时，反应能自发进行，其反应放热能达到使炉料熔化、反应、渣铁分离的程度。当然，要使合金元素Me的收率较高，这个 Q 值不一定最佳。

如果上述反应的 Q 值不够+301.39kJ就必须采取其他措施。一般是提供放热副反应及给体系通电等。放热副反应一般是根据参加副反应物质的价格水平及其放热量高低来选择，同时不致于和还原剂发生化学反应。在我国通常是选用 $KClO_3$、$NaNO_3$。如：

$$6NaNO_3 + 10Al = 5Al_2O_3 + 3Na_2O + 3N_2\uparrow \qquad \Delta H^{\ominus}_{298}(Al) = -710.90\ kJ/mol$$

$$KClO_3 + 2Al = Al_2O_3 + KCl \qquad \Delta H^{\ominus}_{298}(Al) = -868.59\ kJ/mol$$

如果上述反应的 Q 值超过+301.39kJ过多，还应该采取其他吸热降温措施。如配入一定量炉渣、碎合金等吸收多余的热量，以免反应过于激烈而造成喷溅。因为喷溅时会造成被还原金属的收得率降低，严重时还会造成设备及人身安全事故。

B 铝热法生产钒铁基本原理

钒的价态较多，通常反应如下：

$$3V_2O_{5(s)} + 10Al = 6V + 5Al_2O_3 \qquad \Delta H^{\ominus}_{298}(Al) = -368.36kJ/mol \tag{3-11}$$

$$\Delta G^{\ominus}(Al) = -681180 + 112.773T(J/mol)$$

$$3VO_2 + 4Al = 3V + 2Al_2O_3 \qquad \Delta H^{\ominus}_{298}(Al) = -299.50kJ/mol \tag{3-12}$$

$$\Delta G^{\ominus}(Al) = -307825 + 40.1175T(J/mol)$$

$$V_2O_3 + 2Al = 2V + Al_2O_3 \qquad \Delta H^{\ominus}_{298}(Al) = -221.02kJ/mol \tag{3-13}$$

$$\Delta G^{\ominus}(Al) = -236100 + 37.835T(J/mol)$$

$$3VO + 2Al = 3V + Al_2O_3 \qquad \Delta H^{\ominus}_{298}(Al) = -195.90kJ/mol \tag{3-14}$$

$$\Delta G^{\ominus}(Al) = -200500 + 36.54T(J/mol)$$

上述反应的 $\Delta G^{\ominus}$ 均为负值，在热力学上是容易进行的。从反应放热值来说，式（3-11）铝热反应完全可满足反应自发进行要求的热量，称为铝热法。实际上该反应是爆炸性的（在绝热情况下反应温度可达3000℃左右），因此必须人为地控制反应速度。

用三氧化二钒还原的式（3-13）比式（3-11）耗铝少40%，但是在用铝热法冶炼高钒铁时反应的热量明显不足，无法维持反应自动进行，所以需要补充一部分热量。目前，以通电方式来补充热量的称为电铝热法。当然也可以采用副反应来补充热量。

铝热法可制得含钒品位高、杂质少的钒铁合金。

C 五氧化二钒铝热法工艺流程

铝热法工艺流程见图3-15。

a 原料

五氧化二钒：符合 YB/T 5304—2017 标准的片钒，粒度小于55mm×55mm×5mm。

铝豆：Al>99.2%，Fe<0.13%，C<0.005%，Si<0.1%，P<0.05%，S<0.0016%，粒度：10～15mm。

石灰：CaO≥85%，MgO<5%，SiO_2≤3.5%，S≤0.15%，P≤0.03%，灼减≤7%。

铁屑：C<0.40%，粒度<15mm。

返回渣：即本工艺生产得到的炉渣（刚玉渣），粒度：5～10mm。

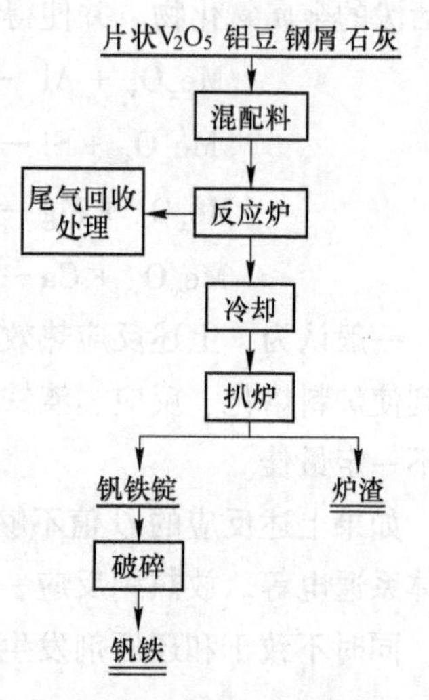

图3-15 铝热法冶炼钒铁流程

b 配料

首先按反应：$3V_2O_5+10Al = 6V+5Al_2O_3$ 计算理论耗铝量：

$$理论耗铝量 = \frac{V_2O_5\ 重量 \times V_2O_5\ 品位 \times Al\ 原子量 \times 10}{V_2O_5\ 分子量 \times 3}$$

铝热法冶炼钒铁配料的最佳工艺条件是：单位炉料反应热为3140～3350kJ/kg炉料。配铝量按 V_2O_5 反应所需理论量的100%～102%配入。一般地，增加铝热反应铝量可使反应进行得完全、充分，达到较高的钒回收率。但当配铝量超过一定限度后，多余的铝将进入合金中，达不到产品质量要求；另一方面，由于合金中含铝高使其比重降低，影响合金在炉渣中的沉降速度，使渣中夹杂合金增多，降低了钒回收率；同时由于耗铝量增加，使生产成本增高。

因铝热反应发热量超过需要数值，故炉料中需加入惰性料，如返回渣、石灰、碎合金等，以降低炉料发热量，保证反应平稳进行。可视情况按 V_2O_5 用量的20%～40%配入惰性料。

钒铁产量及钢屑加入量按下式计算：

$$钒铁产量 = (投入的金属钒量 \times 钒收率(\%))/合金含钒量(\%)$$

$$钢屑加入量 = 钒铁产量 \times (1 - 合金含钒量(\%) - 合金杂质量(\%))$$

由于铝热反应后即成为自发反应，反应时间短，难以控制，因此配料工序质量的好坏直接影响钒铁产品质量高低，故要求配料务必准确（计算与称量）、混料均匀、避免造成炉料偏析。

c 主要冶炼设备

主要冶炼设备为反应炉，用铸铁或钢制成的圆筒形炉壳，外部用钢夹紧环加固，内衬镁砖砌筑。可将整体反应炉安放在可移动的平车上。炉子大小视其产量确定，一般内径为0.5～1.7m，高0.6～1.0m。

d 主要技术经济指标

产量：视炉子容积大小在500～1000kg之间，但不超过2000kg。

产品质量：符合国家标准（GB/T 4139—2012），一般含钒48%～82%。

钒回收率：一般85%～90%，最高可达到95%。

D 三氧化二钒铝热法冶炼钒铁

三氧化二钒铝热法一般生产高钒铁。其优点是可以节省铝还原剂耗量，降低生产成本。但与用五氧化二钒冶炼钒铁不同的是：三氧化二钒与铝反应的热量不足，反应不能自动进行，因此冶炼设备采用电弧炉。采用电弧炉的目的有三：一是补充用 V_2O_3 冶炼时的热量不足；二是提高钒回收率；三是炉内温度能使炉渣排出且使铁水能浇铸到锭模。

如德国GFE的三相电弧炉容积为5m^3，功率为1.2MVA，容量为4.5t，石墨电极直径为300mm，炉衬全部用本工艺炉渣（刚玉渣）打结，不用耐火砖，每次只需要用炉渣补炉即可。冶炼过程如下：

(1) 首先将 V_2O_3、铝粉（粒）、钢屑和石灰称量并混合放入储罐内，用运料叉车把混合料罐安放在电炉炉顶下料装置上；

(2) 将部分钢屑熔化约5～10min；

(3) 将混合料用电磁振动阀加入炉内熔炼50min左右（电压为130V）；

(4) 再经过5min倾注排渣，使合金熔体在熔融状态下（温度为2100℃），出炉铸入衬有本工艺炉渣的弧型锭模内；

(5) 合金熔体在锭模内冷一天，到500℃时脱模，将合金锭放入水池内急冷，后经过精整、破碎得到高钒铁。炉渣除了作为补炉用之外，多余的卖给耐火材料厂。

总冶炼时间约1h，炉料一次配好，冶炼过程不再加其他炉料。每炉电耗为1900kWh，约得合金2t及含钒2%～3%的炉渣2.4t。钒的回收率为97%。

3.3.2.3 碳热法

碳热法还原五氧化二钒经过如下反应步骤：

$$V_2O_5 + C = 2VO_2 + CO\uparrow \quad \Delta G_T^{\ominus}(C) = 49070 - 213.42T(J/mol) \quad (3\text{-}15)$$

$$2VO_2 + C = V_2O_3 + CO\uparrow \quad \Delta G_T^{\ominus}(C) = 95300 - 158.68T(J/mol) \quad (3\text{-}16)$$

$$V_2O_3 + C = 2VO + CO\uparrow \quad \Delta G_T^{\ominus}(C) = 239100 - 163.22T(J/mol) \quad (3\text{-}17)$$

$$VO + C = V + CO\uparrow \quad \Delta G_T^{\ominus}(C) = 310300 - 166.21T(J/mol) \quad (3\text{-}18)$$

$$V_2O_5 + 7C = 2VC + 5CO\uparrow \quad \Delta G_T^{\ominus}(C) = 79824 - 145.64T(J/mol) \quad (3\text{-}19)$$

碳热法还原 V_2O_5 生产钒铁时的反应都是吸热的，因此要用电补充热量才能进行。因反应（3-19）优先进行，结果形成含有一定比例碳化钒的钒铁合金，合金中含V 38%～40%、S 5%～12%、C 4%～6%，因此工业上采用碳还原法炼不出低碳钒铁。因为这种合金对于冶炼大多数含钒合金钢都无法使用，所以碳热法冶炼钒铁已基本不用。

3.3.2.4 钒渣直接冶炼钒铁

A 基本原理

钒渣直接冶炼钒铁的方法分两步进行，首先将钒渣中的铁（氧化铁）在电弧炉内用碳、硅铁或硅钙合金选择性还原，使大部分铁从钒渣中分离出去，而钒仍留在钒渣中，得到V/Fe高的预还原钒渣；第二阶段是在电弧炉内将脱铁后的预还原钒渣用碳、硅或铝还原，得到钒铁合金。

B 工艺流程

国内外钒渣直接炼钒铁的方法很多，我国攀钢、锦州铁合金厂等先后试验过电炉直接冶炼钒铁，主要工艺流程见图3-16。工艺过程中钒回收率达79% ~87%。

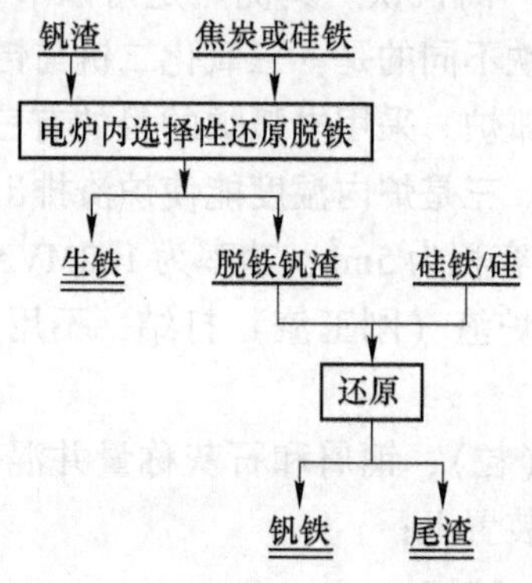

图3-16 钒渣直接冶炼钒铁工艺流程

问题讨论： 1. 试举例说明低钒铁、中钒铁、高钒铁的应用。
2. 以冶炼1t钒铁为例，试比较硅热法、碳热法、铝热法的技术经济指标。

3.4 钒氮合金

3.4.1 钒氮合金用途及产品标准

碳化钒、氮化钒是两种重要的钒合金。90%多的钒应用于钢铁工业的主要原因，是钒同碳、氮反应形成耐熔性碳、氮化物，根据钢的成分和钢处理过程的温度情况，这些化合物在钢中能起沉淀硬化和晶粒细化的作用。因此，碳化钒、氮化钒在含钒钢生产中起着日趋重要的作用。

碳化钒、氮化钒可用于结构钢、工具钢、管道钢、钢筋、普通工程钢以及铸铁中。研究表明：碳化钒、氮化钒添加于钢中能提高钢的耐磨性、耐腐性、韧性、强度、延展性和硬度以及抗热疲劳性等综合机械性能，并使钢具有良好的可焊接性能，而且能起到消除夹杂物延伸等作用。尤其是在高强度低合金钢中，氮化钒中的氮比碳化钒更有利于促进富氮的碳、氮化钒的析出，从而更有效的强化和细化晶粒，并比碳化钒减少钒的加入量，降低生产成本。

我国现行国家标准GB/T 20567—2006规定的钒氮合金牌号及化学成分见表3-23。

表 3-23 现行国家标准 GB/T 20567—2006 规定的钒氮合金牌号及化学成分

牌号	化学成分（质量分数）/%				
	V	N	C	P	S
VN12	77~81	10.0~14.0	≤10.0	≤0.06	≤0.10
VN16		14.0~18.0	≤6.0		

3.4.2 冶炼钒氮合金基本原理

一些制取碳化钒和氮化钒反应的 $\Delta G^{\ominus}=A+BT$ 关系列于表 3-24 中。

表 3-24 $\Delta G^{\ominus}=A+BT$ 关系式

反　应	A /J·mol^{-1}	B /J·(mol·K)$^{-1}$	误差（±）/kJ	温度范围 /℃
$2V_{(s)}+C_{(s)}=V_2C_{(s)}$	-146400	3.35	—	25~1700
$V_{(s)}+C_{(s)}=VC_{(s)}$	-102100	9.58	12	25~2000
$V_{(s)}+0.73C_{(s)}=VC_{0.73}$	-97000	6.79	—	620~832
$V_{(s)}+0.5N_{2(g)}=VN_{(s)}$	-214640	82.43	—	25~2346
$2V_{(s)}+1.5O_{2(g)}=V_2O_{3(s)}$	-1202900	237.53		20~2070
$C_{(s)}+0.5O_{2(g)}=CO_{(g)}$	-1144000	-85.77		500~2000

注：g，l，s——物质的气、液、固态。

3.4.2.1 生成碳化钒的反应温度计算

（1）用三氧化二钒制取 VC 按下列反应进行：

$$V_2O_3+5C=2VC+3CO \quad \Delta G^{\ominus}=655500-475.68T \tag{3-20}$$

$\Delta G^{\ominus}=0$ 时，开始反应温度 $T=1378K=1105℃$。

考虑 CO 分压影响时，则

$$\Delta G_T=655500-475.68T+57.4281T\lg p_{CO} \tag{3-21}$$

按式（3-21）计算得到的 p_{CO} 与开始反应温度 T 之间关系列于表 3-25 中。

表 3-25 用 V_2O_3 制取 VC 时开始反应温度 T 与 p_{CO} 之间关系

p_{CO}		开始反应温度 T	
atm	Pa	K	℃
1×10^{0}	1.013×10^{5}	1378	1105
1×10^{-1}	1.013×10^{4}	1230	957
1×10^{-2}	1.013×10^{3}	1110	837
1×10^{-3}	1.013×10^{2}	1012	739
1×10^{-4}	1.013×10^{1}	929	656
1×10^{-5}	1.013×10^{0}	859	586

（2）用三氧化二钒制取 V_2C 按下列反应进行：

$$V_2O_3 + 4C = V_2C + 3CO \quad \Delta G^{\ominus} = 713300 - 491.49T \tag{3-22}$$

$\Delta G^{\ominus}=0$ 时，开始反应温度 $T=1451\text{K}=1178℃$

考虑 CO 的影响时，则

$$\Delta G_T = 713300 - 491.49T + 57.4281T\lg p_{CO} \tag{3-23}$$

依据式（3-23）计算出开始反应温度 T 与 p_{CO} 的关系列于表 3-26 中。

表 3-26 用 V_2O_3 制取 V_2C 时反应开始反应温度 T 与 p_{CO} 的关系

p_{CO}		开始反应温度 T	
atm	Pa	K	℃
1×10^0	1.013×10^5	1451	1178
1×10^{-1}	1.013×10^4	1299	1026
1×10^{-2}	1.013×10^3	1176	903
1×10^{-3}	1.013×10^2	1075	802
1×10^{-4}	1.013×10^1	989	716
1×10^{-5}	1.013×10^0	916	643

由表 3-25 和表 3-26 可以看出，提高真空度有利于 V_2O_3 的还原。

3.4.2.2 生成氮化钒的反应温度计算

（1）用三氧化二钒制取 VN 即开始反应温度按下式进行：

$$V_2O_3 + N_2 = 2VN + 1.5O_2 \quad \Delta G^{\ominus} = 773620 - 72.67T \tag{3-24}$$

$\Delta G^{\ominus}=0$ 时，$T = 10646\text{K} = 10373℃$

$$V_2O_3 + 3C + N_2 = 2VN + 3CO \quad \Delta G^{\ominus} = 430420 - 329.98T \tag{3-25}$$

$\Delta G^{\ominus}=0$ 时，$T = 1304\text{K} = 1031℃$

考虑 CO 的影响时，则：

$$\Delta G_T = 430420 - 329.98T + 19.143T\lg p_{CO}^3/p_{N_2}$$

（2）用金属钒制取 VN 及其开始反应温度按下式进行：

$$V + 0.5N_2 = VN \quad \Delta G^{\ominus} = -214640 + 82.43T \tag{3-26}$$

$\Delta G^{\ominus}=0$ 时，$T = 2604\text{K} = 2331℃$

考虑 N_2 压力影响时，则：

$$\Delta G_T^{\ominus} = -214640 + (82.43 - 9.5715\lg p_{N_2})T \tag{3-27}$$

温度越高反应越难进行。依据式（3-27）计算出开始反应温度与 p_{N_2} 的关系列于表 3-27 中。

表 3-27 用金属钒制取 VN 的开始反应温度与 p_{N_2} 之间关系

p_{N_2}		开始反应温度	
atm	Pa	K	℃
10^{-4}	1.013×10^1	1778	1505

续表 3-27

p_{N_2}		开始反应温度	
atm	Pa	K	℃
10^{-3}	1.013×10^{2}	1931	1658
10^{-2}	10.13×10^{3}	2113	1840
10^{-1}	1.013×10^{4}	2333	2060
1	1.013×10^{5}	2604	2331
10	1.013×10^{6}	2946	2673

(3) 用 V_2C 制取 VN 及其开始反应温度按下式进行：

$$V_2C + 0.5N_2 \xlongequal{} VN + VC \quad \Delta G^{\ominus} = -170340 + 88.663T \tag{3-28}$$

$\Delta G^{\ominus} = 0$ 时，$T = 1921K = 1648℃$。

考虑 N_2 压力影响时，则

$$\Delta G_T^{\ominus} = -170340 + 88.663T + 19.143T\lg(1/p_{N_2}^{0.5}) = -170340 + (88.66 - 9.5715\lg p_{N_2})T \tag{3-29}$$

温度越高反应越难进行。依据式（3-29）计算出开始反应温度与 p_{N_2} 的关系列于表 3-28 中。

表 3-28 用 V_2C 制取 VN 开始反应温度与 p_{N_2} 的关系

p_{N_2}		开始反应温度	
atm	Pa	K	℃
10^{-4}	1.013×10^{1}	1341	1069
10^{-3}	1.013×10^{2}	1451	1178
10^{-2}	10.13×10^{3}	1580	1307
10^{-1}	1.013×10^{4}	1734	1461
1	1.013×10^{5}	1921	1648
10	1.013×10^{6}	2154	1881

由表 3-27 和表 3-28 可以看出，V 或 V_2C 比较容易渗氮，并且氮压越高越容易。

3.4.3 氮化钒制备方法

国内外工业化制取氮化钒的方法主要有如下几种：

(1) 原料为 V_2O_3 或偏钒酸铵，还原气体为 H_2、N_2 和天然气的混合气体或 N_2 与天然气、NH_3 与天然气，纯 NH_3 或含 20%（体积）CO 的混合气体等，在流动床或回转管中高温还原制取氮化钒，物料可连续进出。

(2) 用 V_2O_3 及铁粉和炭粉在真空炉内得到碳化钒后，通入氮气渗氮，并在氮气中冷却，得到氮化钒。

(3) 将 V_2O_3 和炭粉混合好，在推板窑内加热、通入氮气渗氮，制得氮化钒。

（4）将钒酸铵或氧化钒与炭黑混合，用微波炉加热在含氮或氨气氛下高温处理，制得氮化钒。

氮化钒生产工艺举例：将 V_2O_3 与炭粉和黏结剂混合制团，在真空炉内反应：$V_2O_3+CO \rightarrow VC_x$（$x<1$），然后通入氮气，最后在真空或惰性气氛下冷却，得到氮化钒（$V(C_xN_y)$），其中 $x+y=1$。其化学成分和物理特性如表 3-29、表 3-30 所示。

表 3-29　氮化钒成分　（%）

合金	V	N	C	Si	Al	Mn	Cr	Ni	P	S
氮化钒 7	80	7	12.0	0.15	0.15	0.01	0.03	0.01	0.01	0.10
氮化钒 12	79	12	7.0	0.07	0.10	0.01	0.03	0.01	0.02	0.20
氮化钒 16	79	16	3.5	0.07	0.10	0.01	0.03	0.01	0.02	0.20

表 3-30　氮化钒 12 的物理特性

外观	单球重/g	标准尺寸/mm			表观密度 /g·cm^{-3}	堆积密度 /g·cm^{-3}	相对密度
		长	宽	高			
煤球状暗灰色金属质	37	33	28	23	3.71	2.00	大约 4.0

制取碳化钒、氮化钒大多以 V_2O_5 和 V_2O_3 为原料。但由于生产 V_2O_3 与传统的生产 V_2O_5 相比，具有收率高、成本低等优点，因此，以 V_2O_3 为原料开发碳化钒和氮化钒等钒系列产品生产技术是主流趋势。

我国能生产氮化钒的厂家有攀钢（推板窑法）、河钢承钢、唐钢（微波法）、吉林铁合金厂（真空碳还原法）等，氮化钒产量已成为世界第一。

问题讨论：作为重要的钒合金添加剂，氮化钒与碳化钒的应用领域有何不同？

习　题

一、填空题

1. 含钒铁水经过氧化吹炼得到________和以氧化钒为主要成分的________。
2. 铁水提钒就是利用________原理，将铁水中的钒氧化成________钒氧化物制取钒渣的一种物理化学反应过程。
3. 含钒铁水吹炼钒渣的原则工艺主要有：________、________、________、________等。
4. 列举 4 种生产五氧化二钒的原料：________、________、________、________等。
5. 钒渣生产五氧化二钒的焙烧方式主要有________、________。
6. 以苏打为主作为添加剂的钒渣生产 V_2O_5 的工艺流程主要有________、________、________、________及________等五个工序。
7. 根据冶炼钒铁合金使用的还原剂不同，通常分为________、________或________三种。
8. 两种重要的钒合金添加剂是________、________。
9. 以________为原料开发碳化钒和氮化钒等钒系列产品生产技术是主流趋势。

二、是非题（对的在括号内填“√”号，错的填“×”号）

1. 含钒铁水是提钒的主要原料，其化学成分决定着钒渣质量和提钒工艺流程。（　）
2. 提钒过程中冷却剂加入的目的是为了控制吹炼温度，使之低于吹钒的转化温度，达到脱碳的目的。（　）
3. 铁水中硅、钛含量增加，会增加钒渣中五氧化二钒的浓度。（　）
4. 低钒铁一般用铝热法生产，中钒铁和高钒铁一般用硅热法生产。（　）
5. 硅热法冶炼钒铁时，为了避免增碳，生产实际中在还原初期用铝作还原剂，后期用硅作还原剂。（　）
6. 金属热法冶炼铁合金一般是用比较活泼的金属（如铝、硅、镁、钙等）去还原比较不活泼的金属氧化物，并使得该金属与铁熔于一起生成铁合金。（　）
7. 碳化钒、氮化钒合金在含钒钢生产中起着沉淀硬化和晶粒细化等作用。（　）

三、问答题

1. 比较摇包提钒、铁水包提钒、空气底吹转炉提钒、氧气顶吹转炉提钒、顶底复吹转炉提钒等五种工艺的异同和优劣。
2. 简述含钒铁水转炉提钒的主要技术经济指标及其含义。
3. 比较钒渣钠化焙烧与钒渣钙化焙烧生产五氧化二钒工艺流程的异同和优劣。
4. 简述用石煤生产五氧化二钒的工艺过程。
5. 试比较钒铁生产过程中碳热法、硅热法、铝热法的各自特点。

参 考 文 献

[1] 杨绍利，刘国钦，陈厚生，等. 钒钛材料 [M]. 北京：冶金工业出版社，2007.
[2] 黄道鑫. 提钒炼钢 [M]. 北京：冶金工业出版社，2000.
[3] 陈厚生. 碳化钒与氮化钒 [J]. 钢铁钒钛，2000 (1)：70 ~ 71.
[4] 张国权，陶忍，秦志峰，等. 钒渣钙化酸浸液制备高纯 V_2O_5 的工艺研究 [J]. 稀有金属，2019 (9)：1 ~ 6.
[5] 刘东，薛向欣，杨合. 提钒弃渣回用对钒渣焙烧的影响 [J]. 钢铁钒钛，2019，40 (4)：11 ~ 16.
[6] 隋智通，娄太平，霍首星. 弱氧化剂 CO_2 (g) 对含钒铁水吹炼制钒渣的影响 [J]. 过程工程学报，2019，19 (S1)：45 ~ 50.
[7] 齐涛，王伟菁，魏广叶，等. 战略性稀有金属资源绿色高值利用技术进展 [J]. 过程工程学报，2019，19 (S1)：10 ~ 24.
[8] 冯国晟，刘超，靳倩倩，等. 可高效回收金属铁的精细钒渣制备方法研究 [J]. 中国金属通报，2019 (5)：15 ~ 16.
[9] 孙丽月，庄立军. 用钒渣制备低铬五氧化二钒研究 [J]. 铁合金，2019，50 (2)：22 ~ 24.
[10] 常福增，赵备备，李兰杰，等. 钒钛磁铁矿提钒技术研究现状与展望 [J]. 钢铁钒钛，2018，39 (5)：71 ~ 78.
[11] 徐杰. 氯化法制取高纯五氧化二钒工艺研究 [D]. 北京：中国科学院大学（中国科学院过程工程研究所），2018.
[12] 向俊一. 转炉钒渣钙化提钒工艺优化及提钒尾渣综合利用基础研究 [D]. 重庆：重庆大学，2018.
[13] 王学文，王明玉，付自碧，等. 钒渣提钒工艺过程钒铬分离现状及展望 [J]. 钢铁钒钛，2017，38 (6)：1 ~ 5.

[14] 张一敏，包申旭，刘涛，等．我国石煤提钒研究现状及发展［J］．有色金属（冶炼部分），2015（2）：24～30.

[15] 付朝阳．一步法石煤提钒反萃液铵盐沉钒工艺及杂质离子影响研究［D］．武汉：武汉科技大学，2015.

[16] 吴跃东．高品质氮化钒铁合金的短流程制备与高温反应机理研究［D］．北京科技大学，2019.

[17] 王斌，李二虎，朱军，等．王欢．V_2O_5 直接制备氮化钒铁过程研究［J］．有色金属工程，2019，9（5）：23～27.

[18] 汪超，王小江，张满园，等．氮化钒铁制备技术的新进展［J］．铁合金，2016，47（6）：11～13.

[19] 杨勇．高效低成本钒氮合金制备关键工艺技术研究［D］．北京：钢铁研究总院，2018.

[20] 吴佩佩．高品质氮化钒合成的技术研究［D］．沈阳：东北大学，2015.

[21] 董江．V_2O_5 还原氮化一步法制备氮化钒的研究［D］．武汉：武汉科技大学，2014.

[22] 于三三．一步法合成碳氮化钒的研究［D］．沈阳：东北大学，2009.

[23] 刘秋生．氮化钒工艺技术及工艺设备关键技术研究［D］．长沙：国防科学技术大学，2009.

[24] 徐先锋．氮化钒制备过程的研究［D］．武汉：武汉科技大学，2003.

4 钛原料制备及应用

本章课件

【本章内容提要】

钛原料是制备和生产钛结构材料和功能材料的基础。在钛结构材料和功能材料的制备和生产中，往往需要高品质的钛原料才能获得达到性能和指标要求的产品。本章着重介绍钛渣、钛白、海绵钛等原料的产品标准、主要用途及典型生产工艺及生产原理。通过本章内容的学习，能够就复杂的钛原料生产问题进行设计或分析。

<table>
<tr><td>学习目标</td><td colspan="2">1. 了解已规模化生产的钛原材料概况；
2. 掌握钛精矿、钛渣、钛白、海绵钛等原材料的产品标准、主要用途及典型生产工艺，了解其生产原理</td></tr>
<tr><td>能力要求</td><td colspan="2">1. 掌握钛精矿、钛渣、钛白、海绵钛等原料的性质、主要用途及典型生产工艺；
2. 具有自主学习意识，能开展自主学习，逐渐养成终身学习的能力；
3. 能够就某种钛原料生产工程问题进行设计或分析</td></tr>
<tr><td rowspan="2">重点难点预测</td><td>重点</td><td>钛精矿、钛渣、钛白、海绵钛等典型生产工艺</td></tr>
<tr><td>难点</td><td>钛精矿、钛渣、钛白、海绵钛等生产原理</td></tr>
<tr><td>知识清单</td><td colspan="2">钛精矿、钛渣、钛白、海绵钛</td></tr>
<tr><td>先修知识</td><td colspan="2">钒钛产品生产工艺与设备</td></tr>
</table>

4.1 钛 精 矿

4.1.1 概况

我国的钛资源居世界首位，国内外已发现钛资源总储量近 20 亿吨，我国约占 48%。中国的钛铁矿储量占到全球钛铁矿储量的 28.6%，也居第一位。全国有 20 个省市自治区有钛矿，其中 98.9% 是钛铁矿，仅 1% 左右是金红石矿。在钛铁矿中又以原生岩矿占绝大多数（96.3%），较难选矿，次生矿很少（2.6%）。在原生岩矿中又以四川攀枝花-西昌地区的钒钛磁铁矿为主，占全国钛铁矿岩矿的 96%。

我国的钛矿大体有 3 种类型：钒钛磁铁矿、钛铁矿砂矿和金红石矿。钒钛磁铁矿是我国储量最大的一种钛矿，占全国钛资源的 90%，主要分布在四川攀枝花和河北承德；钛铁矿砂矿主要分布在海南、两广、河北和云南，总储量 7.07×10^7t（以 TiO_2 计）。

钛精矿是原矿经过选矿富集后 TiO_2 含量为 40% ~60% 的钛矿，从钛铁矿或钒钛磁铁矿中采选出来，是生产用途非常广泛的钛原料。2017 年我国钛精矿总产量约 380 万吨，进口钛铁矿约330万吨，攀枝花市钛精矿产量约占国内总产量的68%。

4.1.2 钛精矿的用途及产品标准

2015年10月，国家工业和信息化部发布实施了由遵义钛业股份有限公司和云南新立有色金属有限公司起草的钛铁矿精矿有色金属行业标准（YS/T 351—2015），该标准适用于以含钛原矿为原料，经选矿富集获得的主要供生产高钛渣、金红石、钛白等使用的钛铁矿精矿（钛精矿）。其产品的化学成分符合表4-1的规定。该标准还规定了产品中的水分含量不大于0.5%，对产品的粒度也做出了明确的要求：粒度在149~420μm之间的部分不少于75%，粒度小于74μm的部分不超过10%。随着选矿要求的提高，含水量高于0.5%和粒度小于74μm的钛精矿越来越多，对微细粒级钛精矿的利用是目前提高钛的利用率的途径之一。

表4-1 钛铁矿精矿化学成分（YS/T 351—2015）

产品级别	TiO_2 含量（质量分数）/%（不小于）	$TiO_2+Fe_2O_3+FeO$ 含量（质量分数）/%（不小于）	杂质含量（质量分数）/%（不大于）					
			CaO	MgO	P	Fe_2O_3	Al_2O_3	SiO_2
一级	52	94	0.1	0.4	0.030	27	1.5	1.5
二级	50	93	0.3	0.7	0.050	27	1.5	2.0
三级A	49	92	0.6	0.9	0.050	17	2.0	2.0
三级B	48	92	0.6	1.4	0.050	17	2.0	2.5
四级	47	90	1.0	1.5	0.050	17	2.5	2.5
五级	46	88	1.0	2.5	0.050	17	2.5	3.0
六级	45	88	1.0	3.5	0.080	17	3.0	4.0
七级	44	88	1.0	4.0	0.080	17	3.5	4.5
八级	42	88	1.5	4.5	0.080	17	4.0	5.0
九级	40	88	1.5	5.5	0.080	17	5.0	6.0

注：U+Th含量不大于0.015%，Cr_2O_3 含量不大于0.1%。S含量Ⅰ类不大于0.02%，Ⅱ类不大于0.2%，Ⅲ类不大于0.5%，需方有要求时，由供需双方协商并在订货单（或合同）中注明。

由于中国钛矿90%以上是共生岩矿，且90%分布在四川，因此在颁布YS/T 351—2015的同时，国家工业和信息化部发布实施了由攀钢集团矿业有限公司、国家钒钛制品质量监督检验中心起草的钛精矿（岩矿）黑色冶金行业标准（YB/T 4031—2015），该标准适用于经选别所得、供生产钛白粉和钛渣等产品用的钛精矿（岩矿）。按照化学成分不同分为三个牌号，其化学成分以干矿品位计符合表4-2的规定，并规定了氧化钙和氧化镁的含量不大于8.0%，水分含量不大于1.0%。

表4-2 钛精矿（岩矿）化学成分（YB/T 4031—2015）

牌号	化学成分（质量分数）/%			
	TiO_2	S	P	Fe_2O_3
	不小于	不大于		
TJK47	47.0	0.18	0.02	7.0
TJK46	46.0	0.25	0.06	8.0
TJK45	45.0	0.35	0.10	9.0

4.1.3 钛精矿的生产工艺

钛精矿生产主要采用重选、电选、磁选、浮选等工艺。本书仅做简单介绍。

(1) 重选。重选法因其生产成本低，对环境污染少而倍受重视。目前在提高重选效率、研制及使用新设备方面有了新进展。

攀钢选钛厂采用国内研制的 GL-2C 螺旋替代原有的 FLX-600mm，GL-2 螺旋选矿机具有不需冲洗水、对细粒级回收率高等优点，在精矿品位相近的情况下，微细粒级钛铁矿回收率可提高 15 个百分点。

(2) 电选。电选作为生产钛精矿的最后把关作业得到了广泛的应用。攀钢选钛厂采用国内研制生产的 YD-3 型高压电选机选别重选粗精矿，结果很好：原矿品位 28.86%，精矿品位 47.74%，尾矿品位 10.63%，作业回收率达 84.18%。

(3) 磁选。长沙院采用仿环斯型齿介质高梯度强磁选机处理重选精矿，可以降低重选精矿品位，有利于提高重选的作业回收率，从而提高整个选钛厂的总回收率。重选精矿品位约 21% ~23%，经过强磁选后，强磁精矿品位约 28% ~29%，作业回收率达 90% 以上。强磁机成功应用在细粒级钛铁矿的分选上，为细粒级钛铁矿的浮选回收打下了基础。

(4) 浮选。浮选法是回收细粒钛铁矿的有效方法。国内外一直以来对钛铁矿浮选药剂的研究比较多。钛铁矿常用的捕收剂为脂肪酸类，国外多用油酸及其盐类，如塔尔油皂或使用捕收剂与煤油混合。近年来有人研究使用异羟基肟酸、苯乙烯膦酸、水杨羟肟酸等作为钛铁矿浮选捕收剂。采用环保高效的混合药剂浮选钛铁矿成为研究的主要方向。

(5) 联合流程分选钛铁矿。重-磁-电-浮等选矿方法均可用于钛铁矿选矿富集。重选生产可靠，成本低，适于处理较粗粒级物料，而对细粒级物料选别较差，回收率低；细粒物料进入电选造成电选车间粉尘污染大，严重损害工人的身心健康。粗钛精矿筛分分级，粗粒电选、细粒浮选新工艺，获得钛精矿品位 47.74%，精选作业回收率 78.13% 的工业试验指标，比同期单一电选的精选作业回收率提高 3.46%，电选车间粉尘降低了 55.73%。

回收钛铁矿的较优工艺流程见图 4-1。

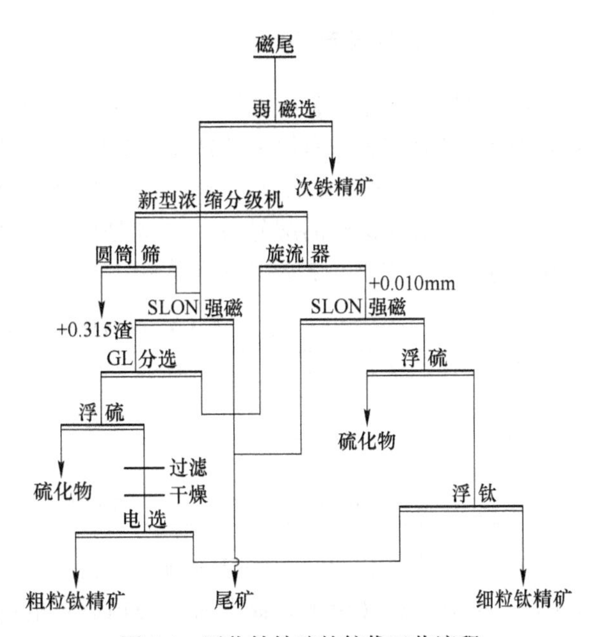

图 4-1 回收钛铁矿的较优工艺流程

从图 4-1 可以看出，采用联合流程选别钛铁矿是钛铁矿选矿技术的工艺发展方向。

综上，重选-电选流程选别钛铁矿虽然是当前选别钛铁矿的主要工艺流程。但为最大限度地回收钛铁矿资源，细粒级钛铁矿的选别越来越引起选钛厂家的重视。强磁浮选是回收细粒级钛铁矿的有效方法，联合流程选别钛铁矿是钛铁矿选矿技术的发展方向；浮钛以组合捕收剂的研究为主，并使用活化剂，使浮选回收率有一定提高，而药剂成本大幅度降低。

问题讨论：从适用对象、能耗、环保、回收率等方面比较重选、电选、磁选、浮选等工艺。

4.2 钛　　渣

4.2.1 概述

硫酸法钛白生产虽然可以采用钛铁矿做原料，但存在耗酸量大、副产品硫酸亚铁多、不溶固体杂质质量增加和废酸废液难治理等问题。采用酸溶性钛渣可以减少酸耗量30%并解决硫酸亚铁问题，从而减轻环保压力。目前国外越来越多的企业都将其原料改成钛渣和人造金红石等富钛料。氯化法钛白和海绵钛生产的第一道工序是制取 $TiCl_4$，用钛铁矿生产 $TiCl_4$ 时，由于钛铁矿杂质含量高，每生产1t $TiCl_4$ 产出约0.92t氯化物杂质，使氯耗和三废增加，产能降低、生产成本升高，所以国内外厂家从不用 TiO_2 品位低于60%的钛铁矿作为生产 $TiCl_4$ 的原料，主要采用高钛渣和金红石等富钛料。

2019年全国钛渣产能约为250万吨，其中攀枝花约为52万吨，占国内钛渣产能的20%左右；2019年全国钛渣产量70万吨，攀枝花钛渣产量占国内总产量的40%以上。

4.2.2 钛渣的用途及产品标准

钛渣根据其用途分为酸溶性钛渣和高钛渣。酸溶性钛渣是以钛精矿为原料，采用电炉熔炼生产，供硫酸法钛白使用的钛渣。2012年工业与信息化部颁布实施了由攀枝花钢铁（集团）公司、冶金工业信息标准研究院起草的黑色冶金行业标准YB/T 5285—2011，该标准规定了酸溶性钛渣的牌号及化学成分应符合表4-3的要求，并规定产品的粒度小于841μm的不小于95%，产品水分不大于1.0%。

表4-3　酸溶性钛渣的化学成分　　（质量分数/%）

牌号	总钛（以 TiO_2 计）	低价钛（以 TiO_2 计）	FeO	金属Fe	P
TZ74	72.0～76.0	≤15.5	≥4.0	≤1.50	
TZ78	>76.0～80.0	≤25.5	≥4.2	≤1.50	≤0.50
TZ80	>80.0～84.0	≤30.0	≥4.5	≤1.50	

2015年工业与信息化部颁布实施了由云南新立有色金属有限公司、遵义钛业股份有限公司、中航天赫（唐山）钛业有限公司起草的高钛渣有色金属行业标准（YS/T 298—2015），该标准适用于以钛铁矿为原料，采用电炉熔炼生产的供四氯化钛、人造金红石及钛白粉使用的高钛渣，其中 TiO_2 含量不小于85%，水分不大于0.30%，并对用于沸腾氯化法及熔盐氯化法生产钛白粉和海绵钛的粒度进行了严格规定。表4-4列出了高钛渣7个牌号的化学成分。

表 4-4 高钛渣（YS/T 298—2015） （质量分数/%）

牌号	TiO_2，不小于	杂质含量，不大于								
		Fe	P	CaO	MgO	MnO	Cr_2O_3	V_2O_5	SiO_2	Al_2O_3
TZ94	94.00	3.00	0.02	0.15	0.90	2.00	0.25	0.40	1.5	1.5
TZ92-1	92.00	3.50	0.03	0.30	1.20	2.50	0.30	0.40	2.2	2.0
TZ92-2	92.00	3.50	0.03	0.50	2.50	2.50	0.30	0.60	2.2	2.0
TZ90-1	90.00	4.00	0.03	0.40	1.50	2.50	0.30	0.40	2.5	2.2
TZ90-2	90.00	4.00	0.03	0.60	2.40	2.50	0.30	0.60	2.5	2.2
TZ85-1	85.00	4.50	0.03	0.20	1.50	2.50	0.30	0.40	5.0	2.5
TZ85-2	85.00	4.50	0.03	0.80	2.70	3.00	0.30	0.60	5.0	2.5

4.2.3 钛渣生产方法

钛渣的生产方法主要是电炉熔炼法。这种方法是使用还原剂，将钛精矿中的铁氧化物还原成金属铁分离出去的选择性除铁，从而富集钛的火法冶金过程。其主要工艺（见图 4-2）是：以无烟煤、焦炭或石油焦作还原剂，与钛精矿经过配料、制团后，加入电弧炉内，于 1600～1800℃高温下还原熔炼，所得凝聚态产物为生铁和钛渣。根据生铁和钛渣的比重和磁性差别，使钛氧化物与铁分离，从而得到含 TiO_2 72%～95%的钛渣。其主要反应式如下：

$$FeTiO_3 + C \xlongequal{} Fe + TiO_2 + CO\uparrow$$

$$2FeTiO_3 + 3C \xlongequal{} 2Fe + Ti_2O_3 + 3CO\uparrow$$

$$FeTiO_3 + 2C \xlongequal{} Fe + TiO + 2CO\uparrow$$

$$Fe_2O_3 + 3C \xlongequal{} 2Fe + 3CO\uparrow$$

生产钛渣的电弧炉是介于炼钢电弧炉与矿热炉之间的一种特殊炉型，有敞开式、半密闭式和密闭式三种，熔炼温度一般为 1600～1700℃，最高温度可达 1800℃。电弧炉熔炼所得到的钛渣可以用来生产钛白粉、人造金红石和 $TiCl_4$。该方法的优点是生产工艺简单，设备易于大型化，“三废”少，且炉气可以回收利用，副产品生铁回收加工容易；缺点是除去非铁杂质能力差，耗电量较大，一般在电力较充足的地区使用。目前，在国际上钛渣电炉都趋向于密闭大型化。攀钢集团钛业公司从乌克兰引进了 25500kVA 交流圆形半密闭矮烟罩电弧炉，云南冶金集团新立有色金属有限公司从南非引进了 30000kVA 直流-空心电极密闭电弧炉，河南佰利联化学股份有限公司依靠国内技术建设的 33000kVA 圆形密闭电炉，无论是从电弧炉的容量上，还是从电弧炉熔炼钛渣的理念上，都缩短了钛渣生产行业与国外先进技术的差距。图 4-2 是密闭电弧炉熔炼钛渣的原则工艺流程。

4.2.4 人造金红石生产方法

目前，生产人造金红石主要以钛精矿为原料，生产方法有还原锈蚀法、盐酸浸出法、硫酸浸出法等，所得人造金红石中 TiO_2 含量均大于 90%。

4.2.4.1 Becher 还原锈蚀法

还原锈蚀法是先将钛铁矿中的铁的氧化物还原为金属铁，进行隔氧冷却，再使用催化

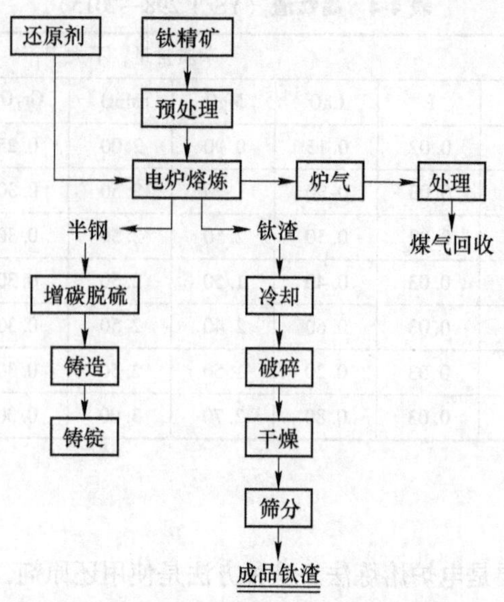

图 4-2 密闭电炉熔炼钛渣的原则工艺流程

剂将铁转化为 $Fe(OH)_3$ 并分离出去，最终将 TiO_2 富集为人造金红石。该工艺绿色环保，适合高品位（TiO_2>54%）的钛砂矿，并且 TiO_2 的品位越高其生产成本就越低，但只能除去钛铁矿中的 Fe 而无法除去其他杂质，只能使用 Ca、Mg 等杂质含量极少的钛铁矿才能产出品质优良的人造金红石。澳大利亚的 ILUKA 公司使用 58% ~63% TiO_2 的钛砂矿，生产含 TiO_2 90% 以上的人造金红石，其生产工艺见图 4-3。

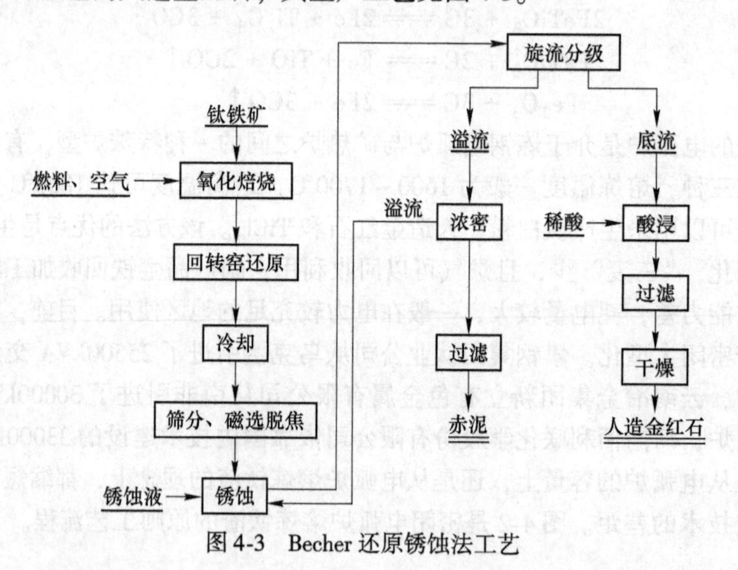

图 4-3 Becher 还原锈蚀法工艺

4.2.4.2 酸浸法

A BCA 盐酸循环浸出法（Benillite）

盐酸浸出法是将钛铁矿加入 HCl 进行酸解，金属杂质与 HCl 反应生成可溶性盐而进行固液分离、再富集固相获得产物人造金红石。该工艺采用重油为钛铁矿的还原剂，然后用盐酸将 Fe、Ca、Mg 等漂洗出来，目前在美国的克尔-麦吉（Kerr-McGee）公司、印度稀土有限公司都使用该工艺生产人造金红石，该工艺通常采用含 54% ~65% TiO_2 的钛铁矿为原料，最佳品位是 TiO_2>60%，工艺如图 4-4 所示。

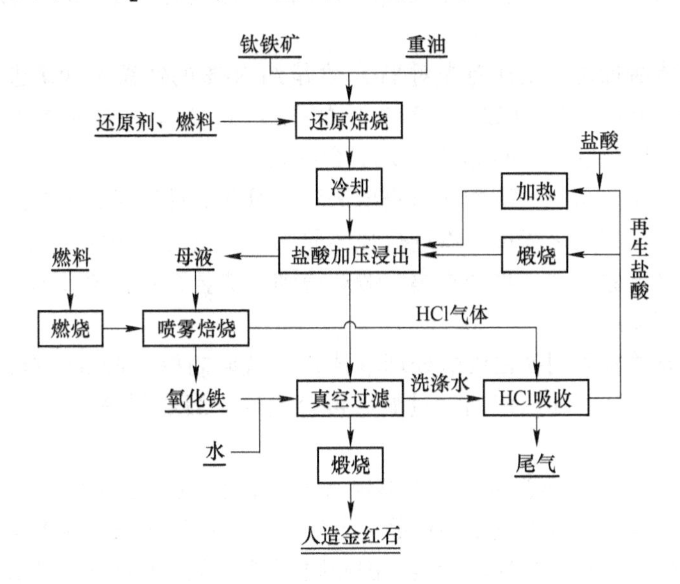

图 4-4 BCA 盐酸循环浸出法（Benillite）

首先用重油在回转窑中将钛铁矿中的 Fe^{3+} 还原成 Fe^{2+}，反应温度为 870℃，还原率为 80% ~95%。还原料冷却后，用 18% ~20% 的盐酸浸出，浸出过程中将 FeO 转化为 $FeCl_2$，且溶解掉钛铁矿中的一系列杂质，如 Mn、Mg、Ca、Cr 等。固相物真空过滤和水洗后，在 870℃煅烧成人造金红石。用洗涤水吸收浸出母液喷雾焙烧分解出来的 HCl，形成浓度为 18% ~20% 的再生盐酸，返回浸出使用。

BCA 盐酸循环浸出法具有可以除去大多数的杂质、获得高品位的人造金红石、全部废酸和洗涤水都能再生和循环使用等优点。但该工艺的盐酸回收系统成本较高，同时生产设备需要专门的防腐材料制造。

B 稀盐酸加压浸出生产工艺

该工艺先将钛铁矿用 20% 的稀盐酸加压浸取，钛铁矿中的铁、钙、镁等杂质溶解后，TiO_2 与杂质分离，再经过过滤和煅烧，最后得到人造金红石，产品人造金红石含 $TiO_2 \geq$ 94%，CaO+MgO≤0.5%。目前，该工艺已实现了工业化生产，浸取容器的耐酸效果较好，但未实现盐酸的再生和循环使用，从而造成生产成本较高和环保问题严重。

C 预氧化-盐酸浸出工艺

预氧化-流态化盐酸浸出工艺是将钛铁矿精矿在 740 ~760℃条件下先预氧化，随后在流态化塔中进行逆流浸出，得到 TiO_2 含量大于 88% 的钛渣。该法还可用于处理含硅量不高的电炉钛渣，所制得的人造金红石可用于沸腾法氯化法生产钛白粉。该法虽已工业化应用，但残余盐酸再次利用困难，废酸母液再利用流程非常长。

其他盐酸浸出法还有：包含钛铁矿强氧化—弱还原—盐酸流化常压浸出—过滤烘干—磁选等工序的 ERMS 法工艺；采用高温氧化焙烧—磁选—电炉熔炼—酸浸除杂工艺，获得纯度较高钛渣的 QIT 法。

D 硫酸浸出法

硫酸浸出法又分为还原焙烧—硫酸加压浸出法和强氧化—强还原—锈蚀—硫酸常压浸出法。

还原焙烧—硫酸加压浸出法首先对 TiO_2 含量约60%的钛铁矿砂矿进行还原焙烧，然后采用钛白废酸（硫酸浓度为22%～23%）加压浸出、焙烧产品中的铁等杂质，再经过滤、洗涤和煅烧产出纯度达90%以上的人造金红石。

强氧化—强还原—锈蚀—硫酸常压浸出法对未风化的钛铁矿原料先进行强氧化再进行强还原，选用循环式的流化床反应器进行强还原工序，然后利用硫酸法钛白生产排出的稀废硫酸进行加压浸出除去铁，再经富集、煅烧得到人造金红石，该技术具有反应所需温度低、反应效率高等优点。

北京有色研究总院采用钛白废酸处理攀枝花钛铁矿制取人造金红石，其工艺流程是：钛铁矿经预处理、磁选、加压浸出，过滤后再经磁选、煅烧制得人造金红石，其 TiO_2 品位大于88%。

酸浸法具有“三废”排放量少、废酸循环利用的优点，但硫酸本身的浸出效果比盐酸差，过滤后的一部分反应不完全的产品需返回浸出，副流程长，生产成本较高，生产过程中设备严重腐蚀，同时造成环境污染，因而限制了其在工业化方面的应用。目前日本石原公司以印度高品位的钛铁矿砂矿（TiO_2 含量为59.03%）为原料，利用钛白废酸浸出钛铁矿，生产出含 $TiO_2 \geq 90\%$ 的人造金红石。

4.2.4.3 亚（碱）熔盐法

亚熔盐法制备人造金红石的原料是高钛渣，高钛渣与改性剂钠碱混合，在一定条件下发生熔盐反应，使高钛渣中的钛变为钛酸盐，钛酸盐经水解、沉淀、水解产物煅烧可得到人造金红石。该方法产品提取含量高，实现了物质的内循环，环境污染较小。但该工艺仍未解决工艺流程长、添加剂用量大等问题，因此，该方法是否被应用到工业领域还有待研究与考量。

4.2.4.4 选择氯化法

北京有色研究总院等单位以攀枝花钛铁矿为原料进行了人造金红石的试验。该方法利用钛铁矿中各组分在氯化过程中热力学的差异，控制适当配碳量，在900～1000℃条件下有选择地将杂质氯化，而钛不被氯化，并根据氯化物的物理、化学特性使之分离，以达到富集 TiO_2 的目的。该方法制得的人造金红石品位为83%左右，而钙、镁含量较高，要进一步降低杂质含量，技术难度较大，经济上不合理，氯化时伴有大量的氯化铁和其他附产物存在，同时难以解决氯化钙和氯化镁在底部富集凝结而使氯化无法进行等问题。

由于人造金红石的制取工艺过程比较复杂，目前我国能够实现工业化的人造金红石方法主要有还原锈蚀法及酸浸法。而电热法、微波法、亚熔盐法、选择性氯化法等工艺，因其存在生产条件以及成本等原因的限制，目前还未能实现工业化。

问题讨论： 1. 简述钛渣的产品标准及用途。
2. 简述钛渣的生产原理。
3. 从原料、技术难度、环保、产品质量等方面比较生产人造金红石的几种工艺，分析利用攀枝花钛精矿制备氯化钛渣的可能工艺选择。

4.3 钛 白

4.3.1 钛白的用途及产品标准

钛白是一种重要的工业原料，用于涂料、食品、化妆品、电子元器件、油漆、油墨、塑料、橡胶、造纸、化纤、水彩颜料、触媒等行业。

不同用途的钛白具有不同的产品标准，现行的产品标准主要包括国家标准、化工行业标准和有色行业标准，其中用作食品添加剂和化妆品的二氧化钛执行国家强制标准。

钛白产品的晶型一般包括三种类型，即锐钛型、金红石型和纳米金红石型。不同产品除了晶型和二氧化钛的质量分数不同，对杂质含量、pH 值、白度、干燥灼烧减量、酸溶性和水溶性、粒度的要求也各不相同。表 4-5 列出了我国现行的二氧化钛产品标准的基本情况，化学成分只列出了不同产品二氧化钛的质量分数。

4.3.2 硫酸法钛白生产的工艺流程

硫酸法生产钛白是成熟的生产方法，使用的原料为钛精矿或钛渣，该生产方法主要由原矿准备、用硫酸分解钛精矿或钛渣制取硫酸钛溶液、溶液净化除铁、由硫酸钛溶液水解析出偏钛酸、偏钛酸煅烧制得二氧化钛以及后处理工序等组成。

4.3.2.1 原矿准备

钛精矿一般粒度比较粗，比表面积较小，酸解时与硫酸接触面积小，不易被硫酸有效地分解。因此，在使用前必须将其磨细，以增加反应接触面，使酸解反应能够正常进行。参加酸解反应的矿粉不仅必须达到一定的细度，而且粒度分布要求窄而均匀，这样才能得到较高的酸解率，得到符合工艺要求的硫酸钛液。一般矿粉细度要求为：325 目筛余不大于 1.5%。

4.3.2.2 酸解

钛铁矿与硫酸的反应非常缓慢，在常温下几乎不发生变化。为了促进这个反应，往往需要加热引导反应的开始。如以偏钛酸亚铁 $FeTiO_3$ 代表钛铁矿的主要成分，则酸解反应一般认为按下列两个方程进行：

$$FeTiO_3 + 3H_2SO_4 = Ti(SO_4)_2 + FeSO_4 + 3H_2O$$

$$FeTiO_3 + 2H_2SO_4 = TiOSO_4 + FeSO_4 + 2H_2O$$

也可以把 TiO_2 视作是钛铁矿的一个单独成分，则上面反应可写作：

$$TiO_2 + 2H_2SO_4 = Ti(SO_4)_2 + 2H_2O$$

$$TiO_2 + H_2SO_4 = TiOSO_4 + H_2O$$

钛铁矿中的铁则按下列方程式进行反应：

$$FeO + H_2SO_4 = FeSO_4 + H_2O$$

$$Fe_2O_3 + 3H_2SO_4 = Fe_2(SO_4)_3 + 3H_2O$$

从这些反应式看，反应结果得到的是（正）硫酸钛 $Ti(SO_4)_2$、硫酸氧钛 $TiOSO_4$、硫酸亚铁 $FeSO_4$ 和硫酸铁 $Fe_2(SO_4)_3$ 这四种物质。硫酸氧钛的生成，也可以视为是硫酸钛初步水解的产物。

表 4-5　我国现行二氧化钛产品标准

序号	标准名称	标准号	发布机构	实施时间	适用范围	起草单位	不同产品 TiO_2 质量分数/%	
							A 型	R 型
1	二氧化钛颜料	GB/T 1706—2006	国家质量监督检验检疫总局 国家标准化管理委员会	2007 年 2 月	硫酸法或氯化法生产的 TiO_2 颜料，主要用于涂料、橡胶、塑料、油墨及造纸	中国化工建设总公司常州涂料化工研究院 攀枝花钢铁有限责任公司钛业公司 四川龙蟒钛业有限责任公司等	A1≥98.0 A2≥92.0	R1≥97.0 R2≥90.0 R3≥80.0
2	纳米二氧化钛	GB/T 19591—2004	国家质量监督检验检疫总局 国家标准化管理委员会	2005 年 4 月	纳米二氧化钛，主要用于防晒化妆品、功能化纤、高档塑料、油漆、油墨、涂料、电子陶瓷、催化剂及其载体	济南裕兴化工总厂 江苏河海纳米科技股份有限公司 深圳成股高新技术有限公司 甘肃美迪林纳米材料开发公司	≥90.0	
3	食品添加剂二氧化钛	GB 25577—2010	中华人民共和国卫生部	2011 年 2 月	用钛铁矿与硫酸等为原料制备的食品添加剂二氧化钛或金红石矿（或富集的钛铁矿）用氯化法制得的食品添加剂二氧化钛		≥98.5	
4	化妆品用二氧化钛	GB 27599—2011	国家质量监督检验检疫总局 国家标准化管理委员会	2012 年 8 月	作为化妆品原料的二氧化钛粉体	上海江沪钛白化工制品有限公司、中海油天津化工研究设计院、江苏河海纳米科技有限股份有限公司、河南佰利联化学股份有限公司	Ⅰ类≥98.0 Ⅱ类≥90.0	Ⅰ类≥98.0 Ⅱ类普通≥90.0（亲水） Ⅱ类普通≥85.0（亲油） Ⅱ类纳米≥75.0（亲水） Ⅱ类纳米≥75.0（亲油）

续表4-5

序号	标准名称	标准号	发布机构	实施时间	适用范围	起草单位	不同产品 TiO_2 质量分数/%	
							A 型	R 型
5	非颜料用二氧化钛	HG/T 4202—2011	工业与信息化部	2012年7月	电子元器件、搪瓷工业、化纤工业、电焊条工业、陶瓷釉料工业等行业使用的非颜料二氧化钛	宁波新福钛白粉有限公司 河南佰利联化学股份有限公司 上海江沪钛白化工制品有限公司等	电子元器件用 TiO_2 ≥99.0 搪瓷工业、化纤工业、搪瓷工业、搪瓷釉料用 TiO_2 ≥98.5	
6	触媒用二氧化钛	HG/T 4525—2013	工业与信息化部	2014年3月	触媒用二氧化钛，用于生产选择性催化还原SCR脱硝用二氧化钛载体	中海油天津化工研究设计院、河南佰利联化学股份有限公司 超彩钛白科技（安徽）有限公司、国家无机盐产品质量监督检验中心	硫酸法生产的≥89.0	
7	人造金红石	YS/T 299—2010	工业与信息化部	2011年3月	以钛铁矿做原料，采用预氧化，弱还原酸浸或强还原锈蚀等方法生产的人造金红石产品，以及生产四氯化钛和供做电焊条涂料用的人造金红石产品	抚顺钛业有限公司		TiO_2-1≥90.0 TiO_2-2≥87.0 TiO_2-3≥85.0 TiO_2-4≥82.0
8	冶金用二氧化钛	YS/T 322—2015	工业与信息化部	2015年10月	各种类型含钛产品、硬质合金以及对钛纯度要求较高的其他制品用二氧化钛	云南新立有色金属有限公司 宝钛集团有限公司 大连融德特种材料有限公司		$YTiO_2$-1≥99.5 $YTiO_2$-2≥99.0

$$Ti(SO_4)_2 + H_2O \longrightarrow TiOSO_4 + H_2SO_4$$

钛液酸比值的高低影响以后的水解产物的结构状态。酸比值又称酸度系数，通常用符号 F 表示。因此生产不同品种的钛白，对钛液的 F 值常常要严格控制。酸比值是钛液中有效酸浓度与总钛含量之比值。

$$F = \frac{\text{有效酸浓度}}{\text{总 } TiO_2 \text{ 浓度}}$$

因为这是一个比值，所以钛液经过浓缩或稀释后，F 值是保持不变的。F 值的高低，能显示出钛液的组成。

酸解率也称为分解率，是衡量酸解反应的质量和收率的一个综合控制指标。它是以质量百分数来核算的。其值为溶液中的可溶性钛盐总量（以 TiO_2 计）占所投钛铁矿中所含钛总量（以 TiO_2 计）之百分比。

$$\text{酸解率} = \frac{\text{溶液中总钛量}}{\text{矿粉中总钛量}} \times 100\%$$

鉴于钛铁矿中总有一部分不能被热浓硫酸分解的矿物（如金红石与脉石），同时又受工业现行酸解手段的限制，酸解率不能达到百分之百。一般可达到90% ~97%。

4.3.2.3 溶液净化除铁

铁在矿粉中以二价与三价两种不同状态存在，因此在浸取后的溶液中既硫酸亚铁 $FeSO_4$，又有硫酸铁 $Fe_2(SO_4)_3$，这两种铁盐在一定条件下会发生水解而变成沉淀：

$$FeSO_4 + 2H_2O \longrightarrow Fe(OH)_2 \downarrow + H_2SO_4$$

$$Fe_2(SO_4)_3 + 6H_2O \longrightarrow 2Fe(OH)_3 \downarrow + 3H_2SO_4$$

硫酸铁在溶液中的危害性比较大。因为它在 pH 值为 2.5 的酸性溶液中即开始水解，生成氢氧化铁沉淀。在偏钛酸洗涤时，它会变成沉淀而混杂于其中，煅烧时变成红棕色的三氧化二铁而污染成品。为了防止这种现象的发生，在钛液中不允许有硫酸铁存在，应该把三价铁还原成亚铁。

还原的方法很多，工业上应用的有化学还原和电解还原两种。

化学还原是加入一种还原剂，如铁屑、铝、锌等。其反应如下：

$$Fe_2(SO_4)_3 + Fe \longrightarrow 3FeSO_4$$

或

$$2Fe^{3+} + Fe \longrightarrow 3Fe^{2+}$$

电解还原在阴极发生，其反应如下：

$$Fe_2(SO_4)_3 + H_2O + C \longrightarrow 2FeSO_4 + H_2SO_4 + CO$$

或

$$Fe^{3+} + e \longrightarrow Fe^{2+}$$

为了保证溶液中三价铁 Fe^{3+} 全部还原为二价铁 Fe^{2+}，还原反应该略微过度，此时溶液中就有少部分四价 Ti^{4+} 被还原为三价钛 Ti^{3+}。

$$2TiOSO_4 + Fe + 2H_2SO_4 \longrightarrow Ti_2(SO_4)_3 + FeSO_4 + 2H_2O$$

$$2Ti(SO_4)_2 + Fe \longrightarrow Ti_2(SO_4)_3 + FeSO_4$$

或

$$2Ti^{4+} + Fe^0 \longrightarrow 2Ti^{3+} + Fe^{2+}$$

在电解还原中钛的还原如下：

$$2Ti(SO_4)_2 + H_2O \longrightarrow Ti_2(SO_4)_3 + H_2SO_4 + 1/2O_2$$

三价钛的存在，可以保证三价铁还原完全。但是过多的三价钛存在是不利的。因为在正常水解情况下，三价钛不会水解沉淀而留在溶液中，成为生产中钛的损失，直接影响水解率。一般操作中，还原溶液中应保持三价钛含量为2.5～4g/L（以TiO_2折算）。

问题讨论： 1. 三价钛的存在对溶液的酸解除铁环节有什么好处，为什么？三价钛是不是越多越好？
2. 为什么要除铁？简述除铁的原理及除铁的关键技术。

4.3.2.4 钛液的水解

经过沉降、结晶、硫酸亚铁的分离、钛液的过滤、浓缩等钛液的净化工序，得到TiO_2含量在200g/L以上的钛液后才能进入水解工序。

水解工序是硫酸法生产中及其重要的工序之一。钛液的水解是二氧化钛组分从液相（钛液）重新转变为固相（偏钛酸）的过程，从而与母液中的可溶性杂质分离以提取纯二氧化钛。水解作用的优劣不但影响工业生产的经济性，而且对最终产品的质量有极大的关系，水解时造成的差错往往在后工序是不能挽救的。

A 水解工艺基本原理

钛液的水解与一般盐类的水解有所不同，它没有一个固定的pH值，只要在加热或者稀释的条件下就能水解而析出氢氧化钛的水合物沉淀。甚至在酸度极高（如含H_2SO_4 400～500g/L）时，经长时期的煮沸也会析出沉淀。因此在水解前的各工序中，钛液的温度应控制在70℃以下，同时也应避免过分稀释以免发生早期水解的危险。

在常温下用水稀释钛液时，析出的是胶体氢氧化钛沉淀。这种水合物即使在常温下也很易溶于有机酸、稀的无机酸、碱以及钛盐溶液中，这样的溶液具有明显的胶体特征。这种水合物的组成接近于二氧化钛二水合物$TiO_2 \cdot 2H_2O$或者$Ti(OH)_4$。反应如下：

$$TiOSO_4 + 3H_2O = Ti(OH)_4 \downarrow + H_2SO_4$$

当水合物陈化时，例如经过加热则失去胶体特征和易于胶溶的能力，也丧失了易溶于有机酸、弱酸、碱和钛盐溶液的能力。此时，其组成也发生变化，接近于一水合物——$TiO_2 \cdot H_2O$或者$TiO(OH)_2$。

由于钛的氢氧化物具有两性的特征，且偏酸性，故可把它们看成是钛酸，$Ti(OH)_4$就是正钛酸或α钛酸H_4TiO_4；$TiO(OH)_2$就是偏钛酸或β钛酸H_2TiO_3。

如果将钛液加热使其维持沸腾也会发生水解反应，生成白色偏钛酸沉淀。这是硫酸法钛白生产在工业上制取偏钛酸的唯一方法。反应如下：

$$TiOSO_4 + 2H_2O = H_2TiO_3 \downarrow + H_2SO_4$$

B 钛液热水解过程的步骤

水解过程大致可以分为晶核形成、晶核的成长与沉淀的形成、熟化三个阶段。

工业上对水解有如下要求：（1）水解率要高，即液相中的二氧化钛组分转变为固相的百分率要高，在不影响成品质量和性能的条件下水解率越高越经济；（2）水解产物必须是具有一定大小而均匀的粒子，组成要恒定，同时易于过滤与洗涤；（3）工艺条件要成熟易于控制；（4）水解产物的质量要稳定，设备要简单，能适应工业生产的需要。

4.3.2.5　偏钛酸的煅烧

偏钛酸经水洗、漂白及漂洗、盐处理等工艺环节处理后，通过高温煅烧转变为二氧化钛。煅烧过程主要是除去偏钛酸中的水分和三氧化硫，同时使二氧化钛转变成所需要的晶型，并呈现出钛白的基本颜料性能。

A　偏钛酸煅烧的物理化学变化

偏钛酸煅烧时，除脱水脱硫外，最主要的是晶型转化及粒子成长两个过程；具有颜料性能的钛白粉有锐钛型及金红石型两种晶型。煅烧窑按偏钛酸在各部位发生的不同变化，可划分为干燥区（200～800℃）、晶型转化区（800～860℃）和粒子成长区（860～920℃）三个区域。各区域中发生的物理化学变化如下：

在干燥区域中，偏钛酸发生脱水和脱硫的变化。这种变化可用下式表示：

$$TiO_2 \cdot xH_2O \cdot ySO_3 \xlongequal{} TiO_2 + xH_2O\uparrow + ySO_3\uparrow$$

偏钛酸所含的水有两种形式：一种是物理水，即附着在颗粒表面及夹带在颗粒间隙里的水。这部分水与 TiO_2 的结合不牢固，在100～200℃之间便蒸发掉。另一种是化合水，即结合在偏钛酸分子内部的水，这部分水与二氧化钛的结合比较牢固，要在200～300℃之间才能脱掉。

水解生成的偏钛酸浆料中，含有的硫酸大部分是游离酸，通过水洗即可除去。但是占偏钛酸总量7%～8%的硫酸，以 SO_2 的形式与偏钛酸结合得很牢固。由于偏钛酸形成的条件和夹带的杂质不同，它所含的硫酸要在500～800℃间才能被分解成 SO_2 和 SO_3 气体而脱去。

纯净的锐钛型晶型必须在1200℃以上的高温才能完全转化为金红石型晶型。在这样的高温下煅烧，TiO_2 易烧结，为此在晶体转化区域中，需要加入各种金红石型转化促进剂，使其晶型转化的温度降低到800～860℃之间，使成长的锐钛型晶体顺利地、完全地向金红石型晶体转化。

在粒子成长区应根据不同的条件，将这个区域的温度控制在860～950℃之间，使长大的晶体聚结成颜料粒子。这是因为细小晶体聚结成颜料粒子需要获得一定的能量。煅烧温度越高，粒子成长的速度便越快。在600℃以下，粒子成长的速度非常慢；超过600℃时，粒子成长速度开始加快；温度达到900℃时，可以发现粒子成长的速度有极大的增加。如果煅烧温度升高到1000℃时，则聚结成的粒子的直径将达到1μm。而作为颜料钛白粉最合适的粒径是0.2～0.3μm，即粒径应是可见光波波长的一半。如果粒径小于可见光波的半波长，则颜料粒子将成为透明；若粒径大于可见光波的半波长，则将使白色颜料呈现红相。

B　煅烧条件对颜料性能的影响

偏钛酸煅烧时，要求晶型转变尽可能完全而单纯，如锐钛型钛白不应有金红石晶型；金红石型钛白不应有锐钛晶型。产品应有优良的颜料性能，如较高的着色力和遮盖力，较低的吸油量以及优良的白度和易粉碎性。除了煅烧炉窑设计合理外，煅烧温度、煅烧时间、炉内气氛、偏钛酸的水分及颗粒度和投料量对钛白品质都有影响。

煅烧温度：煅烧窑窑头温度通常称为高温带温度，它决定着二氧化钛晶型的转化和颜料粒子的成长，是影响钛白粉颜料性能的重要因素。一般来说，窑头温度越高，二氧化钛的晶型转化及粒子成长就越快、越完全。但是窑头温度过高，容易使物料烧结，使煅烧品颗粒变硬，色泽变黄变灰。在810℃左右，消色力随温度的上升而提高，但升到一定的温度后，消色力会急剧下降，一般控制在850～950℃之间。

煅烧时间：二氧化钛颜料粒子是在煅烧后形成的，在这一阶段中，物料的滞留时间对二氧化钛的晶型转化、粒子的大小和形状有决定性的影响。工业生产中，希望煅烧形成的粒子外形圆滑规整，因此，晶型形成和晶粒长大都不能太快，这包括从无定形的偏钛酸环绕着锐钛型微晶体（水解时加入的晶种）成长为锐钛晶型，以及再转化为金红石晶型，都需要有足够的时间使晶格排列整齐并逐步长大。但物料滞留时间过长则影响产量，所以控制合适的煅烧时间是必要的。

窑内气氛：当窑内出现还原性气氛如一氧化碳气体后，二氧化钛将被还原成三氧化二钛而影响钛白粉的质量。为了避免产生一氧化碳还原物质，就得保证燃料在窑内完全燃烧。这里应该准确控制燃料与助燃剂空气的比例。一般将燃料（煤气）与助燃空气的比例控制在1∶3.2，有时由于窑内通风不畅，煅烧废气不能及时排出，也会造成燃料的不完全燃烧，此时，应加强窑内通风，以防止产生还原物质。

投料量：投料量的多少是由窑的几何尺寸来决定的。对于一定尺寸的窑，如果投料量过多，窑内的料层过厚，则物料在窑内的各种变化进行得不完全，煅烧品会夹带生料。如果投料过少，窑内的料层就过薄，容易使物料发生烧结，使煅烧品颗粒变硬，色泽变黄、变灰，并且降低班产量，增加能耗。

偏钛酸的含水量：偏钛酸含水量的高低决定了物料在干燥区中脱水脱硫的完全程度。含水量过高时，由于脱水脱硫不完全、物料就以团状或大颗粒状态进入高温区。而高温区停留的时间是很短的，因此，煅烧品中常常夹带生料。含水量过低时，物料在干燥区脱水脱硫十分充分，物料以粉末状态进入高温区，这种粉末状的物料在高温下容易发生烧结，使煅烧品颗粒变硬，色泽变黄、变灰。涂料钛白生产时，偏钛酸含水量控制在65%左右。非涂料钛白生产时，偏钛酸的含水量控制在50%左右。

偏钛酸颗粒度：偏钛酸颗粒度是生产非涂料钛白时影响脱硫的重要因素。颗粒度较小，则脱硫容易且完全，物料不会向窑外冲流，得到的煅烧品色泽较白。颗粒度大，则脱硫比较困难，由于含硫高的钛白在高温下具有很强的流动性，物料容易向窑外冲流。偏钛酸的颗粒是钛液水解过程中形成的。因此必须按品种的不同要求，严格控制水解工艺条件，制得颗粒度合适的偏钛酸。

4.3.3 氯化法

一般来说，氯化法采用的钛原料量 TiO_2 含量不能低于85%，并且要求是具有低 MgO、CaO 含量的天然金红石、人造金红石、高钛渣。这是因为在氯化时 Ca、Mg 太高会形成液体氯化物如 $MgCl_2$、$CaCl_2$ 堵塞流化床排渣，造成生产不正常及停产。

生产氯化法钛白的主要反应：

$$TiO_2 + Cl_2 + 2C \longrightarrow TiCl_4 + 2CO$$

$$TiCl_4 + O_2 \longrightarrow TiO_2 + 2Cl_2$$

问题讨论： 1. 简析偏钛酸煅烧干燥区、晶型转化区和粒子成长区三个区域的温度选择依据。

2. 简述煅烧条件对颜料性能的影响。

4.4 海绵钛

4.4.1 概述

钛作为化学元素早在1791年就已被英国的一位牧师兼矿物学家William McGregor在铁矿石中发现（$FeO \cdot TiO_2$）。但是，由于钛与氧、氮、碳、氢等元素都有极强的亲和力，且与绝大多数耐火材料在高温下发生反应，从而使金属钛的提取工艺非常复杂和困难。因此经历了一百多年的摸索和努力，才于20世纪上半叶先后发明了生产金属钛的钠热法、碘化法及镁热法。其中以1937年William Kroll提出的镁热法最为成功和具有商业价值，它又被称为镁还原法或克劳尔法。其要点是将钛铁矿经电炉熔炼形成高钛渣，再于800℃下进行氯化还原处理（$TiO_2+2Cl_2+2C \rightarrow TiCl_4+2CO$）获得四氯化钛，最后用镁还原并经真空蒸馏而成为海绵钛。这是目前国际上应用最广的一种制取海绵钛方法，有了这种方法，金属钛才得以步入现代工程材料的行列。

尽管钛已经实现工业化生产，但与其他金属的冶金过程相比，钛提取冶金工艺仍处在发展和完善阶段。制约钛冶金工业发展的主要因素是目前钛生产工艺复杂、周期长、能耗高，以致钛材的价格昂贵，此外日益严格的环保要求，也是对钛工业的严峻挑战。所以开发成本低廉、工艺简单、环境友好的先进钛材生产新工艺就成了人们一直关注的问题和努力的方向。

自从20世纪60年代以来，国外一些海绵钛生产厂家就投入了大量的资源进行钛的新生产工艺的研究。在四氯化钛熔盐电解法、流动式气相连续法、液态高温高压法、等离子法、铝钛合金法、氢碳和其他还原法等方法上进行了深入的研究，其中四氯化钛熔盐电解法，包括氯化电解法和氟化电解法曾接近工业化生产，但最终证明仍无法取代镁热法。但2000年9月英国剑桥大学的学者又提出了一种新的电解工艺（简称FFC工艺），使得对钛的电解制取研究又进入了一个新的研究阶段。

由此可见，钛及其先进材料的制备技术一直受到工业发达国家的高度重视，特别是在新世纪，如何能够以清洁、低能耗的工艺制取海绵钛是一项具有十分重要的科学意义和应用价值的研究课题。

4.4.2 海绵钛的用途及产品质量

海绵钛是金属热还原法生产出的海绵状金属钛，是制取工业钛合金的主要原料。海绵钛生产是钛工业的基础环节，它是钛材、钛粉及其他钛构件的原料。

2019年由遵义钛业股份有限公司、宝钛华神钛业有限公司、攀钢集团有限公司海绵钛分公司等12家联合起草的海绵钛国标（GB/T 2524—2019）于2019年6月发布，并将于2020年5月实施。该标准适用于四氯化钛以镁还原真空蒸馏法（镁法）生产的海绵钛。产品按化学成分及布氏硬度分为7个等级，列于表4-6。该标准还对不同类型的海绵钛产品的粒度规格进行了规定，同时，还列出了图4-5所示的海绵钛产品缺陷。

表 4-6 海绵钛的化学成分及布氏硬度（GB/T 2524—2019）

产品等级	产品牌号	化学分数（质量分数）/%													布氏硬度 HBW10 /1500/30，不大于
		Ti，不小于	杂质元素，不大于												
			Fe	Si	Cl	C	N	O	Mn	Mg	H	Ni	Cr	其他杂质总和	
0_A 级	MHT-95	99.8	0.03	0.01	0.06	0.01	0.01	0.05	0.01	0.01	0.003	0.01	0.01	0.02	95
0 级	MHT-100	99.7	0.04	0.01	0.06	0.02	0.01	0.06	0.01	0.02	0.003	0.02	0.02	0.02	100
1 级	MHT-110	99.6	0.07	0.02	0.08	0.02	0.02	0.08	0.01	0.03	0.005	0.03	0.03	0.03	110
2 级	MHT-125	99.4	0.10	0.02	0.10	0.03	0.03	0.1	0.02	0.04	0.005	0.05	0.05	0.05	125
3 级	MHT-140	99.3	0.20	0.03	0.15	0.03	0.04	0.15	0.02	0.06	0.01	—	—	0.05	140
4 级	MHT-160	99.1	0.30	0.04	0.15	0.04	0.05	0.2	0.03	0.09	0.012	—	—	—	160
5 级	MHT-200	98.5	0.40	0.06	0.30	0.05	0.1	0.3	0.08	0.15	0.03	—	—	—	200

(a) 还蒸工序氧化的海绵钛块

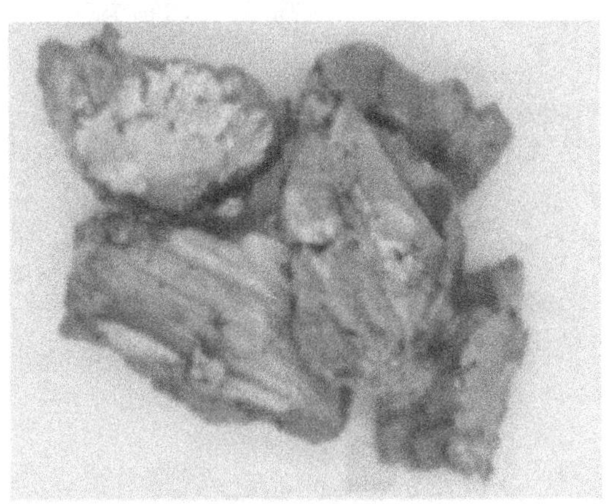

(b) 破碎工序氧化的海绵钛块

(c) 带氯化物的海绵钛块

(d) 带残渣的海绵钛块

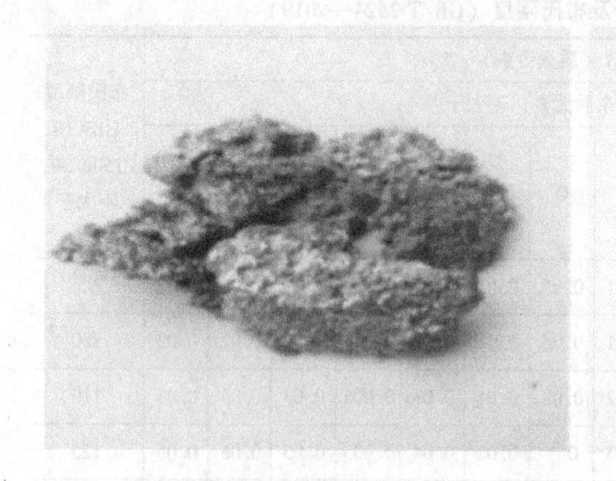

(e) 含铁高的海绵钛块

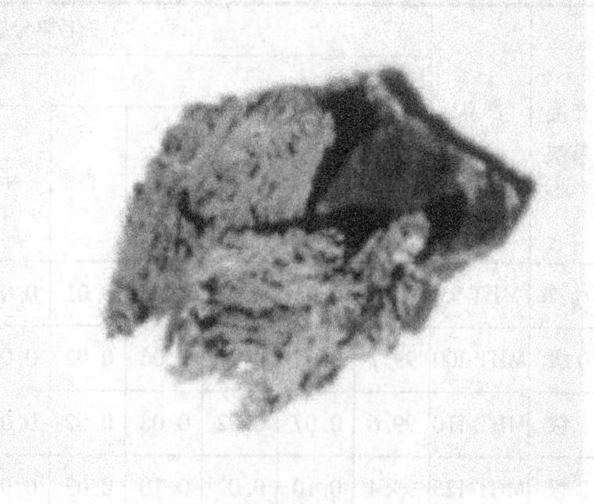

(f) 发黄的海绵钛块

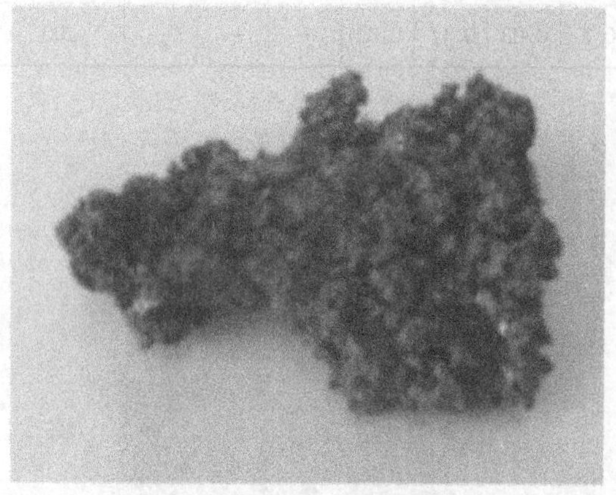

(g) 含氮高的海绵钛块

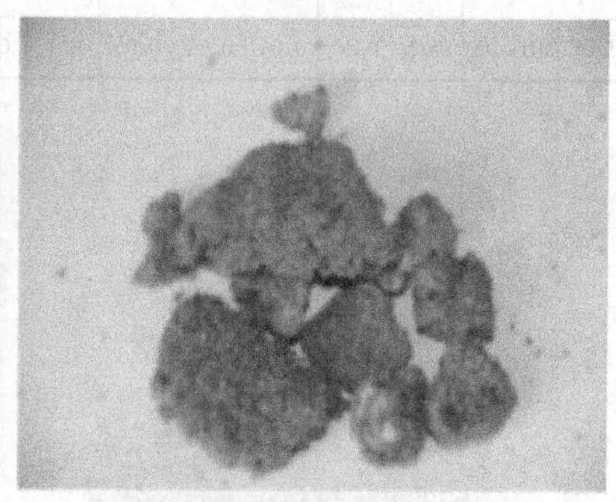

(h) 泡沫状的海绵钛块

(i) 表面被污染的海绵钛块

(j) 外表面呈亮圆(柱)状的海绵钛块

图 4-5 有缺陷的海绵钛块图样

4.4.3 海绵钛生产工艺

4.4.3.1 Kroll 工艺

卢森堡化学家 W. A. Kroll 从 20 世纪初便致力于钛提取冶金的研究，终于在 1937 年发明了生产海绵钛的镁热法（称为 Kroll 法），并于 1946 年在美国的杜邦公司用该法首次生产了 2t 海绵钛，从此，开创了工业化生产金属钛的新纪元。

在标准状态下，K、Ca、Mg、Ca、Al 等是由 $TiCl_4$ 生产金属钛的主要还原剂。但由于 K、Ca 等成本较高，Al 则由于它易与 Ti 生成合金或金属间化合物，在用 Al 还原 $TiCl_4$ 时所得产物为钛铝合金，而不是金属钛。在还原 $TiCl_4$ 制取金属钛时，最合适的还原剂仅为 Mg 和 Na，但 Mg 比 Na 更安全，且钠盐法（Hunter 法）杂质较多，因此 Kroll 法逐渐取代了钠盐法，成为当前海绵钛生产的主导工业生产法。图 4-6 是 Kroll 法流程图。

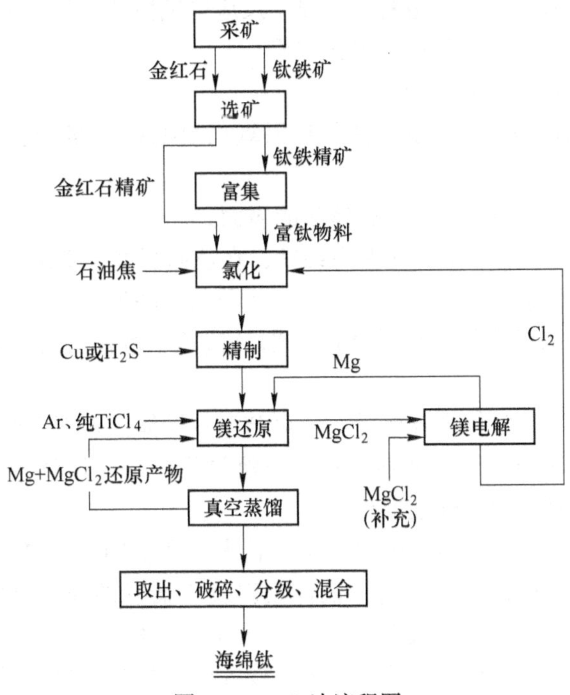

图 4-6 Kroll 法流程图

Kroll 法制取金属钛的还原反应具有以下特点：

（1）还原过程是在 Ti-$TiCl_2$-$TiCl_3$-$TiCl_4$-Mg-$MgCl_2$ 这样一个多元体系中进行的，在反应温度下，这些物质分别呈固、液、气三态，因此这也是个多相共存的体系。

所以在此还原过程中主要发生以下反应：

$$TiCl_{4(g)} + 2Mg_{(l)} = Ti_{(s)} + MgCl_{2(l)}$$
$$TiCl_{4(g)} + 2Mg_{(g)} = Ti_{(s)} + MgCl_{2(l)}$$
$$TiCl_{4(l)} + 2Mg_{(l)} = Ti_{(s)} + MgCl_{2(l)}$$

在反应初期和末期，反应 $TiCl_{4(g)}+2Mg_{(g)} = Ti_{(s)}+MgCl_{2(l)}$ 不能忽略。反应 $TiCl_{4(l)}+2Mg_{(l)} = Ti_{(s)}+MgCl_{2(l)}$ 为液-液反应，主要发生在反应中期，这时液态的 $TiCl_4$ 加入量较多，来不及气化，便以液态的形式直接与熔体镁相互作用。

（2）镁热还原 $TiCl_4$ 的过程是个放热反应。由于热效应比较大，为了维持正常反应温度，防止还原产物烧结，减轻杂质铁由反应器壁向还原体系扩散，散热过程限制了还原反应速度，也限制了还原设备规模的大型化。

（3）由于钛是典型的过渡族元素，还原反应过程分步进行，在某些条件下，很可能会得到中间产物——钛的低价氯化物 $TiCl_2$、$TiCl_3$ 等。

（4）在高温下，钛很容易被大气中的 N_2、O_2、水蒸气等污染，因此，为了获得高质量的海绵钛，反应必须在隔绝空气的条件下进行。

（5）在还原过程中需要定期排放氯化镁，致使还原过程很不稳定。

镁热还原 $TiCl_4$ 反应在钢制的还原罐中进行。在还原操作温度下（900℃），还原剂金属镁和生成物 $MgCl_2$ 均为液态。由于生成物 $MgCl_2$ 的密度为 1.672g/cm^3，比同温度下还原剂镁的密度（1.555g/cm^3）大，故沉积于反应罐的底部，而还原剂镁则浮于上面。

还原过程分三个阶段，即反应初始阶段、反应中期阶段、反应后期阶段。在反应的初始阶段，由于下述原因，还原反应速率比较慢。

（1）此时熔体镁的温度比较低。

（2）在熔融镁表面有层氧化膜，正是这层氧化膜阻止了 Mg 与 $TiCl_4$ 还原反应的正常进行。

（3）此时镁与 $TiCl_4$ 的接触仅限熔体镁的表面。

（4）由于镁热还原 $TiCl_4$ 的产物为海绵钛，在还原温度下海绵钛呈固态为新生相。在反应初期存在新相晶核形成与长大过程，这一步骤的速率比较慢。

（5）由于表面张力的作用，致使 $MgCl_2$ 部分覆盖了液镁表面，这也限制了还原反应速率。

刚生成的海绵钛的化学性质比较活泼，可与浮在熔体镁表面上的氧化膜反应，夺取其中的氧。此外，新生成的海绵钛在熔体镁内下沉过程中，与熔体中的杂质相互作用。因此，这部分海绵钛起到净化熔体镁的作用。

在反应中期阶段，熔体镁对铁的接触角比较大，在初期液体镁的表面呈凸形，但是，当生成了一定量的 $MgCl_2$ 以后，改善了液体镁对反应器壁的润湿性能。据资料介绍，在800℃时，若表面有一层 $MgCl_2$，熔体镁对铁的润湿角为44.5°，所以，在由反应初期向反应中期过渡的过程中，也伴随着熔体镁对还原罐壁由不润湿到润湿的转化过程。反应中期的特点是自由镁量比较大。只要不生成钛桥，自由镁表面就可以充分暴露，因而反应速率比较大，同时，由于海绵钛本身对还原反应有“自催化作用”，因此，海绵钛的生成也加速了还原反应的进程。一旦有海绵钛桥生成，反应界面便被阻隔，此时，无论是反应物 Mg，还是反应产物 $MgCl_2$ 都必须扩散通过海绵钛的毛细孔，这样，就限制了反应速率。另外，由于每加入1L $TiCl_2$（室温）可生成1.04L $MgCl_2$ 和0.097L海绵钛，所以，为了充分利用反应器的有效容积，必须将反应产物 $MgCl_2$ 排出反应罐。排放 $MgCl_2$ 后，由于海绵钛桥失去了熔体的浮力而塌落，又重新露出自由镁的新鲜表面，还原反应再度重复上述过程进行。

反应后期阶段，随着反应的进行，海绵钛毛细孔内，体系中自由镁量逐渐减少。此时还原剂 Mg 必须借助通过毛细孔内的扩散达到反应区，因此，反应速率比较慢。溶于 $MgCl_2$ 内的 $TiCl_2$ 和 $TiCl_3$ 在随 $MgCl_2$ 向下流的过程中，被吸附于海绵钛毛细孔中的还原剂镁进一步还原，生成的金属钛便沉积于毛细孔内表面，结果使海绵钛的结果更加密实，甚至堵塞毛细孔，这将给后续的真空蒸馏工序造成困难。当还原反应进行到镁消耗65%～70%（质量分数）时，由于自由镁比较少，加入还原罐的 $TiCl_4$ 不能及时反应而汽化，结果使得罐内压力增大，这时进一步加料比较困难，应及时结束还原作业。

Kroll 法在实际生产中也显露出一些问题：如生产过程中产生的废气废水对环境有污染；反应中镁的利用率低（约70%），损耗大；电解 $MgCl_2$ 消耗的能源很大，约占总能耗的28%～34%。

4.4.3.2 碘化法

这是 van Arkll 和 de Boer 发明的碘化钛热分解法，即用 Na 还原法制得的金属钛加以提纯，获得比较纯净的金属钛。

碘化钛热分解法是把纯度低的钛原料（粗钛）与碘一起充填于密闭容器中，在227～627℃的温度下发生碘化反应，合成四碘化钛，再把四碘化钛放在通电加热到1327～1527℃的钛细丝上进行热分解，析出高纯钛，游离的碘再扩散到碘化反应区，重复上述反应，其反应式为：

$$Ti_{(粗)} + 2I_2 \xrightarrow{200℃} TiI_4 \qquad (合成)$$

$$TiI_4 \xrightarrow{1300 \sim 1500℃} 2I_2 + 高纯\ Ti \qquad (热分解)$$

在高于1000℃的条件下，四碘化钛几乎能完全离解，由于钛的氯化物和氧化物在制取碘化钛的温度下不与碘起作用，因此，该法能制出高纯度的钛，且在工业生产中有着重要的地位。但是，碘化钛热分解法尚存在如下问题：

（1）反应是通过四碘化钛及碘的相互扩散进行的，分子量大时，扩散速度反而小，钛的析出速度也慢，约为0.01μg/s；

（2）由于钛是在细丝上析出的，生产量小；

（3）由于是通电加热，温度调节困难；

（4）反应是在密闭、高温条件下进行的，容易受到来自反应容器的污染；

（5）由于反应产生了 TiI_3 和 TiI_2 阻碍了钛的析出，降低了反应速度及生产率。由于上述原因，阻碍了该方法在大规模工业化生产上的应用。

但后来，有人改造了碘化法，新的碘化法是使 TiI_2 分解，而 TiI_2 分解反应要比 TiI_4 的热分解温度低200℃，从而克服了原碘化法的缺点，并且以钛管代替了钛丝作为高纯钛析出的基体，增加了反应面积，钛的析出量可提高100倍以上，提高了生产效率。

4.4.3.3 传统熔盐电解法

传统熔盐电解法是利用钛卤化物的电化学性能制取海绵钛的一种方法，即 $TiCl_4$ 在阴极上不完全放电，转变为钛的低价氯化物进入熔盐（如氯化钠）中，低价钛离子向阴极迁移并在阴极放电，钛金属沉积在阴极处。氯离子通过扩散在阳极上放电，生成氯气，在阳极放出。铝适合用这种电解法生产，但钛就不同了。钛的熔点比铝高1000℃，在电解槽中铝只有一个稳定的原子结构，钛却有两个。

总之，固态钛从熔盐中沉积特别困难，总是产生一些很细小的易于氧化的粉末金属。另外，钛在熔盐中常以几种氧化态形式存在，大大降低了工艺效率。

传统熔盐电解法的工艺研究开发，已花掉几千万美元的资金。美国曾建造了两条这种电解生产线，但因无法控制钛与氯的逆反应而关闭。目前，意大利 GTT 公司的 Marco Ginatta 仍继续研究此工艺，并在意大利的托里诺市建造了大型试验工厂。

事实上，钛可以用 $TiCl_4$ 电解还原法生产，问题是成本居高不下。同时，其技术上存在的问题表现为：

（1）作为共价键化合物，$TiCl_4$ 在熔盐中的溶解度较低，难以满足工业化生产的要求。要满足熔盐电解的作业要求，必须将 $TiCl_4$ 转化为钛的低价氯化物，因为钛的低价氯化物在熔盐中的溶解度较高。

（2）钛属于过渡族金属，钛离子在阴极的不完全放电以及不同价态的钛离子在阴极和阳极之间的迁移会降低电解电流的效率。因此，在保证电解体系完整的同时，必须把阴极和阳极隔开。

（3）钛在高温下反应性极强，所以电解槽必须密封良好，同时整个体系要实施惰性气体保护，这样才能防止阴极产物与空气中的氧作用。另外还有电解质吸水性强、电解槽腐蚀严重等弱点。

4.4.3.4 新熔盐电解法

A FFC 法

FFC 工艺由英国剑桥大学开发，可工业化生产，具有创新性，操作简单，是一种低成本电化学生产钛的方法。FFC 工艺采用的原材料不是钛盐，而是很容易获得的氧化物材料。其原理是基于熔盐电解，使用熔融的氯化钙（$CaCl_2$）作为电解液，还原固态二氧化钛粉末（即白色颜料），在阴极处获得电子成为纯钛金属，氧含量随时间的增加而不断减少（可低达 6×10^{-6}）。电解槽的工作温度在 800～1000℃，工作电压为 2.8～3.2V。用这种方法生产的海绵钛价格为目前镁还原法钛价格（5.6～8.9 美元/kg）的一半或更低。

具体的工艺是在钛坩埚中，二氧化钛通过一定的方法被制作成熔盐电解槽的阴极，石墨作为阳极，熔融的 $CaCl_2$ 作为电解液，通上适量的电流，氧作为氧离子离开了氧化物，扩散到阳极处，与碳结合生成 CO_2 或 CO，在阳极放出，金属钛被留在阴极。整个工艺过程中不存在液态钛或离子态钛，这是与传统电解工艺的主要区别。另外，尽管二氧化钛是绝缘的，但仍可作为有效的阴极。原因是很少量的氧一放出，材料就变成了导电体，允许进行电化学加工。整个过程是将绝缘的氧化物用作电化学电池的阴极，氧被抽出留下纯钛。

研究人员在 1997 年以前就发明了这种工艺，按当时传统的想法认为这是不可能的，但研究结果表明，这不仅是可行的，而且是非常成功的。FFC 法完全不同于过去的熔盐电解提取钛的方法，是一种直接把钛与氧分开而得到金属钛的新方法，不产生氯气，不使用 $TiCl_4$ 这些强腐蚀性污染环境的化学物质，是一种绿色工艺。因此可以说，这种工艺是真正的发明创新，而不是对现有工艺的改进。

该法大大降低了成本，大大降低了钛中的氧含量。氧化物可混合在一起，通过电化学还原直接制成合金，工艺生产周期短，所得钛粉适于粉末冶金成形、取消铸造、机加工和其他昂贵的加工过程，可节省大量的生产成本。此工艺不单适用于钛，还适用于许多其他金属，尤其是那些加工难、成本高、活性强的金属。

FFC 法的缺点是金红石不是纯的 TiO_2，含有很多杂质，生产钛的同时，也带来了杂质。必须有一种提高纯度的方法，而原来的氯化还原方法制钛的纯度高，但氧含量也高。如果解决了去除杂质、提高纯度的问题，此电解法将更加完善。并且，采用氧溶解能力较高的 $CaCl_2$ 熔盐体系的金属钛氧含量比较高，要降低氧含量必须进行过量电解，这就造成了电流效率降低。

B OS 法

FFC 工艺给钛工业带来了新的曙光，该法提出的电解思路降低了钛的生产成本，减少了环境污染，掀起了一股研究电解法制备金属钛的热潮，日本东京大学正在研究 OS 工艺制备金属钛。该工艺是在 FFC 工艺的基础上，对阴极进行了改进后的一种新工艺，见图 4-7。其实质仍为 $CaCl_2$ 熔盐电解，是一种在 $CaCl_2$ 熔盐中钙热还原 TiO_2 的工艺。

此方法的主要特点是：在阴极钛篮里加少量的 Ca 单质作为电解开始的引发剂，随着反应的进行，$CaCl_2$ 熔盐中的 CaO 不断电解提供用于钙热反应的钙单质。这是因为 CaO 在 $CaCl_2$ 中的电解电压只有 1.66V，而 $CaCl_2$ 的电解电压为 3.2V，此方法的电解电压在 3V 左右，因此反应可以顺利进行。通过计算调节加入 TiO_2 的量来控制反应平衡，有利于提高电解效率。其电极反应为：

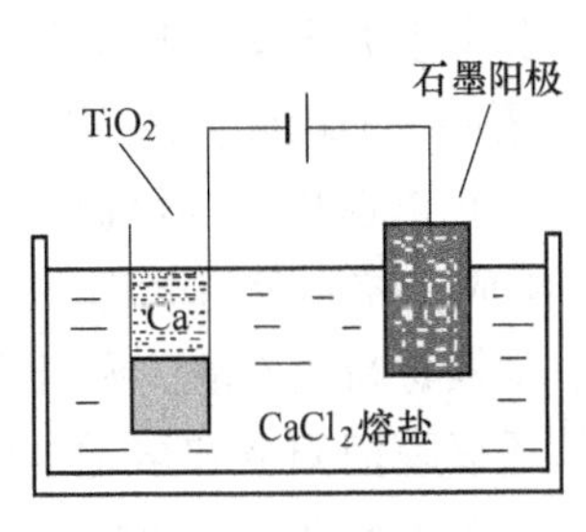

图 4-7 OS 工艺图

阴极反应：$Ca^{2+}+2e \longrightarrow Ca$

阳极反应：$C+2O^{2-} \longrightarrow CO_2+4e$

总反应：$TiO_2+2Ca \longrightarrow Ti+2O^{2-}+2Ca^{2+}$

据称，此方法可大幅度降低生产成本，并用来生产钛粉，与 FFC 工艺有相似的优缺点。在 OS 法的基础上 Suzuki 在 2004 年又提出了 TiO_2 的钙热还原和电解熔融 $CaCl_2$ 中的 CaO 的方法（MSE 法）。

C EMR 法

2004 年日本专家 Park Ⅱ、Takashi Abiko 和 Toru H Okabe 又提出了 EMR 法，此方法的目的是寻找降低 Ti 被污染的新技术。EMR 法不仅可以有效地防止 Ti 被污染，而且与传统的 $CaCl_2$ 熔盐中电解 CaO(MSE 法) 制取还原剂钙合金的方法联合（即 EMR/MSE 法）可以提高电解效率，TiO_2 的还原反应和还原剂合金的生成可以分开进行。

EMR 法的主要特点是：将 TiO_2 粉末或成型块盛在不锈钢容器以便钛的收集和防止钛污染，因为钛是被合金释放的电子还原的，而没有直接和合金接触；还原剂采用液体的 Ca(18%)-Ni 合金，更有利于氧的迁移和降低电解成本，这种方法有可能提供 Ti 的半连续化生产。

D 热-电化学联合法

2003 年 Wtthers James 等提出了 "thermal and electrochemical process for metal production"（热-电化学联合法），此法能有效地防止钛被污染，是热力学和电化学结合提取钛的新型电解技术。该法中二氧化钛和碳通过一定的方法被制作成 Ti_xO_y/C 阳极，钢或其他金属材料作为阴极，熔融的高导电性金属熔盐作为电解液，通上适量的电流，氧与碳结合生成 CO_2 或 CO，在阳极放出，低价钛扩散到阴极处被还原为金属钛被留在阴极。

该法的技术优点：

（1）低价钛溶解性好，能找到适宜的电解液；

（2）生产的金属钛纯度较高；

（3）Ti_xO_y/C 具有良好的导电性，电解过程易于控制。该法的缺点是 Ti_xO_y/C 制备工艺复杂，电解温度较高，生产成本较高等。

E　国内新熔盐电解法

目前世界上二氧化钛电解直接提取钛的研究处于初期发展阶段，为国际前沿课题，无论在深度和广度方面都有待进一步研究和探索。国内近几年在这方面的研究也在稳步地进行着。诸如重庆大学、上海大学、东北大学、北京科技大学、中科院过程工程研究所、昆明理工大学及攀枝花学院等都在该领域做了深入研究，并有望在今后几年内取得突破性进展。其中上海大学的赵志国等于2005年在熔盐电解 TiO_2 的基础上提出一种新的海绵钛制备工艺——利用固体透氧膜提取海绵钛的新技术。其核心思想为：将含钛氧化物熔于熔点低、TiO_x 溶解度大的熔盐体系，熔盐电解质体系可由 MCl_m-MF_m-TiO_x（M可以为Na、Ca、K）组成。控制参与电解反应的带电离子，使得参与电解反应的是 TiO_x，而不是其他物质。阴极材料为石墨，阳极则是表面覆盖氧渗透膜的多孔金属陶瓷涂层。可传导氧离子的固体透氧膜把阳极和熔融电解质隔离，因而参与阳极反应的阴离子只有 O^{2-}。电解过程中，在阳极端通入还原气体氢，则生成的产物是 H_2O，而不是CO、CO_2 或 Cl_2。

阳极反应为：$$O^{2-}+2H_2 \longrightarrow 2H_2O+2e$$

阴极反应为：$$Ti^{n+}+ne \longrightarrow Ti$$

总反应为：$$2Ti^{n+}+nO^{2-}+2nH_2 \longrightarrow 2nH_2O+2Ti$$

此方法将改变传统制备海绵钛方法不能实现连续化生产的缺点，大大提高生产率，降低生产成本；绿色环保，在阳极端通入还原气体氢，生成产物为 H_2O 而非CO、CO_2 或 Cl_2；直接从含有钛氧化物的矿石中提取海绵钛，工艺流程短，能耗低；阳极不会消耗；只要透氧膜稳定，在电解槽上施加相当高的电压也不会导致熔盐的电离；参与反应的是 TiO_x 而不是其他物质，这可极大地降低传统电解法对原材料的苛刻要求，可以对我国各类低品位钛矿资源进行开发利用。此方法具有无法比拟的优越性，但要实现工业生产，仍需要致力于研究和解决许多难题。

F　发展趋势

金属钛生产成本高是限制其应用推广的最主要因素之一。钛提取冶金工艺处于不断发展和完善阶段，只有开发新的低成本生产工艺代替传统工艺，才能从根本上解决高生产成本问题。

纵观目前钛的诸多提取工艺的研究开发现状可以看出，以 $TiCl_4$ 为原料的钛制备工艺在降低成本方面普遍存在困难，而 TiO_2 直接电解法生产钛给钛工业带来了新的曙光，开辟了新的思路，以 TiO_2 还原为基础的连续生产工艺最有希望作为一种新的提炼技术取代传统Kroll工艺，有望实现商业化。所以在降低原料成本的基础上，转变现有间歇的海绵钛生产工艺为连续的金属钛粉及其合金生产工艺是低成本金属钛制备新工艺的发展方向。任何一种生产工艺都是各有利弊，但都向着低成本、环保、节能的方向发展。

问题讨论： 1. 简述 Kroll 法制取金属钛的还原反应初始、中期、后期三个阶段的特点及操作要点。
2. 对比其他几种制取金属钛的方法的优劣，简要分析利用攀枝花钛原料制备金属钛绿色经济的可行工艺。

习　题

一、是非题（对的在括号内填“√”号，错的填“×”号）

1. 金属钛具有两种同素异形态，低温<882.5℃稳定态为 α-Ti 型；高温>882.5℃稳定态为 β-Ti 型，钛的两种同素异形态转化温度为1000℃。（　）
2. 钛的力学性质与其纯度有关，高纯钛具有优良的机械加工性能，延伸率和断面收缩率都很好，但强度低，不适于做结构材料。工业纯钛含有适量的杂质，且具有较高的强度和可塑性，适宜做结构材料。（　）
3. 钛及钛合金因具有质轻、强度高、耐腐蚀并兼有外观漂亮等综合性能而用于人们的日常生活中。（　）
4. 富集含钛物料的方法有 50 多种方法，在这些方法中，大致可分为以干法为主和以湿法为主的两大类。（　）
5. 在氯化过程中，温度太低会降低氯化反应速率，但不影响氯化过程的产率。（　）

二、填空题（将正确答案填在横线上）

1. 钛白粉的化学名称是________，化学分子式是________。
2. 钛白粉是一种高性能________机颜料。
3. 钛白粉主要应用于________、________、________等三大领域。
4. 钛白粉按晶型结构分为________、________、________三种，其中________和________具有优良的颜料性能应用价值。
5. 锐钛型用符号________表示，金红石型用________表示。
6. 钛液的主要成分为________，分子式为________。
7. 水解方法主要有________和________。
8. 常用的漂白方法有________漂白和________漂白，其中________漂白更节省硫酸和铝粉。
9. 钛白粉按生产方法分为________和________。

三、简答题

1. 酸解反应的主要方程式有哪些？钛液的 F 值是什么含义？
2. 简述钛液水解的原理和水解过程。
3. 简述钛液水解的原理和水解过程。
4. 偏钛酸煅烧过程的物理化学变化有哪些？锐钛型和金红石型钛白的煅烧条件有什么不同？

四、论述题

偏钛酸煅烧过程的物理化学变化有哪些？锐钛型和金红石型钛白的煅烧条件有什么不同？

参考文献

[1] 莫畏，邓国珠，等．钛冶金 [M]．北京：冶金工业出版社，1998.
[2] 孙康．钛提取冶金物理化学 [M]．北京：冶金工业出版社，2001.
[3] 吴琛琛，陈大洲．钛白粉技术进展研究及未来发展方向预测 [J]．科技创新与应用，2016 (19)：39.
[4] 马艳萍，刘红星，和奔流，等．氯化法钛白粉的生产工艺探究 [J]．云南化工，2019，46 (6)：94~95.
[5] 曲以臣．钛白粉生产工艺中钛渣的绿色综合利用 [J]．化工管理，2019 (6)：78~80.
[6] 马文．硫酸法钛白粉还原过程及机理研究 [J]．化工管理，2019 (15)：174~175.
[7] 李化全．硫酸法钛白粉生产中杂质 3 价铁的新型去除法 [J]．化工生产与技术，2012 (1)：25~27.
[8] 邹建新，杨成，彭富昌．我国钛白粉生产技术现状与发展趋势 [J]．稀有金属快报，2007，26 (4)：7.
[9] 邹建新，王刚，王荣凯，等．国内钛原料现状与展望 [J]．四川有色金属，2004 (1)：13~17.
[10] 龙娜，刘苏．国内外人造金红石生产工艺的发展现状及前景展望 [J]．化工管理，2018 (9)：48~49.
[11] 陈沪飞，陈晋，刘钱钱，等．人造金红石制备技术的研究进展 [J]．金属矿山，2017 (9)：144~147.
[12] 阎守义．试谈我国海绵钛生产工艺的优化途径 [J]．轻金属，2016 (6)：35~39.
[13] 胡耀强．海绵钛生产工艺综述 [J]．科技视界，2016 (8)：1~2.

5 新型钒材料制备及应用

本章课件

【本章内容提要】

发展以钒原料为基础制备出的具有特殊功能的新型材料，是钒资源高效利用的必然途径。本章着重介绍含钒薄膜材料、钒能源材料、钒催化材料、含钒发光材料、含钒颜料、钒基合金、钒基金属陶瓷等新型含钒材料。通过本章内容的学习，学生能够对钒在国民经济发展中的作用有更深刻的认识，能培养学生的创新思维和创新意识，能运用钒的新材料的有关知识对科学研究及生产中的现象和问题进行分析。

5.1 含钒薄膜材料

学习目标	1. 掌握五氧化二钒及二氧化钒的晶体结构； 2. 理解五氧化二钒及二氧化钒薄膜材料的特性； 3. 了解钒薄膜材料的制备方法	
能力要求	1. 能分析五氧化二钒及二氧化钒的晶体结构及特性； 2. 能比较选择制备五氧化二钒及二氧化钒薄膜的工艺； 3. 具有独立思考和自主学习意识，并能开展讨论，逐渐养成终身学习的能力	
重点难点预测	重点	五氧化二钒及二氧化钒的晶体结构、特性及薄膜制备方法
	难点	五氧化二钒及二氧化钒的晶体结构、特性
知识清单	五氧化二钒及二氧化钒的晶体结构及特性、薄膜制备工艺	
先修知识	材料科学与基础、无机材料合成原理	

红外探测器的发展方向是非制冷、低成本、小型化。具有优异热敏性能的氧化钒薄膜材料是非制冷红外探测器的首选热敏电阻材料。氧化钒薄膜的应用已大大拓展了氧化钒材料的应用领域。它与半导体技术、微机械技术相结合，在电子学、光学方面开辟了许多崭新的应用领域，对氧化钒的研究主要集中到对氧化钒薄膜材料的研究。由于钒为变价金属，形成结构稳定的氧化物的范围都很窄，因而获得单价的二氧化钒是很困难的，尤其薄膜材料更是难以控制其成分。

美国 Honeywell 公司利用 VO_2 为敏感红外线的薄膜材料，研制了 320×240 元室温工作的非制冷红外焦平面传感器，在 20 世纪 90 年代中期已经面市，被美国称为第三代红外传感器，开辟了红外技术在民用市场上的应用，目前每年以 60% 的市场增长率迅猛发展。加拿大国家光学研究院利用 VO_2 和 V_2O_5 的半导体-金属态可逆转变，研制室温和高温应用的相变型光开关，美国纽约州先进传感技术和美国洛克威尔国际科学中心利用 VO_2 和

V_2O_3 的金属-绝缘体在强激光作用下可逆转变，研制高速抗强激光防护材料，在 10.6μm 激光作用下，消光比达到 20dB。

此外，氧化钒系化合物在其他领域的应用研究也很活跃，例如作为变色材料、空间光调制器、光存储器、光信息处理器等。

5.1.1　五氧化二钒薄膜材料

主要组成为 V_2O_5 的薄膜具有电致变色特性，其在微小电压信号的作用下，实现光密度连续可逆持久的变化，可应用于建筑、汽车、宇宙飞船等作为高能效“智能窗”，也可用作电致色变显示材料、光学记忆材料，同时也是应用于全固态电致变色器件中锂离子储存层最佳的材料之一。

5.1.1.1　五氧化二钒的特性

V_2O_5 在 257℃左右能发生从半导体相到金属相的转变。薄膜态的 V_2O_5 通常是缺氧的 n 型半导体金属氧化物。当 V_2O_5 晶体处于半导体相时，禁带宽度为 2.24eV，且具有负的电阻温度系数。V_2O_5 多晶薄膜在室温附近电阻率一般大于 100Ω · cm，甚至达到 1000Ω · cm，这取决于薄膜的制备条件，并且 V_2O_5 多晶薄膜在可见光和近红外区域（波长小于 2μm）比 VO_2 透过率要高。在相变前后 V_2O_5 薄膜的电阻率可以发生几个数量级的变化，同时伴随光学特性的显著变化。

5.1.1.2　五氧化二钒薄膜的制备方法

下面介绍溶胶-凝胶工艺（Sol-Gel）制备 V_2O_5 薄膜的方法。

晶态 V_2O_5 熔融淬冷于水后，形成 $[VO(OH)_3]^0$ 的中性先驱体。由于溶剂 H_2O 中 OH 基团的强电负性，使得 $[VO(OH)_3]^0$ 先驱体发生配位扩充，表示如下：

$$[VO(OH)_3]^0 + 2H_2O = [VO(OH)_3(OH_2)_2]^0$$

V_2O_5 溶胶的形成过程见图 5-1。

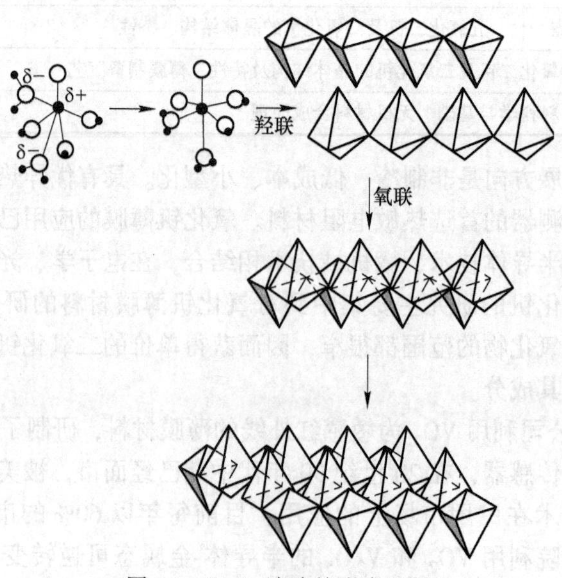

图 5-1　V_2O_5 溶胶的形成过程

钒原子由此变为6配位，沿着 z 轴与短的 V ═O 双键相反的方向与一个水分子配位，另一个水分子在赤道平面内与一个 OH 基团相对。V—O 键在 X 和 Y 轴方向并不相当。因此，缩凝沿 H_2O—V—OH 方向上通过氢氧桥键合快速地进行，因为此处存在着 OH 基团和一个易脱去的 H_2O 分子。从而导致氢氧桥键合的链状聚合体的形成。

$$H_2O—V—\overset{\delta^-}{O}H + H_2\underset{\delta^+}{O}—\overset{\delta+}{V}—OH \rightarrow H_2O—V—OH—V—OH + H_2O$$

缓慢的氧化-氢氧桥键合（Oxolation）反应将不稳定的 $_2(O)_1$ 桥变成稳定的 $_3(O)_1$ 桥，从而形成双链。由最后的 OH 基团参与的进一步氧化-氢氧桥键合将这些双键联结在一起，从而形成长纤维状链。

涂层薄膜的制备方法有浸镀法和甩胶法，前者设备简单、操作方便，基底两面可一次同时涂膜，使用较多。薄膜的厚度可通过溶胶黏度和提拉速度调节，一般为 0.1μm 以下，多次反复浸镀可得厚膜。

在玻璃、金属或塑料基底上制造涂层薄膜可以说是溶胶-凝胶法迄今为止最为成功也最有前途的应用。涂层薄膜能改进基底的某些性质如机械性质或其他物理化学性质，亦能赋予基底新的功能，如各种保护膜、导电膜、介电膜、光学吸收、反射和增透膜、着色和变色膜以及催化剂载体、载体膜等。

5.1.2 二氧化钒薄膜

1958 年，科学家 Morin 在贝尔实验室发现了氧化钒的半导体-金属相变特性，从此拉开了大规模研究钒氧体系的序幕。其中以 VO_2 材料相变接近室温最为引人注目。

5.1.2.1 二氧化钒的晶体结构

VO_2 是一种热致变色材料，相变温度为68℃，当温度低于68℃时呈单斜系结构，温度高于68℃呈四方晶结构。图5-2给出二氧化钒的高温相和低温相结构。氧化钒的相变通常与结构相变相联系，二氧化钒在发生相变后，从四方晶系变为单斜晶系，由金属键变为 V—V 共价键，由顺电态变为反铁电态，导致材料物理性质有较大改变。

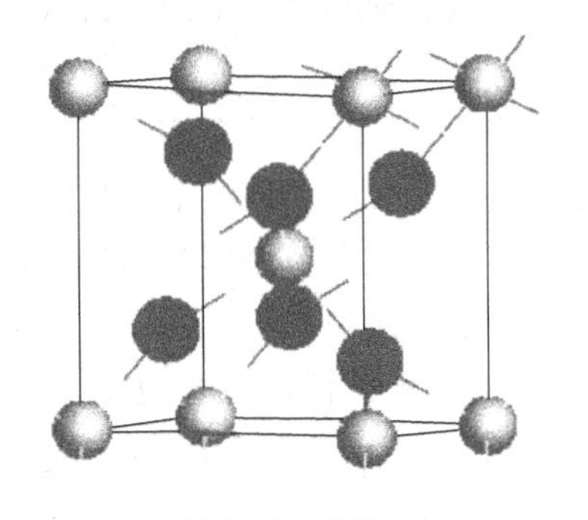

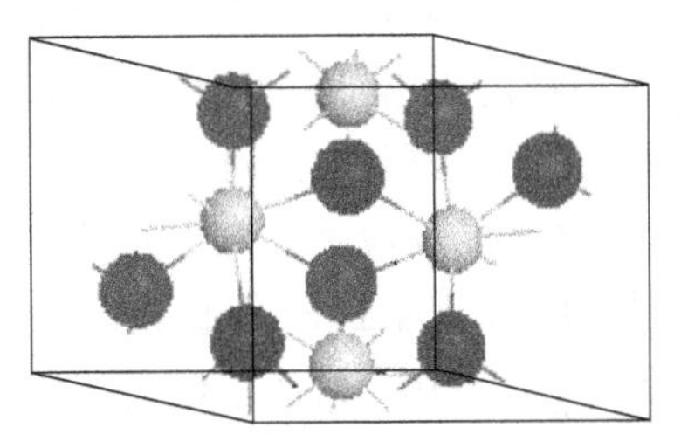

高温四方晶结构　　低温单斜系结构

图 5-2 二氧化钒的高温相和低温相结构

5.1.2.2 二氧化钒的特性

钒与氧能形成20多种氧化物，具有13种不同的相，至少8种在-147～68℃能发生半导体-金属相变，其中二氧化钒（VO_2）的相变温度为68℃。在该温度附近，VO_2 的晶格结构由低温态的单斜结构转变为高温的四方正金红石结构。伴随着该一级相变的发生，材料的电阻率发生4~5个数量级的突变，同时还伴随着明显的光学透过率的突变，特别是经外波段的透过率将由高变低，甚至不透过。其中 VO_2 多晶薄膜能克服单晶 VO_2 多次温度循环后容易开裂的缺点，因此成为一种理想的光电材料，并广泛应用于建筑物及汽车的智能窗（热致变色玻璃）、红外光电开关及非制冷性红外测辐射热计等。特别是通过掺入 W 和 F 等物质还能进一步降低 VO_2 的相变温度，使其更接近室温，这使得智能窗的应用更趋于现实。将热致变色 VO_2 薄膜贴覆于建筑物、汽车等窗体表面，当冬天温度低于相变点时，红外光能透过 VO_2 薄膜使室内温度升高；当夏天温度升高到相变点以上时，VO_2 发生相变使红外光的透过率降低，室内温度降低，实现冬暖夏凉的效果。在夏天使用这种智能窗可以节约电能30%，用在车窗上则可节约燃料，这对于减轻能源紧张压力、建设资源节约型社会很有意义。

5.1.2.3　二氧化钒薄膜的制备方法

智能窗的应用主要是通过在较大面积玻璃上沉积 VO_2 薄膜来实现的。制备 VO_2 薄膜的工艺方法有多种，主要分为：磁控溅射法、脉冲激光沉积、真空蒸镀法及溶胶-凝胶法等。其中磁控溅射技术因溅射效率高、成膜均匀、适合大面积玻璃镀膜且无污染等优点而被广泛采用。

目前主要应用的是反应溅射法，即在溅射 V 靶时通入一定量的 O_2，通过精确控制 O_2 流量生成整比性的 VO_2 薄膜，O_2 过量会生成 V_4O_9、V_6O_{13} 和 V_2O_5，不足则会生成 V_2O_3 和 V_3O_5。贝尔实验室的 Fuls 等首次通过直流反应溅射法制备出 VO_2 薄膜。Sun Jin Yun 等采用 V 靶射频反应磁控溅射法，控制 $O_2/(Ar+O_2)$ 为6%，在450℃的蓝宝石衬底上沉积出 VO_2 薄膜，无退火处理时电阻突变可达 10^3 量级，510℃退火处理后可达 10^4 量级。由于反应溅射 V 靶时易被氧化，近年来 V_2O_5 和 VO_2 陶瓷靶材也被用来制备 VO_2 薄膜。Sbastien Saitzek 等以 Si(001) 片作基底，采用自制低成本的 V_2O_5 靶材，射频反应溅射出 VO_2 薄膜。H. Miyazaki 等则利用 V_2O_5 靶在具有 V 缓冲层的基底上非反应溅射沉积出 VO_2 薄膜，基底温度为400℃，这是因为溅射时真空度高，基底设定温度也较高，V_2O_5 会分解失氧。

Dmitry Ruzmetov 等利用 VO_2 靶，在溅射功率270W、Ar 气压2.67Pa、基底温度300~550℃的条件下直接沉积出 VO_2 薄膜。与反应溅射 V 及 V_2O_5 靶相比，此法可以保证 VO_2 薄膜较高的整比性和良好的突变性能，可在较广的范围内调节溅射参数制备出不同形态的 VO_2 薄膜。鉴于传统的反应磁控溅射法的薄膜成分对于溅射参数很敏感，难以制备出高整比的 VO_2 薄膜，Kunio Okimura 等提出用电感耦合等离子辅助溅射法来制备 VO_2 薄膜，在 Si(100) 及 $Al_2O_3(001)$ 衬底上制备出高整比性的 VO_2 薄膜，溅射参数可在较大范围内调节，并在250℃的衬底上制备出 VO_2 薄膜，电阻突变量级为 10^2 量级。

5.1.3　氧化钒薄膜的制备工艺

薄膜的制备方法都适用于氧化钒薄膜的制备，一般包括溅射法、蒸发法、脉冲激光沉积工艺（PLD）和溶胶-凝胶法（Sol-Gel）。

（1）溅射法。溅射是一种物理气相沉积（PVD）方法，由于溅射中淀积到衬底上的原子能量大，生成的薄膜具有与衬底的黏附性好、致密均匀等优点，在制备氧化钒薄膜中应用广泛。由溅射法制备的氧化钒在室温附近具有较高的负电阻温度系数，工艺温度低，与 Si-CMOS 工艺兼容性也很好。

溅射方法主要有射频溅射、离子束溅射和 RF 磁控溅射。靶材一般可采用纯度很高的 V_2O_5 或金属钒。衬底可为玻璃，SiO_2/Si 以及蓝宝石单晶等。基片的加热温度一般为室温到 550℃。本体真空度优于 10^{-3}Pa，腔体内一般充氧气和 Ar 气等惰性气体。通过改变氧分压和沉积温度，可制备不同组分的氧化钒薄膜。沉积速率与靶基距及溅射速率有关。溅射生成氧化钒，其中往往含有钒的多种氧化物，如 VO_2、V_2O_5、V_2O_3 和 VO 等。可以适当控制工艺条件，并采用退火及激光烧结等处理得到所需性能的氧化钒 VO_x 薄膜。

（2）蒸发法。蒸发法也是最常见的薄膜沉积方法之一，它是在真空室中，加热蒸发容器中待形成薄膜的原材料，使其原子或分子从表面气化逸出，形成蒸气流并入射到固体（称为衬底或基片）表面，凝结形成固态薄膜的方法。

蒸发法设备简单、操作容易、成膜速率快、薄膜的生长机理比较单纯。缺点是不容易获得结晶结构的薄膜，与基底附着力较小，工艺重复性不够好等。近年来又相继发展了离子束辅助蒸发、高速激活反应蒸发等技术，并通过适当控制其工艺参数，使薄膜的微观结构和转换性能都得到很大的改善。

真空蒸发镀膜包括以下三种基本过程：

1）热蒸发过程。包括由凝聚相转变为气相（固相或液相→气相）的相变过程。每种蒸发物质在不同温度时有不相同的饱和蒸气压；蒸发化合物时，其组分之间发生反应，其中有些组分以气态或蒸气进入蒸发空间。

2）气化原子或分子在蒸发源与基片之间的运输，即这些粒子在环境气氛中的飞行过程。飞行过程中与真空室内残余气体分子发生碰撞的次数，取决于蒸发原子的平均自由程，以及蒸发源到基片之间的距离，常称源-基距。

3）蒸发原子或分子在基片表面上的沉积过程，即是蒸气凝聚、成核、核生长、形成连续薄膜。由于基板温度远低于蒸发源温度，因此，沉积物分子在基板表面将直接发生从气相到固相的相转变。

（3）脉冲激光沉积工艺（PLD）。脉冲激光沉积工艺是近年来发展起来的真空物理沉积新工艺，它是利用大功率激光将靶材加热至熔融状态，使靶材中的原子喷射出来淀积在距离很近（约几厘米）的衬底上。常用准分子激光为脉冲激光源。脉冲宽度在 10ns 左右，脉冲频率约 5～50Hz，沉积真空度优于 10^{-3}Pa，工作室的窗口材料是石英，照射在靶上的激光能流是 1～5J/cm^2。靶可由 V_2O_5 或金属钒粉末压成，同时有一个扫描装置来控制成膜条件以得到均匀及所需厚度的膜。沉积气氛一般为氧气或氧氩混合气体，调节氧分压，可沉积不同组分的氧化钒薄膜。沉积速率由激光功率、脉冲频率、真空度等条件决定。脉冲激光沉积工艺可制备复杂组分的薄膜材料，组分容易控制，生长速率快，沉积参数易调整，与传统方法相比可在较低温度下实现薄膜原位外延生长，薄膜中原子之间的结合力强，但是薄膜均匀性差，薄膜只能做在很小的衬底上，这也限制了其在微测辐射热计焦平面领域的应用。

（4）溶胶-凝胶工艺（Sol-Gel）。溶胶-凝胶工艺是采用有机或者无机溶胶进行金属氧化物制备的一种工艺，这种工艺成本低廉、对设备要求不高，无需真空系统。该工艺的特点是在较低的温度下从溶液中沉淀出所希望的氧化物涂层，并退火后得到多晶结构。另外，此法还可以在分子水平上控制掺杂。有文献报道通过 V_2O_5 熔体急淬于水中制成溶胶，然后浸涂在玻璃上形成凝胶膜，在真空中通过退火，得到性能良好的 VO_2 薄膜。由于薄膜转化特性取决于薄膜样品的微结构、结晶形式、晶粒尺寸，同时也取决于样品的制备。因此，要得到性能优异的 VO_2 薄膜，就必须控制好沉积时反应气体分压力、基片温度，退火处理时的退火温度、退火时间以及退火气氛种类等影响薄膜质量的关键工艺参数，否则很容易使薄膜开裂或起泡。溶胶-凝胶法的主要优点是设备工艺简单、合成温度较低、材料均匀性好、易于控制薄膜成分及可以大面积成膜等，它的缺点在于易产生龟裂、重复性差以及难以和标准集成电路工艺兼容等。

5.2　钒能源材料

学习目标	掌握钒系电极材料，钒电池电解液以及全钒液流电池等钒能源材料的原理、制备工艺、性能及用途	
能力要求	1. 掌握钒系电极材料，钒电池电解液以及全钒液流电池等钒能源材料的原理、制备工艺、性能及用途； 2. 具有自主学习意识，能开展自主学习、逐渐养成终身学习的能力； 3. 能够就某种含钒颜料的生产工程问题进行设计或分析	
重点难点预测	重点	钒系电极材料，钒电池电解液以及全钒液流电池等钒能源材料的制备工艺及用途
	难点	钒系电极材料，钒电池电解液材料以及全钒液流电池等钒能源材料的原理和性能
知识清单	钒系电极材料、钒电池电解液、全钒液流电池	
先修知识	材料科学基础、新能源材料与技术	

目前，钒锂化合物系列已被越来越多的研究者关注。钒是典型多价（V^{2+}、V^{3+}、V^{4+}、V^{5+}）过渡金属元素，化学性质非常活泼，VO_2、V_2O_5、V_3O_7、V_4O_9、V_6O_{13} 等钒氧化物既能形成层状嵌锂化合物 $LiVO_2$ 和 LiV_3O_8，也可形成 LiV_2O_4（尖晶石型）及 $LiNiVO_4$（反尖晶石型）等嵌锂化合物。与已商品化或研究较为成熟的正负电极材料相比，钒锂系材料具有比容量高、无毒、价廉等优点，作为新一代的绿色材料，研发价值已得到世界认可。

对于钒酸锂电池电极材料，其高价态氧化物电离能高，故可产生较高电位，可用于锂电池正极材料。如以 V_2O_5 为原料，利用水热合成法制备的 Y-LiV_2O_5 中 V 的平均价位为+4.5 价，最大比容量达 259mAh/g（1.5～4.2V 范围内）。另一类是其低价位中 V 的变价反应（+3/+4）。由于其电离能低，故产生的电极电位较低，应用于电池负极材料，且其有 313.6mAh/g 的理论容量，很具潜力。

我国钒资源丰富，世界储量居于第三位，目前钒及其化合物主要应用于钢铁生产及各类催化剂制造等。如锂电钒锂化合物材料能够研发成功并且商品化，将对我国钒资源的优化利用和锂离子二次电池的发展有着重要的意义。

5.2.1 钒系正极材料

高价钒氧化物作为常温锂二次电池正极材料，典型的代表材料是 γ-LiV_2O_5、LiV_3O_8、和 VO_2(B) 等。其明显优势是其晶体结构很少发生较大程度的变化，只进行了一些局部的微变化。下面是比较典型的三种钒系正极材料。

5.2.1.1 典型的钒系正极材料制备

γ-LiV_2O_5：其合成方法主要有三种。固相合成法中把 $LiVO_3$、V_2O_5 和 VO_2(V_2O_3) 混合，于600℃真空或者氩气环境下（为了控制+4 和+5 的平衡）煅烧，获得 γ-LiV_2O_5。缺点：难于控制纯度和最后产物的平均粒径，而材料性能又很大程度上依赖粒径。碘化物合成法第一步：还原 V_2O_5。利用 V_2O_5 与适量 Li 于 CH_3CN 中室温搅拌，制备 δ-LiV_2O_5。然后把 δ-LiV_2O_5 在氩气环境中 350℃煅烧，获得 γ-LiV_2O_5。缺点：价格昂贵，且过程中有毒物质难以控制。水热合成法中 V_2O_5、LiOH 和乙醇在高压阀内于 160℃反应 18h，其中乙醇作为溶剂也作为还原剂。该方法形成的晶粒粒径可控、均一（为纳米杆状），且低温、低耗、环境友好。

LiV_3O_8：制备出纯度高、结构好的嵌锂活性材料，是使电极材料具有优良电化学性能的第一步。LiV_3O_8 的合成方法主要为两种：高温固相合成以及低温液相合成。制备得到的 LiV_3O_8 化合物的形貌不同，进而其放电比容量、循环效率、可逆性等电化学性能也差异很大。

固相反应法是将多种固体反应物机械研磨混合均匀，经高温处理使得反应物在熔融状态下反应，从而得到目标产物的材料制备方法。例如以 Li_2CO_3 和 V_2O_5 为反应原料，充分研磨混合均匀后，在一定温度下烧结一段时间（在这种条件下，反应物质呈熔融状态），然后降温至室温，得到 LiV_3O_8。高温固相制备过程操作简便，工艺要求不高，易应用于工业化生产。但是采用该合成方法，能耗巨大，另外由于锂和 V_2O_5 的挥发，导致很难准确控制反应物的量，产品的均一性也差，并且该方法制备的材料颗粒度较大，粒度和成分的不均匀等负面影响了它的充放电容量和循环性能，制备的材料仍然需要进一步处理才能应用。

低温液相方法生产的产物粒径均一、比容量高、耗能低，包括溶胶-凝胶法和沉淀法都属于液相法，但是液相法合成的 $Li_{1+x}V_3O_8$ 多属非晶态物质，这对作为锂离子脱嵌主体的物质而言不利，容易发生沉积。1mol 非晶态 LiV_3O_8 理论上最多可以嵌入 9mol Li^+，而 1mol 晶态 LiV_3O_8 只可嵌入 3mol Li^+，另外 Li^+在非晶态 $Li_{1+x}V_3O_8$ 中的扩散路径短，使其能够快速嵌入和脱出。

VO_2：其常规的合成方法是将 V_2O_3(V) 和 V_2O_5 按照 VO_2 的摩尔质量比配比，在硅试管中真空加热至 700℃保温 2 天，或者还原 V_2O_5，在一个铂金坩埚中加热 1227℃于 CO_2 气氛下加热 3 天。此外还有热解法、溶胶-凝胶法等方法。

5.2.1.2 钒系正极材料的研究进展

传统的过渡金属氧化物以及聚阴离子材料虽然表现出较好的循环稳定性，但是它们的容量较低，一般限制在 90～130mAh/g。仍需探究能够快速充放电的高比容量的材料。钒基氧化物和其衍生物以其多变的结构、较高的容量、丰富的资源和便宜的价格受到越来越多的关注。目前研究较多的钒系正极材料有 V_2O_5、NaV_3O_8、NaV_6O_{15}、VO_2 等。

Su 等人首先研究了 V_2O_5 中 Na^+ 的扩散系数。随后，Tang 等证实了 V_2O_5 能够可逆地脱嵌 Na^+。进一步研究表明，层状的 V_2O_5 的电化学性能要优于正交晶系的 V_2O_5，这是因为双层 V_2O_5 中晶面（001）的层间距（$d=1.153$nm）非常大，有利于 Na^+ 在层间的脱嵌，而正交晶系 V_2O_5 的结构十分紧凑。关于正交体系的 V_2O_5 用作钠电池的研究还较少，制备方法也比较单一，还需要进一步探究。

VO_2 是一种多晶态形式的钒氧化合物，其中 VO_2（B）因其层状的结构，更利于钠离子的脱嵌而广受青睐。Wang 等利用低温水热法合成了单晶 VO_2（B）纳米片，并将其首次应用于钠离子电池。首周放电时，嵌入 1 个 Na^+ 形成 $NaVO_2$；充电时，$NaVO_2$ 被氧化形成 Na_xVO_2（$x\approx0.3$）。随后的充放电过程中，$NaVO_2$ 与 Na_xVO_2（$x\approx0.3$）相互转化。通过第一原理计算得到，当 $0.25<x<1.0$ 时，Na_xVO_2 的体积变化非常小，因此，在充放电循环过程中，Na_xVO_2 的结构非常稳定，展现出不错的高倍率循环性能。

Shen 和 Fan 课题组设计了直接生长在石墨烯网络结构上的 VO_2 阵列，并进一步在 VO_2 阵列的表面上均匀地包覆上石墨烯量子点，无需黏结剂便可直接用作钠离子电池正极。这种设计大大地提高了体系的导电性，有利于离子的扩散，还可以抑制钒在有机溶液中的溶解。除此之外，在石墨烯的层间也可以储钠，又增加了体系的容量。将其用做钠电正极时，在 100mA/g、1.5～3.5V 条件下，其容量可以高达 305mAh/g。其充放电曲线没有明显的平台，表现为部分赝电容行为。这种独特的设计，使得材料具备十分优异的循环性能和倍率性能，在 5℃ 条件下循环 500 周容量保持率为 91%；在 60℃ 和 120℃ 的大电流密度下，容量分别为 127mAh/g 和 93mAh/g。

NaV_3O_8 是由扭曲的 VO_6 八面体组成的单斜结构。VO_6 八面体通过共边组成［V_3O_8］层，Na^+ 位于［V_3O_8］层间，通过静电作用将［V_3O_8］层固定。［V_3O_8］层之间有较大弹性，其空隙中的四面体和八面体的位置可以填充其他客体原子。NaV_3O_8 中的 Na^+ 占据八面体空隙。He 等首先将 $NaV_3O_8\cdot xH_2O$ 应用于钠离子电池，在 10mA/g 其初始容量为 169.6mAh/g，但循环性能较差。通过适当的加热除去结晶水制得 NaV_3O_8，虽然其容量略有下降，初始容量为 145.8 mAh/g，循环稳定性却有了明显的提升，循环 50 次后容量保持率为 91.1%。然而，这些电化学性能都是在较低倍率下（10mA/g）得到的，也没有给出材料的倍率性能。随后 Nguyen 等用简单的球磨法制备了 NaV_3O_8 纳米片，展现出了不错的倍率性能，不过其容量较低，只有 90 mAh/g。

NaV_6O_{15} 也是一种可行的钠电正极材料，在块体的 NaV_6O_{15} 中，最多可嵌入 1.6Na^+。Liu 等通过水热法合成了 NaV_6O_{15} 纳米棒，在 20mA/g、1.5～4.0V 的条件下，初始容量高达 142mAh/g，但其循环 30 次后容量保持率仅为 45%。将截止电压控制在 1.8V 时，其循环性能有了明显的改善。然而，在 200mA/g 的条件下其容量仅为 78mAh/g，表明在大电流下，其性能受到限制。有人利用两步法合成了 NaV_6O_{15} 纳米片，展现出了较好的循环性能，在 15mA/g 的条件下初始容量为 147mAh/g，30 周后容量保持率为 92.2%。

5.2.2 钒系负极材料

对于其低价位中 V 的变价反应（+3/+4）。由于其电离能低，故产生的电极电位较低，应用于电池负极材料，且其有 313.6mAh/g 的理论容量，很具潜力。最近的一些研究发现，锂离子可以在层状化合物（与 $LiCoO_2$ 层状结构相同）在约 0.1V 的电位平台时，当且仅当 $x>0$ 时可以反复插入与脱出。再加上其较高的密度（4.34g/cm^3），是石墨电极（2.09g/cm^3）的 2 倍，富余高的体积能量密度。这两点对于未来的便携式电子器件以及电动汽车中锂离子电池的发展应用都具有极大的优势，这也是锂离子电池研究的一个重要的里程碑式的发现。因此，越来越多的人把方向聚焦在层状结构的 $Li_{1-x}V_{1+x}O_2$ 材料上。

5.2.2.1 典型的钒系负极材料

$LiVO_2$ 为层状结构，见图 5-3。层状化合物的寄主 VO_2 为层状结构。它是由中间夹着 V 原子的两组 O 原子面组成的一个夹心层，层与层间靠范德华力结合。层与层间的空隙可以插入大小不同、数量不等的客体而形成插层化合物。随着插入量的不同，插层化合物的许多性能如光学、电学、磁学等都会发生变化，因此，根据插入客体数量的不同，可以制备出所期望的插层化合物。

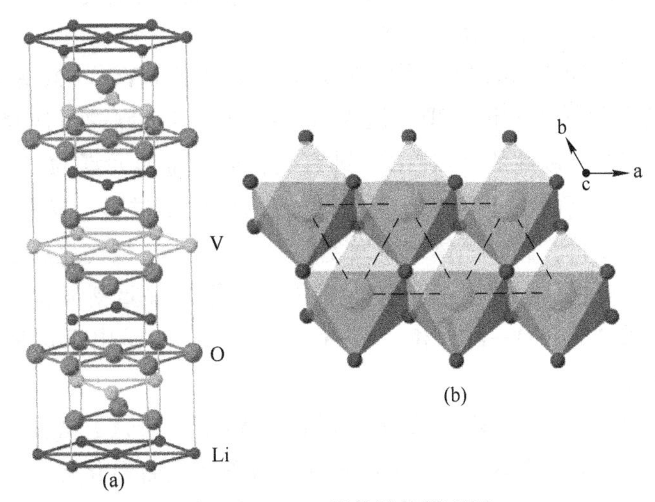

图 5-3 $LiVO_2$ 晶体结构模型图

客体 Li 离子是把 Li_2CO_3 和 V_2O_3 按照一定的比例，在用上述的工艺合成 $LiVO_2$ 的过程中插入到宿主 VO_2 中的。因此必须在适当的 Li_2CO_3 和 V_2O_3 的配比下，才能得到单相的化合物 $LiVO_2$。如果配比不合适，Li 离子的插入量以及 Li 在 $LiVO_2$ 中的含量都会受到明显影响，很有可能产生非单相的 $LiVO_2$ 和其他杂质相。因为经过 Li_2CO_3 和 V_2O_3 的配比实验，找出恰当的配比数值非常必要。而且还有一个关键的问题需要研究，那就是为什么锂离子不能插入层状的 $LiVO_2$ 却能在富锂的化合物中穿梭在一个前所未有的低的电压平台上。

纵观国内外锂钒氧化合物负极材料的研究现状，合成产物结构不稳定，导电率低，多次循环容量衰减快都是其明显需要研究改进的课题。材料的物理化学性质诸如形貌、粒度、比表面积、结晶形态等直接受锂离子的嵌脱性能影响，而这又决定着材料的电化学性能。因此，合成结晶度高、纯净的单相化合物是改善电极材料的电化学性能的关键。

5.2.2.2 钒系化合物负极材料研究进展

钒是一个典型的多价态（V^{5+}、V^{4+}、V^{3+}和 V^{2+}）过渡金属元素，这决定了钒的化学性质十分活跃，可形成多种不同类型的钒氧化物以及含氧酸盐。钒氧化物主要用于锂离子正极材料。钒基复合氧化物作为锂离子电池负极材料具有很高的质量比容量和体积比容量，也是一类具有良好应用前景的负极材料。

近年来，人们对这类材料的合成方法、电化学性能和贮锂机理等进行了广泛研究，但目前对这类负极材料的贮锂机理还没有形成统一完整的认识，需进一步深入研究。

Kim 等通过聚合物凝胶法合成了钛铀矿结构的 MnV_2O_6 负极材料。第一周的放电比容量约为 1400mAh/g，可逆比容量约为 800mAh/g，经过 40 周循环后，其可逆比容量保持在 300mAh/g 左右。用核磁共振谱研究了这种负极材料的贮锂机理，发现当 MnV_2O_6 放电到 0V 左右，材料中有极性很强的 Li—O 键存在。这种 Li—O 键中的氧原子具有非常强的配位能力，因此使其具有很高的可逆容量，但也会造成大量的不可逆容量。

Hara 等通过 XANES 光谱也研究了其电化学机理，认为 MnV_2O_6 放电到 0.4V 时发生了相变，形成一个 $Li_3MnV_2O_6$ 的新相，且当电极放电到 0.01V 的时候，完全变为无定性。在首次放电过程中，钒从五价被还原到二价，锰从二价被还原为零价，在后续的充电过程中，钒又从二价被氧化到四价，锰保持零价不变。

Denis 等通过控制溶液的 pH 值，用沉淀-热解法合成了 MVO_4（M 为 In、Cr、Fe、Al、Y），研究了此类负极材料的贮锂机理。认为这些材料具有很高的可逆容量，不仅与在放电过程中形成的具有很强极性的“Li—O”键有关，而且金属元素 M 也参与了贮锂过程。还通过 ^{57}Fe 的莫斯堡尔谱研究了 $FeVO_4$ 与 Li 反应的电化学过程，发现在第一周放电时，Fe 从+3 价被还原到+2 价，同时晶体结构发生改变，最后 Fe 被完全还原到 0 价，从而导致晶体结构发生了不可逆的崩溃。在充电过程中，Fe 与 V 又重新氧化，Li 在纳米级活性材料表面吸附，形成“Fe—O—Li”和“V—O—Li”键，正是由于这种 O—Li 键的形成而使材料具有贮锂性能。

Larudle 等用煅烧 $CoV_2O_6 \cdot 4H_2O$ 的方法得到 CoV_2O_6，研究了这种负极材料的贮锂机理。研究发现，在第一周放电时 CoV_2O_6 首先分解成锂钒复合氧化物和 CoO。在循环过程中，这两种氧化物分别以不同方式实现锂的贮存和脱出，而锂钒复合氧化物中钒在+5 到+2 价间变化，而 Co 从+2 价到 0 价间变化，形成 CoO/Li 电池，这与锂钒复合氧化物的贮锂过程不同。

Sigala 等用高温固相法合成了 $LiNiVO_4$，发现当这种材料放电到 0.02V 的时候，可以与 7 个锂离子反应，具有非常高的首次放电比容量。Oisini 等发现 $LiNiVO_4$ 在第一周放电过程中，晶态的 $LiNiVO_4$ 变为非晶态的 $LiNiVO_4$，这是一个不可逆过程；第一周放电过程中的不可逆容量损失并不是由于 Li 与材料本身的反应，而是由于电解质的分解而产生的。通过 XRD、XAS 和 EELS 等实验手段研究了这些负极材料的贮锂机理，认为该类负极材料的可逆容量并不是由于 Li_2O 与金属 M 和 V 的可逆反应而产生的。其理由是：通过 XRD 研究没有发现非晶态 Li_2O 的特征峰；在材料完全锂化状态下，通过 XAS 和 EELS 研究也没有发现金属态的 Ni 和 V 的存在，此时，V 的氧化态为+2.6 价，Ni 为+2 价，而其锂数量却是 8 个。

Guyomard 等研究发现，这种负极材料的平均锂电势为 0.6V，平均脱锂电势为 1.4V，且体积比容量是石墨的 5.5 倍以上。在循环过程中，该负极材料开始的可逆容量随着循环的进行而下降。但随后又随着循环的进行而上升，这主要是由于在循环过程中产生了“电化学研磨”作用。在反复充放电过程中，非晶态的钒基复合氧化物逐渐粉化，变成颗粒更小的微粒，由于活性材料粒度的进一步降低而引起容量逐渐升高。研究还认为，这些材料的贮锂机理与传统的负极材料的贮锂机理是不一样的。

5.2.3 典型钒电池电解液

电解液是钒电池中电化学反应的活性物质和能量载体，电解液品质的好坏直接影响到钒电池的能量效率、能量密度、使用寿命等多项性能的优劣。在钒电池中，采用不同价态钒离子的硫酸溶液为电池电解液，正负极电解液分别为 V(Ⅳ)/V(Ⅴ) 和 V(Ⅱ)/V(Ⅲ) 溶液。就钒电池来讲，要求好的电解液既要有良好的稳定性和电化学活性，又要有较高的电导率、适当的浓度和低廉的成本。目前，钒电池用电解液存在的主要问题是充电完成后正极溶液析出问题和负极溶液易被氧化问题，在保证电解液有较高的浓度与良好的电化学活性的前提下，提高其稳定性，是当前钒电池用电解液研究工作的重点。

5.2.3.1 V(Ⅴ) 电解液优化及稳定性研究

Skyllas-Kazacos 研究发现，在长时间高温条件下，V(Ⅴ) 能缓慢地从溶液中沉淀下来，而且 V(Ⅴ) 沉淀的程度取决于温度、V(Ⅴ) 浓度、H_2SO_4 浓度和电解液的充电状态。进一步研究表明，2mol/L V(Ⅴ) +3 ~ 4mol/L H_2SO_4 的组成更适用于没有长期处于高温并且持续进行充放电循环的系统；在较高温度或不需要经常进行充放电的情况下，1.5mol/L V(Ⅴ) +3 ~ 4mol/L H_2SO_4 的组成更为适用；在较高钒离子浓度情况下，根据不同的温度，充电状态将被限制到 60% ~ 80%。还发现在 30℃ 以上、浓度为 1.5 ~ 2.0mol/L 的 V(Ⅴ) 在两天之内就会发生热沉淀；但是当 V(Ⅴ) 离子浓度在 3mol/L 以上甚至高达 5.4mol/L 时，却可以在 40 ~ 60℃ 条件下稳定存在几个月而不发生沉淀。

常芳研究表明，电池实际工作状况影响正极电解液的组成。钒电池在长期充放电使用的情况下，可以采用 2mol/L V+3 ~ 4mol/L H_2SO_4 体系作为其正极液。钒电池在不经常充放电或者使用温度过高的工况下，较理想的电解液体系是 1.5mol/L V+3 ~ 4mol/L H_2SO_4，高温和 SOC 状态都是决定 V 浓度的关键因素。Rahman 的研究中发现：V(Ⅴ) 过饱和溶液的稳定性受 V(Ⅴ) 离子浓度、硫酸浓度、温度、密度、黏度、电导率和 V(Ⅳ) 离子存在的影响。3.5mol/L V(Ⅴ)+5 ~ 6mol/L SO_4^{2-}/7mol/L HSO_4^- 是钒溶液在液压流动区域的极限浓度，浓度进一步提高会导致溶液黏度迅速提高。综合考虑电解液密度、黏度、电导率和 V(Ⅴ) 溶液的电化学特性，40℃ 和 3mol/L V(Ⅴ) +6mol/L H_2SO_4 的组成更适合被当作电解液使用，能量密度比 2mol/L V(Ⅴ) 溶液提高了 50%。

Vijayakumar 采用分子模拟技术及核磁共振技术研究 V(Ⅴ) 在电解液中的结构及热稳定性发现，在温度低于 330K 时，V(Ⅴ) 可以以 $[VO_2(H_2O)_3]^+$ 水合结构的形式存在于电解液中。但是随着温度的升高温度，$[VO_2(H_2O)_3]^+$ 通过去质子化过程形成中性 H_3VO_4，再通过羟基缩合最终形成 V_2O_5 沉淀。$[VO_2(H_2O)_3]^+$ 去质子化步骤形成中性 H_3VO_4 分子是 V_2O_5 沉淀生成的关键步骤，可以通过提高 H_2SO_4 浓度避免去质子化步骤发生，这也与之前 V(Ⅴ) 在高浓度的硫酸中稳定性增强剂的结论相符合。此外以密度泛函理论为依据的计算模型计算得到优化结构 $[VO_2(H_2O)_3]^+$、H_3VO_4 的能量，再计算去质子化$[VO_2(H_2O)_3]^+ + 4H_3VO_4 + H_3O^+$的反应能量，结果$\Delta E \approx 1.2eV$，表明这是一个吸热反应，这与之前V(Ⅴ)在高温下不稳定，热沉淀反应是吸热反应的结论相符。

2000年，崔艳华通过向正极钒溶液加入微量H_2O_2，H_2O_2可能与钒离子形成$[V(O_2)]^{3+}$过氧基化合物从而提高溶液的稳定性。2006年，常芳通过向3mol/L V(Ⅴ)溶液加入适量2%～3%的草酸盐来提高其稳定性。2011年，Zhang采用静态非原位加热/冷却和动态电池原位测试方法研究发现K^+离子的存在使V(Ⅴ)的稳定性在整个温度范围内都降低；XRD结果也显示，这是由于V(Ⅴ)和K^+离子形成稳定的化合物，因此任何含有K^+离子的化合物都不适合作为正极溶液的稳定剂。

此外，在动态电池原位实验中还发现了与静态非原位加热/冷却实验不同的实验结果：在静态非原位加热/冷却实验中，Na_3PO_4对于V(Ⅴ)有很好的稳定效果；但是在动态电池原位实验中，大量的沉淀颗粒在正极石墨板上析出；XRD的分析结果显示，这可能是由于VO_2^+与PO_4^{3-}发生反应生成了$VOPO_4 \cdot 2H_2O$(s)，因此任何含有PO_4^{3-}、HPO_4^{2-}、H_2PO_4和多磷酸盐的化合物都不适合作为正极溶液的稳定剂。这个结果也显示，静态非原位加热/冷却和动态电池原位测试研究结果可能完全不相同，较好的静态实验结果需要用电池原位实验进一步验证。同时他发现温度在-5～40℃时，PA和CH_3SO_3H的添加可以提高1.8mol/L V(Ⅴ)的稳定性。

2011年，刘纳将$NaHSO_4$、K_2SO_4、$KHSO_4$、CH_3COOH加入2.4mol/L正极钒溶液中结果显示，硫酸氢盐、乙酸可以提高钒离子V(Ⅴ)的溶解度。2011年，Li发现D-山梨糖醇可以有效降低1.8mol/L V(Ⅴ)+3.0mol/L H_2SO_4中沉淀的生成。2010年，吴雪文发现特殊结构的CTAB加入可以有效抑制V_2O_5沉淀的生成。2012年，Chang用不同类型的Coulter分散剂作为添加剂，在45℃、50℃、60℃，将其分别加入1.87mol/L V(Ⅴ)+0.01mol/L V(Ⅳ)体系中发现，Coulter ⅢA分散剂最适合作为V(Ⅴ)的添加剂，而且在45～60℃时含量为0.05～0.1的Coulter ⅢA可以有效提高V(Ⅴ)的热稳定性。

2012年，Wu分别在25℃、40℃、50℃、60℃将植酸和肌醇加入1.8mol/L V(Ⅴ)+3.0mol/L H_2SO_4的体系中，发现均可以改善V(Ⅴ)的热稳定性。2011年，李梦楠发现$BMIMBF_4$作为正极电解液添加剂加入1.8mol/L的V(Ⅴ)电解液中，可以很好地提升V(Ⅴ)离子浓度。2012年，Sui发现2%～4%的三羟甲基氨基甲烷作为添加剂可以提高2mol/L(Ⅴ)+3mol/L H_2SO_4电解液中V(Ⅴ)的浓度。2013年，张书弟在1.5mol/L V(Ⅴ)的钒溶液中分别考察多种添加剂的稳定性，稳定效果依次是$CO(NH_2)_2 > K_2SO_4 > CTAB > (NH_4)_2C_2O_4 > Na_2C_2O_4$。何章兴研究发现，三乙醇胺可以提高电解液中$V^{5+}$的浓度。2012，李臻发现7mol/L$CH_3SO_3H$电解体系中，$V^{5+}$浓度最高。2014年，俞伟元发现SDS可以降低V(Ⅴ)转化为V_2O_5沉淀的转化率。2014年，韩慧果研究发现2，6-吡啶二甲酸可以大幅提高对V^{5+}的浓度。2013年，雷颖研究发现，L-谷氨酸可以有效提升V^{5+}的浓度。

5.2.3.2　V(Ⅳ)稳定性及溶解规律研究

Skyllas-Kazacos研究了H_2SO_4在0～9mol/L和温度在10～50℃范围内$VOSO_4$的溶解规律，实验表明，$VOSO_4$的溶解性受H_2SO_4浓度和温度的影响。$VOSO_4$的溶解度在高浓度H_2SO_4中较低，同时，在低浓度H_2SO_4中随着温度的升高$VOSO_4$拥有更好的溶解性能。$VOSO_4$ 溶解度的变化与不同温度、不同 H_2SO_4 浓度时 H_2SO_4 的第二解离常数有着极强的关联。1999 年，Skyllas-Kazacos 研究发现：在 4℃时，V(Ⅳ）钒溶液在没有添加剂加入时，可以稳定存在 22 天；加入 2% ~5% K_2SO_4、3% SHMP（六偏磷酸钠）可以使 V(Ⅳ）钒溶液稳定在 90 天以上；加入 5% 的尿素可以提高 4M$VOSO_4$ 的稳定性。2002 ~2004 年许茜将低于 3% 的 Na_2SO_4、K_2SO_4、$Na_2C_2O_4$、$K_2C_2O_4$、脲、甘油添加到 3mol/L 钒溶液中，可以提高钒溶液的稳定性。崔旭梅发现，甘油、Na_2SO_4、$CO(NH_2)_2$ 的加入可以提升 V^{4+}的浓度。2014 年，陈孝娥研究表明，少量的丙烯酸可以提高 V^{4+}/V^{3+}浓度。

5.2.3.3 V(Ⅲ）稳定性及溶解规律研究

Vyayakumar 的研究表明，以密度泛函理论为依据的分子模型计算显示，相比与水形成的水合物，V(Ⅲ）更有利于与硫酸根或氯离子形成配合物。V(Ⅲ）配合物（氯和硫酸根）的形成取决于电解质溶液中钒离子溶剂层的组成，如果溶剂和配合粒子的比很小，那么溶剂化离子层将会被配合粒子填充（氯和硫酸根），并且逐渐在电解质溶液中形成复杂的 V(Ⅲ）配合物结构。特别地，V(Ⅲ）硫酸根配合物在 V(Ⅲ）沉淀反应中起着至关重要的作用。通过去质子化和构成离子对分别形成 $[V\cdot SO_4\cdot(OH)\cdot 5(H_2O)]^0$、$[V(SO_4)_2(H_2O)_4]\cdot 5[H_5O_2]^+$ 的中性分子是沉淀过程的关键步骤。在低温时，配体交换过程缓慢并且中性分子保持相对稳定。这些中性分子作为持续形核的种子，能导致溶液中有序固体结构的出现和持续地产生粉末沉淀。然而，最终沉淀粉末的多相性也印证了沉淀反应的多种反应进程，因此通过控制 V(Ⅲ）溶剂层的组成和质子浓度可获得相对稳定的电解液。

赵建新等研究关于 $V_2(SO_4)_3$ 的溶解规律表明：V^{3+}溶解度随 H_2SO_4 浓度升高而降低，并且在 15 ~40℃范围内，V^{3+}溶解度随温度降低而升高。Wen 分别研究杂质离子、温度、钒离子和硫酸浓度对于电解液稳定性的影响发现，高硫酸浓度可以有效阻止 V^{5+}转化为沉淀，但是却促进了 V^{3+}转化为沉淀生成，说明硫酸和总钒浓度的关系是影响电解液的稳定性的关键因素。2011 年，李小山将 $H_2C_2O_4$、$(NH_4)_2C_2O_4$、EDTA、$C_6H_{12}O_6$、D-果糖和 α-乳糖加入 1.8M 钒溶液中均可以提高 V(Ⅲ）的浓度。2011 年，管涛发现将 $(NH_4)_2C_2O_4$、$CO(NH_2)_2$、乙二醇加入 1.0mol/L $VOSO_4$ + 0.5mol/L $V_2(SO_4)_3$ + 3.0mol/L H_2SO_4 体系中可以抑制 V^{3+}的结晶，但是乙二醇的加入会导致电池效率和容量的降低。2014 年，陈勇以 H_2SO_4 和 CH_3SO_3H 作为负极电解液有效提高了 V^{3+}/V^{2+}的浓度。

5.2.3.4 V(Ⅱ）稳定性研究

在敞开体系中，V^{2+}迅速被氧化。为了防止空气将负极电解液中的 V^{2+}氧化成高价态钒，多采用密封储液罐，或是向储液罐中通入保护气体。但是电池在运行过程中避免不了产生气体，所以完全密封储液罐是不可取的，因此多采用向负极电解液中加入稳定剂和还原剂，可以大幅度缓解 V(Ⅱ）氧化问题。

2011 年，Kim 在以 HCl 作为支持电解质的新型钒电池研究报道中，发现在 0 ~50℃范围内可以溶解高达 3mol/L 的各个价态的钒离子而没有沉淀析出。这是由于氯化钒电解液在很宽的温度范围内 V(Ⅴ）离子以双核的 $[V_2O_3\cdot 4H_2O]^{4+}$ 水合离子或是双核的氯的配合物 $[V_2O_3Cl\cdot 3H_2O]^{3+}$ 的形式存在。2011 年，Li 在以 H_2SO_4 和 HCl 混合酸作为支持电解质的新型钒电池报道中，发现-5 ~50℃范围内可以溶解高达 2.5mol/L 的不同价态的钒离子而没有沉淀析出，溶液中 V(Ⅴ) 离子以 $VO_2Cl\ (H_2O)_2$ 的形式存在。2013 年，Vijayakumar 还报道了在 HCl 和 H_2SO_4 的混酸体系中，相比 $[V_2O_3 \cdot 8H_2O]^{4+}$，V(Ⅴ) 离子更可能以 $[V_2O_3Cl_2.6H_2O]^{2+}$ 的形式稳定溶解于支持电解质，而且温度的升高有利于它的形成；$[V_2O_3Cl_2 \cdot 6H_2O]^{2+}$ 可以有效阻止溶液中去质子化反应的进行，从而抑制了 V_2O_5 沉淀的产生。

5.2.3.5　钒电池电解液新的研究趋势

国内外工作者为了解决电解液较低的能量密度及稳定性差等问题，急需获得性能优良的电解液从而更好地满足钒电池实际运行中的需要。除了采用传统的硫酸作为钒电池的支持电解质，近些年来也发现了多种支持电解质体系的电解液。

2012 年，Sui 等报道了以硫酸和甲基磺酸的混合酸作为支持电解质的新型钒电池，研究发现 2mol/L $VOSO_4$ + 1.5mol/L CH_3SO_3H + 1.5mol/L H_2SO_4 电池体系能量密度为 39.87Wh/L，而 2mol/L $VOSO_4$+3mol/L H_2SO_4 体系能量密度为 36.27Wh/L，而且混合酸体系的活性物质正极反应动力学参数获得一定程度的提高。2012 年，吴筱娟同样报道了使用 H_2SO_4 和 CH_3SO_3H 作为钒电池正极支持电解质，研究发现混合酸可以有效降低 V_2O_5 沉淀的生成，提高 V(Ⅴ) 的稳定性，电极反应可逆性有所提高，库伦效率和能量效率要高于单一硫酸作为支持电解质。

5.2.4　全钒液流电池

日本 Ashimura 和 Miyake 在 1971 年最早提出了氧化还原液流电池概念，1973 年，美国国家航空航天局成立了 Lewis 研究中心进行了可充放氧化还原液流电池的研究。之后，Thaller 于 1975 年在美国提出了盐酸体系中 Fe(Ⅱ)/Fe(Ⅲ) 和 Cr(Ⅱ)/Cr(Ⅲ) 为氧化还原电对的氧化还原液流电池模型。由于 Cr(Ⅱ)/Cr(Ⅲ) 的电化学可逆性差而影响了 Fe/Cr 液流电池的整体性能,且容易造成活性物质交叉污染,难以实用化。随后,随着液流电池的发展,相继出现了 Fe(Ⅱ)/Fe(Ⅲ) vs. Ti(Ⅱ)/Ti(Ⅳ)、V(Ⅳ)/V(Ⅴ) vs. V(Ⅱ)/V(Ⅲ)、Mn(Ⅱ)/Mn(Ⅲ) vs. V(Ⅱ)/V(Ⅲ)、Ce(Ⅲ)/Ce(Ⅳ) vs. Zn(Ⅱ)/Zn、Ce(Ⅲ)/Ce(Ⅳ) vs. V(Ⅱ)/V(Ⅲ) 等氧化还原液流电池。其中，正负两极为不同元素活性物质的液流电池容易造成元素交叉污染，导致寿命缩短和容量衰减。因此，人们在此基础上研究了一些单一金属元素为活性物质的电池，主要有 Cr 系和 V 系等，且以钒离子为活性物质的液流电池性能最佳。

5.2.4.1　全钒液流电池工作原理

全钒液流电池作为大容量储能系统的电池，是以不同价态钒离子作为正、负极活性物质的二次可充电池。由于钒的化合物溶解度低和钒离子在溶液中存在形式的复杂性，导致全钒液流电池在初始期间研究较缓慢。1985 年，澳大利亚新南威尔士大学 Maria Skyllas-Kazacos 提出全钒氧化还原液流电池（vanadium redox flow battery）新概念，进一步在高浓度电解液制备方面取得突破，制备了 2mol/L V(Ⅳ) 电解液在较宽温度范围内长期放置而不结晶，提高了全钒液流电池的能量密度，随后还对正、负极电对的电极反应过程和电极材料进行了研究，获得了美国和澳大利亚等国的专利。

全钒液流电池工作原理如下：将具有不同价态的钒离子溶液分别作为正极和负极的活

性物质，正极电解液为V(Ⅳ)和V(Ⅴ)离子硫酸溶液，负极电解液为V(Ⅱ)和V(Ⅲ)离子硫酸溶液，分别储存在各自的储液罐中。正极和负极室由隔膜进行分开，电极由石墨毡组成，电流由集流体进行导入和导出。在对电池进行充放电过程时，电解液通过泵的作用，由外部储液罐分别循环流经电池的正极室和负极室，并在电极表面发生氧化和还原反应，实现对电池的充放电。全钒液流电池正负极工作原理见图5-4。

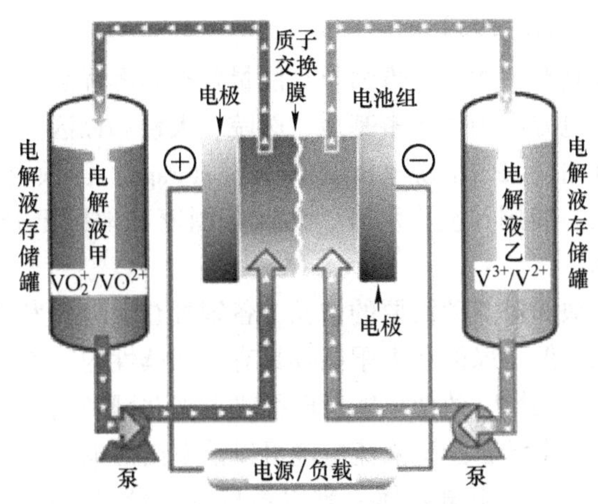

图5-4 全钒液流电池正负极工作原理

5.2.4.2 全钒液流电池结构及其特点

电池结构可分为两类：静态电池和动态电池。

静态电池主要应用于研究过程中，简单地对电解液或是电极等材料性能进行对比。静态电池保持电池中电解液不流动，而在两个半电池分别通入氮气。通入氮气一方面可以起到搅拌作用，减小浓差极化；另一方面可以除去电解液中的游离氧，防止二价钒离子被氧化。静态电池结构的不足之处是电解液是静态的，容易产生浓差极化；同时，相比之下电池反应器中的电解液容量有限。

动态电池有如下特点：在结构方面，除电池反应器外，附加了两个电解液储液罐，增大了电池的储能容量，且储液罐大小可以根据电堆按需求进行配置；在电池运行时，电解液在整个充放电过程中处于流动状态，可以减小浓差极化，增大活性物质利用率。不足之处是需要两个电泵来分别带动正极和负极电解液流动，将消耗一部分能量，这部分电能约占电池总能量的2%～3%。

全钒液流电池是一种新型的储能装置，和其他化学电源相比，钒电池的优势如下：

(1) 功率和储存能量相互独立。功率大小取决于电堆，通过增加单片电池数量和电极面积，即可增加钒电池功率。电池体系容量大小由电解液体积和钒离子浓度决定，通过增加电解液体积，可以增加钒电池的储存容量。

(2) 能量转换效率高。由于全钒氧化还原液流电池只是液相反应，不会有复杂的可引起电池电流中断或电池短路的固相变化，且作为钒离子电对反应场所的电极催化活性高，钒电池的充放电能量效率可高达75%以上，而传统的铅酸储能电池只有45%左右。

(3) 使用寿命长。由于钒电池的正、负极活性物质分别存在于电解液中，充放电时无物相变化，且电极材料性质稳定，可深度充放电而不损伤电池，因此，电池使用寿命长。钒电池循环寿命可超过10000次，而传统铅酸电池则只有1000次左右。

（4）可瞬间充电：通过更换电解液可实现钒电池“瞬间充电”。

（5）选址自由度大，系统可全自动封闭运行，不会产生酸雾，运行时不会对环境造成影响。电解液可循环使用、无排放，不会造成环境污染，且维护简单、运行成本低，是一种绿色环保储能技术。

5.2.4.3 全钒液流电池应用

全钒液流储能系统具有无污染、寿命长、能量效率高等优点，用于太阳能、风能储存和并网，作为紧急备用电源应用于军事基地、医院、大楼和社区等，以及电网调峰、偏远地区供电系统、通信基站、UPS电源（urgent power storage）等领域具有巨大的应用前景。目前，在日本、加拿大、美国、澳大利亚、西欧等国家和地区已开始取代容量小、寿命短、污染大的铅酸电池。

由于化石能源的紧缺和对能源需要的增长，各国都在大力开发利用太阳能和风能等新能源以弥补能源的不足。但是风能和太阳能都具有不连续性的特点，特别是风能，不连续性以及风速变化带来的波动性，致使风能发电很难合理并网利用，对电网会造成较大的冲击。风力发电和太阳能发电结合全钒液流电池可以使发出的电平稳地并入电网，可实现新能源的有效合理利用。任何一个电网体系都以维持供电量与需求量之间的平衡为基本要求，继而实现电网体系的优化运作，合理地配置电力资源，保证整个能源市场的健康运行。全钒液流电池与电力系统的结合将使得电能存储、调配、输送及使用得到最大的优化。在用电低峰时进行充电存储能量；在用电高峰时进行放电以弥补电力不足，完成电能的存储与调配，这将使得整个电网的损耗大大降低，电能得到最优的配置。

5.2.4.4 全钒液流电池研究和发展进程

A 国外研究进展

美国航天局于1976年首先发现钒可以作为液流电池的活性物质。之后，澳大利亚新南威尔士大学（UNSW）Sum E等先后研究了V(Ⅱ)/V(Ⅲ)和V(Ⅳ)/V(Ⅴ)电对在石墨电极上的电化学行为，电对的电化学活性证明钒电解质可以应用于液流电池。新南威尔士大学于1991年开发组装了一个1kW的钒电池组，并应用于高尔夫球车。该电池组在20mA/cm^{2}时，总体能量效率可以达到87%～88%，说明全钒液流电池能量效率较高，可进行实际应用。此后，研究者对电解液、隔膜、电极材料开展了一系列研究，全钒液流电池在大规模储能系统中展示了巨大的商业前景。

UNSW于1993年授权泰国Thai Gygpsum Products生产钒电池，与屋顶的太阳能电池匹配使用。1997年授权日本Mitsubishi Chemicals和Kashima-Kita Electric Power Corporation公司，建成一个200kW/800kWh的全机储能系统，用于测试全钒液流储能系统对于电网调峰的长期作用。1998年再次将钒电池技术转让给澳大利亚Pinnacle公司，真正开始钒电池的生产、组装及销售工作。1999年，Pinnacle授权给日本三菱公司（Mitsubishi）和住友电工（Sumitomo Electric Industry）应用钒电池技术，Pinnacle与日本住友电工达成共识，共同开发钒电池，Pinnacle公司为在日本之外的区域提供钒电池部件。2001年，Vanteck公司通过收购Pinnacle公司59%的股权，从而拥有钒电池技术的专利权，2002年，Vanteck公司更名为VRB Power Systems。

在日本，住友电工与关西电力（Kansai Electric Power）公司自1985年来合作研发钒电池，最初将钒电池定位在固定性电站调峰储能钒电池系统。1989年，住友电工的电站调峰用60kW级钒电池储能系统建成，运行五年，循环周期达1800多次。三菱化工（Mitsubishi Chemical Corporation）从UNSW获得权限，于1994年开发光电转换系统用储能钒电池，建成规模为2500kWh的钒电池系统，电流密度可达$100mA/cm^2$，并以$1.2kW/cm^2$的功率密度输出。

1997年，住友电工建成电站调峰用450kW级钒电池，循环周期达170次，同年9月，800kWh级电站调峰用钒电池在鹿岛电厂建成，循环周期达650次，表明钒电池有潜力实现商业化。1999年，住友电工在日本关西电力公司建成450kW/1MWh规模的电站调峰电池系统，并相继建成了一些风能储能和其他固定型钒电池系统。2001年，250kW/520kWh钒电池在日本第一次投入商业运营，除了电池隔膜使用寿命有限，其他组件，包括电解液都可以循环使用，这些特性使得钒电池有很大的成本优势。钒电池能量转换效率高（能量效率可达80%），自放电率低（年自放电低于10%），已吸引了众多投资者的关注。

2002年，由于加拿大Vanteck公司具有全钒液流电池的专利权，因此它可以得到日本住友电工的钒电池部件，在日本之外组建钒电池系统。Vanteck公司在2002年更名为VRB Power Systems。2003年，VRB Power Systems公司为澳大利亚的塔斯马尼亚岛（Hydro Tasmania）组装了250kW/1MWh储能系统应用于风能储能，替代柴油火力发电系统。2004年2月，VRB Power Systems为美国Pacific Corporation公司建成250kW/2MWh钒电池储能系统正式竣工，是北美地区第一座大型商业钒电池储能系统，用于电站调峰，并给犹他州东南部的边远地区供电。

加拿大VRB Power Systems是第一家以全钒液流储能系统商业开发为主业的专业化上市公司。该公司拥有制造和出售钒电池相关部件的经营权，主要进行核心部件的试验以削减成本。作为组织实施者，它引导联盟体合作建设了位于南非Stellenbosch的VESS项目作为Eskom的电网调节系统，此后陆续建设了多座钒电池系统，获得了技术上的成功，并探索出由技术所有者与关键材料制造商、原材料供应商、用户及设计与工程开发商联合开发的高效商业模式。VRB Power Systems已建立的商用钒电池系统见表5-1。

表5-1 VRB Power 建设钒电池系统一览表

用　户	配置	用　途	建立日期
Eskom 南非电力公司	250kW×2h	Stellenbosch University 电站调峰演示系统	2001年3月
Hydro Tasmania 澳大利亚	200kW×4h	风能，柴油发电机，钒电池混合供电系统	2003年11月
Pacific Corporation 美国	250kW×8h	电站储能系统	2004年2月
Magnetek Telecom Power Group	5kW×h	移动通信备用电源	2005年3月
Solon AG 德国	30kW×h	配合太阳能应用	2005年9月
Phil Little Design Foundation 澳大利亚	10kW×h	配合太阳能组成可接受中断住宅电力供应方案	2005年9月
South Carolina Air National Guard 美国	30kW×2h	战术雷达系统备用电源	2005年10月

B　国内研究进展

20世纪80年代中期，澳大利亚新南威尔士大学 Skyllas-Kazacos M 开始研究全钒液流电池，之后受到各国重视进行研发，获得蓬勃发展。中国对全钒液流电池的研究开始于20世纪90年代初，众多科研院所和企业投入大量人力物力进行研发。中国工程物理研究院电子工程研究所、中国科学院大连化学物理研究所、中南大学、清华大学、东北大学、北京普能、四川攀钢等科研院所和企业纷纷开始研发钒电池，到21世纪初达到研究高潮。

在钒电池的基础研究过程中，中国地质大学彭声谦与北京大学杨华栓等采用石煤进行提钒，用从石煤中提取的钒电解液组装成电池进行了充放电测试，能量效率可达80%，能量密度约为32Wh/kg，充放电深度均可达90%。广西大学张环华等研究了硫酸溶液中V(Ⅱ)/V(Ⅲ)和V(Ⅳ)/V(Ⅴ)电对在石墨电极上的电化学行为，研究表明两个电对均为单电子准可逆过程。东北大学罗冬梅等研究了多种添加剂对于钒电解液的稳定性。

中国工程物理研究院电子工程研究所孟凡明等最早对全钒液流电池进行了研究，对电极材料、电对电化学行为、电解液稳定性和电池组装都有较深入的基础研究，先后开发了20W、50W、250W、1000W钒电池样机，拥有钒电池一些关键技术，对促进全钒液流电池的产业化进程有着重要的指导意义。

中国科学院大连化学物理研究所张华民课题组最早研究质子交换膜燃料电池，利用原来拥有的封装技术和对膜的研究为基础，进而开发全钒液流电池。在电极材料、隔膜、电解液、集流体、运行条件、电池模拟等方面进行研究探索，取得丰硕的成果，申报国家发明专利48项，形成了较完整的自主知识产权体系。2005年，在国家科技部“863”计划项目的支持下，大连化物所成功研制出当时国内规模最大的10kW全钒液流电池储能系统，填补了国内液流电池储能系统技术的空白，迈出了全钒液流电池储能技术应用的第一步。该系统在85mA/cm^{2}的电流密度下，平均输出功率为10.05kW，能量效率可以达到80%以上。2008年，大连化物所成功开发出额定输出功率为10kW的电堆，并集成出当时国内首台最大规模的100kW/200kWh全钒液流电池储能系统。2010年，大连化物所与融科公司共同开发了一套260kW钒电池储能系统示范工程。2013年，大连化物所与融科公司共同开发的5MW/10MWh全球最大规模全钒液流电池储能系统应用示范工程全面投入使用并通过验收。

清华大学王保国团队在电堆流道设计、电堆锁紧方式和结构、隔膜等方面开展了研究，申报了3项关于电堆设计的专利，在测试软件和测试设备开发上做了大量工作，为开发大功率钒电池奠定了基础。同时，清华大学与承德万利通实业集团有限公司进行合作开发全钒液流电池组件和储能系统，建成了5kW、10kW电堆生产线、质子膜生产线、钒电解液生产线及年产千吨级高纯五氧化二钒生产线，全钒液流电池综合测试评价系统已投入使用。

中南大学刘素琴等开展了全钒液流电池的基础研究和应用基础研究，在钒电解液制备、隔膜和电极的改性、电池组的结构设计优化等方面取得了重大突破。在2002年底与攀枝花钢铁研究院合作组建了钒电池联合实验室，在钒电解液制备方面具有多项自主知识产权，拥有基单元千瓦级电堆和一体化组装技术，形成较为成熟的产业化技术方案。

尽管全钒液流电池储能系统已经进入产业化阶段，然而仍然受到一些关键技术的制约，如高浓度的钒电解液的制备、五价电解液的高温稳定性、电极材料电化学活性和可逆性能的提高，高选择性、低成本、长寿命隔膜的开发和应用等。

5.2.4.5 全钒液流电池电解液研究进展

电解液不仅是电池的离子导体，同时也是电池活性物质的储存介质，是全钒液流电池的关键材料之一。电解液与电堆分开，正、负极电解液由泵进行驱动在各自的电极区域进行循环，电池的总能量取决于电解液中活性物质钒离子的浓度和电解液的体积。正极电解液为V(Ⅳ)和V(Ⅴ)液，负极电解液为V(Ⅱ)和V(Ⅲ)液，充电时正极V(Ⅳ)液转换为V(Ⅴ)液，负极V(Ⅲ)液转换为V(Ⅱ)液；放电时正极V(Ⅴ)液转换为V(Ⅳ)液，负极V(Ⅱ)液转换为V(Ⅲ)液。

A 电解液制备

Skyllas-Kazacos M 最早用 $VOSO_4$ 直接溶解于 H_2SO_4 溶液中来制备钒电解液，但是 $VOSO_4$ 制作工艺比较复杂且价格高，不利于在钒电池中大规模推广应用。此后，研究者从钒的氧化物和钒酸盐进行研究，试图寻找出适合产业化生产、低价方便的电解液制备方法。

目前，制备钒电解液方法主要有以下两种：化学合成法和电解法。

化学合成法是利用还原剂和高价钒氧化物和钒酸盐进行氧化还原反应来制备。常见的还原剂有S、H_2SO_3、HOOCCOOH、V_2O_3 等，在加热条件下，将 V_2O_5 还原为四价或是三价混合的钒电解液。由于钒的高价氧化物为酸性氧化物，因此可以在中性或者碱性条件下，将钒化合物溶解，然后在酸性条件下加热和聚合后分离钒化合物，通过压缩和制冷使其成为固态，得到粉末状的钒化合物，最后加入硫酸溶解钒化合物得到所需电解液。其他还有一些方法，如1993年，Menictas C 等利用 NH_4VO_3 制备出三四价混合的钒电解液；1996年，Nakajima 等将纯度不高的五价钒氧化物为初始原料，在酸性溶液中加热，通入惰性气体除去杂质离子来制备三四价混合钒电解液。

化学合成法简单且易于操作，在制备低浓度的钒电解液时有自身的优势，但由于钒离子的低浓度会限制钒电池的能量密度，不利于产业化进程，且在制备过程中容易引入杂质到电解液中，制备得到的电解液电化学活性低。

电解法是一种应用广泛且适合于各种规模的电解液制备方法，它是以 V_2O_5 为主要原料，负极加入 V_2O_5，正极加入浓度相匹配的硫酸溶液，进行恒流或是恒压电解，得到低价钒的电解液。V_2O_5 在硫酸溶液中会存在如下的溶解平衡：

$$V_2O_5 + 2H^+ \longrightarrow 2VO_2^+ + H_2O \quad (5\text{-}1)$$

因此，在电解液中会存在部分五价钒离子，随着电解的进行，五价钒离子会转化低价四价、三价钒离子，五价钒离子浓度降低，平衡向右移动，V_2O_5 会不断地溶解为 VO_2^+ 离子。电解法制备电解液的钒离子浓度的电解方程式如下：

正极：
$$VO_2^+ + 2H^+ + e \longrightarrow VO^{2+} + H_2O \quad (5\text{-}2)$$

负极：
$$H_2O \longrightarrow 1/2\ O_2 + 2H^+ + 2e \quad (5\text{-}3)$$

电解法制备的电解液钒离子浓度高，电极反应是不同价态钒离子进行转换，或者是水的电解，不会引入新的杂质，电解液电化学活性好，并且适用于大规模生产应用。

1995年，限元贵浩等第一次采用电解法制备了全钒液流电池用电解液；2000年，Skyllas-Kazacos 等将稳定剂与 V_2O_5 的硫酸溶液用电解法制备出各种价态的钒电解液；2001年，李厦在传统的电解液制备方法上进行了改良，采用抗坏血酸化学还原和电解法结合的方法制备了电解液，制备的电解液具有较高的电化学活性；2004 年，布罗曼等提出一种不对称的制备钒电解液的电解槽，电解槽制备出的电解液能使充电状态重新平衡。

全钒液流电池旨在开发大规模储能体系，需要大量的电解液作为储存介质。电解法更适合大规模电解液生产，且活性较高，因此，得到业内人士广泛的认同与应用。

B 电解液的分析方法

钒电解液中钒离子的微观结构与电解液的宏观物化性质和电化学活性有着密切联系。通过微观结构的分析，如各种化学键与分子间作用力的变化等，可以进一步研究微观结构变化引起的电解液宏观性质的变化，这样可以对钒电解液有更全面的认识。常见的微观研究方法有拉曼光谱、核磁共振、紫外可见光谱分析等。

Kausar N 等通过拉曼光谱对高酸度下五价硫酸钒盐进行了分析，对其存在形式和可能的结构状态进行了分析，结果表明，在高酸度下的五价钒离子有单体 $VO_2SO_4^-$、$VO_2\ (SO_4)_2^{3-}$、$VO_2\ (HSO_4)_2^-$、VO_3^- 和二聚物 $V_2O_3^{4+}$、$V_2O_4^{2+}$ 等形式存在，且这些离子的存在形式和数量取决于五价钒离子和硫酸根离子的总浓度及硫和钒、氢离子与钒离子的比值。研究还发现，V(Ⅳ) 和 V(Ⅴ) 相互作用比较弱；高浓度五价电解液在高温时（50℃）的老化会使五价钒离子缩合生成 V_2O_5 沉淀，同时使钒聚合物减少。中南大学李厦等对含 D-山梨醇的四价电解液进行了拉曼光谱分析，通过分析可知，VO^{2+} 与 D-山梨醇形成了复合物。

紫外可见光谱可以对钒离子进行定性和定量分析。Suqiii Liu 研究了 V(Ⅳ) 和 V(Ⅴ) 离子在不同浓度中紫外可见光谱特征。在高浓度硫酸溶液中，V(Ⅳ) 是以 $[VO(SO_4)(H_2O)_4]\cdot H_2O$ 复合物形式存在，也有以二聚物 $[VO(H_2O)_3]_2(\mu\text{-}SO_4)_2$ 形式存在。在硫酸溶液中 $[VO(SO_4)(H_2O)_4]\cdot H_2O$ 与 VO^{2+} 和 SO_4^{2-} 的浓度呈线性关系。八面体配合物的接近中心对称的偏离是由于 $[VO(SO_4)(H_2O)_4]\cdot H_2O$ 中硫酸盐的氧取代了 $[VO(H_2O)_5]\cdot SO_4$ 中对称水的氧。黄可龙系统地研究了不同价态钒离子的紫外可见吸收光谱，发现各种价态钒离子都有各自的特征吸收峰，部分价态钒离子能呈现很好的线性关系，且不同价态钒离子的特征吸收峰位置和强度不会相互影响。在此基础上，确定了低浓度 V(Ⅱ)、V(Ⅲ) 和 V(Ⅳ) 离子的校准曲线，为这几种钒离子的定量分析提供了一种快捷而简单的手段。

C 电解液的优化方法

电解液是钒电池活性物质的储存介质，电堆的储存能量和输出功率均受到电解液的影响。然而，不同价态电解液有着各自不同的稳定性。V(Ⅴ) 离子在高温下稳定性较差，大于40℃时容易析出 V_2O_5 沉淀，而 V(Ⅱ) 和 V(Ⅲ) 却在低温下容易析出沉淀。常规电解液是以硫酸作为支持电解质，由于硫酸容易与钒离子形成长链状化合物，对钒电对电化学活性有一定的影响。因此，提高钒电解液的热稳定性和电化学活性成为研究者关注的焦点。常见的电解液优化方法有引入添加剂和更换新体系两种。

（1）引入添加剂是改善钒电解液性能的一种经济且高效的方法。

多种无机化合物可被作为添加剂来增强五价电解液的热稳定性。罗冬梅等考察了硫酸钠、硫酸钾、草酸钠等多种无机添加剂对五价电解液性能的影响。研究表明，当添加剂含量为3%时，对电解液的稳定性增长效果最佳，且适量添加剂不会使溶液的电导率降低，有些甚至可以提高电解液电导率。将含有添加剂的电解液与空白电解液进行了循环伏安测试对比，表明添加剂的加入不会对电解液的电极反应产生负面影响。

表面活性剂在溶液电化学方面有着广泛的研究。由于表面活性剂在溶液中的协同扰动、氢键作用、胶束催化以及非对称微环境等，使得表面活性剂在增溶、稳定、致敏等方面也得到了广泛的应用。Tharwat 等通过五价钒离子的极谱图发现，阴离子型和非离子型表面活性剂对于五价钒离子的还原有很强的抑制作用。刘素琴等以阳离子型表面活性剂 CTAB 作为正极电解液添加剂，结果表明 CTAB 胶束的季铵头部基团与五价钒离子作用，可以阻止五价钒离子进一步聚合从而抑制五价钒的结晶。同时，添加 CTAB 可以减小电极表面电对的电荷转移电阻，增大双电层电容，提高电解液的电化学反应活性。Fang Chang 等以 Coulter ⅢA 分散剂作为正极电解液添加剂，在45℃、50℃、60℃情况下考察五价电解液热稳定性，结果表明少量的 Coulter 分散剂对其热稳定性有很大的提高，可以延缓沉淀出现的时间。同时，分散剂不会改变钒离子的价态和浓度，对电化学性能也有微弱的改善作用。经充放电测试可知，加入添加剂后电池能量效率和电流效率都有不同程度的提高。

李梦楠等选择离子液体 1-丁基-3-甲基咪唑四氟硼酸盐（$BMIMBF_4$）作为正极电解液添加剂来提高全钒液流电池的能量密度和电解液稳定性。结果表明，添加 $BMIMBF_4$ 可以显著提高正极电解液中五价钒离子的稳定性，电解液的电化学活性也有所提升；当添加量为1%时，电池能量密度和能量效率均有所提高；五价电解液热稳定性的提高是由于咪唑阳离子基团作用于 VO_2^+，阻碍了 VO_2^+ 的进一步链接聚合；同时，四氟硼酸根配位性较强，与 V 的 d 轨道重叠较多，使 VO_2^+ 在溶液中更加稳定；并且四氟硼酸根位阻较大，从空间上抑制了其他离子的靠近，进而抑制了钒离子的缔合。

其他多种有机物也用作电解液添加剂，特别是作为正极电解液添加剂，以提高电解液的热稳定性和电化学活性。羟基等基团可以提高多种价态钒离子溶解度，同时改善电解液的电化学活性。Sha Li 等选取果糖、甘露醇、葡萄糖、D-山梨醇四种含羟基有机小分子作为正极电解液添加剂，对电解液热稳定性和电化学性能进行了研究。D-山梨醇由于较好的亲水性和反方向的多羟基，对 V(Ⅴ) 电解液热稳定性有较大增长，且能提高电解液电化学活性。由 D-山梨醇作为添加剂的电解液组装的钒电池能量效果达到81.8%，比空白电解液的高2%。

Xiaojuan Wu 等选用含-OH 基团的绿色环保、价格低廉的环状有机物肌醇和植酸作为正极电解液添加剂，研究结果表明两种环状有机添加剂均能显著提高 V(Ⅴ) 电解液的热稳定性，且能提高活性物质在电极表面的传质和电荷传递过程。由于植酸在充放电过程中容易生成沉淀，造成容量衰减严重；添加肌醇不仅能提高电解液的电化学活性，同样也能改善钒电池的循环性能，是一种能有效改善电解液稳定性和电化学活性的添加剂。Sui Peng 等以一种环保水溶性分散剂三羟甲基氨基甲烷（TRIS）作为正极电解液添加剂，TRIS 的添加不仅能提高 V(Ⅴ) 离热稳定性，降低电解液的黏度，还能提高电化学活性，具有较高的循环稳定性。同时，专利中说明黄原胶、淀粉、甲基纤维素、羧甲基纤维素等物质对电解液的稳定性可以起到一定的提高作用。

（2）更换新体系。由于硫酸具有不挥发性，腐蚀性低，价格低等特点，在全钒液流电池的工业生产中一直以来被用作支持电解质，是研究最多的体系。但是由于硫酸是二元酸，容易与钒离子合成大分子，且五价钒离子在硫酸溶液中溶解度有限。因此，有许多研究者通过选择新的支持电解质或是混合支持电解质来提高钒离子在电解液中的溶解度和电化学活性。

美国西北太平洋国家实验室 Liyu Li 等研究了硫酸和盐酸作为混合支持电解质对钒电池的影响，电解液中的钒离子浓度可以达到2.5mol/L，高于目前硫酸体系70%，极大地提高了钒离子在电解液中的溶解度。同时，新体系电解液可以在-5～50℃保持稳定，降低了对控温系统的要求，增强了全钒液流电池的温度适应性，提高了电池的能量密度。五价钒离子热稳定性的提高，是由于盐酸与钒离子形成了 $VO_2Cl(H_2O)_2$，减少了沉淀前驱体 $VO(OH)_3$ 的生成，进一步阻止 V_2O_5 沉淀的生成。同时，硫酸和盐酸混合体系也能使电解液获得较高的电化学性能，组装的动态电池能量效率可以稳定达到87%。由热力学计算可知，电池运行期间不会有 Cl_2 生成，系统不会对周围环境造成污染。

SoowhanKim 等研究得出盐酸单独作为支持电解质时，电解液在0～50℃范围内可以稳定溶解2.3mol/L的各种价态钒离子，电解液稳定性的提高是由于在比较宽的温度范围内形成了钒的双聚物 $[V_2O_3 \cdot 4H_2O]^{4+}$ 和氯钒双聚物 $[V_2O_3Cl \cdot 3H_2O]^{3+}$。相比于硫酸钒电解液，盐酸钒电解液黏度降低了30%～40%，通过降低电泵或是控温系统能量消耗来减少储能系统本身的能耗。以盐酸作支持电解质的电池，展现了很好的可逆性和较高的能量效率。

Sui Peng 研究了硫酸和甲基磺酸作为混合支持电解质对 VO^{2+}/VO_2^+ 电对电化学性能的影响。相比于纯硫酸体系，混合体系中 VO^{2+}/VO_2^+ 电对具有更高的电化学可逆性，且高电流密度下钒电池具有更大的能量密度。在 $120mA/cm^2$ 的电流密度下，以甲基磺酸做支持电解质能量密度达到39.87Wh/L，高于纯硫酸体系（36.27Wh/L）。

5.2.5 钒钛集热材料

钒钛黑瓷集热材料是瓷质集热材料，它的原料之一是提钒尾渣，由于尾渣矿中含有较多的Fe、Cr、Mn、V、Ti、Co、Ni等过渡金属化合物，在经过一定的加工处理后，与普通陶瓷原料各50%左右混合，以普通陶瓷生产工艺和辊道窑设备经过1100℃烧成能够获得品质优异的集热材料。钒钛黑瓷密度 $2.9g/cm^3$，吸水率小于0.3%，抗弯强度60～100MPa，阳光吸收率0.9，红外辐射率0.83～0.95。其优异的光热性能和其无毒无害、不腐蚀、不老化、不褪色、无放射性的物理特性，让钒钛黑瓷集热材料成为21世纪集热材料的领头者。

集热材料领域的发展中，金属材料、有机材料、无机非金属材料都有其各自不同的特点。金属材料生产加工方便，可按照需求加工成各种形状，其集热性良好，适用于国内大部分地区，但金属材料易腐蚀，使用寿命短；有机集热材料价格低廉，强度高，适用于长期处于高强应力作用的环境中且不易腐蚀，但有机集热材料易老化，长期使用安全性能和集热性能会大幅度降低。钒钛黑瓷集热材料与传统集热材料相比，有以下优点：

（1）生产成本低。钒钛黑瓷的生产原料为提钒尾渣和普通陶瓷材料，生产工艺为普通陶瓷生产工艺，适合大规模生产。目前市面上所售的钒钛黑瓷制品平均价格在110元/m^2

左右，而成本大约在 80 元/m^2 左右。提钒尾渣的引入，既优化了集热性能，又实现了工业固废的再利用，真正意义上实现了绿色节能的新型工业生产理念。

（2）理化性能优良。经测定，钒钛黑瓷的理论抗弯强度为 60～100MPa，高于普通建筑瓷质材料。其强度已达到结构材料甚至基体材料的要求，优良的理化性能赋予了其可以大大简化元件结构，降低成本，扩大应用范围的特点。

（3）光热转化性能良好。0.9 的吸光率和 0.83～0.95 的红外辐射率，使以钒钛黑瓷作为集热材料的集热装置能高效地吸收并传递热能。正午 1 点到下午 4 点（中国北方），每平方米的钒钛黑瓷能提供 10kg 开水。结合优良的理化性能，钒钛黑瓷作为一种成熟的生产工艺技术，已在建筑、装饰、能源利用、远红外等领域都得到了广泛的推广和应用。钒钛黑瓷在太阳能集热领域的应用主要为制作中空太阳板，它也是制造太阳能房顶最好的材料之一。

（4）光热转化性能不衰减。在陶瓷材料中加入 Fe、Cr、Mn、V、Ti、Co、Ni 等化合物经高温烧制成的黑色或灰色陶瓷材料或陶瓷涂层材料，由于陶瓷体的化学成分、晶体结构、矿物组成已被固定，在各种人造材料中陶瓷性能包括其红外性能、阳光吸收性能是最不易衰减变化的。

钒钛黑瓷是在普通陶瓷原料中加入一定比例的提钒尾渣制造的陶瓷，其中提钒尾渣含量范围为 25%～100%，不同配方制作的钒钛黑瓷可以具有不同的性能和用途。经过长期研究和数千次配方烧成试验得出结论：提钒尾渣和普通陶瓷原料按 1∶1 配比，用普通陶瓷的生产工艺和辊道窑设备经 1100℃烧成，即可生产出整体黑色的纯瓷质制品-钒钛黑瓷。这是生产钒钛黑瓷的基本配方，钒钛黑瓷的生产工艺流程见图 5-5。

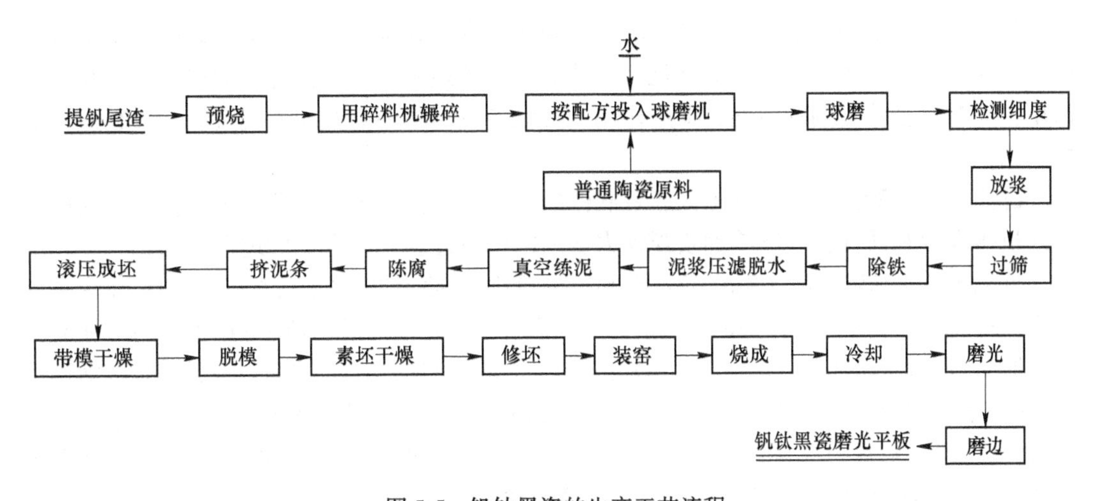

图 5-5 钒钛黑瓷的生产工艺流程

攀钢每生产 1t V_2O_5，就会产生约 200t 提钒尾渣，尾渣中含有较多的 Fe、Cr、Mn、V、Ti、Co、Ni 等过渡金属化合物，在经过一定的加工处理后，可得到较高集热效率的原料，将此原料与普通陶瓷原料按一定比例混合，按照图 5-5 所示工艺流程，可制得钒钛黑瓷平板或中空板。用废弃提钒尾渣生产钒钛黑瓷，可实现工业固废的再利用，真正意义上实现了绿色节能的新型工业生产理念。

5.3 钒催化剂

<table>
<tr><td>学习目标</td><td colspan="2">1. 理解五氧化二钒晶体结构与催化特性之间的关系；
2. 了解传统五氧化二钒催化剂的组成及催化机理；
3. 掌握钒钛系脱硝催化剂的类别及催化机理；
4. 掌握钒酸铋光催化剂的机理及制备方法</td></tr>
<tr><td>能力要求</td><td colspan="2">1. 能分析五氧化二钒晶体结构与催化特性之间的关系；
2. 对传统五氧化二钒催化剂的组成有较为清楚的了解；
3. 熟悉钒钛系脱硝催化剂的种类；
4. 对钒酸铋光催化剂的制备方法有一定了解；
5. 具有独立思考和自主学习意识，并能开展讨论，逐渐养成终身学习的能力</td></tr>
<tr><td rowspan="2">重点难点预测</td><td>重点</td><td>钒钛系脱硝催化剂、钒酸铋光催化剂</td></tr>
<tr><td>难点</td><td>五氧化二钒晶体结构与催化特性之间的关系、钒钛系脱硝催化剂的类别及催化机理</td></tr>
<tr><td>知识清单</td><td colspan="2">五氧化二钒晶体结构与催化特性之间的关系、传统钒催化剂、钒钛系脱硝催化剂、钒酸铋光催化剂</td></tr>
<tr><td>先修知识</td><td colspan="2">材料科学与基础</td></tr>
</table>

5.3.1 传统钒催化剂

5.3.1.1 传统钒催化剂的组成

传统钒催化剂的主要组成包括三部分：载体、主催化剂和助催化剂。载体主要是硅藻土，主催化剂为五氧化二钒，助催化剂为硫酸钾、硫酸钠或硫酸铯等。助催化剂不起催化作用，但它对主催化剂的活性起促进作用。在制备过程中还需要加入硫黄粉，来起造孔剂的作用。

硅藻土：一般而言，硅藻土只起着载体的作用。但硅藻土的物理结构不仅影响到催化剂的机械强度和活性，也影响到宏观动力学内的传质过程——内扩散过程。

五氧化二钒和硫酸钾（K_2SO_4）：在 SO_2 被氧化成 SO_3 的钒系催化剂中，V_2O_5 作为主催化剂；K_2SO_4、Na_2SO_4 等作为助催化剂。一般而言，催化剂的活性随 V_2O_5 含量的增加而提高，但 V_2O_5 含量增加到一定值时，催化剂活性将不再增加，V_2O_5 含量过高，催化剂活性反而下降。这是因为传统钒催化剂属于负载型“液相催化剂”，过多的 V_2O_5 在 K_2SO_4 含量一定时，增加 V_2O_5 含量实际降低了 K_2O/V_2O_5 比（摩尔比），导致活化能升高。如果固定 V_2O_5 含量而增加 K_2SO_4 含量，催化剂的热稳定性能将受到影响而降低。另外，随着 K_2O/V_2O_5 比的升高，催化剂中碱金属盐增多，低温活性较好，而高温活性较差。

硫酸钠（Na_2SO_4）和硫酸铯（Cs_2SO_4）：同 K_2SO_4 一样，它们起助催化剂的作用。一般在中温 S101 型钒催化剂中加入 K_2SO_4，不加 Na_2SO_4 和 Cs_2SO_4，而在低温 S108 型中添加 Na_2SO_4 或 Cs_2SO_4。作为助催化剂主要是为了提高催化剂的低温活性。

硫黄粉：其主要作用是造孔剂，在干燥过程中挥发（升华）掉一部分，预先形成一定的孔隙。在焙烧过程中，另一部分被氧化生成 SO_2 跑掉，使催化剂中留下一定数量的孔隙。孔结构（孔体积、孔径大小及其分布等）对催化剂活性具有非常大的影响。

5.3.1.2 传统钒催化剂的作用

假定在一个容器中只有 SO_2 和 O_2 的气体分子，两者的分子数相等，即 $O_2/SO_2=1$，压力为0.1MPa，温度为1000K（727℃）；并进一步假定，一个氧分子经碰撞而离解为两个氧原子后，立即会与 SO_2 生成两个 SO_3 分子，而逆反应可忽略不计。在这样的假定下，根据上述分子碰撞理论计算出 SO_2 生成 SO_3 的反应速度为 4×10^{-19}mol/(mL·s)。1mol 有 6.025×10^{23} 个分子，因而反应速度是 2.41×10^{5} 个分子/(mL·s)。这是一个微不足道的速度。如果在上述条件下，容器内每毫升有 SO_2 约 10^{-5}mol，在这样的速度下，要达到10%的转化率需要的时间是 2.5×10^{12}s，即8万年左右。这里还没有考虑接近平衡时逆反应的影响。

而在现代工业反应器中，在 $O_2/SO_2=1$，温度为727℃时的条件下，无论是使用铂催化剂或是使用钒催化剂，要使转化率达到10%，只需不到1s的时间便可完成。由8万年缩小为1s，可以看到催化剂的巨大作用，这是由于催化剂能大大降低反应活化能的结果。以铂催化剂为例，当氧分子碰撞到催化剂表面的活性中心时，能产生化学吸附，O_2 分子与活性中心相作用，氧原子间的键大大削弱，甚至可能离解成氧原子。这时，吸附在表面的 SO_2 分子便容易与吸附“变形”的氧分子或是固化吸附而离解的氧原子相作用而生成 SO_3。这就是说，反应的微观历程改变了，也就是反应途径改变了，而这种改变，常常能大大降低反应活化能。实践表明，近代钒催化剂可使 SO_2 氧化的活化能降到20～25kcal/mol（84～105kJ/mol）的水平上。由于反应途径的改变，使反应位垒降低。其次，催化剂提供了很大的接触表面。我国S101型钒催化剂比表面约为 $10m^2/g$，若堆密度为 $0.6g/cm^3$，反应活化能为22kcal（92.1kJ）/mol。从简略计算中就可以得出以下结论：

（1）在有催化剂存在下的催化反应比无催化剂的单相反应相比速度大得多，主要原因是催化剂改变了反应历程，大大降低了反应活化能。由于反应速度与 $\exp(-E/RT)$ 成正比，反应速度与活化能 E 是指数函数关系，所以活化能越低，反应速度越大。

（2）反应速度与催化剂表面上的活性中心数成正比，在制备催化剂时必须注意增加单位表面的活性中心数。

5.3.1.3 五氧化二钒的催化活性与晶体结构

五氧化二钒之所以具有催化活性特性，这主要是由它的结构所决定的，见图5-6。

一般认为五氧化二钒的晶格由不定键长的V—O键组成。在这种结构中，氧原子对钒原子的配位数为1的OⅠ原子为一个，2配位的OⅡ原子也是一个，3配位的OⅢ原子则有三个。各V—O键的原子间的距离为：V—OⅠ0.154nm，V—OⅡ0.202nm，V—OⅢ为1.77；1.88；0.199nm；V—OⅠ′0.283nm。由于最长的V—OⅠ′键比其他键弱，V_2O_5 晶体有沿着（001）面裂开的倾向；当V—OⅠ′键裂开后，最短的键V—OⅠ键就暴露在外表面。从有关钒-氧化合物红外光谱的研究中发现，在 $1025cm^{-1}$ 处有明显的吸收线条，这很可能是由于V—OⅠ键的展开振动，并且这条线的位置很靠近 $VOCl_3$ 中V═O键吸收线条的位置，因而认为V—OⅠ键具有双键性，它比其他的V—O键活泼，在催化反应中可能起了重要作用。

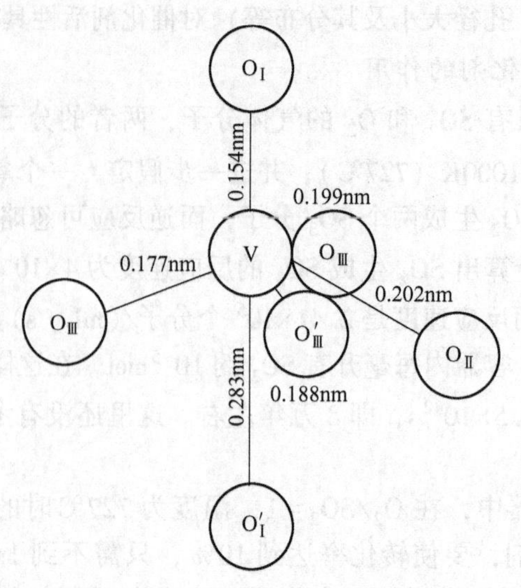

图 5-6 V_2O_5 晶体中的 V—O 键

红外吸收等方法研究发现，添加 K_2SO_4 可以削弱 V ═O 键，因为添加 K_2SO_4 后使 $1025cm^{-1}$ 的吸收线条移到 $1000cm^{-1}$ 处。这吸收线条很类似于 $VOSO_4$ 或 $VOCl_3$，有 V ═O 键的特征。从另一角度考虑，由于只有 OⅠ属于三方两维多面体，V—OⅠ的距离 (0.154nm) 比实际上把 V_2O_5 当做离子晶体时所推算的值（$V^{+5}—O^{2-}$ = 0.199 ~ 0.175nm）要小得多，所以 V—OⅠ键可能具有双键性。

根据红外吸收测得的 $VOCl_3$ 的 V ═O 键伸缩振动对应于 $1035cm^{-1}$，而固体的 V_2O_5 的伸缩振动也在 1020 ~ $1025cm^{-1}$ 之间，就不难理解双键性的 V—OⅠ中的氧原子容易脱出，且这种脱出的氧具有极强的反应活性，因此通常得到的 V_2O_5 晶格中比较稳定地存在着脱除氧原子而得的阴离子空穴，可以设想，在高温时 OⅠ原子或吸附氧原子将通过这种阴离子空穴而扩散。

V_2O_5 是 n 型半导体，虽然有人认为把这种晶格缺陷作为活性点（甚至看成反应物质的吸附点）的解释尚不足够充分，但据此认为，五氧化二钒的半导体性质（氧空穴）与活性间存在着重要的联系是毫无疑问的。

另一方面，OⅡ和 OⅢ原子都是按—V—O—V—的形式被联结在原子之间，所以很难（用还原法等）去除，因而没有活性。

5.3.1.4 传统钒催化剂催化氧化 SO_2 机理

传统钒催化剂的大量使用始于 20 世纪 20 年代，随着化学工业的发展，催化剂产量和品种与日俱增，但目前催化剂的生产工艺仍相当落后。由于当时的科学发展水平还不足以探索催化剂的奥秘，同时也由于催化剂生产单位对技术的高度保密，影响了催化剂制备理论的发展。进入 70 年代后，随着科学仪器如 X 射线衍射仪、电子显微镜、热分析仪、光电子能谱仪等的发展，催化剂制备理论或规律才逐步发展起来，同时对催化剂制备理论和经验的交流也日益重视。

SO_2 在钒催化剂上的催化氧化是一个比较独特和复杂的过程。对这一过程的机理进行了大量研究工作。基于人们对工作状态下钒催化剂活性组分呈熔融态的认识，提出了各种液相反应机理，得出了多种机理模型。总的倾向是从经典的气-固相催化理论走向“液相催化”理论。但由于液相反应实验的复杂性，到目前为止仍然是众说纷纭，还没有一个大家公认的反应机理。但 1964 年 P. Mars 和 J. G. H. Maessen 提出的反应机理模型得到了大多数人的认可。

钒催化剂不同于其他的大多数非均相催化剂，它在操作状态下活性组分通常以 $V_2O_5 \cdot nK_2SO_4 \cdot mSO_3$ 熔盐（也称为焦硫酸盐熔融物）状态负载在硅藻土载体上，称之为液相负载（supported liquid phase，SLP）型催化剂。

反应物溶解在液相中，并在其中发生反应，生成物再由液相中扩散出来，其机理见图 5-7。

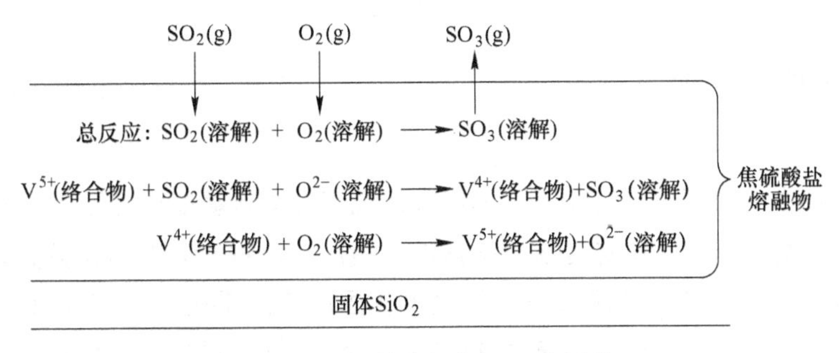

图 5-7 SO_2 催化氧化机理示意图

图 5-8 所示的 SO_2 催化氧机理由下面五个过程组成：

$$SO_2(g) \longrightarrow SO_2(溶解)$$

$$O_2(g) \longrightarrow O_2(溶解)$$

$$2V^{4+}(络合物) + 1/2O_2(溶解) \longrightarrow O^{2-}(溶解) + 2V^{5+}(络合物)$$

$$2V^{5+}(络合物) + SO_2(溶解) + O^{2-}(溶解) \longrightarrow SO_3(溶解) + 2V^{4+}(络合物)$$

$$SO_3(溶解) \longrightarrow SO_3(g)$$

在熔融液相中反应过程的实质是 V^{5+}将 SO_2 氧化成 SO_3，自身变成 V^{4+}，V^{4+}被溶解的氧氧化成 V^{5+}，V^{5+}再去氧化 SO_2 成 SO_3，自身变成 V^{4+}，……如此不断循环，就将 SO_2 氧化成 SO_3。这里，钒离子只起传输氧的作用，只有钒离子传输的溶解氧才能被 SO_2 接受，而 SO_2 本身不能直接接受气相中的氧。由于钒离子传输溶解氧的过程主要在液相中进行，所以 SO_2 接受钒离子传输的溶解氧也主要在液相中进行，当然在气-液界面上也可接受少量传输氧。这就是催化作用的本质。

由于钒催化剂中钒氧化物价态是可变的，所以钒催化剂具有如下共性：

（1）氧的活化能比其他氧化物低，居于中下等，因而活性较高；

（2）氧化物表面氧的活性不仅受气相氧分压直接控制，还受氧化物内部晶格氧活性的支配；

（3）在钒-氧键中离子键性质弱，共价键性质强；

（4）熔点低，且易于升华。

5.3.1.5 传统钒催化剂的改进

以 V_2O_5 为主活性成分的钒催化剂因为活性高、价廉、稳定性好，已被广泛用于硫酸生产、苯酐生产、顺酐生产、选择性催化还原（SCR）氮氧化物及聚合物反应等化工原料合成领域。以 V_2O_5 片钒可制备出高效纳米 V_2O_5 催化剂，具体工艺流程见图 5-8。该工艺简单、设备低廉、原料易得、产品活性高、寿命长，具有良好的应用前景。

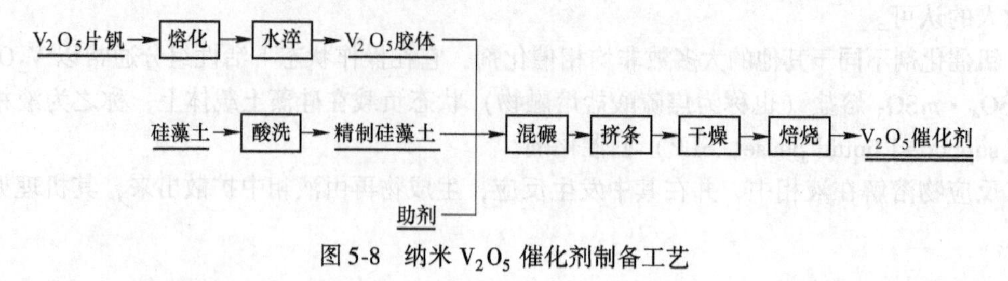

图 5-8 纳米 V_2O_5 催化剂制备工艺

5.3.2 钒钛系脱硝催化剂

5.3.2.1 概况

大气污染物中的氮氧化物（NO_x）不仅直接危害人类和动植物的健康，而且在大气中易形成酸雨及光化学烟雾，破坏臭氧层造成温室效应，给自然环境和人类健康带来的危害较为严重。因此，烟气 NO_x 治理日益受到世界各国的广泛重视。目前针对火电厂 NO_x 控制技术主要有两类：一是燃烧过程控制技术，它是通过改进燃烧方式和生产工艺来减少 NO_x 生成量；二是燃烧后控制技术，即烟气脱硝（De-NO_x）技术，它是将烟气中已生成的 NO_x 固定下来，通过选择性催化还原（selective catalytic reduction，SCR）技术还原为 N_2。SCR 技术具有高效性、高选择性和经济性等特点，是一种比较有潜力的固定源 NO_x 脱除技术。

对于 SCR 工艺，其核心技术是脱硝催化剂，催化剂性能直接影响 SCR 系统的整体脱硝效果。在目前国内外研究和应用的贵金属、分子筛、金属氧化物和碳基材料等催化剂中，以负载型 V_2O_5 催化剂脱硝效果最好。另外，为解决 SCR 技术中 NH_3 的贮存、运输和二次污染等问题，发展了基于 TiO_2 光催化氧化的脱硝技术。

以 V_2O_5 为主要活性组分的脱硝催化剂是当前国内外 SCR 工艺的主流催化剂。它通常以 TiO_2、ZrO_2、SiO_2 或碳基材料等为载体，载体的主要作用是提供大比表面积的微孔结构，但在 SCR 反应中所具有的活性极小。

5.3.2.2 基于 V_2O_5 的催化脱硝机理

对于 V_2O_5/TiO_2 催化剂，许多研究表明，在 NH_3-SCR 反应条件下，催化剂表面同时存在 Brönsted 酸位（B 酸位）和 Lewis 酸位（L 酸位）。大部分学者认为 V-OH 基团的 Brönsted 酸位是 SCR 反应的活性位，SCR 反应与 Brönsted 酸位上的 NH_4^+ 有关，中间体为 NH_3^+（ads）；而少数学者认为 SCR 反应与 Lewis 酸位上的 NH_3 有关，中间体为 NH_2(ads)。虽然对 SCR 反应中 NH_3 的吸附位存在分歧，但从 NH_3 吸附后活化的角度看，NH_3 无论吸附在 L 酸位还是 B 酸位，都先经过阶段氧化脱氢，然后再参与 SCR 反应。另外，钒是一种典型的多价态过渡金属元素，可形成+2 ~ +5 价不同类型的钒氧化物，这些氧化物在与 NO 接触时既有氧化反应又有还原反应发生，在经历了扩散、吸附、反应以及产物的解吸、扩散后完成脱硝过程。

5.3.2.3 常见钒钛系脱硝催化剂

V_2O_5/TiO_2 催化剂：锐钛型 TiO_2 因具有很强的抗硫中毒能力和良好的微孔结构，被广泛用作载体负载其他氧化物制备 SCR 催化剂。朱崇兵等制备的蜂窝状 V_2O_5-WO_3/TiO_2 脱硝催化剂比表面积大、机械强度较好、NO 脱除率较高、选择性好，NH_3 逃逸量及 SO_2 氧化率均能达到商业要求。沈岳松等研究表明，锆掺杂可以稳定锐钛矿晶型，细化晶粒，改变催化剂的结晶形貌，增强固体酸性，从而优化 Ti-Zr-V-O 复合催化剂的脱硝性能，NO 转化率提高了 17.3%。引起 V_2O_5/TiO_2 中毒的主要是烟气中的飞灰、SO_2、H_2O 以及重金属等。国内外研究证明，烟气中的碱金属氧化物能与 V_2O_5 的活性酸性位结合导致催化剂中毒，明显降低 V_2O_5/TiO_2 脱硝活性，缩短使用寿命。因此了解碱金属对催化剂性能的影响，分析中毒机理，对于提出催化剂的抗中毒方案、延长寿命和节约运行成本具有重要意义。

V_2O_5/SiO_2 催化剂：SiO_2 是一种化学性质稳定的酸性氧化物。天然的硅藻土已经成功用于硫酸钒催化剂生产，化学合成的 SiO_2 具有更多的空隙和比表面积，更适合用于催化剂载体。Kobayashi 等制备了 TiO_2-SiO_2 复合氧化物载体，与纯 TiO_2 载体相比，发现 SiO_2 的加入提高了载体比表面积、总孔容和平均粒子尺寸等性能，促进了 V_2O_5 的分散。催化剂 V_2O_5-WO_3/TiO_2-SiO_2 具有更好的活性温度窗口和更强的表面酸性，对 NH_3 的吸附增强，在 280～350℃时，脱硝率可达到 98%。徐云龙等采用 H_2-Ar 还原性气氛烧结 V_2O_5/SiO_2 催化剂，显著提高了 V_2O_5/SiO_2 催化剂脱硝活性。

V_2O_5/碳基材料催化剂：近年来，国内外学者尝试以活性炭（AC）、活性炭纤维（ACF）、碳纳米管（CNTs）和活性炭成型物等碳基材料作为载体负载 V_2O_5 制备碳基催化剂。目前，除 AC 负载 V_2O_5 有工业化样品外，其余都处在实验室研发状态。Lázaro 等发现 V_2O_5 能促进煤质活性炭的脱硝活性。Zhu 等研究表明，随温度升高，V_2O_5/AC 脱硝活性显著优于活性焦自身，有望成为新一代烟气污染物排放控制技术的核心催化剂。肖勇等深入研究了 V_2O_5/AC 催化剂的脱硝行为，认为 V_2O_5 是 SCR 反应活性中心，NH_3 只有经 V_2O_5 活化后才能还原 NO。García 等发现催化剂一旦失活，通过适当工艺处理可逐渐恢复活性。在中毒机理方面，张先龙等研究了燃煤烟气中碱金属对 V_2O_5/AC 脱硝性能的影响，结果是 K_2O 和 K_2SO_4 的引入均导致催化剂的失活，明显抑制了 NH_3 在催化剂上的吸附。另外，经过处理后的 ACF 负载催化剂在相对低温条件下对 NO_x 的还原具有较高的催化活性。因此，活性炭纤维基催化剂有望实现低温脱氮，显示出广阔的应用前景。

5.3.2.4 钒钛系脱硝催化剂的发展前景

近年来，国内外对烟气脱硝技术进行了大量的研究工作，基于 V-Ti 系催化剂的 SCR 脱硝工艺因技术成熟和脱氮效率高等特点，已成为发达国家固定源 NO_x 脱除的主流工艺。随着世界各国环保排放标准的日益严格，对烟气治理技术用催化剂的化学选择性和活性等提出很高的要求。诸如纳米催化剂等新型高效脱硝催化剂的开发利用将产生比现有催化剂更好的效果和巨大的经济效益。

5.3.3 钒酸铋光催化剂

5.3.3.1 概况

钒酸铋（$BiVO_4$）除了作为着色剂，它还具有光催化性能。具有白钨矿结构（单斜晶系）的 $BiVO_4$ 在可见光照射下表现出极好的催化活性，比典型的光催化剂 WO_3 具有更高制氧活性，在450nm 处的量子效率可以达到9%，这使得 $BiVO_4$ 在可见光催化领域的研究越来越受到重视。钒酸铋在接触太阳和荧光灯的光的时候能够促进化学反应，它能够杀灭大肠杆菌、金黄色葡萄球菌、肺炎克雷伯氏菌、绿脓杆菌、病毒等。除此之外，钒酸铋也被应用到办公或家居环境中，分解空气中的有机化合物及有毒物质，如苯、甲醛、氨、TVOC 等，起到净化空气的作用。钒酸铋不仅能加速化学反应，亦能运用自然界的定律，不造成资源浪费与形成附加污染，这是符合低碳经济发展需求的。

5.3.3.2 制备工艺

为了提高 $BiVO_4$ 的光催化效率，很多研究者用不同的方法合成了各种形貌和结构的 $BiVO_4$。制备 $BiVO_4$ 的方法很多，如金属醇盐水解法、化学浴沉积法、金属有机分解法、超声波辅助法、高温固相反应法、纳米塑形法及溶胶凝胶法等。但是目前国内最常用的就是共沉淀法、水热合成法和固相法。

共沉淀法是把可溶性的金属盐类按一定比例配成溶液，调节溶液的浓度和 pH 值等条件，加入合适的沉淀剂使金属离子沉淀下来，然后再对沉淀物进行固液分离、洗涤、干燥以及加热分解从而制得粉末产品。孙占国等以分析纯 $Bi(NO_3)_3 \cdot 5H_2O$ 和 NH_4VO_3 为主要原料，利用直接沉淀法制备了 $BiVO_4$。其制备过程见图 5-9。

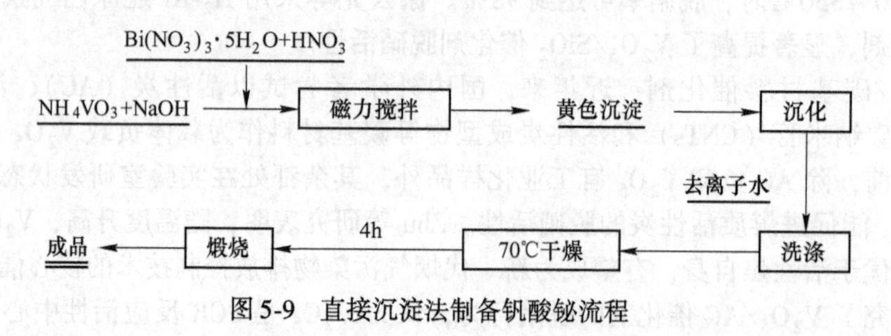

图 5-9 直接沉淀法制备钒酸铋流程

水热合成法是指在密闭反应器（高压釜）中在高温高压条件下制备无机材料的一种软化学方法。陈颖等以 $Bi(NO_3)_3 \cdot 5H_2O$ 和 NH_4VO_3 为主要原料，用水热合成法制备出 $BiVO_4$。其制备过程见图 5-10。用 X 射线衍射、傅里叶红外、紫外-可见吸收光谱、比表面积等表征手段对制备的产品进行分析，得出结论：pH 值为 9，反应时间 7h，反应温度 200℃为适宜的合成条件。通过水热合成的 $BiVO_4$ 已生成理想的晶相，且达到适宜结晶水平，无须焙烧处理。

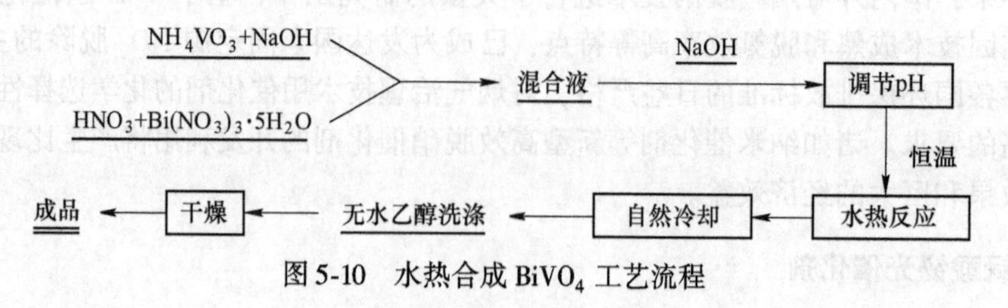

图 5-10 水热合成 $BiVO_4$ 工艺流程

固相法是通过固相反应制取钒酸铋光催化粉末，制备的钒酸铋样品颗粒为条状、粒状，颗粒表面规整，晶形较好，钒酸铋的禁带宽度为 2.25eV。具体过程见图 5-11。

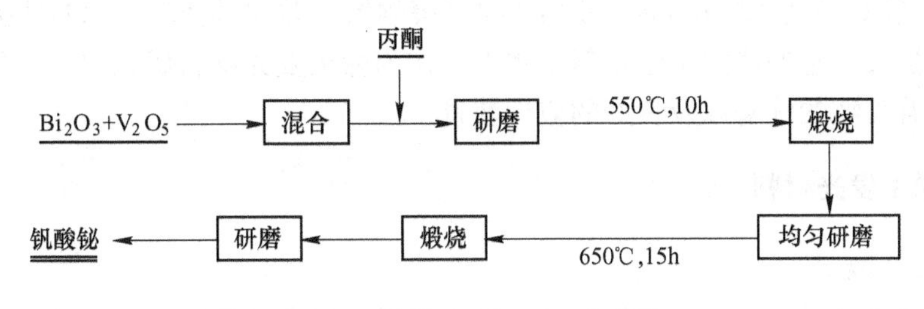

图 5-11 固相法制备钒酸铋工艺流程

这三种方法各有各的优点，共沉淀方法的优点是溶液成核快、易控制、样品纯度高、工艺设备简单、容易实现工业化生产，因此广泛用于制备窄带隙半导体光催化剂；水热合成法常用于粉体的制备，而它的优点是：结晶完好、分散性好、纯度高、粒度分布窄等，还可以通过调节反应条件来达到形貌可控；固相法有其固有的缺点，如能耗大、效率低、粉体不够细、易混入杂质等，但是优点也很明显，该法制备的粉体颗粒无团聚、填充性好、成本低、产量大、制备工艺简单。

钒酸铋基光催化材料在可见光下的光催化活性虽然较传统催化剂 TiO_2 有显著提升，但是由于其量子效率较低，因此离工业化应用仍有较远的距离。目前，大多数研究主要通过改变化学合成工艺参数、金属及非金属离子掺杂和无机化合物复合等手段来提高钒酸铋材料光催化剂的光催化效率，已取得了一些有意义的研究成果，但对其光学性能、能带结构以及降解机理仍需要进一步研究。

问题讨论： 1. 从晶体结构和特性分析五氧化二钒具有催化活性的原因。
2. 试比较共沉淀法、水热合成法、固相法制备钒酸铋催化剂的优劣。

5.4 含钒发光材料

学习目标	1. 掌握钒稀土发光材料的发光机理及制备方法； 2. 了解碱金属偏钒酸盐荧光材料	
能力要求	1. 能阐述钒酸钇基稀土发光材料的发光机理； 2. 能对掺铕钒酸钇的制备方法进行对比分析； 3. 具有独立思考和自主学习意识，并能开展讨论，逐渐养成终身学习的能力	
重点难点预测	重点	钒稀土发光材料的发光机理及制备方法
	难点	钒酸钇基稀土发光材料的发光机理
知识清单	钒酸钇基稀土发光材料的发光机理、掺铕钒酸钇的制备方法、碱金属偏钒酸盐荧光材料	
先修知识	材料科学基础、无机材料合成原理	

发光材料作为一种重要的功能材料，已经被广泛地使用在生产生活的各个领域，其中稀土原始发光材料因其特殊的电子构造，在发光领域有着巨大的潜力，也是人们研究的热点之一。稀土元素发光材料有着优越的性能，颜色鲜艳，余辉时间较长，已广泛应用于显

示显像、新光源、X 射线增感屏、核物理探测等领域，并向其他高技术领域扩展。随着其应用的不断扩展，它的研究价值也越来越大。作为稀土发光材料研究的一个分支，钒稀土发光材料有着独特的优势以及良好的应用前景。

5.4.1 钒稀土发光材料

5.4.1.1 概况

钒稀土发光材料包括钒化合物基稀土发光材料和钒离子掺杂稀土发光材料。我国钒和稀土资源丰富，稀土资源储量世界第一，四川省攀西地区钒钛磁铁矿中钒储量占世界第 3 位，有着发展钒稀土发光材料独特的资源优势。

钒酸钇（YVO_4）是一种非常著名的基质晶体，掺杂稀土离子可以制备出优良的红光材料，作为一种红色发光粉，YVO_4 用于彩色电视、阴极射线管及高压汞灯中已有很长的历史，当用紫外光激发时其光致发光效率可高达 70%。

YVO_4 通过掺杂不同的材料，可以实现不同波长的光谱发射。国内外科研工作者分别以 YVO_4 为基质晶体，合成了 YVO_4：Eu^{3+}、YVO_4：Dy^{3+}、YVO_4：Tm^{3+}等新型荧光材料，其中掺铕钒酸钇晶体的红光发射研究得最多。

5.4.1.2 钒酸钇基稀土发光材料的发光机理

钒酸钇基稀土发光材料的发光机理可能是 YVO_4 本身在 254nm 紫外光的激发下有微弱的发光，掺入稀土离子后产生了有效的 Eu^{3+} 的 f-f 电子组态间跃迁的红色辐射。

VO_4^{3-}吸收能量并传递后，将能量有效地传递给了发光中心 Eu^{3+}上，Eu^{3+}吸收能量后，4f 电子从低能级跃迁到高能级；随后又从高能级以辐射的方式跃迁至低能级，从而发出红光。

掺钕钒酸钇（Nd：YVO_4）晶体是一种性能优良的激光基质晶体。YVO_4 为四方晶体，锆石英结构，属正单轴晶体。YVO_4 晶体中的 Y 离子部分被 Nd 取代（Nd 以+3 价的离子形式存在）而形成 Nd：YVO_4。Nd：YVO_4 晶体具有大的双折射（在 1064nm 处，n_o = 1.958，n_e = 2.168），并且其 a 轴切割时光吸收和辐射具有明显的偏振依赖性，最强吸收和最强辐射均发生在 π 偏振方向（$E/\!/c$ 轴），因此非常有利于偏振输出。

Nd：YVO_4 晶体的能级结构有两个吸收带分别位于 880nm 和 808nm 附近，分别对应于从$^4I_{9/2}\rightarrow{}^4F_{3/2}$ 和$^4I_{9/2}\rightarrow{}^4F_{5/2}$ 的跃迁。其中最重要的也是最强吸收带为 808nm 附近的一个峰值，波长为 808.7nm，吸收带宽约为 20nm（远宽于 Nd：YAG 的 4nm），而且吸收截面大，这非常有利于 LD 泵浦，因为其宽度远大于 LD 的谱宽，即使因温度的漂移导致的 LD 发射波长的改变也不会显著地影响泵浦效应。

此外，吸收系数随着 Nd 离子掺杂浓度的增加而增大。用 808nm 附近的 LD 泵浦 Nd：YVO_4 晶体，将粒子从基态激发至能级$^4F_{5/2}$，因为该能级的寿命极短（约为 0.1ns），所以粒子通过无辐射跃迁快速地弛豫至能级$^4F_{3/2}$。能级$^4F_{3/2}$ 是一个亚稳态（寿命约为 0.1ms），因此易于实现布居反转。

处于能级$^4F_{3/2}$ 的粒子跃迁至低能级，主要有四条发射谱线：$^4F_{3/2}\rightarrow{}^4I_{15/2}$、$^4F_{3/2}\rightarrow{}^4I_{13/2}$、$^4F_{3/2}\rightarrow{}^4I_{11/2}$、$^4F_{3/2}\rightarrow{}^4I_{9/2}$，相应的发射波长分别为 1839nm、1342nm、1064nm、914nm。其中 1064nm 谱线的发射截面最大（$20\times10^{-19}cm^2$，约是 Nd：YAG 相应波长的 7 ~

8倍)，是最强的一条谱线，占绝对优势，因而增益最高。不过其谱线宽度为0.8nm，略宽于Nd：YAG的0.6nm，1342nm次之（发射截面为$6\times10^{-19}cm^2$），1839nm和914nm最弱。

Nd：YVO_4晶体基态的Stark分裂仅有439.0cm^{-1}，相当于室温下热能的约20%，因此914nm的跃迁可以被看作准三能级系统中的跃迁。相反其他三条谱线的跃迁则是典型的四能级系统。同时其光-光转换效率高，最高的斜效率达72%。其良好的机械物理性能和对温度好的稳定性，使其在众多应用领域包括光隔离器、环行器、光分束器及格兰系列偏光器等偏振光学器件中，钒酸钇可替代方解石及金红石等双折射晶体。但缺点是热传导性较差，适合于中小功率激光器。

5.4.1.3 掺钕钒酸钇（Nd：YVO_4）晶体的制备方法

掺钕钒酸钇（Nd：YVO_4）晶体是一种性能优良的激光基质晶体，是中、小功率全固态激光器的首选材料，它广泛应用于激光通讯、激光测距、激光印刷、卫星测量、导航等各个领域，通常采用高纯掺钕钒酸钇（Nd：YVO_4）原料通过提拉法生长出ϕ30mm×40mm～ϕ35mm×40mm的优质大尺寸单晶。固相和液相合成法是合成钒酸钇（Nd：YVO_4）原料最多的方法，掺钕钒酸钇晶体合成的原料是Nd_2O_3、Y_2O_3、V_2O_5，按化学式$Nd_xY_{1-x}VO_4$配料合成，式中x为Nd^{3+}掺杂的浓度，一般$0\leqslant x\leqslant0.06$。

A 固相合成法

固相合成Nd：YVO_4晶体原料前，初级原料NH_4VO_3、Y_2O_3一般都要先提纯。NH_4VO_3提纯后要在500℃下氧气氛或大气中彻底分解成V_2O_5。为除去草酸根等杂质，Y_2O_3提纯后也要在1200℃下灼烧一天。为保证原料的纯度和称样的准确性，初级原料必须进行彻底分解和灼烧。此外固体配料混料的均匀性也是不可忽视的。用水把混好的料调匀，再压片，烘干，然后在保纯炉中在适当的温度下烧结8h。固相合成Nd：YVO_4晶体原料工艺过程见图5-12。

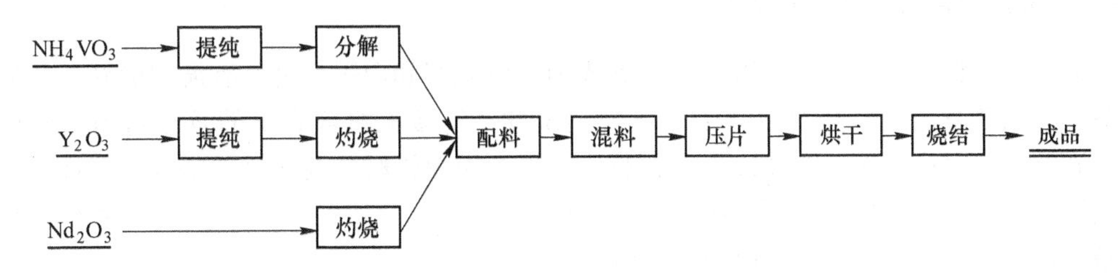

图5-12 固相合成Nd：YVO_4工艺流程

B 液相合成法

由于固相合成法合成需要在高温下长时间烧结，能耗大。王国富等采用液相法合成Nd：YVO_4原料，特殊温场、籽晶激光对中和分阶段气氛控制等创新晶体生长工艺，结合其他的晶体生长工艺，建立了液相合成规范化工艺，采用较低成本和纯度的原料，合成出高纯、准确配比原料，大大降低了生产成本。并且很好地解决了晶体中开裂、多晶、解离、水波纹、包裹、散射等缺陷和掺Nd离子浓度分布严重不均问题，生长出大尺寸、高质量的掺钕钒酸钇激光晶体。其液相合成Nd：YVO_4原料的工艺流程见图5-13。

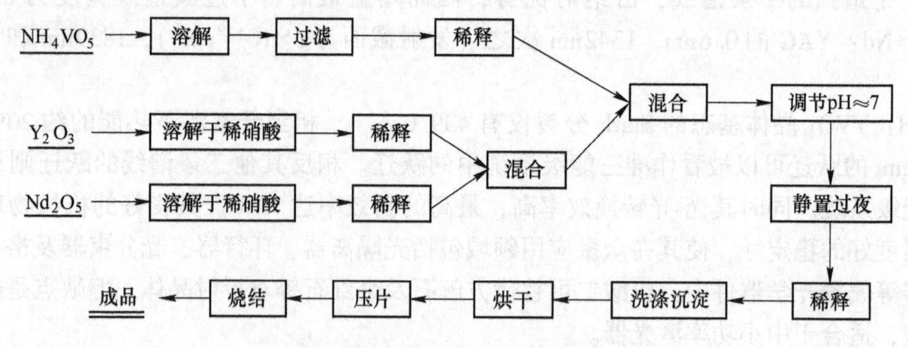

图 5-13　液相合成 Nd：YVO_4 工艺流程

该流程按配料比例分别准确称取 NH_4VO_3、Y_2O_3、Nd_2O_3，其中 NH_4VO_3 称量是由 NH_4VO_3 分解成 V_2O_5 的收得率计算得到。把 Y_2O_3、Nd_2O_3 分别溶解于适量约90℃的稀硝酸中，将 NH_4VO_3 用适量约 90℃ 的蒸馏水溶解然后过滤。分别用热水稀释 NH_4VO_3、$Y(NO_3)_3$ 且浓度调到一致。把经溶解过滤后的 NH_4VO_3 溶液倒入装有搅拌器和 pH 计的塑料桶中，在适当的温度下边搅拌边加入 $Y(NO_3)_3 + Nd(NO_3)_3$ 的混合溶液，同时用1：1 的氨水调节 pH≈7，这时生成的白色沉淀即为钒酸钇，反应完成后把 pH 值稳定在7，静置过夜，第二天离心并用蒸馏水洗涤沉淀，烘干、压片后在保纯炉中烧结 8h，即得到可用于生长 Nd：YVO_4 晶体的原料。

固相合成法需要对原料进行预纯化，能耗高，成本高，所得 Nd：YVO_4 原料纯度高，但均匀性不易控制。市售 NH_4VO_3 纯度一般在 98%，主要杂质为 Cr、Si、Al 等。主要是因为现有的工艺流程是采用高密度沉钒和高浓度碱沉，反应较剧烈，晶粒快速长大过程中将杂质包裹在内造成。采用液相合成法生产 Nd：YVO_4，成本更低、产品纯度更高、掺杂更均匀。

5.4.2　碱金属偏钒酸盐荧光材料

近几年，白光二极管（LED）已发展成为继荧光灯和白炽灯之后有潜力的新一代照明光源。为制备发光效率高的白光 LED，人们研发了许多无机或有机的发光材料。然而有机发光材料的寿命较短。在众多发光材料中，碱金属偏钒酸盐荧光材料展现出了优异的发光性能。1957 年，偏钒酸盐作为宽带发射的荧光粉被首次报道，其发射光波长在 400～700nm 的可见光范围内，相较于稀土钒酸盐等其他种类的荧光粉，碱金属偏钒酸盐具有发光效率高、发光亮度高、光学带隙为 2.67eV、制备温度低的优点，可用作发光与显示器材料。

图 5-14 示出了偏钒酸铷（$RbVO_3$）的晶体结构。$RbVO_3$ 的 VO_4 四面体不是孤立的，而是由两个角上的氧原子彼此连接成一维长链，一维的 VO_4 链呈二维平面排列，VO_4 层和 Rb 阳离子层沿着 a 轴交替堆叠。

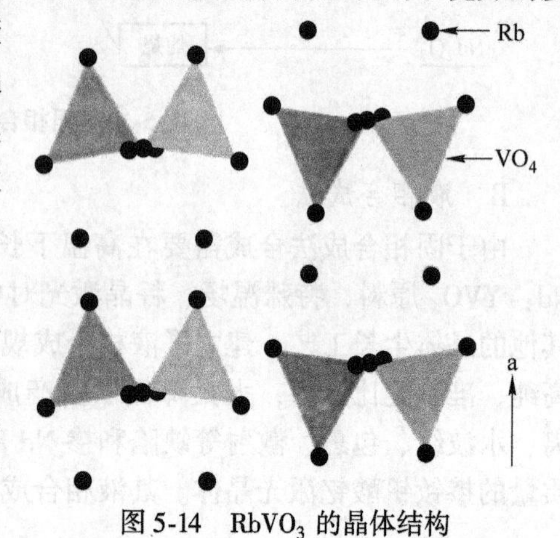

图 5-14　$RbVO_3$ 的晶体结构

$RbVO_3$ 一般用硝酸铷、偏钒酸铵和柠檬酸采用杂化前驱体的合成方法获得。

问题讨论： 1. 简述钒酸钇基稀土发光材料的发光机理。
2. 比较固相合成及液相合成 Nd：YVO_4 工艺。

5.5 含钒颜料

学习目标	掌握钒酸铋、钒钼酸铋、钒酸铋示温颜料，钒锆蓝等含钒颜料的性能以及制备工艺	
能力要求	1. 掌握钒酸铋、钒钼酸铋、钒酸铋示温颜料，钒锆蓝等含钒颜料的性能以及制备工艺； 2. 具有自主学习意识，能开展自主学习、逐渐养成终身学习的能力； 3. 能够就某种含钒颜料的生产工程问题进行设计或分析	
重点难点预测	重点	钒酸铋、钒钼酸铋、钒酸铋示温颜料，钒锆蓝等含钒颜料的性能以及制备工艺
	难点	钒酸铋、钒钼酸铋、钒酸铋示温颜料，钒锆蓝等含钒颜料的性能以及制备工艺
知识清单	钒酸铋、钒钼酸铋、钒酸铋示温颜料，钒锆蓝	
先修知识	材料科学基础、新能源材料与技术	

5.5.1 钒酸铋黄颜料

由于传统的黄色颜料铬酸铅、镉黄等含有铬、铅、镉等重金属，有毒性，在环保要求越来越严格的情况下，许多国家已经禁止使用。钒酸铋黄色颜料是环保型颜料，可作为镉黄的替代品。钒酸铋具有优良的颜料性能，用于塑料、橡胶、陶瓷、油漆、印刷油墨等方面，尤其在黄色汽车漆、汽车修补漆、高级建筑涂料方面应用。

铋黄的合成方法可分为固相法（球磨法、直接煅烧法）及液相法（沉淀法、悬浮液法、水热法、化学浴沉淀法、金属有机物分解法、微波辅助加热法、络合法等）。固相法过程简单、成本相对较低，但颜料品质的可控性较差，所得产物的粒径较大且粒度分布不均。液相法的操作方式灵活多变，可以通过调节不同的反应条件，得到不同品质的产品，对产品的掺杂处理也比固相法简单，弥补了固相法的不足。另外，微波、溶胶-凝胶法制备技术的兴起将进一步拓展液相法在铋黄制备领域的应用。因此，铋黄颜料的制备研究多集中于以水热法及共沉淀法为主的液相法。

人们从 20 世纪 70 年代就开始关注铋黄的研制，发展至今，其制备工艺众多，产品质量良好，是传统铬黄、镉黄等有毒颜料的理想替代品。因此，铋黄颜料有着广泛的市场前景。但是，用于制备铋黄的原料价格较高，且颜料的品质存在一定不足（如不耐高温），为铋黄颜料的大规模工业化生产增加了难度。近年来，众多研究者希望通过对其进行改性处理来获得品质更优、价格低廉的铋黄颜料，其研究可归类为如下几方面：

（1）包核型铋黄颜料的制备。颜料实际发挥作用的只是其粒子外表面，其内核并未发挥作用。因此，若用低成本的无机内核来取代占颜料 30% ~60% 体积的内核部分，在核外包覆足够厚度的钒酸铋，将大大降低铋黄的生产成本。

（2）铋黄颜料的掺杂改性研究。为改善铋黄颜料的耐光性、耐候性等，可在制备颜料时向钒酸铋中添加 Li、Mg、Zn、Ag 及某些稀土元素等。

（3）铋黄颜料的表面改性研究。单纯的钒酸铋不耐高温，将其煅烧至600℃以上时其颜色会变深甚至变黑。因此，对钒酸铋进行表面包覆，在其表面形成耐高温的包覆层，使之能够用作陶瓷颜料。

5.5.2　钒钼酸铋黄颜料

将硝酸铋、偏钒酸铵或偏钒酸钠和钼酸钠溶解于硝酸中，用氢氧化钠处理，直到细小胶体颗粒析出。随后洗涤干燥得到无定型物质。将固体在600℃煅烧，失去5%的水，得到双相钒酸铋与钼酸铋结晶。通常再经湿磨、过滤、聚集体解磨。所得产品为平均直径0.25mm的球形颜料颗粒。

5.5.3　钒酸铋示温颜料

将 Bi_2O_3 和 V_2O_5 以化学剂量混合，650℃煅烧12h，750℃煅烧12h，得到 $BiVO_4$。我国采用分析纯 Bi_2O_3 和 V_2O_5 按铋钒原子比1∶1煅烧，制得 $BiVO_4$ 示温材料，室温呈黄色，120℃呈橙色，200℃呈红色，耐热临界点750℃。稳定性：不溶于水、碱、乙醇；安全性：对人无毒。

将 Bi_2O_3 和 V_2O_5、$Mg(OH)_2$、CaO 混合，按上述类似工艺制得 $BiVO_4$-0.1MgO 和 $BiVO_4$-0.1CaO。它们比单纯的 $BiVO_4$ 好，具有可逆性。25℃呈黄色或亮黄色；140℃呈橙红色；350℃呈橙红色到粉红色，但没有明确的转变温度。$BiVO_4$-0.1MgO 和 $BiVO_4$-0.1CaO 的开始熔融温度分别为844℃和853℃。

5.5.4　钒锆蓝色料

钒锆蓝是锆基陶瓷釉用的色料，广泛用于卫生陶瓷、日用陶瓷和搪瓷工业中。显色稳定，高温稳定性好，颜色鲜艳，耐化学腐蚀，能与许多其他种类色料混合配色，应用广泛。能产生蓝、绿、黄色，作为蓝色着色剂。

钒锆蓝颜料的制备方法也有固相法及液相法之分，其中，固相法主要为高温煅烧法，液相法包括水热法、沉淀法、溶胶-凝胶法等。以 ZrO_2、SiO_2 为基础原料，采用固相反应法制备出的钒锆蓝颜料，由于使用提炼的 ZrO_2 为原料，使其价格成本高，能耗大。以锆英矿为原料，采用水热法制备锆系陶瓷颜料的方法则可有效降低成本。

由于 ZrO_2 作为制备钒锆蓝颜料的原料，其价格昂贵，使得钒锆蓝颜料的成本增大，故很多研究者一直在探索用较便宜的锆英砂直接合成钒锆蓝颜料。有关该方面的研究目前可大致分为三类：（1）化学分解法制备钒锆颜料。即将锆英砂及其他原料经碱溶、酸处理后再合成钒锆蓝颜料。（2）通过高温热分解法制备钒锆颜料。将锆英砂细粉送入6000K以上的高温等离子体环境中，使其发生热分解得到中间产品PDZ，利用PDZ为原料制备出钒锆蓝颜料。（3）研究钒锆蓝颜料的反应机理、在釉中的呈色机理及钒锆蓝颜料中钒的价态等，为新型制备技术提供理论支撑。

5.5.5　玻璃和油漆

在玻璃中添加五氧化二钒（0.02%）可消除对眼睛有伤害和造成织物颜色褪色的高能超紫外线。钒也用于调黄绿色玻璃，而添加氧化钒和氧化铯混合物可制得绿玻璃，用于测量UV辐射强度。

加利福尼亚Pasadena的喷气推进试验室开发的干凝胶型玻璃，在一定的环境污染下能改变颜色。这种玻璃含有氧化钒，在通常条件下为粉红色，与硫化氢接触后，干凝胶变为琥珀色，在氨水中转变为浅黄色，在甲酸中为褐绿色，在醋酸中为中绿色，在氢气中为紫色。这种玻璃做成凝胶形式，然后干燥，在材料表面留下细孔，当不同物质的分子进入细孔时，与氧化钒反应，缓慢改变材料结构，改变玻璃反射光和颜色。

氧化物和偏钒酸盐用于生产印刷油墨，可促使反应形成树脂黑涂料。添加钒酸铵可生产快干油墨。少量五氧化二钒也用于织物印花业，钒有助于氧化苯胺，得到较浓而不褪色的黑色染料。

5.6 新型钒基合金

学习目标	1. 了解钒合金的分类； 2. 掌握航空航天级钒铝合金的基本要求及钒铝中间合金的生产工艺； 3. 掌握钒基储氢合金储氢原理及其应用； 4. 了解钒基核防护结构材料的制备方法	
能力要求	1. 对钒合金的分类及用途有初步了解； 2. 清楚航空航天级钒铝合金的基本要求，并能对钒铝中间合金的生产工艺能进行对比分析； 3. 能清楚阐述钒基储氢合金储氢原理； 4. 了解钒基核防护结构材料及其制备方法； 5. 具有独立思考和自主学习意识，并能开展讨论，逐渐养成终身学习的能力	
重点难点预测	重点	航空航天级钒铝合金的基本要求及钒铝中间合金的生产工艺、储氢合金的储氢原理
	难点	储氢合金的储氢原理、钒基核防护结构材料及其制备方法
知识清单	钒铝合金、钒基储氢合金、钒基核防护结构材料	
先修知识	材料科学基础、无机材料合成原理	

按照含钒合金的应用及性能，可把含钒合金分为5类：

(1) 钢铁用钒合金：包括钒铁、钒铬铁、钒铬硅、硅钒铁等，主要用作炼钢的合金添加剂。

(2) 有色行业用钒合金：如钒铝合金、钒铝铁、钒铝钼、钒铝铬锡等，主要用于有色合金熔炼的添加剂。

(3) 含钒功能合金：如钒基储氢合金、钒基高磁性合金、钒基合金靶材等。

(4) 钒基核防护结构材料：如V-5Cr-5Ti、V-4Cr-4Ti、V-6W-1Ti、V-6W-4Ti、V-4Cr-4Ti-0.15Y等。

(5) 高含钒冷作模具钢、高含钒轴承钢、硬质合金等含钒量较高的超高强、超硬类工具用高含钒钢材。

本教材重点介绍钒铝合金及钒基核防护材料用合金。

5.6.1 钒铝合金

5.6.1.1 概述

金属钒与铝是钛合金中的关键元素，特别是在航空领域里钛合金应用广泛。钛合金中的钒有强化合金的作用，加入一定比例的钒时，合金具有良好的延展性、耐腐蚀性、成形性等优良的性能，因此被广泛应用于军工、航空航天、核能材料及民用等领域，其中以TC4（Ti-6Al-4V）为最具代表性合金，钒铝是制造钛合金的合金添加剂（中间合金），也可炼制不含铁的超合金和纯钒原料。钛合金中的Ti-6Al-4V（TC4）是应用最多的合金，它是用含钒48%、54%或65%的钒铝合金生产的。Ti-6Al-4V占世界钛合金材产量的50%；此外还有Ti-5Al-4V（TC3）、Ti-5Mo-5V-8Cr-3Al（TB2）、Ti-6Al-6V-2Sn-0.5Cu-0.5Fe（TC10）等。AlV85中间合金使用量很少，主要用于制造Ti-3.5Al-10Mo-8V-1Fe（TB3）、Ti-4Al-7Mo-10V-2Fe-2Zr（TB4）等高钒合金。

目前全球的钒铝合金大部分应用于航空航天领域，其消耗占70%以上。世界上钒铝合金生产企业主要有德国电冶金公司、美国战略矿物公司、美国雷丁合金公司等，其中德国电冶金公司和美国雷丁公司是国际上最大的钒铝合金提供商，两家航空级钒铝合金的市场份额占全球80%以上，产品质量居世界领先水平。国内早期生产钒铝合金的企业主要有宝钛集团和锦州铁合金厂，产品多以民用为主，但仍未实现高端钒铝的国产化。在未来10年内随着航空领域的发展，飞机零部件中钒钛合金的用量将骤增，特别是随着我国大飞机国产化计划的实施，对航空航天级钒铝中间合金产品国产化提出了急迫的需求，因此，航空航天级钒铝中间合金技术的开发已经成为研究的热点之一。

5.6.1.2 航空航天级钒铝合金的基本要求

钒铝合金与金属钛重熔制备含钒钛合金，其质量的优劣直接影响航空航天用钛合金的性能，为了达到所期望的宇航、航空工业钛合金的最佳性能，其关键之一是制备纯度高、成分均匀的钒铝中间合金。例如，杂质元素Fe在钛合金中具有较强的扩散能力，是Ti自扩散系数的$10^3 \sim 10^5$倍，在Ti中的扩散可能受离解扩散机制所控制降低合金本身的蠕变抗力，影响了钒钛合金性能，因此，为了改善高温钛合金的蠕变性能，需要严格控制原材料如海绵钛和中间合金中杂质元素Fe。此外，钒铝合金中的杂质O、C、N等杂质也对钛合金的很多性能造成不同程度的影响。例如，在增加O、Fe的含量的基础上，进一步增加N含量，TA15钛合金室温拉伸强度继续提高，但500℃高温强度变化不大，而塑性和室温冲击韧性下降。高温合金中的氮是作为微量杂质元素存在的，氮以溶解态或作为氮化物或碳氮化物存在，由于氮的原因促使在晶界上铝和钛偏析，导致晶界硬化。在一定的碳含量的情况下，增加氮含量也导致碳氮化物这样的脆性相增加，从而降低了高温合金的塑性。因此制备航空航天级钒铝合金需要严格控制杂质N、C等杂质的含量。

不同牌号的钒铝合金中的钒含量有着明显的差异，表5-2为一些国家生产的主要钒铝合金的牌号及主成分含量。

表 5-2 不同牌号的钒铝合金主要成分 (%)

厂家	编号	V	C	Si	Fe	O	Al
德国 GFE 工业标准 DIN1756	V80Al	85	0.10	1.00			15
	V40Al	40	0.10	1.00			60
	V40Al60	40~45	0.10	0.30			55~60
	V80Al20	75~85	0.05	0.40			15~20
美国战略矿物公司	65VAl	60~65					34~29
	85VAl	82~85					13~16
中国 GB 1985-04-17	AlV55	50~60	0.15	0.30	0.35	0.20	余量
	AlV65	60~70	0.20	0.30	0.30	—	余量
	AlV75	70~80	0.20	0.30	0.30	—	余量
	AlV85	80~90	0.30	0.30	0.30	—	余量

我国钒铝合金市场中以 AlV55、AlV65 应用最为广泛，AlV55 中间合金主要应用在军工级民用钒钛合金中，而 AlV65 中间合金主要应用在航空航天钛合金中。但目前所使用的 AlV65 中间合金基本以进口为主，这主要是因为目前国内生产 AlV65 钒铝合金的工艺中单炉产量低、各批次之间成分差异较大，无法保证中间合金的质量稳定，无法通过国际宇协认证，不能应用于航空航天领域。

5.6.1.3 钒铝中间合金的生产工艺

国外主要生产钒铝等中间合金的厂家有德国电冶金公司（GFE）、美国战略矿物公司（Strategic Minerls Corporation）子公司——美国钒公司、美国雷丁合金公司（Reading Alloys Inc）、俄罗斯的上萨尔达冶金生产联合公司（VSMPO）。

国内钒铝合金主要生产厂家有：宝鸡有色加工厂、凌海大业铁合金厂（生产钒铝合金）、锦州铁合金公司及攀钢集团公司。

铝热法生产钒铝合金有两种方法：一步法和两步法。只有德国 GFE 和美国钒公司采用两步法，国内和世界其他厂家均采用一步法。一步法中间合金的质量很难保证航空级的钛合金的质量要求。

钒铝合金生产主要是用钒氧化物和铝反应的铝热法生产的：

$$3V_2O_5 + 16Al = 6VAl + 5Al_2O_3$$

A 一步法

一步法是用铝热法生产的，见图 5-15。原料是五氧化二钒和铝，造渣剂是石灰，但是在真空炉内冶炼，用石墨作炉衬，中间夹层用不锈钢水冷套。对原料要求严格，比如五氧化二钒要事先于 60~80℃ 干燥，出去水分，经过仔细混合后，装入真空炉内；冶炼方法是上部点火，用镁条点燃，在稍负压条件下冶炼。冶炼后也要破碎到一定粒度，磁选。这种合金基本能满足一般钛合金要求。我国一步法的技术是西北有色金属研究院开发的。其他厂家的技术要更简单些，质量更差。美国雷丁合金公司也是采用一步法，在水冷的铜反应器内采用悬浮熔炼法冶炼 AlV 合金。一步法产品质量不如两步法，产品表面发灰、蓝、黄。

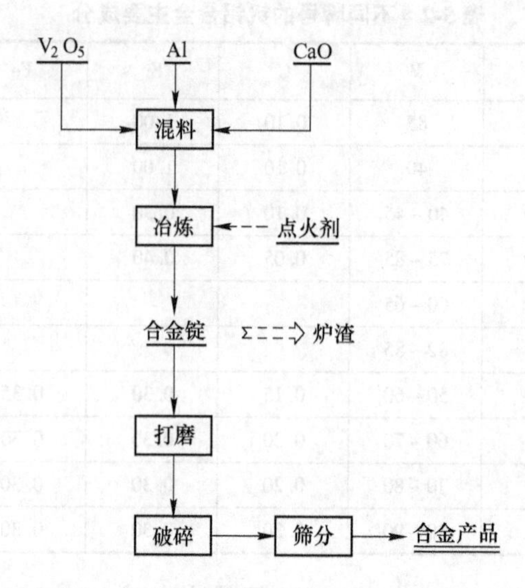

图 5-15　铝热法生产钒铝合金工艺流程

我国某厂采用真空自燃烧法生产钒铝合金，将 V_2O_5 置于烘箱内 80℃干燥，将 V_2O_5 与铝粉按比例在混料机内混匀后压制成块，然后置于石墨坩埚内（在真空反应器内），低真空下点火燃烧。反应完毕后冷却出炉，将钒铝合金打磨、喷砂、破碎、过筛，得到所需粒度的钒铝合金，经磁选、X 射线检验、物化检验得到符合要求的钒铝中间合金。合金的元素含量：O 为 0.06%，H 为 0.002%，N 为 0.02%，Fe 为 0.18%，Si 为 0.14%，C 为 0.03%，V 为 55.5% ~56.5%，合金密度为 3.9 ~4.1g/cm³，相结构为 Al_8V_5。

B　两步法

德国电冶金公司的航空、航天用的钒铝中间合金生产工艺流程是两步法。首先用铝热法生产含 V85%含 Al15%的中间合金（VAl85），然后在真空感应炉中熔炼出含 V 和 Al 各 50%的钒铝中间合金（VAl50），是用于生产航空用的钛合金 Ti6Al4V 的原料。其两步法工艺流程见图 5-16。

第一步用三氧化二钒和五氧化二钒与铝混合，炉料中加入过量的铝，以便生产出 VAl85 的合金（熔点 1827℃）。熔炼容器用非常纯的材料捣结制成。每炉大约可生产 1t。冶炼后块状钒铝要经破碎和精整，粉碎好的粒度为 30mm 的钒铝进入处理装置。

第二步在真空感应炉冶炼，对防止吸收氧气和氮气、非金属夹杂尤其是氧化物的去除是有效的。先将铝热法生产的钒铝合金聚集到 20t，考虑到各炉不同成分的金属块，根据情况分析，按要求补加纯铝（含铝 99.7%），在称量台上将所不足的铝量与 VAl85 合金调整钒铝比，混合后装入真空熔炼和铸造设备 VSG600 的装料器里。

在真空感应炉熔炼、1550℃，Al 的蒸气压很高，要在 2666Pa 压力的氩气氛下熔炼。得到 VAl50 合金，含氮氧量很低。

采取类似方法还可生产钒镍中间合金，其成分为：Ni 37% ~40%，V 57% ~62%，以及 VCrAl、MnV 等中间合金。

C　改进的生产工艺

由于原料和反应条件不同，产品质量有明显差异。目前国内现有钒铝合金技术只能生产出中、低端钒铝中间合金，主要应用于民用钒钛合金领域。在航空航天钒钛合金中所使用的钒铝合金仍需要依赖于进口，目前我国航空航天用钒铝合金生产技术尚处于研发阶段，这将严重制约我国航空航天钛合金的发展。如何制备出高标准的钒铝合金，以尽快实现航空航天用的钒铝中间合金国产化，已成为航空航天用钒铝中间合金制备技术研究的热点之一。

目前航空航天级钒铝合金的研究主要集中在两大方向：一是在根据少量的国外报道的两步法技术基础上进行探索，继续研究以铝热法和真空熔炼法相结合的方式制备高纯度钒铝合金的工艺技术；二是以辅助加热法制备钒铝合金的新技术，辅助加热法主要有微波辅助加热法和电极加热法，微波辅助加热法工艺流程见图5-17，电极加热见图5-18。虽然辅助加热法目前尚处于研究阶段，但是如果进一步通过模拟计算与实验相结合，计算出有效补热量，进而得到辅助加热最佳条件，最终得到扩大化生产的技术，有望成为航空航天级钒铝合金产业化技术。

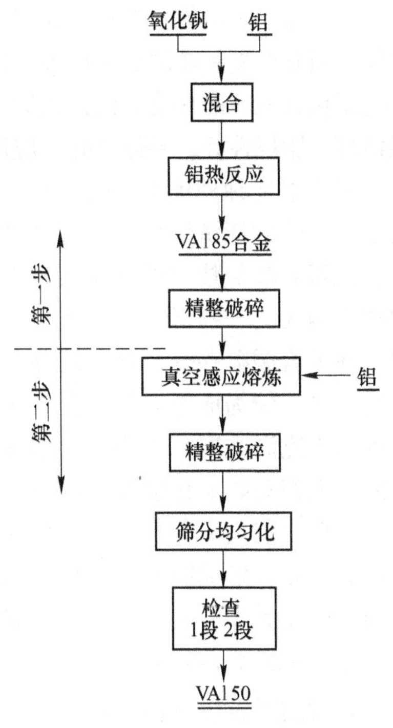

图5-16 两步法生产钒铝合金流程图

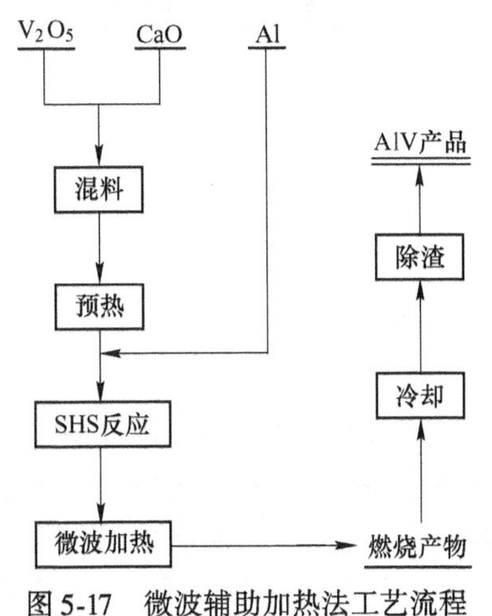

图5-17 微波辅助加热法工艺流程

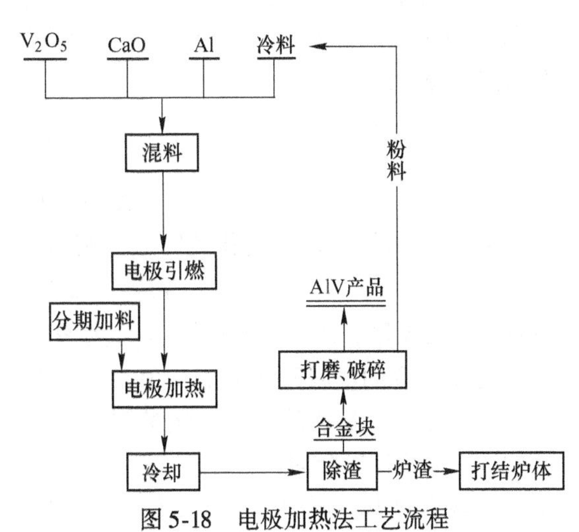

图5-18 电极加热法工艺流程

5.6.2 含钒贮氢合金

5.6.2.1 贮氢合金概述

贮氢材料是一种能够贮存氢与输送氢的材料，它在一定的温度、压力下可逆地吸收氢、释放氢，是一种集贮存能源和输送能源于一体的载体。

随着世界经济的发展和人口增长，对能源的需求也随之骤增，当今世界是以化石能源为主体，但化石能源贮量有限，就石油资源估计，按现在的开采速度到2050年将消耗殆尽。另一方面，化石能源的广泛使用已造成全球生态环境污染日益严重，温室效应使气候变暖；风、涝、干旱等自然灾害频繁发生，并且有越演越烈的趋势，严重影响了人类的生存和发展。因此开发新能源成为世界各国的当务之急，而氢能作为重要的新能源之一应运而生。在克服化石能源的缺陷方面，氢能正是人们所期待的新能源，具有来源广、无毒、清洁、发热值高、燃烧性好、导热性好、应用范围广、适应性强、可方便和其他能源转换等优点。

鉴于上述种种优点，随着科学技术的不断进步，氢能的应用将不在遥远的未来，21世纪下半叶的能源体系预计将是氢能和电能的混合体系，氢能系统包括氢源开发、制氢技术、贮氢和输氢技术以及氢的利用技术等，其中，贮氢是最关键的环节。氢气贮存有物理和化学两大类，物理贮存方法主要有：液氢贮存、活性炭吸附贮存、碳纤维和碳纳米管贮存、地下岩洞贮存等。化学贮存方法有：金属氢化物贮存、有机液态氢化物贮存等，目前研究较多、较为成熟的是金属氢化物贮存技术。自20世纪60年代后期荷兰菲利浦公司和美国布鲁克海文国家实验室分别发现了$LaNi_5$、TiFe、Mg_2Ni等金属间化合物的贮氢特性以后，人们对贮氢合金极为重视，世界各国都在竞相研究开发不同的金属贮氢材料，新型的贮氢合金层出不穷，性能不断提高，应用领域不断扩大。众多学者认为从保护环境、减少污染、充分发挥能源贮存和运输等诸多方面考虑，氢能是最理想的载能体，而且是充分利用太阳能时不可缺少的重要环节。

A　贮氢合金贮氢原理

a　吸放氢过程热力学

贮氢合金能吸收相当于自身体积1000倍左右的氢气，在室温附近能反复进行吸放氢，这较之液态氢能将体积相当于它800倍左右的氢气液化有利得多，很多金属都可与氢反应形成金属氢化物：

$$\frac{2}{x}M + H_2 \rightleftharpoons \frac{2}{x}MH_x$$

$$\Delta G^\ominus = \Delta H^\ominus - \Delta S^\ominus T$$

若M、MH_x、H_2都看作纯物质，则有：

$$\ln p_{H_2} = \Delta H^\ominus / RT - \Delta S^\ominus / R$$

式中，T为温度；R为气体常数；p_{H_2}为H_2分解压。

几乎所有的金属元素都能与氢反应，但反应一般有两种性质：一种是容易与氢气反应，吸氢量大，形成稳定的、强键型氢化物，同时放出大量的热（$\Delta H<0$），这类金属主要是ⅠA～ⅤB族金属，如Ti、Zr、Ca、Mg、V、Nb、RE等；第二种是金属与氢的亲和力小，氢在这些金属中的溶解度低，形成的氢化物为不稳定的弱键型，但氢容易在其中移动，这类金属主要是ⅥB～ⅧB族（Pd除外）过渡金属，如Fe、Co、Ni、Cr、Al等，氢和这些金属反应时为吸热反应（$\Delta H>0$）。通常把前者称为放热型金属，这些元素称为氢稳定型因素，控制着贮氢量，是组成贮氢合金的关键因素。后者称为吸热型金属，这些元素称为氢不稳定型因素，控制着吸放氢的可逆性，起着调节生成热和分解压的作用。

由于气体氢进入金属后氢的熵变值极小，熵变$\Delta S^\ominus$可近似看作气体氢在25℃时的熵即$\Delta S^\ominus_{298H_2} = 130kJ/(mol \cdot ℃)$，因此不同金属氢化物的稳定性（$\Delta G^\ominus$值）取决于反应的焓变$\Delta H^\ominus$的大小，$\Delta H^\ominus$越小则金属氢化物越稳定。$\Delta H^\ominus$值的大小，对探索不同目的的金属氢化物具有重要意义。做贮氢材料使用时，为提高能源利用率，$\Delta H^\ominus$值应该小，做蓄热材料用时，该值应该大。

金属与氢的反应，是由金属固溶体到氢化物的过程，金属与氢反应的相平衡可用图5-19所示的压力与组成的理想等温曲线（p-C-T）表示。

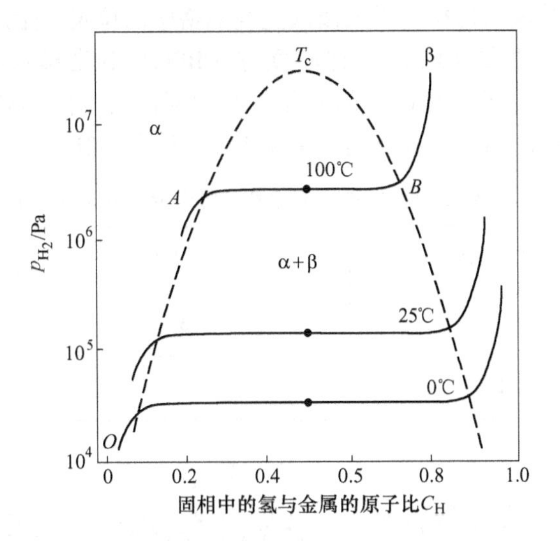

图5-19　理想吸氢等温曲线

整个吸氢过程分为三步进行，在某一温度（如图5-19中的100℃）下从0点开始，随氢压的增加，开始吸收少量的氢后，形成含氢固溶体（α）相，金属结构保持不变，溶于金属中的氢数量使其组成变为α，OA段为吸氢过程的第一步。其固溶度［H］$_M$与固溶体平衡氢压的平方根成正比：

$$[H]_M \propto p_{H_2}^{1/2}$$

A点对应于氢在金属中的极限溶解度，达到A点后，α相开始与氢反应生成氢化物（β）相，当继续加氢时，系统的压力不变，氢在恒压下被金属吸收，当所有α相都变成β相时，组成达到B点，α相消失。AB段为吸氢过程的第二步，此段曲线呈平直状，故称平台区，又称为两相互溶区，相应的平衡压力为平台压。其反应式如下：

$$2/(y-x)MH_x + H_2 = 2/(y-x)MH_y + Q \qquad (5\text{-}4)$$

式中，x为固溶体中的氢平衡浓度；y为合金氢化物中氢的浓度，且$y \geqslant x$；Q为放出的热量。

继续提高氢压，则β相组成会逐渐接近化学计量组成，氢化物中的氢仅有少量增加，属吸氢过程的第三步，氢化反应结束，氢压显著增加。

不同温度下，其p-C-T曲线的位置不同，从图5-19可见，温度越低，平台区越长，其吸氢量越大。

对于放氢过程，则是上述过程的逆过程，但由于氢反应前后金属晶粒大小、金属表面积、内部所受应力等变化很大，导致金属吸氢反应与放氢反应的吉布斯能变化的绝对值不相等，从而出现吸氢反应与放氢反应平衡氢压不相等的滞后现象。图5-20为吸放氢循环过程示意图，由图5-20可见，金属

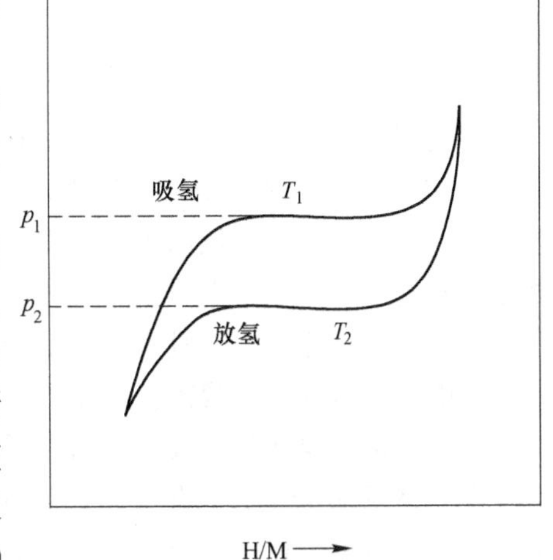

图5-20　吸放氢循环过程

吸放氢反应为气-固相反应，详细反应机理目前还处于探索阶段。

b　氢在金属中的存在形式

氢同金属反应形成氢化物相当于氢侵入金属晶格中的位置，金属晶格也就成了氢的容器。金属晶格只有面心立方（FCC）、体心立方（BCC）和密排六方（HCP）三种晶格。FCC 和 BCC 中，六配位的八面体晶格间的位置和四配位的四面体晶格间的位置是氢稳定存在的位置。金属晶格的晶格位置及其数量见表 5-3 和图 5-21。

表 5-3　金属晶格的晶格间位置与每个金属原子的位置数

晶体结构	FCC 晶格	BCC 晶格	HCP 晶格
八面体位置	1	3	1
四面体位置	2	6	2

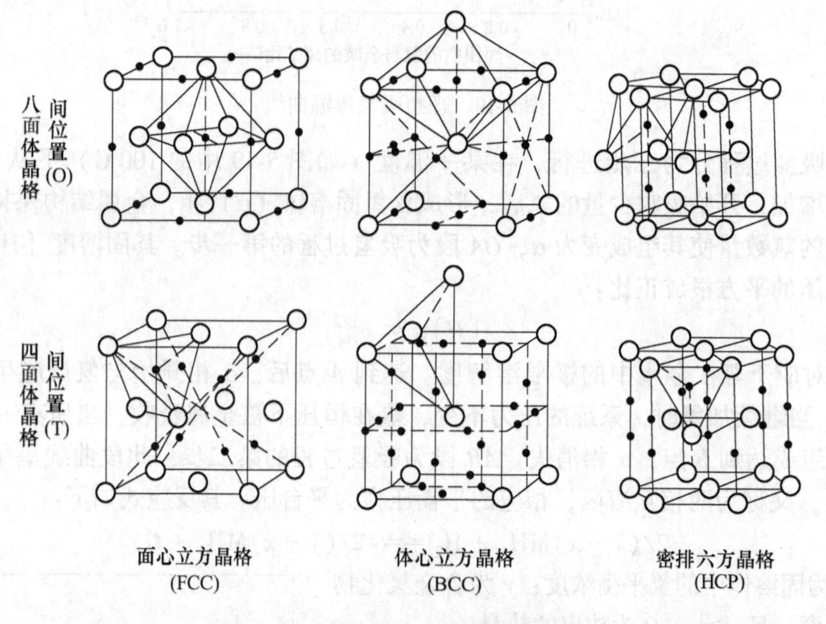

图 5-21　金属晶格中的晶格间位置

通过试验研究发现；存在这样一种倾向，当母体金属为 FCC 时，对于原子半径小的金属（如 Ni、Cr、Mn、Pd），氢进入八面体晶格间的位置（O）；在母体金属为 BCC 时（V、Nb、Ta），氢进入四面体晶格间的位置（T）；母体金属为 HCP 时，氢主要进入四面体晶格间的位置（T）；进入金属晶格中的氢不是在晶格中的某一点上固定不动，而是在其位置周围一定范围内随机运动。由于金属的晶格中有很多位置，能吸收大量的氢，而金属晶体中原子排列十分紧密，氢原子又进到该晶体间隙里，这就使氢也处于最紧密的填充状态。这就是金属能致密吸收氢的原因。做贮氢材料时，结晶中的氢原子数为金属原子的 1～2 倍。大多数金属在氢化反应过程中，其晶格要发生重排，产生与原金属晶格不同的结构。少数金属氢化后，金属晶格不变，生成离子型氢化物的金属，氢化反应时，发热量大，且体积收缩。氢原子在金属中有三种存在状态：一是以中性原子（或分子）形式存在；二是放出一个电子后，氢本身变为带正电荷的质子；三是获得多余电子后，变为带负电荷的氢阴离子。

B 贮氢合金的分类

贮氢合金最开始出现是二元合金，虽然后来相继出现三元以上的合金，但都是以发热型、形成稳定性氢化物的A型元素和吸热型、难以形成稳定氢化物的B型元素的组合。前者控制贮氢量，后者调节吸放氢速度、热效应、氢压等。按照原子比不同，它们构成AB_5、AB_2、AB、A_2B等4种类型，表5-4为目前开发的几种基本型AB合金的性质。

表5-4 主要吸氢合金及其氢化物的性质

类型	合金	氢化物	吸氢量（质量）/%	放氢压/MPa（温度）	氢化物生成热/$kJ \cdot mol^{-1} H_2$
AB_5	$LaNi_5$	$LaNi_5H_{6.0}$	1.4	0.4（50）	-30.1
	$LaNi_{4.5}Al_{0.4}$	$LaNi_{4.5}Al_{0.4}H_{5.5}$	1.3	0.2（80）	-38.1
	$MmNi_5$	$MmNi_5H_{6.3}$	1.4	3.4（50）	-26.4
	$MmNi_{4.5}Mn_{0.5}$	$MmNi_{4.5}Mn_{0.5}H_{6.6}$	1.5	0.4（50）	-17.6
	$MmNi_{4.5}Al_{0.5}$	$MmNi_{4.5}Al_{0.5}H_{4.9}$	1.2	0.5（50）	-29.7
	$CaNi_5$	$CaNi_5H_4$	1.2	0.04（30）	-33.5
AB_2	$Ti_{1.2}Mn_{1.8}$	$Ti_{1.2}Mn_{1.8}H_{2.47}$	1.8	0.7（20）	-28.5
	$TiCr_{1.8}$	$TiCr_{1.8}H_{3.6}$	2.4	0.2～5（-78）	—
	$ZrMn_2$	$ZrMn_2H_{3.46}$	1.7	0.1（210）	-38.9
	ZrV_2	$ZrV_2H_{4.8}$	2.0	10^{-9}（50）	-200.8
AB	TiFe	$TiFeH_{1.95}$	1.8	1.0（50）	-23.0
	$TiFe_{0.8}Mn_{0.2}$	$TiFe_{0.8}Mn_{0.2}H_{1.95}$	1.9	0.9（80）	-31.8
A_2B	Mg_2Ni	$Mg_2NiH_{4.0}$	3.6	0.1（253）	-64.4

C 贮氢合金的应用

（1）贮氢合金在能量转换中的应用。任何能源的使用，都要解决能量的贮存和运输问题，也就是解决能量的转换问题，将一次能源转化为二次能源才便于使用。目前的化石能源经过加工或处理后，有两种贮存和运输方式，一是按原有形式贮存，采用机械工具运输（汽车、火车、轮船、飞机等）。这种方式成本高，且不安全。二是转化为电能，通过输电线路运输。这种方式运输和使用虽然方便，但无法贮存。另外，正如绪论中所述，化石能源最终会退出历史舞台，取而代之的是太阳能、水能、原子能、海洋能、风能、地热能等，但这些能源的贮存和运输，没有化石能源方便，这就必须要有与之相匹配的二次能源转化系统。

贮氢合金在吸放氢的过程不仅是化学反应过程，同时还伴随吸放热和氢气压力的变化过程，这就可以将吸放氢的化学能和热能、机械能的转化联系起来。同时，如把吸放氢反应以电化学反应进行，可以实现化学能和电能的转化，利用贮氢合金与氢的可逆反应，就可以实现化学能与电能、热能、机械能的贮存和转化。虽然其他化学反应也有这些功能，但贮氢合金的可逆性好、速度快、反应热效应好，而且贮氢合金运输方便，且安全，可在甲地贮存，乙地使用。例如太阳能源、风能、海洋能、地热能通常都有地域性，而且风能、海洋能还不稳定，如通过空气压缩机将风能、海洋能转化为热能，通过吸放氢过程中的热效应将热能贮存在贮氢合金中，在适当的时间和地点，再通过吸放氢过程将能量以适当的形式释放出来。另外，还可利用贮氢合金来回收工业废热，用贮氢合金回收工业废热的优点是热损失小，并可得到比废热源温度更高的热能。再如水电站、原子能电站在运行过程中存在着高低峰期问题，高峰期电不够用，低峰期电用不完，而用贮氢合金则可以在低峰期利用多余的电能电解水生产氢气并贮存起来，在高峰期，则将氢气释放出来，供燃料电池直接发电，或燃烧氢气生产水蒸气，驱动透平机发电。所以，贮氢合金能有效地实现能量的转换、贮存和运输。

（2）贮氢合金在氢分离、回收和净化中的应用。石油化工等行业经常有大量的含氢尾气，一些化学、冶金（将来还有生物）工业中，往往伴随着含氢气体的排出，如合成氨尾气含有50%～60% H_2。以往是将这些气体排空或燃烧掉，这部分氢没有加以利用，在经济上是一个较大的损失。而另一些工业，如半导体器件、集成电路、电子材料、光纤、高纯金属的还原制取等又需要氢气，现有的氢气净化技术耗能高、成本高，使得回收废气中的氢得不偿失。如用贮氢合金的选择性吸收氢的功能，不但可以回收氢，而且氢的纯度高、占地面积小，制氢效率高、成本低、安全。

（3）贮氢合金在氢同位素分离中的应用。核工业中，常用重水作为反应堆的冷却剂和中子减速剂，氘和氚则是核聚变的原材料，氢气中都含有一定的氘和氚，但分离、富集氘和氚却是一个较大的技术难题。而金属氢化物均表现出一定的同位素效应，可选择性地吸收氘和氚，因此利用贮氢合金的选择性吸氢功能，可方便地生产氘和氚。

（4）贮氢合金作催化剂。由于贮氢合金的贮放氢过程中，氢是以原子形式和金属可逆反应，而许多有氢气参加的化学反应过程，都有氢分子首先分解成氢原子，然后氢原子再和其他反应物反应的过程。而某些贮氢合金的吸放氢过程很快，这就说明这些贮氢合金具有相当大的活性，可以把它们作为活性催化剂来使用，作为不饱和化合物的吸氢，或与此相反的饱和化合物的脱氢，其通式为：

$$\text{不饱和化合物} + MH_x \rightleftharpoons \text{饱和化合物} + M$$

式中，M为贮氢合金；MH_x 为吸收氢后的金属氢化物。

有关贮氢合金的催化机理，尚未完全搞清楚，但在生产实际中已证实了它良好的催化效果。例如：合成氨反应、甲烷反应、烯烃加氢反应等：

$$N_2 + 3H_2 = 2NH_3$$
$$CO + 3H_2 = CH_4 + H_2O$$
$$C_2H_4 + H_2 = C_2H_6$$

贮氢合金应用在上述反应中，其效果均优于传统的催化剂。

（5）贮氢合金传感器。贮氢合金在吸放氢过程中有热效应，也就是环境温度对贮氢合金的吸放氢有影响，因此可以利用一些对环境温度敏感的贮氢合金吸放出来的氢气对活塞做功，带动指针指示温度。

（6）贮氢合金蓄电池。工业时代以来，汽车的出现给人类交通带来了巨大的变化和便利，现在汽车已进入普通老百姓的家庭。但汽车给人们方便的同时，也带来了严重的环境污染并加快了化石能源的消耗。由于受化石能源的日益枯竭和环境污染的双重压力，世界各国越来越重视电动汽车及相关技术的发展。目前汽车用蓄电池常见的有铅酸电池和镉镍电池，铅酸电池重量重，有硫酸及铅污染，镉镍电池性价比不如铅酸电池，且有镉污染，现在虽然出现了锂电池，但锂资源有限，且价格又太贵，只能用于手机、笔记本电脑等方面。

近年来，贮氢合金的出现，给蓄电池的发展带来了新的机会。某些氢化物中的氢在合金中是以正或负离子形式存在，这类贮氢合金的贮放氢反应是伴随有电子得失的氧化还原反应，这就为发展贮氢合金电池提供了理论基础，金属氢化物的电化学应用也随之开始了。1990 年以来，Ni-MH 贮氢合金电池首先在日本商业化，它的电池反应最大特点就是无论正极或负极，都是氢原子进入到固体内进行反应，不存在传统的铅酸电池和镉镍电池所共有的溶解、析出反应。氢原子以氢氧根离子（OH^-）的形式在氢氧化钾水溶液里面传递电子，吸氢合金本身并不作为活性物质参与反应。所以，高密度填充金属氢化物的贮氢合金不仅可使电极反应顺利进行，而且还有能量密度高、成本低、重量轻、无污染等优点，现已开始取代传统的镍镉电池在信息产业、航天领域等方面大规模应用。

除了 Ni-MH 贮氢合金电池以外，世界各国还在积极开发其他贮氢合金电池，其中 V 基、Ti 基、和 V-Ti-M 基电贮金合金电池有着非常大的发展前景。

D 氢的贮存与运输

氢的贮存与运输是氢能利用系统的重要环节，它的关键技术是安全而经济的贮存和运输。目前用钢瓶高压气贮运和液态氢贮运存在着不安全、能耗高、经济性差等因素。如用贮氢合金贮运时，氢是以原子态贮存于合金中，在放氢过程中，要经过扩散、相变、化合等过程，受到各种热力学、动力学因素的制约，因此不会爆炸，安全性高。又因金属吸氢后，体积增加，密度下降，因此贮氢合金重量轻，易于利用汽车、火车、轮船和飞机等运输工具运输。

最有前景的是将氢燃料的贮存和输送有机地统一起来，用金属氢化物作为汽车的贮能装置，相当于现在汽车的油箱，用金属氢化物贮存的能量作为汽车的动力。有两种供能方式：一种是以贮氢合金电池供能，利用贮氢合金畜电池驱动电动汽车行驶；另一种供能方式是直接燃烧氢气，利用汽车尾气的热量加热车上已贮有氢气的合金，让贮氢合金放出氢气作为汽车的燃料。这两种供能方式补充能量（充氢、充电过程）则在车外完成，当贮氢合金中存贮的氢或电用完之后，可在专门的氢站（相当于现在的加油站）充氢、充电或更换贮氢合金。但目前的 Ni-MH 贮氢合金由于贮能较少，还不能完全替代化石燃料。现在看来这方面最有前景的是 V-Ti 基贮氢合金。

以上所述的实际应用只是贮氢合金的能量变换功能在一方面的应用，随着科学技术的发展，贮氢合金还有很大的应用潜力。

5.6.2.2 钒钛型贮氢合金

A 钒氢反应规律

V 与 H_2 反应时形成两种氢化物 $VH_{0.95}$ 和 $VH_{2.01}$，$VH_{2.01}$ 的贮氢量高达 3.8%（质量分数）（H/M=2），是典型的 AB_5 型贮氢合金 $LaNi_5H_6$ 的 3 倍左右。同时，V 与 H_2 的反应表现出两个平台，第一个平台的反应是 $VH_{0.95} \rightarrow VH$，但是该反应的平台分解压很低，称为低压区。第二个平台的反应是 $VH_{0.95} \rightarrow VH_{2.01}$，该反应可以在接近室温和常压的条件下进行，称为高压区，见图5-22。因此，实际上可以利用的放氢反应 $VH_{0.95} \rightarrow VH_{2.01}$ 的放氢量只有1.9%（质量分数）左右，但仍然高于现有的 AB_5 和 AB_2 型贮氢合金。

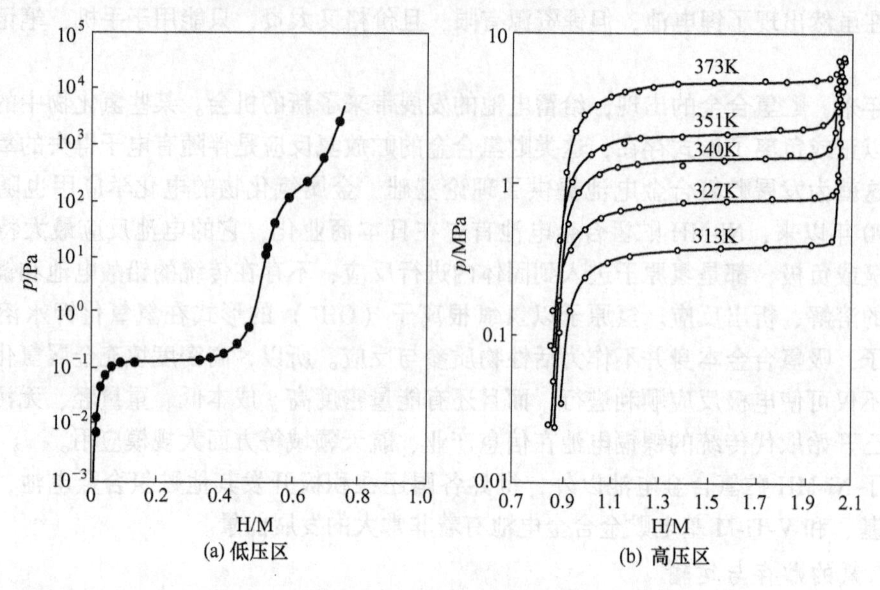

图5-22　纯钒的 *p-C-T* 曲线

对钒基固溶体的研究表明：金属钒的晶体结构为体心立方晶格（BCC），对于 VH_x 贮基合金，当 $x<0.5$ 时，VH_x 是（BCC）；$x\approx0.5$ 时，氢化物由 bcc 转变为 bct（体心四方）结构；随 x 增大，结构又向 BCC 转变，当 $x\geqslant1$ 后，VH_x 逐渐转变为 FCC，这与 V-H 相图十分相符。可见金属钒吸氢后，其晶体结构都发生了转变，在两相区域（即 α+β）内含氢量很低时形成体心四方晶格结构，可以认为是略有扭转的体心四方晶系。根据彭述明、赵鹏骥等人的研究，无论什么样的晶体结构，氢在钒晶体中均位于四面体位置；并且当 H/V 小于0.75时，体积增加不到10%，其中具有 BCC 结构的 VH 只占约14%，当 H/V 为1.5～2.0时，含氢的体积百分数迅速增加，VH_2 的体积百分数占了41%，是具有 BCC 结构的 VH 的3倍。因为 BCC 结构的抗粉化性比 FCC 好，所以在 BCC 阶段，氢化物有良好的抗粉化性能，而在 FCC 阶段则只有低的抗粉化性。图5-23是 VH_x 的体积膨胀率随 H/V 原子比的变化曲线。

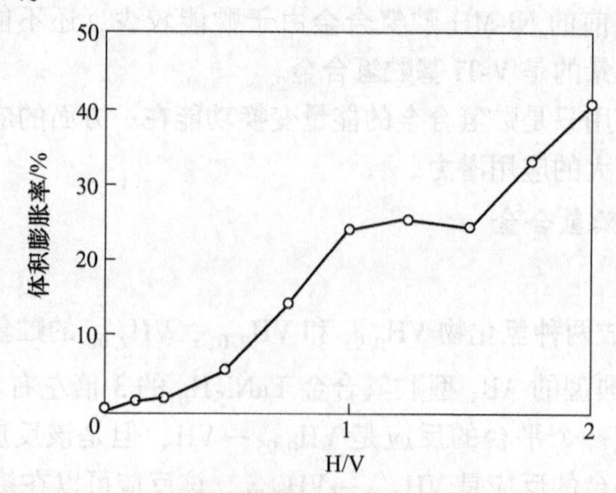

图5-23　VH_x 的体积膨胀率随 H/V 原子比的变化曲线

VH 与 VH_2 之间的平衡离解压在 313K 时只有约 0.30MPa，且在室温下钒中的氢原子以 2×10^{12} 次/s 的频率跳跃于相邻的晶格间，当温度在 435～620℃之间时，氢在金属钒内具有很高的扩散系数（在 $VH_{<0.7}$ 中约 $4\times10^{-8}m^2/s$）。

另外，金属钒吸氢时，还有一定的氢同位素效应。金属钒的氢化物不仅氢平衡压力高，常被用作氢同位素的增压泵，而且氢同位素效应较大，在室温下氕与氘的平衡压力相差可达 0.3MPa。金属钒的氚化物比氘化物稳定，而氘化物又比氕化物稳定。

B 钛氢反应规律

纯钛是一种较早应用的单质贮氢材料，钛的氢化物为 TiH_x（$x=1\sim4$），根据文献，钛的氢化物以 TiH_2 最为稳定。通常钛的氢化物均指 TiH 和 TiH_2。钛的晶体结构是密排六方结构（HCP），吸氢开始时，氢原子溶解在钛中，与钛形成间隙式固溶体。随着吸氢反应继续，吸氢过程伴随着晶体结构改变，由 HCP 转变为 BCC，最后形成 FCC，此时，形成了 TiH 和 TiH_2 两种氢化物，氢原子位于 FCC 中的四面体位置。在 HCP 阶段，氢的溶解量很小，室温下的最大含量为 0.001%（wt/%），当形成 FCC（TiH～TiH_2）后，可达 2%～4%（wt/%），可见钛的吸氢量很大，其吸氢密度高达 9.2×10^{22} 氢原子/cm^3，比液氢密度大 1 倍多。然而 TiH_2 很容易粉化，这对贮氢很不利，但反过来则可利用钛的这一性能克服钛机加工性能差，不易被破碎的特点来制取钛粉末。将海绵钛粉置于一定高温下，利用钛的吸氢性能，快速地吸收大量氢气生成脆性 TiH_2，将其破碎后在 600～750℃和真空气氛下脱氢以制得钛粉。

钛的另一个重要吸氢特点就是具有显著的氢同位素效应，在吸放氢过程中，钛的 *p-C-T* 曲线对于氢的三种同位素：氕、氘和氚有微小的差异，在核技术中常用这一特点来分离氕、氘和氚。钛对氕、氘和氚的 *p-C-T* 曲线分别见图 5-24 和图 5-25。

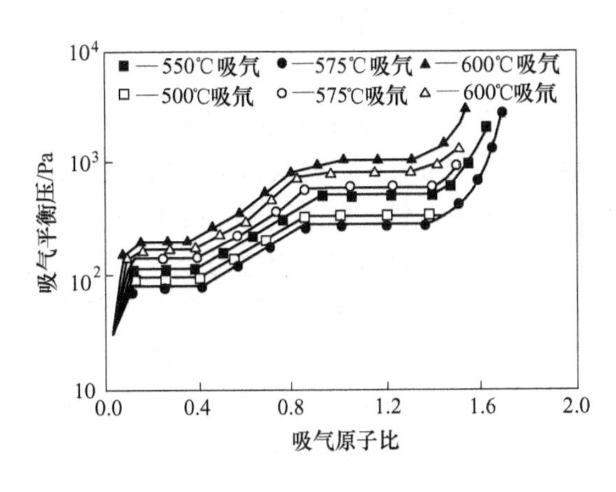

图 5-24 钛吸氕和氘的 *p-C-T* 曲线

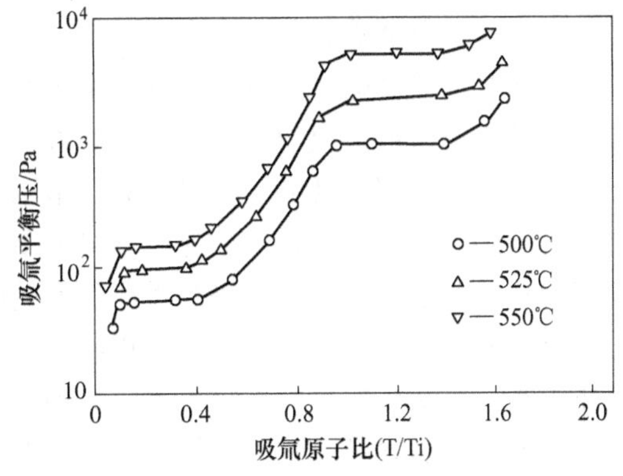

图 5-25 钛吸氚的 *p-C-T* 曲线

对于钛吸氢时出现同位素效应的原因，国外学者 G. H. Sickin、T. Schobe、R. Hempelmann、Papazoglou、Hepwon、Wasilewski 和 Keh 等分别做了大量的研究，提出了不同的解释。我国学者黄刚、曹小华、龙兴贵等在前人的基础上深入研究了各种氢同位素的热力学性质和动力学性质，揭示出它们的热力学性质和动力学性质之间的差异，见表 5-5 和表 5-6。

从热力学上分析，$\Delta H^{\ominus}$越小，生成的物质越稳定。从表 5-5 可见，对应于相同的物相和原子比，$\Delta H^{\ominus}$和 $\Delta S^{\ominus}$按照氚化钛、氘化钛和氕化钛的顺序依次增大，说明氚化钛比氘化钛稳定，氘化钛比氕化钛稳定。

表 5-5　钛氕、钛氘、钛氚的热力学参数

原子比 H/Ti	$\Delta H^{\ominus}$/kJ · mol^{-1}			$\Delta S^{\ominus}$/J · K^{-1} · mol^{-1}			对应物相
	吸氕	吸氘	吸氚	吸氕	吸氘	吸氚	
0.2	-82.5±0.7	-88.5±0.3	-105.5±1.9	-137.2±0.9	-139.8±0.9	-163.3±1.9	α+β
1.0	-120.9±4.8	-135.2±2.5	-179.6±5.6	-212.5±6.5	-212.9±2.9	-290.3±7.1	β+γ

表 5-6　钛吸收氕、氘和氚在不同温度下的速度常数

气体	550℃	600℃	650℃	700℃	750℃
氕	0.00617	0.00973	0.01353	0.02092	0.03155
氘	0.0012	0.00246	0.00633	0.01421	0.0257
氚	0.00173	0.0062	0.01572	0.06215	0.15382

从表 5-6 数据可以得知，对同一种气体而言，温度越高，钛吸气反应的速率常数越大，表明反应随温度的升高而变快。在温度较低时，吸氕的速度常数均比氘和氚大，但当温度达到 650℃以上后，吸氚的速度常数大于吸氘的速度常数，而吸氘的速度常数在各种温度下均小于氕和氚。另外，我国学者黄刚、曹小华、龙兴贵等人还通过实验测得钛吸氕、氘和氚的表观活化能 E_a 分别为（55.64±2.4）kJ/mol、（110.24±3.0）kJ/mol 和（155.54±3.2）kJ/mol，表明钛吸收氢同位素气体的表观活化能从高到低依次为吸氚、吸氘和吸氕，显示出钛在与氢同位素作用时的动力学同位素效应，钛吸氚进行氚化反应的激活能最高，氚化反应最难进行，而吸氕进行氢化反应相对要更容易一些。

C　钒钛合金贮氢的可行性

目前具有较高贮氢量的贮氢合金主要有镁系和稀土系（以镍氢电池为代表）两大类，但镁系贮氢合金的放氢温度太高（约 200℃），稀土系（LaNi 系）贮氢合金虽然已进入实际应用，但贮氢量不太高，约 1.4%（wt/%）。如前所述，钒、钛均有较强的贮氢能力，且都有氢同位素效应，钒的放氢温度接近室温，因此钒基或钛基贮氢合金是极具竞争力和发展前景的贮氢合金，也是当今世界各发达国家研究的热点，是第三代贮氢合金研究开发的重点对象。但钒和钛均有弱点，钒放氢量只有吸氢量的一半左右，金属钒的氢化物氢平衡压力高，在实际操作中不太方便，并有多种相结构（α、β 和 γ 相氢化物）。钛吸放氢量大，但吸氢后容易粉化，放氢温度高。如能将两者结合起来，做到优势互补，这完全是可能的。

图 5-26 为 Ti-V 相图，从相图可知，钒钛能很好地互溶，是无限固溶体，且晶体结构为 BCC，因此，就有较好的抗粉化性能。它的吸氢容量可达到 2（H/M），按质量百分比测定，能达到接近 4% 的吸氢量，约是 LaNi 系贮氢合金的 2.7 倍。钒的晶体结构吸氢后形成的氢化物为 FCC 结构的 β 相氢化物，且有氢同位素效应。但是它的吸放氢动力学性能很差，吸放氢过程相当缓慢，且在做电池材料时，存在着主要元素溶解、钛氧化和导电能力降低等因素造成的性能退化。因此，在 V-Ti 合金中添加其他元素，改善其性能，就成

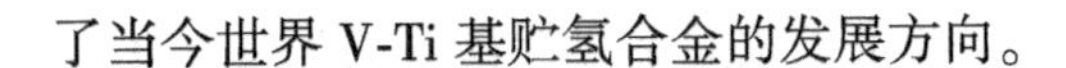
了当今世界 V-Ti 基贮氢合金的发展方向。

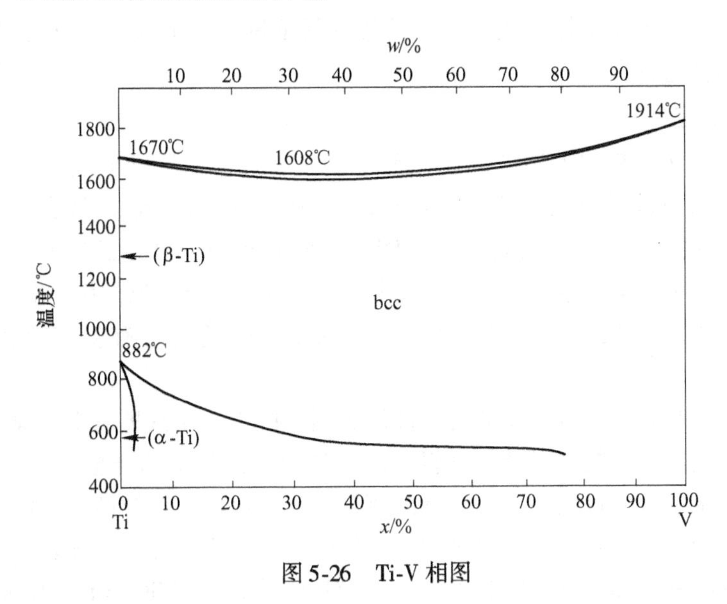

图 5-26 Ti-V 相图

D 钒钛基贮氢合金

贮氢合金是由氢稳定型因素的金属和氢不稳定型因素的金属组成。V-Ti 合金实际上完全是氢稳定型因素的金属，即 A 型金属，所以还必须加入氢不稳定型因素的金属，即 B 型金属才能形成完整的贮氢合金。对于钒钛基贮氢合金，所选的 B 型金属主要有 Fe、Cr、Mn、Ni 和 Zr 等，甚至还有添加稀土元素的。所形成的合金种类有 Ti-Fe、V-Fe、Ti-Ni、ZrV_2、Ti-V-Fe、Ti-V-Cr、Ti-V-Ni、Ti-V-Mn、Ti-V-Cr-Mn、V-Ti-Zr-Ni、V-Ti-Cr-Fe、Ti-Fe-Mn-M（M=V，Zr，Ca）、Ti-V-Zr-Ni、V-Ti-Ni-M（M=Cr，Si，Zr）、V-Ti-Fe-Mn、V-Ti-Zr-Mn-Ni 等，每一种类的合金又因各组分量不同，还可细分。总之，种类很多。但每一种类型都只是某一项或某几项指标较好，有一定的使用方向。虽然类型较多，但可大概分为 V-Ti-Fe+M、V-Ti-Cr+M、V-Ti-Ni+M 三大类，V-Ti-Fe+M 和 V-Ti-Cr+M 主要用于循环吸放氢方面（氢气的贮存和运输、氢气提纯等），其中 V-Ti-Cr+M 还有富集氢同位素方面的应用，V-Ti-Ni+M 主要作为电池用贮氢合金。上述各式中的 M 是加入起调节和其他功能的元素，例如，加入 Zr 除了有抗粉化作用外，还有固氦和超导的性能。

虽然钒钛基贮氢合金的研究已取得了很大的进展，并显示出较好的发展前景，但目前仍处于起步阶段，其原因是许多基础理论问题仍有待解决，如合金的成分、结构、组织和电化学性能等之间的关系，多相合金中各相之间的协同作用关系等。

问题讨论： 1. 为什么说氢能是最理想的载能体？
2. 金属元素和氢反应形成哪两种氢化物？这两种氢化物在贮氢合金中各有什么样的功能？

5.6.3 钒基核防护结构材料

发展聚变能是解决当今能源危机的重要举措，由于核聚变的苛刻条件，寻找理想的聚变堆内衬材料显得尤为重要。钒合金的特殊性能（如中子辐照下保持良好的尺寸稳定性和低活化特性、与液体锂良好的相容性、抗辐射诱变膨胀性）使其成为核聚变反应堆的内衬结构材料的合适选择。

5.6.3.1 概述

有研究表明，在钒基体中添加其他元素可以显著改善其耐腐蚀性能。其中，V-Cr-Ti合金的耐液态金属腐蚀性要强于其他钒基合金。原因是添加元素 Ti 与液态锂中的杂质氮（N）发生反应生成了氮化钛（TiN），这样能够降低液态金属中的氮含量，而且反应生成物氮化钛能够在合金表面产生一层薄膜，对材料具有很好的保护作用。进一步研究发现，将合金元素钛（Ti）的质量分数控制在 4% ~10% 之间的合金有望获得较佳的耐腐蚀性能。

总的来说，钒基合金具有优良的力学性能和耐蚀能力，尤其抵御中子辐照的能力，使之成为制作核聚变反应装置内衬结构材料的理想选择。但是钒基合金熔点高、活性较大、变形抗力大使得钒基合金目前尚未有成熟的核聚变技术可以大规模商业推广，使得核聚变用钒基合金的用量在当前和未来一定时间内受到限制。因为钒是一种强碳化合物元素，可以明显提升钢材的硬度和强度，因此可以大量应用于冷作模具钢、轴承钢和硬质合金中。因为这些钢材硬度大、强度高，导致加工困难、成本高昂。传统的铸锻工艺下，合金元素含量过高导致元素偏析严重，无法得到组织均匀、性能达标的钒合金构件，迫切需要新的加工方法。

5.6.3.2 钒合金的制备方法

A 铸锭冶炼法

（1）真空自耗熔炼法（VAR）。李鱼飞等采用纯金属粉末制备的自耗电极，经过电弧熔炼后，制成了钒合金（V-3.8Cr-3.6Ti）锭，这种方法制备出来的 V-3.8Cr-3.6Ti 合金试样产生了少量气孔和凝固缩孔。此外，通过分析材料的成分可以得知材料发生了氧化吸气，元素偏析严重。这是由 VAR 技术自身缺点造成的，由于没有机械合金化过程，合金粉末分布不均匀，很容易产生元素偏析。

（2）电子束熔炼（EMB）。电子束熔炼的工作原理是加热电子枪里的灯丝到一定温度，以致灯丝表面发射电子，在高压作用下电子会产生加速，经过磁透镜的聚焦而成为能量密度较高的电子束。这些电子束以特定的轨迹轰击粉末材料表面，产生较高的热能，使材料熔化。H. M. Chuan 等以高纯度的金属钛锭、钒锭和工业铬粉作为原料，采用 EMB 技术成功制备出了 500kg 的 V-4Cr-4Ti 合金。由于电子束熔炼过程中几乎不受温度控制，集热迅速，有利于除去挥发性元素。但是，电子束直接作用的区域温度很高，会造成熔体内部温度不均匀，表面存在很大的温度梯度，这样在一定程度上影响了合金制备的性能。

（3）磁悬浮熔炼（MLM）。磁悬浮熔炼技术是将金属原料放置于坩埚内，磁场使金属悬浮并加热熔化成合金的技术。金属粉末悬浮力大部分归功于电磁力，电磁力的产生是由于通过感应线圈的电流在水冷铜坩埚内部涡流的作用下出现了较强的电磁力，此电磁力作用于金属粉末上，从而使粉末悬浮并加热熔化。在整个熔炼过程中，粉末材料很少会碰到坩埚的内壁，所以能够在一定程度上减少粉末在容器壁上的异质形核，从而最大程度上避免了相互接触引入杂质元素，故此方法能够制造出较高纯度的金属合金材料。所以，

MLM 技术被业内人士称为“理想的熔炼方法”。

陈勇等人采用纯度较高的 V、Cr、Ti、W 粉末，在磁悬浮炉中利用 MLM 方法技术成功地冶炼出了 V-4Cr-4Ti 合金、V-6W-1T 合金以及 V-6W-4Ti 合金。磁悬浮熔炼过程中全程采用氩气保护，以防止钒合金的氧化。最终制备出来的钒合金试样具有良好的力学性能。Takuya Nagasaka 等采用 MLM 技术方法成功地控制了杂质的含量，制备出了直径为 15.6cm、质量为 15kg 的 V-4Cr-4Ti-0.15Y 合金。

采用铸锭熔炼方法制备出的钒合金铸锭，由于元素偏析使得铸锭成分布不均匀，造成不同部位性能不均一，同时铸造熔炼过程中会产生缩松和缩孔，对于材料的均一性、稳定性要求极高的核电站等特种行业，传统的铸锭冶炼法显示出一定的局限性。而且铸造+锻造的工艺流程长、加工成本高、材料利用率低，传统加工方法在未来难以完全满足高端产业对钒合金性能、加工的低成本和高效率的迫切要求。

B 粉末冶金法

粉末冶金法是先制备钒合金粉末，然后通过冷压/热压、热等静压、喷射成形、3D 打印等加工方法制备出各种形状满足性能要求的钒合金构件。采用粉末冶金的方法具备材料利用率高、成分和性能均匀、加工流程短、成本较低的优点，是制备钒合金构件的一种较好的加工方法。为了制备出性能较好的粉末冶金钒合金构件，首先需要制备出优良的钒合金粉末，一般有两种方法：机械合金化法（MA）和惰性气体雾化法（GA）。

相对铸锻工艺，粉末冶金工艺的最大特点为成分和组织均匀，性能较为一致。即使大量使用钒、铌等强碳化物形成元素也不会导致合金元素发生偏析。国外报道使用同样成分的含钒冷作模具钢，传统铸锻工艺制作的模具寿命为 50 万～60 万次，而采用粉末冶金工艺制作的模具寿命可达到 500 万次，是前者的 10 倍。粉末冶金可以大大提高模具的使用寿命，节省巨大的成本。但国内在优异含钒合金粉末的研究上处于空白状态，无法为粉末冶金工艺提供合格的粉末，限制了我国模具工业水平的进步。

高性能粉末冶金含钒合金材料及其构件制备的关键技术包括：高品质粉末制备及预处理技术、先进成形技术和致密化技术。这是当今粉末冶金技术领域需要重点突破的方向。目前我国在含钒合金的雾化制粉研究还仅处于起步阶段，与国外差距较大，主要是还没有解决含钒合金工程化的关键技术，特别是缺乏制备和加工方面的基础科学研究，没有形成钒合金完整的材料设计和制备加工技术支撑。国内与国外的差距主要体现在两个方面，一是高质量含钒预合金粉末制备技术，二是弥散强化钒基合金工业化制备技术。传统的钒合金粉末制备技术如还原法、氢化脱氢法、机械合金化法等制备的粉末形状不规则，且工艺流程长，粉末杂质难以控制，细粉末增氧严重，而且粉末流动性差，无法满足高品质粉末冶金含钒合金构件的制备需求。国外一般采用惰性气体雾化预合金粉末，同时为了保证粉末的纯净度，均采取了严格的后续处理措施，包括所有的后续处理过程需要在单独的粉末处理中间进行，并在惰性气体保护下进行筛分存储。而国内大都采用元素法，获得的钒合金粉末氧和杂质含量高，导致粉末冶金件的致密度和力学性能不高。

机械合金化法（MA）是一种高能球磨技术，它是一种在高能球磨机中通过粉末颗粒之间、粉末颗粒与磨球之间发生非常激烈的研磨，粉末被逐渐粉碎和撕裂，所形成的新生表面相互冷焊而逐步合金化，其过程反复进行，最终达到机械合金化目的的技术。相比真空自耗电弧熔炼合金，机械合金化技术能够制备具有细小晶粒和纳米晶组织的合金粉末材料，具有良好的强度和性能。利用机械合金化的热等静压的方法制备钒合金的例子较多，比如 KiyomichiNakai 和 T. Kuwabara 等人制备了 V-1.7% Y 合金，H. Kurishita 等人制备了 V-28Cr-2.3Y、V-52Cr-1.8Y 和 V-W-Y 合金，Tatsuaki Sakamoto 等人制备了 V-2.3Y-4Ti-3Mo 合金。杨超等人研究了球磨时间对钒合金粉末的影响，由于转速较小、时间较短，磨球对金属粉末施加的冲击力小于金属粉末的变形抗力，不足以使金属粉末产生形变，因此粉末粒度与形貌在球磨前后几乎没有变化，平均粒径仍保持在 35μm 左右，粒度分布为单峰分布，粉末形貌也没有发生变化，仍然为具有尖锐棱边的不规则状颗粒。

问题讨论： 1. 结合我国钒铝合金的现状，谈谈自主开发航空航天级钒铝中间合金的重大意义。
2. 分析比较钒基核防护结构材料钒合金的制备方法。

5.7　钒基金属陶瓷

学习目标	1. 了解金属陶瓷的概念、应用及制备方法； 2. 熟悉碳化钒、硼化钒等金属陶瓷材料的结构与性质，掌握其生产原理和制备工艺	
能力要求	1. 掌握碳化钒、硼化钒的性质、生产原理及制备工艺； 2. 能够就某类钒基金属陶瓷的生产工程问题进行设计或分析； 3. 具有自主学习意识，能开展自主学习、逐渐养成终身学习的能力	
重点难点预测	重点	碳化钒、硼化钒等金属陶瓷材料的制备方法及用途
	难点	碳化钒、硼化钒等金属陶瓷材料的生产原理
知识清单	金属陶瓷、碳化钒、硼化钒	
先修知识	材料科学基础	

5.7.1　金属陶瓷

由于“金属陶瓷”和“硬质合金”两个学科术语没有明确的分界，所以很难划分具体某种材料的界线。从材料的组元看，“硬质合金”应该归入“金属陶瓷”。金属陶瓷材料是由一种或多种陶瓷相与金属或合金组成的多相复合材料，具有高韧性、良好的可塑性、高强度、高弹性率、耐磨、耐腐蚀、耐高温等优良特性，在加工制造、海洋应用、电子材料和医学等领域有广阔的应用前景，被认为是 21 世纪最具发展潜力的高性能结构材料之一。

5.7.1.1　金属陶瓷材料体系

研究金属陶瓷材料的目的是要制取具有良好综合性能的材料。需要考虑如何把两个以上的相结合起来，获得理想的结构。而相界面的润湿性、化学反应及组分的溶解对相界面的结合都有着重要的影响。因此，在金属陶瓷材料体系的选择中，一般都应遵循以下几个原则：

（1）熔融金属（或合金）相与陶瓷相的润湿性良好；

（2）金属相与陶瓷相之间不能发生剧烈的化学反应；

(3) 金属相和陶瓷相的热膨胀系数差不能过大（$\leqslant 5\times10^{-6}$），热膨胀系数越小，抗热震性越好；

(4) 金属相和陶瓷相的配合要有适当的比例，最理想的结构应该是细颗粒的陶瓷相均匀地分布于金属相中，金属相以连续的薄膜状态存在，将陶瓷颗粒包裹。根据此要求，陶瓷相的比例一般为15%～45%。

5.7.1.2 金属陶瓷的种类

根据各组成相所占比例不同，金属陶瓷分为以陶瓷为基质和以金属为基质两类。金属基金属陶瓷通常具有高温强度高、密度小、易加工、耐腐蚀、导热性好等特点，常用于制造飞机和导弹的结构件、发动机活塞、化工机械零件等。陶瓷基金属陶瓷可以细分为以下几类：

(1) 氧化物基金属陶瓷。以氧化铝、氧化锆、氧化镁、氧化铍等为基体，与金属钨、铬或钴复合而成，具有耐高温、抗化学腐蚀、导热性好、机械强度高等特点，可用作导弹喷管衬套、熔炼金属的坩埚和金属切削刀具。

(2) 碳化物基金属陶瓷。以碳化钛、碳化硅、碳化钨等为基体，与金属钴、镍、铬、钨、钼等金属复合而成，具有高硬度、高耐磨性、耐高温等特点，用于制造切削刀具、高温轴承、密封环、捡丝模套及透平叶片。

(3) 氮化物基金属陶瓷。以氮化钛、氮化硼、氮化硅和氮化钽为基体，具有超硬性、抗热振性和良好的高温蠕变性，应用较少。

(4) 硼化物基金属陶瓷。以硼化钛、硼化钽、硼化钒、硼化铬、硼化锆、硼化钨、硼化钼、硼化铌、硼化铪等为基体，与部分金属材料复合而成。

(5) 硅化物基金属陶瓷。以硅化锰、硅化铁、硅化钴、硅化镍、硅化钛、硅化锆、硅化铌、硅化钒、硅化钽、硅化钼、硅化钨、硅化钡等为基体，与部分或微量金属材料复合而成。其中硅化钼金属陶瓷在工业中得到广泛的应用。

5.7.1.3 金属陶瓷材料的制备方法

金属陶瓷材料的制备技术比较复杂，这是由于金属的熔点较高、对增强基体表面润湿性较差等因素造成的。通常，金属陶瓷的制备方法和硬质合金一样是传统的粉末冶金方法，也就是把TiC、TiN、WC、Mo_2C、(Ta，Nb) C和Ni/Co等粉末经过混合后压制，最后进行烧结。此外还有一些新的制备方法，如机械合金化、等离子烧结、自蔓延高温合成法等。

(1) 粉末冶金法。粉末冶金是一种制取金属粉末以及采用成形和烧结工艺将金属粉末（或金属粉末与非金属粉末的混合物）制成制品的工艺技术，主要包含粉末生产、压制成形、烧结、后处理等工序。该方法适合用其他工艺难以制备，且具有独特性能或者显微组织的材料，如氧化物弥散强化合金、陶瓷和硬质合金等，只有在大规模生产时才能体现其经济效益。存在两大局限性：其一，粉末冶金材料中的残余孔隙难以完全消除，对材料的物理力学性能产生负面影响；其二，难以控制零件的形状和精度，产品一致性波动大，满足不了高新技术的要求。近年发展起来的气雾化热等静压技术彻底解决了粉末冶金材料的完全致密化问题，粉末注射成形新工艺可以大批量生产三维复杂形状的零件，微注射成形产品的零件尺寸达到微米级，开辟了广阔的应用前景。

(2) 化学气相沉积法。该方法是利用空间气相化学反应在基材表面上沉积固态薄膜涂层的工艺技术。目前，该技术不仅应用于刀具材料、耐磨耐热耐腐蚀材料、宇航工业的特殊复合材料、原子反应堆材料及生物医用材料等领域，而且被广泛应用于制备各种粉体材料、块体材料、新晶体材料、陶瓷纤维及金刚石薄膜等。

（3）物理气相沉积法。该方法是在真空条件下，采用物理方法将材料源-固体或液体-表面汽化成气态原子、分子或部分电离成离子，并通过低压气体（或等离子体）过程，在基体表面沉积具有某种特殊功能薄膜的技术。物理气相沉积的主要方法有真空蒸镀、溅射镀膜、电弧等离子体镀、离子镀膜及分子束外延等。目前，物理气相沉积技术不仅可沉积金属膜、合金膜，还可以沉积化合物、陶瓷、半导体、聚合物膜等，制备的薄膜具有高硬度、低摩擦系数、很好的耐磨性和化学稳定性等优点。其基本工艺流程为：镀前准备→抽真空→镀膜→取件→膜层后处理→成品。

（4）自蔓延烧结法。该方法又称为燃烧合成技术，是利用反应物之间高的化学反应热的自加热和自传导作用来合成材料的一种技术，当反应物一旦被引燃，便会自动向未反应的区域传播，直至反应完全，是制备包括金属陶瓷在内的无机化合物高温材料的一种新方法。其特点是以自蔓延方式实现粉末间的反应，工序减少，流程缩短，工艺简单，经引燃启动过程后就不需要对其进一步提供任何能量，产品纯度高。

（5）微波烧结法。该技术是利用微波具有的特殊波段与材料的基本细微结构耦合而产生热量，材料的介质损耗使其材料整体加热至烧结温度而实现致密化的方法。由于微波烧结材料可内外均匀地整体吸收微波能并被加热，处于微波场中的被烧结物内部的热梯度和热流方向与常规烧结时完全不同，材料内部的不同组分对微波的吸收程度不同，因此可实现有选择性的烧结，制备出具有新型微观结构和优良性能的材料。

问题讨论：金属陶瓷与硬质合金有何区别与联系？

5.7.2　碳化钒

碳化钒具有较高的硬度、熔点和高温强度等过渡族金属碳化物的一般特性，同时具有良好的导电导热性，因而在钢铁冶金、硬质合金、电子产品、催化剂和高温涂层材料等领域具有广泛应用。碳化钒可以使硬质合金的硬度和寿命大大提高，降低硬质合金的饱和磁化强度、剩磁、矫顽磁力、磁能积、磁导率和居里温度，生产出无磁合金；添加于钢中能提高钢的耐磨性、耐蚀性、韧性、强度、延展性、硬度以及抗热疲劳性等综合性能，而且可以作为耐磨材料在不同切削和耐磨工具中使用。另外，因具有较高的活性、选择性、稳定性以及在烃类反应中抵抗“催化剂中毒”的能力，碳化钒作为一种新型催化剂也得到了广泛应用。此外，碳化钒还可以作为一种新型碳源合成金刚石。碳化钒最为重要的作用就是作为晶粒抑制剂应用在硬质合金、金属陶瓷领域，能够有效阻止 WC 晶粒在烧结过程中的长大。

问题讨论：碳化钒作为晶粒抑制剂在硬质合金中的作用机理。

5.7.2.1　碳化钒的结构与性质

由 V-C 系二元平衡相图（图 5-27）可见，钒与碳可生成 VC 和 V_2C 两种化合物。VC

（含 C 19.08%）存在于43%～49%（原子分数）之间，为面心立方晶格，NaCl 型结构；V_2C（含 C 10.54%）存在于29.1%～33.3%（原子分数）之间，为密排六方晶格，在1850℃时分解，其他性质见表5-7。

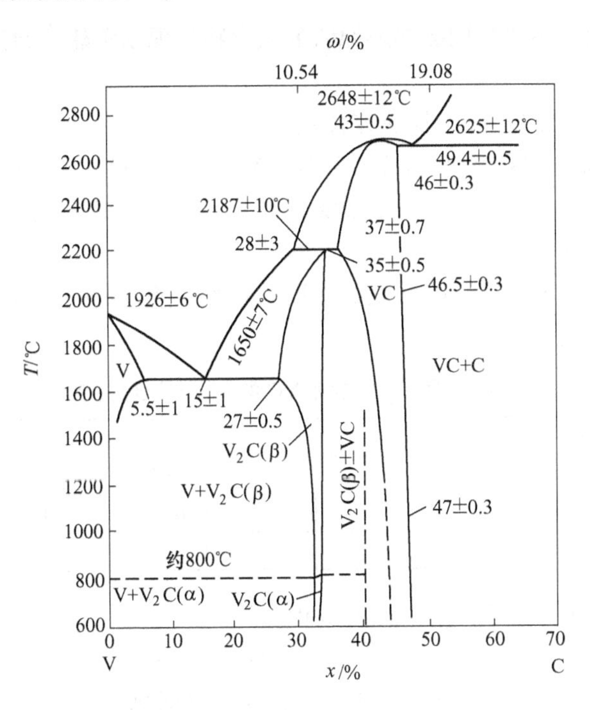

图5-27 V-C 系统二元平衡相图

表5-7 VC 与 V_2C 两种化合物的性质

化合物	颜色	晶格结构	晶格参数/nm	熔点/℃	密度/g·cm^{-3}
VC	暗黑色	面心立方	$a=0.418$	2830～2648	5.649
V_2C	暗黑色	密排六方	$a=0.2902$，$c=0.4577$	2200	5.665

VC 的晶体结构见图5-28。从碳化钒的晶胞结构可以看到，每一个钒原子和碳原子被六个次近邻的其他种类原子所环绕。在理想情况下，单位晶胞中包括四个钒原子和四个碳原子，即四个分子式单位。不过 VC 存在一个比较宽的均相区，在均相区中碳含量会有所变化。所以真实组成应该由化学式 VC_x 来代表其非化学计量比组成，此处的 x 是碳和钒的原子比。

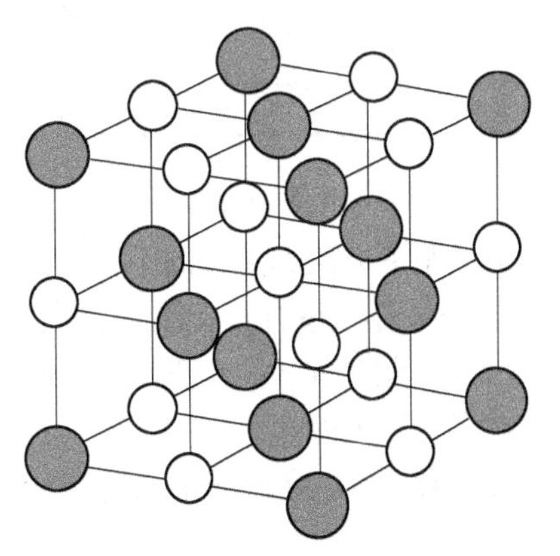

图5-28 VC 的晶体结构
（灰球为 V，白球为 C）

对于 VC_x 来说，在 $x=0.66$～0.88 范围内的碳化钒最为常见，也最容易制备得到。在非化学计量比的碳化钒 VC_x 之中，碳含量随温度的提高而增大，碳的缺少是由于在碳亚晶格中存在碳原子空位的缘故。空位浓度有规律地影响着与 V-C 键强有关的一些性能，如凝聚能、熔点、弹性常数、硬度和高温下的塑性行为，以及与缺陷有关的迁移性能，如热电传导性和扩散行为。随着碳化钒中碳含量的提高，碳化钒的力学性能也会随之升高。

5.7.2.2 生产原理

目前，制取碳化钒主要是用碳热还原钒的氧化物，现以碳热还原三氧化二钒为例来分析碳化钒的生产原理。

一方面，反应可以生成VC，反应方程式为：

$$V_2O_3 + 5C = 2VC + 3CO \quad \Delta G^{\ominus} = 655500 - 475.68T$$

$\Delta G^{\ominus}=0$ 时，开始反应温度 $T=1378K$。将CO计入，根据热力学原理，则 $\Delta G_T = 655500+(57.428\lg p_{CO}-475.68)T$。

按上式计算得到的 p_{CO} 与开始反应的温度关系列于表5-8中。可见降低 p_{CO}，即提高真空度有利于反应的进行。

表5-8 用 V_2O_3 制取VC的 p_{CO} 与温度关系

p_{CO}/0.1MPa	开始反应温度/K	p_{CO}/0.1MPa	开始反应温度/K
1×10^{0}	1378	1×10^{-3}	1012
1×10^{-1}	1230	1×10^{-4}	929
1×10^{-2}	1110	1×10^{-5}	859

另一方面，反应可以生成 V_2C，反应方程式为：

$$V_2O_3 + 4C = V_2C + 3CO \quad \Delta G^{\ominus} = 713300 - 491.49T$$

$\Delta G^{\ominus}=0$ 时，开始反应温度 $T=1451K$。将CO计入，根据热力学原理，则 $\Delta G_T^{\ominus}=713300+(57.428\lg p_{CO}-491.49)T$。

依据上式计算出开始反应温度与 p_{CO} 的关系列于表5-9中，可以看出降低 p_{CO}，即提高真空度有利于 V_2O_3 的还原。

表5-9 用 V_2O_3 制取 V_2C 的开始反应温度与 p_{CO} 的关系

p_{CO}/0.1MPa	开始反应温度/K	p_{CO}/0.1MPa	开始反应温度/K
1×10^{0}	1451	1×10^{-3}	1075
1×10^{-1}	1299	1×10^{-4}	989
1×10^{-2}	1176	1×10^{-5}	916

5.7.2.3 制备方法

根据制备方法和条件的不同，碳化钒的制备可分为碳热还原法、气相还原法、前驱体法、原位合成-机械合金化法等类型。国内外制备碳化钒的工艺技术主要有：

（1）原料用 V_2O_3 及铁粉和铁鳞，还原剂为炭粉，采用高温真空法生产碳化钒，通氩气或在真空炉内冷却；

（2）将 V_2O_5 在回转窑内还原成 VC_xO_y，再采用高温真空法生产碳化钒，通惰性气体冷却；

（3）以 V_2O_3 或 V_2O_5 为原料，炭黑为还原剂，在坩埚（或小回转窑）内，通氩气或其他惰性气体，高温下制取碳化钒；

（4）用碳（木炭、煤焦或电极）高温还原 V_2O_5 制取碳化钒；

（5）采用氮等离子流，用丙烷还原 V_2O_3 的方法制得碳化钒。

5.7.2.4 工业生产概况

美国联合碳化物公司早在20世纪60年代就开始生产碳化钒。此外，南非的瓦米特克矿物公司、奥地利的特雷巴赫公司、我国湖南株洲有少数厂家也进行碳化钒的生产。主要以五氧化二钒为原料，通过直接碳化法，即五氧化二钒和炭黑混合，低温转化后还原碳化制得碳化钒粉末。

我国湖南株洲某硬质合金公司生产的碳化钒粉末分为中细颗粒和粗颗粒碳化钒，其主要化学成分及物理指标分别见表5-10和表5-11。

表5-10 中细颗粒VC粉末的主要化学及物理指标

牌号	化学成分/%									平均粒度/μm
	总碳	游离碳	杂质含量，不大于							
	T. C	F. C	O	N	Fe	Ca	Si	Na	Al	
VC-X	17.6±0.5	≤1.5	1.00	0.15	0.10	0.05	0.10	0.01	0.02	≤1.0
VC-1	17.6±0.5	≤1.5	0.60	0.40	0.10	0.05	0.10	0.01	0.02	1.0~1.5
VC-2	17.6±0.5	≤1.5	0.50	0.40	0.10	0.05	0.10	0.01	0.02	1.5~2.0
VC-3	17.6±0.5	≤1.5	0.40	0.40	0.10	0.05	0.10	0.01	0.02	2.0~3.5

表5-11 粗颗粒VC粉末的主要化学及物理指标

牌号	主要化学成分/%								
	总碳	游离碳	杂质含量，不大于						
	T. C	F. C	Fe	V	Mo	O	Ti	Co+Ni	Cr
VC-X	≥17.1	≤1.0	0.25	0.20	0.30	0.50	0.10	0.60	0.10

南非瓦米特克（Vametco）矿物公司生产碳化钒的工艺流程为：先用天然气于600℃下在回转窑内将 V_2O_5 还原为 V_2O_4；然后在另一窑内用天然气将 V_2O_4 于1000℃下还原为 VC_xO_y 化合物；再配加焦炭或石墨压块；最后在真空炉内加热至1000℃得到碳化钒。其产品的化学成分见表5-12。

表5-12 瓦米特克矿物公司碳化钒产品的主要化学成分 （%）

名称	V	C	Al	Si	P	S	Mn
碳化钒	82~86	10.5~14.5	<0.1	<0.1	<0.05	<0.1	<0.05

目前，国外所用的VC粉末粒度一般为1~2μm，国内使用的VC粉末粒径均大于2μm，超细VC粉末是今后研究和发展的方向。

5.7.3 硼化钒

过渡金属硼化物（包括 ZrB_2、TiB_2、HfB_2、NbB_2、TaB_2、VB_2、CrB_2、CrB、LaB_6、W_2B_5、Mo_2B_5、MnB_2 等）具有熔点高、硬度高、导电性好、热导率高和密度相对较低等特点，在高温耐火材料、陶瓷材料、电极材料、复合材料等领域中获得了普遍的应用。目前，过渡金属的硼化物凭借其具有3000℃左右的熔点及较碳化物和氮化物更好的高温抗氧化性、抗热震性和导热性，成为高超音速飞行器中防热系统的研究热点材料。

硼钒化合物主要有 V_3B_2、VB、V_3B_4 及 VB_2 等，其性质与硼化钛相似，密度较大，熔点较高，其性质列于表 5-13。

表 5-13 硼的二元钒化物的相关性质

化合物	晶格常数/nm	熔点/℃	密度/g·cm^{-3}
V_3B_2	a=5.746，c=3.032	约 1900	5.44
VB	a=3.058，b=8.026，c=2.97	约 2300，分解	5.44
V_3B_4	a=3.030，b=13.18，c=2.986	约 2400	5.10
VB_2	a=3.006，c=3.056	约 2400	5.10

二硼化钒（VB_2）为一种新型陶瓷材料，具有硬度高（莫氏硬度 7~28GPa）、导电导热性良好、抗蚀性优良等特点。因此，在要求硬度高、耐磨性好或要求具有良好的导电导热性，以及要求耐蚀性好的金属或非金属构件表面涂敷一层 VB_2 薄膜能提高其使用寿命。金属二硼化物的晶体结构属于六方晶系（MB_2 型，P6/mmm 空间群），见图 5-29。

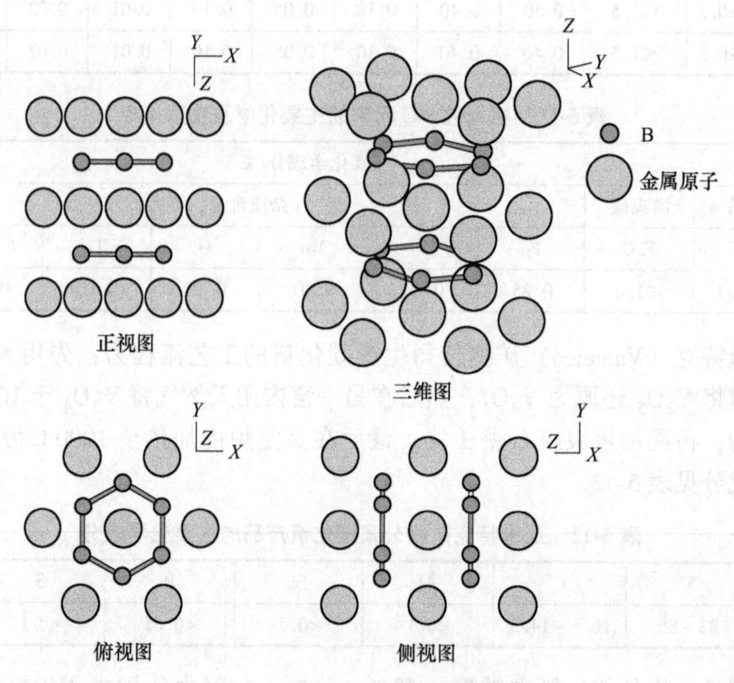

图 5-29 MB_2 型晶体结构图

由图 5-29 可知，MB_2 结构由二维类石墨环 B 原子层与呈六边形排列并紧密堆积在一起的 M 层交替而成。每个 M 原子周围有六个等距离的 M 原子和 12 个等距离的 B 原子（在 M 层上方 6 个和下方 6 个）。每个 B 原子周围由三个 B 原子和六个 M 原子（在 B 层上方三个和三个以下）组成。

问题讨论： 硼化钒陶瓷材料的主要发展方向。

习 题

一、填空题

1. V_2O_5 晶体具有________状结构，主要组成为 V_2O_5 的薄膜具有________致变色特性，可应用于建筑、汽车、宇宙飞船等作为高能效“智能窗”。
2. V_2O_5 单晶是一个________半导体，是一种含有以________离子形式出现的点缺陷晶体。
3. V_2O_5 在257℃左右能发生从________到________相的转变。薄膜态的 V_2O_5 通常是缺氧的________型（n、p）半导体金属氧化物。
4. VO_2 是一种________致变色材料，相变温度为________℃，当温度低于68℃时，呈单斜系结构，温度高于68℃，呈四方晶结构。
5. 通过掺入________等物质能进一步降低 VO_2 的相变温度，使其更接近室温，这使得智能窗的应用更趋于现实。
6. 电池结构可分为两类：________、________。
7. 制备钒电解液方法主要有以下两种：________、________。
8. 常见全钒电池电解液的微观研究方法有________、________、拉曼光谱等。
9. 常见的电解液优化方法有________、________两种。
10. 钒是一个典型的多价态 V^{5+}、V^{4+}、________、________过渡金属元素。
11. 在 SO_2 氧化成 SO_3 的钒系催化剂中，V_2O_5 作为________；K_2SO_4、Na_2SO_4 等作为________。硅藻土只起着________的作用。
12. SCR 工艺的主流催化剂通常以等________为载体。
13. 催化剂中的 TiO_2 是________晶型。因具有很强的抗硫中毒能力和良好的微孔结构，被广泛用作载体负载其他氧化物制备 SCR 催化剂。
14. 钒酸钇（YVO_4）是一种非常著名的基质晶体，掺杂稀土离子可以制备出优良的红光材料，作为一种________色发光粉。
15. YVO_4 为________晶体，________结构，属正单轴晶体。
16. 掺钕钒酸钇（Nd：YVO_4）晶体是一种性能优良的激光基质晶体，是________功率全固态激光器的首选材料。
17. 掺钕钒酸钇晶体合成的原料是____________________，钒的初级原料是________。
18. 金属陶瓷中金属相和陶瓷相要有适当的比例，最理想的结构应该是细颗粒的________均匀地分布于________中。
19. 陶瓷基金属陶瓷主要可以细分为________、________、________、________、________等几种类型的金属陶瓷。
20. 钒与碳可生成________和________两种化合物。
21. 碳化钒的颜色为________。
22. 金属二硼化物的晶体结构属于________。

二、是非题（对的在括号内填“√”号，错的填“×”号）

1. VO_2 是一种多晶态形式的钒氧化合物。 （ ）
2. NaV_3O_8 是由扭曲的 VO_6 六面体组成的单斜结构。 （ ）
3. 紫外可见光谱只能对钒离子进行定性。 （ ）

4. VC 为密排六方晶格。 ( )
5. 随着碳化钒中碳含量的降低，碳化钒的力学性能升高。 ( )
6. 前驱体法容易控制混合物中的碳含量，产品的纯度易保证。 ( )
7. 碳化钒最为重要的作用之一就是作为晶粒抑制剂，能够有效阻止 WC 晶粒在烧结过程中的长大。 ( )
8. 过渡金属硼化物较碳化物和氮化物更好的高温抗氧化性、抗热震性和导热性。 ( )

三、简答题

1. 从晶体结构和特性分析氧化钒薄膜材料具有优异热敏性能的原因。
2. 比较几种薄膜制备工艺的优劣
3. 简述几种典型正极材料的制备方法？
4. 全钒液流电池的工作原理？
5. 全钒液流电池的特点？
6. 分析利用提钒尾渣制备钒钛黑瓷的意义。
7. 什么是 SCR 脱硝技术？
8. 简述传统钒催化剂 V_2O_5 的催化脱硝机理。
9. 试比较 TiO_2、SiO_2、碳基材料作为载体负载 V_2O_5 的异同。
10. 为什么传统钒催化剂中 V_2O_5 含量过高，催化剂活性反而下降？
11. 简述钒酸铋黄颜料、钒钼酸铋黄颜料的合成方法。
12. 简述铋黄颜料的掺杂改性研究进展。
13. 简述铋黄颜料的表面改性研究进展。
14. 航空航天级钒铝合金的基本要求有哪些？
15. 从不同国家生产的主要钒铝合金的牌号及主成分含量上，你看出目前国内外钒铝合金产品有什么差距？
16. 比较一步法和两步法生产钒铝中间合金的优劣？
17. 简述贮氢合金的 p-C-T 曲线及吸放氢过程。
18. 氢在金属晶格中处于什么样的位置，它是固定不动的吗？
19. 为什么说贮氢合金能有效地实现能量的转换、贮存和运输？
20. 简述金属钒和金属钛吸氢过程中的晶体结构变化，氢在钒或钛晶格中处于什么样的位置？
21. 简述金属钒和金属钛的氕化物、氘化物、氚化物稳定性的排列顺序。
22. 钒、钛作为贮氢金属各有什么优缺点？为什么说它们都属于 A 型金属？
23. 钒钛基贮氢合金大致分为哪三类以及各类的应用方向？
24. V-Cr-Ti 合金的耐液态金属腐蚀性为什么强于其他钒基合金？
25. 何为金属陶瓷？
26. 金属陶瓷材料体系的选择原则是什么？
27. 氮化钒的晶体结构与性质。
28. 设计一种工艺路线，实现由三氧化二钒制备氮化钒。
29. 简要说明碳化钒的制备方法。
30. 对比分析硼的二元钒化物的相关性质，画出 VB_2 的晶体结构图。

参考文献

[1] Fuls E N, H ensler D H , et al. Reactively sputtered vanadium dioxide thin films [J]. Appl Phys Lett,

1967 (10): 199

[2] Sun J Y, Jung W L, Byung-Gyu C, et al. Characteristics of vanadium dioxide films deposited by RF -magnetron sputter deposition technique using V -metal target [J]. Physica B, 2008 (3): 1381

[3] Saitzek S, Guinneton F, Guirleo G, et al. VO_2 thin films deposited on silicon substrates from V_2O_5 target: Limits in optical sw itching properties and modeling [J]. Thin Solid Films, 2008, 516: 891.

[4] Dmitry R, Kevin T Z, Venkatesh N. Structure -functional property relationships in rf -sputtered vanadium dioxide thin films [J]. J Appl Phys, 2007, 102: 113715.

[5] 彭穗．全钒液流电池正极电解液制备及性能研究［D］．长沙：中南大学，2012.

[6] Furuya M, Horikawa K, Kubata M, et al. Modified vanadium compound, producing method thereof, redox flow battery electrolyte composite and redox flow battery electrolyte producing method [P]. US 6872376B2, 2005.

[7] KazacosMS, KazacosM, Stabilized electrolyte solutions, methods of preparation thereof and redox cells and batteries containing stabilized electrolyte solutions [P]. EP0729648B1, 2003.

[8] 杨绍利．钒钛材料［M］．北京：冶金工业出版社，2007.

[9] 田月峰．钒酸铋光催化复合材料的制备及对大肠杆菌灭活性能研究［D］．呼和浩特：内蒙古大学，2019.

[10] 刘祁涛．配位化学［M］．辽宁：辽宁大学出版社，2002.

[11] 李友森．轻化工业助剂实用手册［M］．北京：化学工业出版社，2005.

[12] 彭容秋．有色金属提取冶金手册［M］．北京：冶金工业出版社，1992.

[13] 朱骥良，吴申年．颜料工艺学［M］．2 版．北京：化学工业出版社，2002.

[14] 李凤生，宋洪昌，顾志明，等．超细粉体技术［M］．北京：国防工业出版社，2000.

[15] 杨南如．无机非金属材料测试方法［M］．武汉：武汉理工大学出版社，2004.

[16] Lawley A. Atomization-The Production of Metal Powders [M]. NJ Princeton: Metal Powder Industries Federation, 1992.

[17] Lawley A. Atomization-The Production of Metal Powders [M] . Princeton, NJ: Metal Powder Industries Federation, 1992.

[18] Klar E, ShaferW M. Powder Metallurgy for High Performance Application [M] . Syracuse University Press, 1971: 57 ~ 68.

[19] Tatsuaki Sakamoto, Hiroaki Kurishita, Sengo Kobayashi, et al. High temperature deformation of a fine-grained and particle-dispersed V-2. 3% Y-4% Ti-3% Mo alloy [J]. Materials Transactions, 2006, 147 (10): 2497 ~ 2503.

[20] Fujiwara M. Influence of Cr/Ti concentrations on oxidation and corrosion resistance of V-Cr-Ti [J]. Journal of Nuclear Materials, 2004, 329 ~ 333: 457 ~ 461.

[21] Muroga Takeo, Nagasaka Takuya, Suzuki Akihiro, et al. Study on vanadium alloy-liquid lithium systems [J]. Journal of Plasma and Fusion Research, 2009, 85 (5): 260 ~ 266.

[22] Muroga T. Development of low activation structural materials [J]. Symposium on Materials Challenges for Clean Energy, 2009 (7) 21 ~ 25.

[23] Chen J M, Muroga T, Nagasaka T, et al. Precipitation behavior in V-6W-4Ti, V-4Ti and V-4Cr-4Ti alloys [J]. Journal of Nuclear Materials, 2004, 334: 159 ~ 165.

[24] Schober T, Wenzl H. The systems NbH (D), TaH (D), VH (D): structures, phase diagrams, morphologies, methods of preparation [A]. Hydrogen in Metals Ⅱ [M]. Berlin Heidelberg: Springer-Verlag, 1978: 11 ~ 67.

[25] 刘开琪，徐强，张会军．金属陶瓷的制备与应用［M］．北京：冶金工业出版社，2008.

[26] 刘绍华．钒制品生产技术［M］．北京：冶金工业出版社，2015.
[27] 于三三．一步法合成碳氮化钒的研究［D］．沈阳：东北大学，2009.
[28] 胡文荫，赵志伟，陈飞晓，等．纳米碳化钒粉末制备的研究现状［J］．粉末冶金工业，2015，25（6）：62～65.
[29] 石建国．粉末冶金反应合成碳化钒颗粒增强铁基复合材料制备工艺基础研究［D］．成都：四川大学，2006.
[30] 魏雅男．熔盐法合成 Me-B（Me＝Cr、V、Fe）粉体及其性能研究［D］．马鞍山：安徽工业大学，2017.

新型钛材料制备及应用

本章课件

【本章内容提要】

发展以钛原料为基础制备出的具有特殊功能的新型材料，是钛资源高效利用的必然途径。本章着重介绍含钛白功能材料、含钛能源材料、钛及钛合金材料、钛基金属陶瓷材料、钛铝金属间化合物新型含钛材料。通过本章内容的学习，学生能够对钛在国民经济发展中的作用有更深刻的认识，能培养学生的创新思维和创新意识，能运用的钛的新材料的有关知识对科学研究及生产中的现象和问题进行分析。

6.1 功能钛白

学习目标	掌握脱硝钛白、颜料钛白、TiO_2 光催化剂等功能钛白的原理、制备工艺、性能及用途	
能力要求	1. 掌握脱硝钛白、颜料钛白、TiO_2 光催化剂等功能钛白的原理、制备工艺、性能及用途； 2. 具有自主学习意识，能开展自主学习，逐渐养成终身学习的能力； 3. 能够就某种功能钛白的生产工程问题进行设计或分析	
重点难点预测	重点	脱硝钛白、颜料钛白、TiO_2 光催化剂等功能钛白的制备工艺及用途
	难点	脱硝钛白、颜料钛白、TiO_2 光催化剂等功能钛白的原理和性能
知识清单	脱硝钛白、颜料钛白、TiO_2 光催化剂	
先修知识	材料科学基础、新能源材料与技术	

6.1.1 脱硝钛白

自从工业革命以来，经济发展非常迅速，但是同时世界各地的空气污染也越来越严重，酸雨、光化学烟雾等对人类的健康也造成了严重的影响。其中，燃煤电厂所排放的氮氧化物是形成光化学烟雾以及酸雨的重要因素。现在燃煤电厂中控制 NO_x 排放的技术主要采用的是燃烧中脱硝和燃烧后脱硝。燃烧中脱硝主要是根据燃烧过程中产生的 NO_x 的特性，控制燃烧条件减少 NO_x。国内外都对此项技术做了大量的研究工作，并开发了一些具有工业可行性的设备，但让人失望的是这种技术脱硝效率却不是太高。相对于燃烧中脱硝，燃烧后脱硝具有很多优点而且脱硝效率也较高，所以现在实际中烟气脱硝主要应用的是燃烧后脱硝。20 世纪 50 年代脱硝催化剂问世，70 年代产业化。很多研究单位和大专院校对其进行了研究。

6.1.1.1 脱硝技术研究进展

（1）选择性催化还原法（SCR）。选择性催化还原法脱硝技术发明在美国，然而 1977

年此项技术却首先在日本实现商业化应用，从20世纪80年代中期开始，此项技术在美国、西欧等国家才开始广泛应用。目前，我国脱硝技术主要是靠国外引进，关键设备和技术都要进口，生产成本较高，所以研究我国自己的脱硝技术迫在眉睫。SCR脱硝的原理是在催化剂作用下，用还原剂 NH_3、CO等将 NO_x 还原生成环保无公害的 N_2 和 H_2O。其中具有代表性的就是用氨气做还原剂，氨法脱硝的主要反应如下：

$$4NH_3 + 4NO + O_2 \xlongequal{} 4N_2 + 6H_2O$$

$$4NH_3 + 2NO_2 + O_2 \xlongequal{} 3N_2 + 6H_2O$$

上述反应是以 V_2O_5/TiO_2 为催化剂、反应温度小于400℃时SCR烟气脱硝系统中发生的两个主要反应。目前工业SCR脱硝所用的催化剂活性温度在300～400℃之间，此种催化剂属于高温催化剂。近年来也有人研究了一些低温催化剂，比如以 MnO_x/TiO_2 为催化剂，在低温条件下进行脱硝，这种催化剂的反应活性比以钒类氧化物为活性组分的催化剂高。以后可以多研究这类催化剂在工业上的应用效果和改进生产工艺。

（2）非选择性催化还原（SNCR）。SNCR法是在不加入催化剂的前提下，把含有氨基的还原剂喷入炉膛温度为900～1200℃的区域，还原剂会迅速分解成 NH_3 和其他副产物，其中 NH_3 将 NO_x 还原成为 N_2。SNCR法由于反应温度较高，脱硝效率比较低，还原剂 NH_3 易被氧化成氮氧化物，所以在大型电厂中很少应用。SNCR技术的优点是不需要昂贵的催化剂，初期投资低，建设周期短，运行费用较低，比较适合中小电厂。

（3）光催化氧化法。近年来，光催化技术在空气净化方面得到了普遍的研究与应用，其在脱硝方面的原理是利用 TiO_2 半导体通过光照射，使价电子被激发进入导带，同时在价带上产生带正电的空穴，这些导带上的价电子和带正电的空穴由于处于激发态很不稳定，其中带正电空穴可以夺取 NO_x 中的电子，使其被氧化为硝酸，从而脱除 NO_x。但是光催化氧化法对于高浓度的氮氧化物脱除效率不高，今后可以再改善 TiO_2 的性质，比如添加一些其他的金属氧化物或者活性炭等，以提高其催化脱硝效果。

（4）直接催化氧化法。直接催化氧化法是在特殊催化剂作用下把 NO_x 直接分解成 N_2 和 O_2，反应方程式如下：

$$2NO_x \xlongequal{} N_2 + xO_2$$

此反应在热力学上是可行的，但是从动力学上看反应速率很慢，所以为了使其具有使用价值，要研究合适的催化剂，提高 NO_x 的分解效率。有研究表明，在Cu-ZSM-5的催化下 NO_x 可以完全分解成氮气和氧气。但是在较高温度下进行反应时，O_2 对 NO_x 的分解有抑制作用，所以寻找一种优良的催化剂和合适的反应条件是该技术的难点和突破点。

6.1.1.2　纳米二氧化钛简介

纳米技术从1986年提出到被人类广泛地研究及应用，才经过不到40年的时间。纳米技术研究的最终目标是直接以原子、分子制造出具有特定功能的产品。这种技术有可能会改变未来大多数产品的制造方式，最后实现生产方式的飞跃，所以才在这么短的时间投入巨大的物力和人力来研究这门技术。

纳米 TiO_2 是20世纪80年代末才逐步发展起来的新型材料中的一类重要的无机功能材料，在工业上一般称其为纳米钛白粉，具有无刺激性、无毒、热稳定性好的特征。因为它的颗粒尺寸细小而具有一些量子尺寸效应、宏观量子隧道效应等效应，这些效应导致纳米材料在光学性能、力学性能、磁性等方面都有所改变。纳米二氧化钛因其高的光催化效应、强的紫外线屏蔽能力，广泛应用在催化降解有机物污染领域及化妆品行业。

制备纳米 TiO_2 的方法很多。根据制备技术可分为：射线辐照合成法、机械粉碎法、激光合成法、溶胶-凝胶法、均匀沉淀法、等离子体合成法等；根据物质的原始状态可分为：气相法、固相法和液相法。在这些方法当中，液相法是目前世界上制备纳米 TiO_2 领域研究最多、最主要的方法，而且由于该法具有原料成本低、来源广、设备简单、易操作等优点，使其无论是在实验室研究还是实际生产应用中都被广泛采用。本节主要介绍其中比较有代表性的几种方法——液相沉淀法、溶胶-凝胶法、水热合成法、均匀沉淀法以及微乳液法。

(1) 溶胶-凝胶法。在溶胶-凝胶法中，纳米 TiO_2 粉体的合成一般是以 $Ti(OR)_4$ 为母体钛源，选用丙醇、乙醇、异丙醇、丁醇等作为溶剂，以乙酰丙酮或醋酸为抑制剂，盐酸或硝酸为催化剂，再加入一些分散剂、去离子水等，主要发生的反应是水解和缩聚反应，最后制得溶胶。其主要步骤为：将钛醇盐溶于溶剂中形成均相溶液，将催化剂、水加入另外一份溶剂中搅拌均匀，在搅拌下将后者逐渐滴加到前者溶液中。在滴加过程中 $Ti(OR)_4$ 逐渐与水发生水解反应，伴随着发生失水和失醇缩聚反应，最后形成溶胶。加热或者静置形成凝胶。经过真空干燥、研钵研磨后在电阻炉中煅烧，最终制成纳米 TiO_2 粉体。

用溶胶-凝胶法合成纳米 TiO_2，在制备条件上具有工艺可控可调、反应温度低、过程重复性好的优点，在所制得的产物性质上具有分散性好、纳米粉体粒度细、较高的催化活性等优点。这种方法的缺点是所用原料钛醇盐的价格昂贵，干燥、煅烧时凝胶粒子容易收缩，造成产物颗粒间的二次团聚，使制得的粉体粒径较大为毫米级，煅烧所得的纳米粉体晶型不稳定。Sahil Sahni 等在室温下用溶胶-凝胶法合成了锐钛矿型的纳米 TiO_2，解决了高温煅烧时纳米颗粒二次生长导致颗粒变大的缺陷。

(2) 均匀沉淀法。均匀沉淀法是利用化学反应在溶液中加入某种沉淀剂，使构晶离子从溶液里缓慢均匀地释放出来。这种沉淀剂通常不直接与沉淀组分反应，而是通过另外一种化学反应（一般是水解反应）使沉淀剂在整个反应过程中缓慢生成。与均匀沉淀法不同的直接沉淀法是向金属盐溶液中直接添加沉淀剂。这种沉淀剂会直接与金属粒子反应形成沉淀，在滴加过程中容易造成沉淀剂局部浓度过高，使沉淀中夹杂其他杂质，并且所得沉淀颗粒过大或过小，粒径分布不均匀。而在均匀沉淀法中，沉淀剂是通过化学水解反应缓慢生成的，所以只要控制好生成沉淀剂的速度，就可以避免沉淀剂浓度不均匀的现象；通过控制反应温度等条件可以使过饱和度控制在适当的范围内，从而控制沉淀粒子的生长速度，得到纯度高、粒度均匀且致密的纳米微粒。

(3) 液相沉淀法。液相沉淀法一般是以 $TiCl_4$ 或硫酸钛等无机钛盐为原料合成纳米 TiO_2，其主要步骤为：第一步将碳酸铵、氨水、NaOH、碳酸钠等一些碱类物质加入钛盐溶液中，生成无定型的沉淀 $Ti(OH)_4$；第二步是将生成的沉淀过滤、洗涤、干燥后，经过高温煅烧得到纳米 TiO_2 粉体。

采用液相沉淀法合成纳米 TiO_2 具有工艺简单、原料成本低等优点，但是液相沉淀法制备出的纳米 TiO_2 粒子容易形成团聚结构，从而失去纳米材料粒径均匀、超细的特性。此外，这种方法还存在产物损失量大，纳米 TiO_2 粉体纯度不高等缺点。

(4) 水热合成法。水热合成是在温度低于400℃的条件下制备氧化物纳米晶体材料的方法，在特制的密闭反应器（如聚四氟乙烯材料的高压釜）中，一般是以水溶液作为反应介质，创造出一个相对高压、高温的反应环境，使通常在常温常压条件下不溶或难溶的物质溶解，然后降温重结晶得到纳米二氧化钛。由于在水热条件下，水的物理化学性质与常温常压下的水相比会发生很大的变化，所以一些在常温下反应很慢的热力学反应，在水热环境中都可以快速反应。在水热条件下发生的粒子的成核和生长，可生成可控大小和形貌的超细纳米粉体，而且不需要煅烧，所以不存在晶型不稳定和团聚问题，这种条件下制备得到的粉体具有粒径小且分布均匀、晶粒发育完整、不需要煅烧、无团聚的优点。Ovenstone 课题组利用水热合成法，通过探究实验中反应温度、酸碱的用量以及结晶时间，制备出了纯晶型的锐钛矿纳米二氧化钛，这种方法可以控制粒径及表面积，并且其制备的粉体在光催化方面有很好的效果。

（5）微乳液法。微乳液法是制备纳米粉体的一种新型方法，这种方法是利用互不相溶的溶剂在表面活性剂的作用下形成乳液，然后乳液粒子在微泡中经过成核、聚结、热处理后得到纳米粒子。此方法的优点是制得的粒子界面性和单分散性较好。微乳液主要是由油和水（或电解质溶液）、表面活性剂和助表面活性剂组成的各向同性的、透明的、热力学稳定的分散体系。表面活性剂在微乳液制备超细粒子中扮演着非常重要的角色，表面活性剂一般有阳离子表面活性剂、阴离子表面活性剂和非离子表面活性剂。微乳液可以分为油包水（W/O）和水包油（O/W）两种类型，结构见图 6-1。

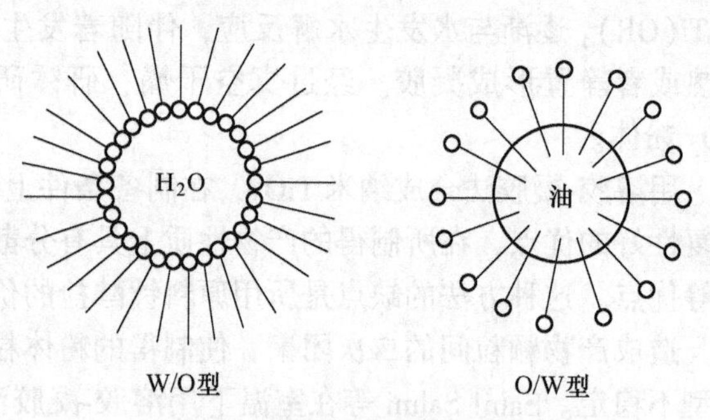

图 6-1 两种微乳液体系结构图

W/O 型是由水核、油连续相和表面活性剂以及助表面活性剂组成的，O/W 型则是由油相、水连续相、表面活性剂及助表面活性剂组成。目前用微乳液法制备纳米二氧化钛的过程中，大多数采用油包水（W/O）反胶束微乳液法，而 O/W 法应用则不多。

微乳液法具有粒径大小可控且分布均匀、设备装置简单、操作容易、不需加热、粒子分散性好等优点。但在选择合适的表面活性剂以及体系的选择方面一直缺乏系统的研究，而且也缺乏一套完整的理论做指导。如果在微乳液法与其他制备纳米二氧化钛方法联用方面多做一些研究，就可以拓宽微乳液法的应用面。2013 年，Jun 课题组利用溶剂热技术将微乳液法与溶胶-凝胶法联用制备出了锐钛矿型的纳米二氧化钛，该二氧化钛的平均粒径在 10~15nm 之间，在光催化降解方面具有很好的效果。

6.1.2 颜料钛白

钛白粉得到广泛应用是由于它优异的光学性质和颜料性能。它的光学性质和颜料性能是相互联系的，光学性质决定颜料性能。钛白粉的颜料性能主要包括折射率、白度、遮盖力、消色力、耐候性、吸油量、光泽和分散性等。

6.1.2.1 钛白粉的颜料性能

（1）折射率。折射率是影响钛白粉颜料光学性能的首要因素，它是遮盖力、不透明度和着色力的基础。折射率主要由物质的化学组成、晶体结构决定。当光射过两个折射率相同的介质时，不发生折射，这时光全部从第一种介质进入第二种介质，介质就呈现透明状态；当光从一种低折射率的介质射入另一种折射率高的介质时，在这两种介质的界面处，一部分光经过折射进入后一种介质，而另一部分光则在界面处发生反射，这使后一种介质变为不透明，这就起到了遮盖作用，这两种介质的折射率相差越大，这种效果就越显著。作为基料的透明物质的折射率一般都很小，因此颜料的折射率越大，它的颜料特性便越好。由于钛白粉在白色颜料中的折射率最大，所以钛白粉的颜料特性最佳。而金红石型二氧化钛的折射率比锐钛型二氧化钛更大，因此金红石型钛白粉的颜料性能比锐钛型钛白粉好。

(2) 白度。理论上，物体对可见光范围的每个波长的光波全部漫反射，没有光吸收，这时物体就呈现最白色。钛白粉能对可见光范围内的光波基本同等程度的漫反射，所以呈现白色。白度即对白色的评价，一般要衡量三个因素：一定范围内的光反射比、不同主波长的白度和色彩饱和度。

为了将人对白色的感知力度用数值表达出来，CIE（国际照明组织）在 1986 年制定了白度测量规范。推荐使用白度 $W=100$ 的全漫反射体（简称 PRD）作为白度公式的参考标准，检测白度时任何物体的白度值都是相对于 PRD 白度的相对值。为了进一步改进和统一颜色的评价方法，CIE 推荐了新的色空间和有关色差公式，即 CIE-L * a * b * 色空间，相当于一个三维的颜色坐标系，任意一种颜色都可以在色空间中对应的一个位置。其中，L * 是亮度，a * 和 b * 是色坐标；a *、b * 为 0 的地方是消色区，+a * 为红色方向，-a * 为绿色方向，+b * 为黄色方向，-b * 为蓝色方向。目前 CIE-L * a * b * 色空间已经在全世界用于色彩交流，是当前最通用的测量物体颜色的色空间之一。

利用色空间不仅能记录一个物体的颜色，还能用色差表示两个物体颜色之间的细微差别，AE 越大表示两者颜色差别越大。

我国白度评定的计算公式主要有三种：甘茨白度、蓝光白度和亨特白度。针对钛白粉，主要采用亨特白度，它是根据 GB/T 5950—1996《建筑材料与非金属矿产品白度测量方法》提出的白度计算公式：

$$WH = 100 - [(100 - L)^2 + a^2 + b^2]1/2$$

式中，WH 为亨特白度；a，b 为亨特色品指数；L 为亨特明度指数。此白度值的计算特点是以色差的形式计算，测定的白度值较高，级差小，适合于钛白粉等白度值较高样品的测定。

影响钛白粉白度的因素主要有下列三方面：

1）钛白粉中有色杂质的影响。如果钛白粉中有色杂质的颜色超过一定浓度时将严重影响钛白粉的白度。例如，当氧化钛超过 0.003% 时钛白粉会出现红黄相，氧化铬超过 0.00015% 时钛白粉呈现褐色带微黄相。当生产钛白粉时，在钛液水解或偏钛酸煅烧的过程中，如果二氧化钛晶格中掺杂了 Fe、Cr、Cu、Mn 等有色金属离子时也会导致白度变差。

2）钛白粉中晶格缺陷。由于制备工艺上的一些变化，导致二氧化钛晶格中可能出现氧不足的现象，即出现氧缺陷。另外，TiO_2 具有光催化活性，Ti^{4+} 被还原成 Ti^{3+}，而 Ti^{3+} 呈现青紫色，因而颜料带有较重的青灰色。因此，如果钛白粉由于光催化引起的变色现象可以通过在暗处漂白，如果是在煅烧阶段降温速度过快引起的变色则可以在有氧环境中，从800℃以上缓慢冷却来提高钛白粉的白度。

3）钛白粉粒度分布。根据光波的性质，单个颜料颗粒的直径等于光波长的一半时，颜料的光散射效果最好。因此，钛白粉的颗粒尺寸应该控制在可见光波长的一半，即0.2~0.35pm之间。当钛白粉的总体颗粒偏小时，颜料带有蓝相，这是因为蓝色波长对应于435~480nm，在可见波长中处于较短位置。

在实际应用过程中，由钛白粉制备的样品颜色还与氧化钛颗粒在基体中的分散性有关，粒子团聚等也会影响样品白度。

（3）遮盖力。遮盖力又称为不透明度，是指涂料中的颜料完全遮蔽底材的能力。它的表示方法是每平方厘米的被涂物体完全被遮盖时，需要用颜料的最低质量。其公式如下：

$$遮盖力=颜料质量(g)/被涂物体表面积(cm^2)$$

颜料遮盖力是颜料最重要的颜料性能之一，影响颜料遮盖力的主要因素是颜料晶体的折射率，TiO_2 的折射率在白色颜料中最高，在理论上 TiO_2 的遮盖力也是最高的。影响遮盖力的因素还有晶体类型、粒径分布、分散性、颜料体积浓度等。对于钛白粉来说，一般通过粒径分布和分散性来调整遮盖力。

（4）消色力。钛白粉的消色力是指一种钛白粉与另一种颜色的颜料混合后，能使得到的混合物显示白色的能力，它是重要的颜料性能指标。

钛白粉的消色力基本只与钛白粉的光散射系数有关。因此钛白粉的消色力和遮盖力都依存于其光散射系数，两者会成一定正相关。就像遮盖力一样，影响消色力的因素还有晶体类型、粒径分布、分散性等。

（5）耐候性。耐候性是钛白粉在应用指标中的一个重要性质。当钛白粉用在涂料、油漆、塑料等产品中时，通常暴露在室外的环境，这些产品经过长时间的风吹日晒雨淋，会发生老化，表现为失去光泽、变黄、脱落、粉化等现象。这些产品抗拒自然环境下老化的性能称为耐候性。

耐候性主要影响因素有颜料本身的光化学活性、颜料的浓度、颜料基体的光化学稳定性、涂膜的使用条件以及产品的使用环境等。所以一般制成钛白粉的下游产品，需要在一定的环境下进行老化试验。

（6）吸油量。颜料的吸油量是指完全湿润100g颜料所需要油的最低用量，我国现行的标准单位是g/100g。它是油墨、涂料、油漆等应用体系中颜料配方确定的重要参考依据。

吸油量高的颜料用在油墨中影响油墨的流动性，使油墨浓度做不高，造成印刷上的非常困难；涂料中的颜料的吸油量则影响到体系的黏度、漆膜的干燥速度。所以颜料用于溶剂型涂料、塑料等领域时，吸油量应尽可能低；但应用在乳胶漆体系中时，则需要吸油量较大的颜料提高涂膜的干遮盖力。

吸油量包含了颜料粒子表面的吸油层和浸满颜料粒子空隙的油量，所以颜料粒子的粒度分布，表面亲油亲水性质都会影响到钛白粉的吸油量。因此在氧化钛表面修饰的过程中可以适当提高表面亲油性来降低颜料粒子表面的吸油层，从而降低颜料的吸油量，比如在无机包膜中，氧化铝包膜具有一定特殊性，除了亲水，还带有一定的亲油性，所以钛白粉的最外面大多包覆一层氧化铝改善亲油性质。适当的有机包膜也可降低颜料的吸油量，另外可以通过控制包膜量，加强粉碎以减少粒子团聚，改善粒度分布，减少颜料粒子空隙的油量来降低吸油量。

6.1.2.2 颜填料基体 TiO_2 简介

二氧化钛具有很强的掩盖能力，因此是一种应用广泛的涂料颜填料。同时二氧化钛的折光指数非常高，因此对太阳光的反射效果也很好。并且二氧化钛的稳定性好，自身具有一定的光催化作用，还具有自清洁和抗污等功能。

TiO_2 晶型主要有金红石、锐钛矿以及板钛矿三种常见晶型。其中金红石、锐钛矿和板钛矿型的二氧化钛折光指数分别为 2.80、2.55 和 2.70。三者的晶体结构见图 6-2，金红石、锐钛矿的晶胞分子数分别是 4 和 2。锐钛矿的晶体晶型中，每个八面体连接附近 8 个八面体；金红石晶型中每个八面体连接 10 个八面体，Ti—Ti 键间距更小。因此，金红石的晶型更加紧密、稳定，锐钛矿晶型不稳定，在高温下会逐步转变成金红石结构。板钛矿晶型是属于斜方晶系，每个晶胞中有 6 个 TiO_2 分子，因为板钛矿晶型的结构性质不稳定，因此板钛矿晶型二氧化钛应用很少，也少被研究。综上所述，作为反射型隔热涂料中的颜填料基体的优势，金红石型二氧化钛因为拥有更紧密的晶体结构和更高的反射率，所以对颜填料的近红外反射性能贡献更大。

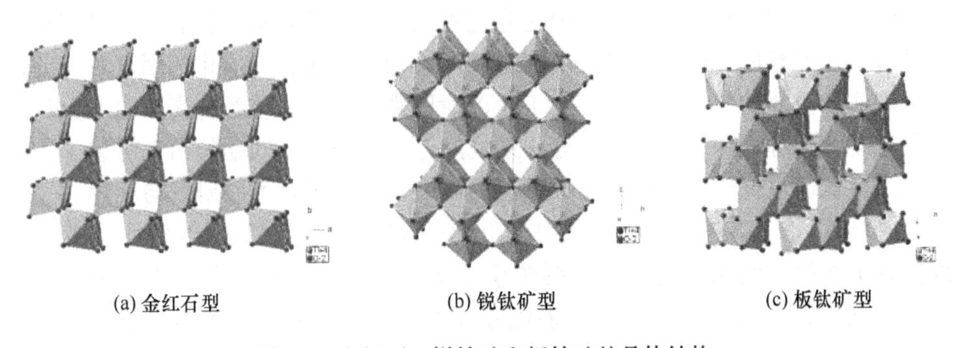

(a) 金红石型　(b) 锐钛矿型　(c) 板钛矿型

图 6-2　金红石、锐钛矿和板钛矿的晶体结构

根据固体能带理论，许多的原子靠近会造成原子外层电子波函数重叠、能级分裂，形成能带。固体半导体的能带是不连续的。二氧化钛等半导体的能带结构是由填满电子的低能价带（valence band，VB）和空的高能导带（conduction band，CB）构成的，价带顶和导带底之间存在带隙称作禁带。常见的二氧化钛晶型金红石和锐钛矿的禁带宽度分别为 3.0eV 和 3.2eV。

6.1.2.3 颜填料基体 TiO_2 的制备方法

TiO_2 的制备方法有很多，本节主要介绍两种方法。

（1）溶胶-凝胶法。首先制备原料溶液与水解溶液，将一定量的钛酸丁酯慢速滴加到定量的无水乙醇中，作为原料溶液。将无水乙醇和去离子水混合搅拌均匀，用冰醋酸和硝酸调节 pH 值制备水解溶液。在不断搅拌中将原料溶液缓慢滴加到水解溶液中，继续不断搅拌，待其反应完全形成溶胶，经陈化静置脱水形成凝胶，置于鼓风干燥烘箱中干燥形成干凝胶，然后粉磨成粉，最终进行煅烧得到最终的样品。

此方法的优点是二氧化钛颗粒尺寸小、均匀纯度高，但是反应时间较长，工艺较沉淀法复杂。

（2）沉淀法。沉淀法常见的类型有三类：共沉淀法、直接沉淀法和均匀沉淀法。因为硫酸氧钛和选取的掺杂硝酸盐都可在相同的碱性条件下沉淀，因此采用共沉淀法，其步骤如下。

先将 $TiOSO_4$ 粉体配成一定浓度的溶液后，在一定的水浴温度和搅拌速率条件下，匀速滴加一定浓度的氨水沉淀剂，形成的 TiO_2 水合物经过解聚、洗涤、干燥、粉磨、煅烧处理后，不同的实验条件可以得到不同粒径和晶型的二氧化钛粉体。

采用共沉淀法制备 TiO_2 粉体，制备过程简便，粉体的粒度均匀，然而共沉淀法的缺点是容易造成沉淀剂在反应溶液中分布不均匀，引起局部沉淀迅速，容易结块。

6.1.3 TiO_2 光催化剂

随着工业化进程的高速发展，人类在工业生产以及社会生活活动中向环境排放了大量废水、废气、废渣等污染物，超过了环境的自洁能力，带来了严重的环境污染问题，已经严重威胁了人类和动植物的生存与发展。光催化剂技术自产生以来就引起了广泛的研究兴趣。光催化剂是在一定光能的激发驱动下产生具有高度活性的化学物质，可以与水体或者气体中的有机污染物结合，通过断裂有机污染物中的化学键将大分子的污染物降解成小分子，然后将小分子的有机污染物转化成无毒无害的二氧化碳和水等物质。在光催化降解过程中，具有一定能量的光能被转换成断裂有机污染物的键能，光催化剂因其独特的性质在其中扮演着非常重要的角色。自第三次工业革命以来，人们注重经济高速发展，从而导致资源开发过度、能源短缺、环境污染等一系列问题。生态环境问题的出现引起了世界越来越多的关注，从而也促使环境治理相关领域的研究以及相关技术的研发与应用。

自20世纪以来，有关研究人员利用太阳光作为能量来源，通过光解水或者还原 CO_2 以及降解有机物等方法来缓解能源问题和全球变暖以及水污染问题。1972年，Fujishima 和 Honda 首次进行了利用 TiO_2 进行光催化分解水的反应。由于半导体光催化技术具有成本低、操作相对简易以及稳定性强等优点，在常温常压下即可完成对水的分解和对有机物的降解，并且整个过程绿色无污染，迅速引起了科学家们广泛的关注。TiO_2 作为最热门的光催化剂之一，具有氧化能力强、无毒无污染、合成方法多种、催化活性高、成本低等优点，因而在污水处理和工商业环保等领域具有相当大的潜力。

6.1.3.1 光催化剂的种类

作为光催化剂使用的物质有二氧化钛（TiO_2）、磷酸铋和磷酸银、五氧化二铌（Nb_2O_5）、氧化锌（ZnO）、氧化锡（SnO）、二氧化锆（ZrO_2）、硫化镉（CdS）等。在光催化发展的早期，以硫化镉和氧化锌等物质作为光催化活性物质的应用较多，但是硫化镉由于化学性质不稳定，在实际应用中存在较强的自降解和溶解现象，溶出的金属离子显示了较强的毒性，对处理的废水带来了新的污染，在光催化剂的发展过程中逐渐被淘汰。TiO_2 因其稳定的化学性质，作为光催化剂具有较强的氧化能力并且不易产生其他有毒物质，在生物医药和环保领域具有广泛的应用。

6.1.3.2 TiO_2 光催化剂的物理化学性质

TiO_2 因具有较高的白度，着色能力强，在涂料行业具有广泛的应用。纳米级的 TiO_2 化学性质稳定，具有良好的半导体性质和热稳定性，在溶剂中能够保持较好的分散性且无毒，在塑料、橡胶、油墨油彩等领域都具有较好的应用。

TiO_2 的晶型主要有四方晶体金红石型、四方晶体锐钛矿型和正交晶体板钛矿型三种晶体结构，其中锐钛矿型和金红石型结构表现出良好的光催化特性。锐钛矿型 TiO_2 价带和导带之间的能隙为3.2eV，而金红石型 TiO_2 两条能带之间的能隙为3.0eV。能够激发金红石型 TiO_2 的光源波长范围更宽泛，要求更低，对激发锐钛矿型 TiO_2 的光源波长更严格，需要大于3.2eV能量的光子才能激发锐钛矿型的 TiO_2 发挥光催化作用，要求光源的波长应小于380nm。纯 TiO_2 由锐钛矿型向金红石型转变的温度为550～1000℃，转变温度受 TiO_2 的粒度以及反应条件的影响，环境中存在的阴阳离子、金属氧化物和非金属氧化物都会影响到 TiO_2 的晶型转变。

TiO_2 光催化反应的原理：TiO_2 的核外电子结构由价电子带和没有电子的空轨道形成的传导带构成。以锐钛矿型 TiO_2 为例，当 TiO_2 受到一定波长的光照刺激时，核外价电子会吸收超过3.2eV能量（锐钛矿型的禁带宽度）的光子，吸收特定光子能量的核外价电子会跃迁至导带。由于核外电子的跃迁在价电子带留下空穴，容易形成可以自由移动并且具有强氧化性的电子-空穴对。当 TiO_2 的粒度足够小时，电子-空穴对会从晶格内部自由扩散到氧化还原反应的场所与有机物结合，释放能量起到供应能量的作用；电子-空穴对还可以解离成自由电子和自由空穴在晶格内部自由扩散到晶格的表面，自由空穴会与催化剂表面的羟基结合形成自由羟基；自由电子与溶解氧结合形成超氧离子，超氧离子还可以与水等物质结合进而转换成自由羟基。自由羟基和超氧离子都是具有强氧化性的物质，可以和有机污染物紧密结合，将有机污染物降解成无毒无害的小分子物质，进而实现光催化降解的目的。

因为光生电子和空穴在自由移动过程中很容易发生复合，电子和空穴复合时多余的能量会以光子或者热能的形式散失掉，从而无法达到催化降解有机污染物的效果。纳米级 TiO_2 微粒尺寸很小，自由电子和自由空穴在扩散的过程中很容易到达 TiO_2 晶体的表面而被表面基团捕获，能够发挥良好的光催化活性。纳米级锐钛矿型 TiO_2 的稳定性要弱于金红石型 TiO_2，并且在光照激发状态下的锐钛矿型表现出比金红石型更强的催化氧化性能，所以纳米级锐钛型 TiO_2 在实际光催化降解反应中的应用更广泛。

6.1.3.3 TiO_2 光催化剂的常用合成方法

随着科学工作研究的深入，TiO_2 光催化剂的合成手段变得越来越多，得出的 TiO_2 样品的形貌、尺寸以及性能等也是各有千秋。每种合成方法都有各自的优缺点，从目前来看，合成 TiO_2 光催化剂的常用方法有溶剂热法/水热法、溶胶-凝胶法、化学水解法和微乳液法等。

（1）溶剂热法/水热法。溶剂热法和水热法是目前制取 TiO_2 光催化剂最常用的方法，二者区别在于水热法的溶剂使用的是水，而溶剂热法使用的溶剂可以是乙醇等有机溶剂。通常先将反应溶液按比例配置好后再进行搅拌以至充分混合均匀，再将反应溶液放入高温反应釜。将反应釜密封好后置于鼓风干燥箱中，设定好温度以及保温时间即可使反应物保持在一定的温度和压力下进行反应。目前市面上反应釜内胆多采用聚四氟乙烯材料制作，该材料可长期耐高温以及一定的压力。溶剂热法/水热法合成 TiO_2 光催化剂应当注意几点：反应溶液中各个物质之间的比例、反应溶液是否混合均匀、溶液的酸碱度、反应温度、反应时间等。运用溶剂热法/水热法合成的 TiO_2 光催化剂具有纯度高、结晶度好、晶粒分布均匀、尺寸相对较小、光催化性能较优越等优点。缺点是某些有机溶剂在高温高压下比较危险，考虑到工业大规模量产需要加热会增加成本，以及对原料的纯度要求较高等。

(2) 溶胶-凝胶法。溶胶-凝胶法是制备 TiO_2 粉末的一种重要的方法。首先将金属钛的醇盐按比例溶解在有机溶剂中（例如乙醇），再加入适量的去离子水得到凝胶，然后将上述凝胶缩聚转化为湿凝胶，干燥后得到干凝胶。对干凝胶进行热处理、细加工，最后煅烧即可得出 TiO_2 粉末样品。注意在处理凝胶时应当小心，防止 TiO_2 粉末发生团聚，以保证 TiO_2 的光催化性能。使用溶胶-凝胶法制备出的 TiO_2 样品具有纯度高、均匀度高、结晶度高和粒径小等优点，且反应过程易控制。缺点是对原料的要求较高，导致成本较高，制备过程步骤烦琐，容易使 TiO_2 粉末团聚，对样品的性能影响很大。

(3) 化学水解法。化学水解法常用 $TiCl_4$ 作为前驱体，先在冰水浴中搅拌溶液一定时间后，将事先计算量取好的 $TiCl_4$ 溶液缓慢滴入蒸馏水中，再将硫酸铵和浓盐酸的混合溶液逐滴加入至 $TiCl_4$ 溶液中并且搅拌均匀。得到的混合溶液放置于干燥箱中恒温保温一段时间，再经过沉淀过滤得到沉淀物，对沉淀物进行若干次洗涤、干燥等一系列操作即可得到粉末状样品，最后进行适当煅烧处理即可得到 TiO_2 粉末样品。值得一提的是采用化学水解法可以改变煅烧温度得出不同晶型的 TiO_2 粉末：在较高温度下煅烧得出的是金红石型 TiO_2；在较低煅烧温度下得出的是锐钛矿型 TiO_2 粉末；而不经过煅烧得到是无定形 TiO_2。化学水解法可控性强，可根据需要适当改变样品的煅烧温度以得出不同晶型 TiO_2，缺点是采用浓盐酸等较强腐蚀性的物质，在操作时必须十分小心，且该方法制备流程较为烦琐。

(4) 微乳液法。向两种互不相溶的溶剂混合物中加入表面活性剂，混合物中的连续介质被表面活性剂双亲分子分割成微小空间形成微型反应器，进而形成乳液，期间经成核、聚结、团聚以及热处理后得到产物（通常是纳米粒子）。采用微乳液法合成的 TiO_2 具有稳定性好、粒径小、结晶度高，实验装置简易，整个制备过程简单、能耗低等优点。另外，微乳液法可以适当控制得到的 TiO_2 样品粒子直径，还能合成出可进行表面修饰的 TiO_2 样品，经过表面修饰的 TiO_2 样品可显著改善其光学以及催化性质。

除了上述几种方法外，合成 TiO_2 光催化剂还有气相沉积法、电沉积法等方法，此处将不再阐述。

6.1.3.4 TiO_2 光催化剂的研究现状

A 不同维度的 TiO_2 光催化剂

目前研究的 TiO_2 光催化剂绝大部分都在微纳米尺寸。自20世纪科学家们首先发现了纳米 TiO_2 的光催化性质以来，在国际上掀起了一阵研究纳米 TiO_2 光催化性能的热潮。从研究的尺寸维度上看，TiO_2 光催化剂可分为零维、一维、二维和三维 TiO_2 纳米材料，尺寸维度的不同也会直接或者间接影响 TiO_2 光催化剂的相关性能。

在数学中，零维代表的是一个点，在 x、y、z 三个轴上均无长度，所以零维 TiO_2 也主要指的是颗粒状 TiO_2。零维纳米 TiO_2 在三个维度上的尺寸均为纳米级别。近年来对零维纳米 TiO_2 的研究也相对较为成熟。Li 等采用微乳液法成功制备了可控形貌以及强催化

性能的 TiO_2 颗粒，并通过研究发现，在一定范围内 TiO_2 颗粒的结晶度随温度的升高而增高，并且晶粒尺寸随之增加。再对样品进行下一步的实验并对比发现，TiO_2 光催化剂的催化性能受 TiO_2 结晶度、晶粒尺寸和比表面积的协同效应所影响。零维 TiO_2 的研究相对最为深入，应用也最为广泛，但是在光催化反应过程中不易循环利用，进而可能造成二次污染。

直线在数学上可代表一维，一维 TiO_2 纳米材料是样品尺寸在两个维度上是纳米，可理解为有一定的长度，主要包括纳米管、纳米线、纳米棒等。Zhmi 等采用辅助水热法成功制备了 TiO_2 纳米带及其异质结，较为系统地研究了煅烧温度对 TiO_2 纳米带结构的影响，得出合成的带有异质结的 TiO_2 纳米带具有更强的光催化性能。Dmitry 等合成了可控形貌的 TiO_2 纳米管。一维 TiO_2 具有良好的导电性和方向性，比表面积也较大等一系列优点，缺点是分散性较差和尺寸容易不均等。

二维 TiO_2 主要指 TiO_2 纳米薄膜以及片状 TiO_2，目前对 TiO_2 纳米薄膜的研究相对较少。相对于零维和一维纳米 TiO_2 来说，TiO_2 薄膜拥有多孔结构、比表面积大、稳定性好等特点，使其在光催化领域有着得天独厚的优势。Ren 等用水热法成功制备了暴露晶面的 TiO_2 纳米片，并且发现在一定温度范围内 TiO_2 纳米片的光催化性能随着反应温度的上升而增强。值得一提的是，当水热反应温度高于 240℃时，TiO_2 光催化剂可在黑暗下降解苯。Hu 等同样使用氢氟酸为原料，通过水热法成功制备了具有暴露晶面的纳米片状 TiO_2，同时通过调节加入尿素和 CTAB 的量来控制 TiO_2 样品的形貌，从而使得合成的 TiO_2 样品具有更高的比表面积，可进一步提高光催化性能。

目前已有诸多研究证明三维 TiO_2 纳米结构拥有卓越的光催化性能。Fan 等采用溶剂热法成功合成出具有三维分级结构的锐钛矿型 TiO_2 光催化剂，并且可通过控制乙醇和丙三醇之间的比例来调控 TiO_2 样品的形貌，所得出的 TiO_2 光催化剂紫外光照射下表现出极高的催化性。Zhao 等采用水热法合成了花状板钛矿型 TiO_2 三维纳米结构，并且通过改变 NaCl 的添加量使得锐钛矿型 TiO_2 向板钛矿型转变。同时发现锐钛矿/板钛矿型混合晶相比单一晶相的催化性能更强。但是在合成三维 TiO_2 材料中，为使得样品的形貌更特殊，从而具有更好的催化活性，在某些反应中加入表面活性剂会影响最终产物的纯度。因此不添加表面活性剂合成具有高比表面积的三维 TiO_2 光催化剂仍然是一个难题，将对有机物污染降解等具有重要的意义。

B 增强 TiO_2 光催化性能途径

虽然 TiO_2 基光催化剂应用广泛，但是受制于 TiO_2 自身的限制（宽带隙、光吸收范围窄），导致对太阳光的利用率很低。并且 TiO_2 光催化的量子效率很低，对工业上大规模的废水处理效果不理想。另外，TiO_2 对太阳光的利用率很低，导致在可见光下的催化效率低下，只利用紫外光处理污染物的能量消耗较高。针对上述短板，研究人员一直在尝试用各种办法去弥补 TiO_2 光催化剂在实际应用中的缺陷。

首先是离子掺杂 TiO_2，主要分为金属离子掺杂和非金属离子掺杂。金属离子掺杂多用稀土金属元素（Ce、La 等）以及贵金属元素（Au、Ag、Pt 等），其主要功能在于使空穴/电子对不易复合，从而在一定范围内提高 TiO_2 的光催化速率。非金属离子掺杂多用 B、C、N、F、S 等，其主要功能在于可增加 TiO_2 表面缺陷，或使 TiO_2 价带上移，从而增

加 TiO_2 光催化剂的激发光响应范围，使 TiO_2 在可见光的照射下也能显示出不俗的光催化活性，提高了实用性与普及性，也降低了光催化治理污染物的成本。

贵金属沉积也是常用来提高 TiO_2 光催化性能的手段之一，其目的是改变 TiO_2 表面性质以及内部电子排布。目前常用于沉积的贵金属有 Au、Ag、Pt、Ni 等。当有贵金属沉积在 TiO_2 表面时，由于二者的费米能级有差别，电子会从 TiO_2 半导体转移至贵金属表面上，这样会捕捉光催化反应过程中转移的空穴，从而抑制了空穴/电子对的复合，增加了 TiO_2 光催化活性。

近年来人们也常用半导体复合 TiO_2 来增强 TiO_2 的光催化活性，常用的有 ZnO、CeO_2 等。与贵金属沉积的原理一样，半导体复合也是利用了其他半导体与 TiO_2 半导体的费米能级不一样，抑制了空穴/电子对的复合，也可扩展 TiO_2 光催化剂的可见光响应范围，从而增强 TiO_2 光催化剂的催化性能。此外，与单一晶相的 TiO_2 相比，半导体复合 TiO_2 不仅有更高的催化活性，还具有更好的稳定性，在今后的应用中有更广阔的前景。

C　TiO_2 光催化剂的应用

TiO_2 光催化剂拥有性能稳定、成本低廉、无毒无污染以及催化活性高等优点，一直以来都是常用的光催化材料。其应用领域相当广泛，特别是在环境治理、医疗卫生、新能源等行业有着不错的应用。

在环境治理方面，由于 TiO_2 光催化剂有着不错的光降解能力，可使得一些高分子有机物转变为小分子无机物，同时还可以除去水中部分重金属，有着洁净水质的功效。Zhang 等采用水热法合成了石墨烯复合催化剂，该复合催化剂对亚甲基蓝水溶液表现出了极强的催化性。除此之外，部分 TiO_2 光催化剂也可用于大气污染处理，相关研究报道表明 TiO_2 光催化剂在大气污染治理方面也可起到一定的功效。

TiO_2 光催化剂也可用作于表面涂层，主要集中在玻璃以及镜子表层涂层，可起到防水效果，为人们的日常生活带来了方便。此外，早在 20 世纪 80 年代，纳米 TiO_2 涂料已被用于汽车表面喷漆，随后越来越多的汽车厂商均用含纳米 TiO_2 材料的喷漆，其主要功能在于可使得车体透光性更好以及增加车身的清洁度等。

在医疗卫生领域，利用 TiO_2 的光催化性可以对细菌、真菌、病毒等起到一定的杀害作用，并且 TiO_2 本身无毒无污染，不会对人体造成伤害和残留，常用于食品包装、生活卫生用品以及部分化妆品护肤品等。

D　光催化产氢技术

随着经济的快速发展，石油、煤炭等不可再生能源消耗持续增加，而且这些化石燃料的大量消耗又带来了严峻的环境问题。在能源短缺与环境污染的双重压力下，人类开始重视低碳和无碳可再生能源的开发与利用，新型可再生能源的开发应运而生，氢能正是人们所期待的这种能源之一。光催化制氢技术是通过太阳能光照使水裂解产生氢气，是目前最为理想的产氢方式。

从化学热力学的角度来讲，水是非常稳定的。在标准状态下，1mol H_2O 分解为 1mol H_2 和 1/2mol O_2，需要的能量为 237kJ。光解水同时制氢气和氧气是一个相当困难的反应，因此，光催化领域中常常会使用牺牲试剂来促进光催化制氢气和氧气。+0.81eV 为 $H_2O/1/2O_2$ 的标准氧化还原电位，H_2O/H_2 的标准氧化还原电位为-0.42eV。在电解池中一分子水电解为相应的 H_2 和 O_2 需要的能量为1.23eV。因此，带隙能量必须比1.23eV大的半导体才能达到光解水的要求。若是要响应可见光，催化剂的带隙还应小于3.0eV。为了促进光生电子和空穴分别还原和氧化水，催化剂的价带和导带的电势与水的氧化还原电势匹配显得尤为重要。

6.1.3.5 影响 TiO_2 光催化性能的因素

（1）晶粒尺寸。晶粒尺寸是衡量纳米级光催化材料光催化性能的一个重要指标。研究表明，纳米级的 TiO_2 具有较好的光催化性能。因其尺寸较小，光生电子和空穴容易分离，进而降低复合率，使 TiO_2 表现出较高的光催化活性。当纳米 TiO_2 的粒子半径接近10nm时，会发生量子尺寸效应，将光生电子-空穴对在催化剂表面迁移的时间缩短为10μs。量子尺寸效应的产生会使 TiO_2 的导带和价带变成分立的能级，禁带宽度变宽，导带电位更负，价带电位更正，其光谱吸收带发生红移，使得其具有更强的氧化还原能力。另外，TiO_2 半导体的尺寸越小，电荷的传递速率越高。当半导体的粒子半径小于其空间电荷层厚度时，光生载流子可以从离子内部迁移到表面进行直接扩散，从而提高电子-空穴对的扩散速度，有效降低它们的复合率，从而提高了光电转化效率。

（2）比表面积。比表面积也是衡量半导体材料光催化性能的一个重要指标，它决定着光催化材料对污染物的吸附量。比表面积的增大，能够为被降解物质提供连续的光催化反应场所和充足的表面活性位点。多孔结构的纳米 TiO_2 光催化剂因其较大的比表面积可以吸附更多的有机污染物，使污染物分子和催化材料充分接触，提高吸附量并且加快界面反应速度，最终提高光催化性能。

（3）光生电子-空穴对的分离。TiO_2 是一种N型半导体。当它受到能量等于或大于带隙能的光照射时，处于价带的电子获得能量跃迁到较高的能阶，跃迁后的电子并不稳定，会很快把获得的能量释放回到原来的能阶。只有电子获得的能量足够高时才可以摆脱原子核的束缚成为自由电子，这样价带上的电子才会空出来形成空穴。形成的电子-空穴对的数量越多则光催化性能越好。因此，提高光催化性能的途径之一就是阻止光生电子-空穴对的复合。

6.2 含钛能源材料

<table>
<tr><td>学习目标</td><td colspan="2">掌握亚氧化钛、钛酸锂、钙钛矿等含钛能源材料的结构与性能、制备工艺、主要应用领域</td></tr>
<tr><td>能力要求</td><td colspan="2">1. 掌握亚氧化钛、钛酸锂、钙钛矿的结构与性能、制备工艺及主要用途；
2. 能够就某种含钛能源材料的生产工程问题进行设计或分析；
3. 具有自主学习意识，能开展自主学习、逐渐养成终身学习的能力</td></tr>
<tr><td rowspan="2">重点难点预测</td><td>重点</td><td>亚氧化钛、钛酸锂、钙钛矿等含钛能源材料的制备方法及用途</td></tr>
<tr><td>难点</td><td>亚氧化钛、钛酸锂、钙钛矿等含钛能源材料的结构</td></tr>
<tr><td>知识清单</td><td colspan="2">亚氧化钛、钛酸锂、钙钛矿</td></tr>
<tr><td>先修知识</td><td colspan="2">材料科学基础、新能源材料与技术</td></tr>
</table>

6.2.1 亚氧化钛

Magnéli 相亚氧化钛是一系列非化学计量氧化钛的统称，它不是氧化钛的掺杂物或者 $TiO_x(x<2)$ 的混合物，而是晶体结构稳定的非化学计量氧化物，其通式可表述为 Ti_nO_{2n-1} $(3<n<10)$，包括 Ti_4O_7、Ti_5O_9 等亚氧化钛相，常温下一般为蓝黑色粉末。

6.2.1.1 晶体结构

Magnéli 相亚氧化钛的晶体结构可以看作是以金红石型二氧化钛为母体，每 n 层为一个氧缺失层所构成，如 Ti_4O_7 为每 3 层 TiO_2 后为一个 TiO 层。金红石型 TiO_2 是八面体结构，钛原子位于中心而氧原子位于各个顶点，TiO_2 结构单元之间以氧原子的顶点共用或边共用连接起来，见图 6-3。

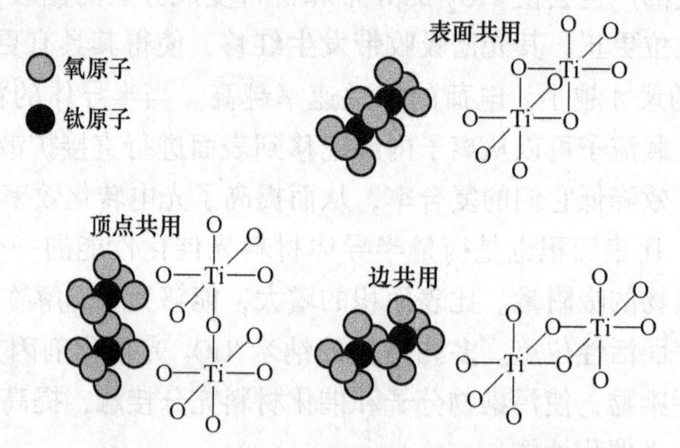

图 6-3 金红石型 TiO_2 的晶体结构

在此基础上，Ti_nO_{2n-1} 间隔 n 层 TiO_2 结构发生一次氧缺陷，随之形成一个 TiO 层结构，它与相邻 TiO_2 层是以氧原子表面共用的方式相接，从而形成一个共用氧原子剪切面。如 TiO_2 与 Ti_4O_7 的原子排布见图 6-4。TiO 层使 Ti_nO_{2n-1} 具有导电性，TiO_2 层则给予 Ti_nO_{2n-1} 较好的化学稳定性，并且 TiO 层被外部的 TiO_2 层包覆而受到保护。正是具备这种特殊的晶体结构，Ti_nO_{2n-1} 显露出了多种优良性能，近年来已经引起了研究人员们越来越多的重视。Ti_nO_{2n-1} 耐多种酸碱腐蚀，电化学稳定性高，导电性能好，电化学窗口宽，这些优良的性能使得该种材料具有广阔的应用前景。

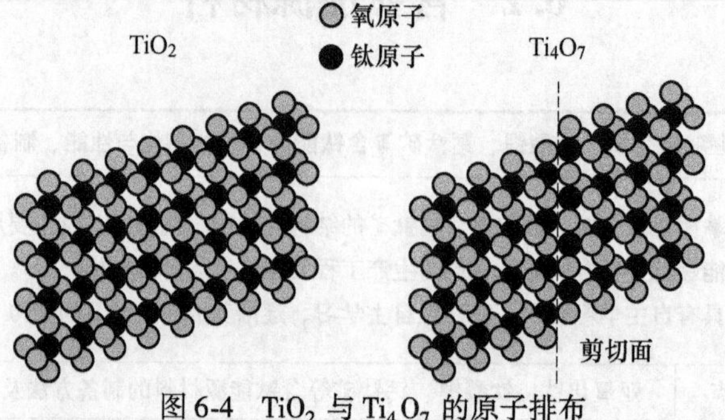

图 6-4 TiO_2 与 Ti_4O_7 的原子排布

比较几种主要的亚氧化钛的性能之后发现，Ti_4O_7 的各项性能更为突出，见表 6-1。例如，室温下 Ti_4O_7 处于 4mol/L 浓硫酸中的半衰期长达 50 年；常温下电导率可达 1035S/cm，优于石墨同类参数；1mol/L 硫酸中析氧电位与析氢电位之间相差接近 4V。因此得到

含高比例 Ti_4O_7 的亚氧化钛是发展的主要方向之一。

表 6-1 Ti_4O_7 的物理性能

物理性能		数 值
密度/g·cm^{-3}		3.6～4.3
比热容/J·(kg·K)$^{-1}$		750
导热系数/W·(m·K)$^{-1}$		10～20
线膨胀系数/K^{-1}		6×10^{-6}
抗弯强度/MPa		60～180
维氏硬度（HV）		230
电导率/S·cm^{-1}		1998
氧过电位/V(SHE)	H_2SO_4（1mol/L）	+1.75
	NaOH（1mol/L）	+1.65
氢过电位/V(SHE)	H_2SO_4（1mol/L）	-0.75
	NaOH（1mol/L）	-0.60

6.2.1.2 主要性能

A 物理性能

亚氧化钛具有很好的导电性能。在 Magnéli 相的不同钛组成中，Ti_4O_7 的导电性能最好，几乎具有金属的导电性。实际的亚氧化钛由于是多晶相构成，导电率因 Ti_4O_7 的含量和粉体颗粒大小不同而有所差异，但是完全可以满足作为电极材料的要求。

此外，亚氧化钛的比重较小，有利于产品的轻量化，提高性能；耐磨损性很强，抗冲刷，电极尺寸稳定，机械强度高，可加工；亚氧化钛没有磁性，不易团聚，在水中的分散性很好，作为导电添加剂时，便于与其他电池活性物均匀混合，有利于电流的均匀分布；亚氧化钛与有机聚合物的相容性很高，可以与各种塑料混合成型，以克服陶瓷材料韧性差的缺点，便于做成柔性好的各种形状的电极。

B 化学性能

亚氧化钛具有特别优秀的化学稳定性和抗腐蚀能力，在强酸强碱环境下都非常稳定，超过绝大多数工业常用的电极材料，包括其母体钛金属。在能腐蚀钛金属的一些强腐蚀液（包括氟化物、盐酸等）中稳定，如 40% 的硫酸或草酸能严重腐蚀钛金属，但是亚氧化钛却几乎是惰性的，具体情况见表 6-2。

表 6-2 金属钛与亚氧化钛的抗腐蚀性能对比

样 品	电解质	150h 失重	3500h 失重
金属钛	0.1% F	22%	100%
亚氧化钛	0.1% F	0.017%	0.29%
金属钛	0.4% F	52%	100%
亚氧化钛	0.4% F	0.66%	2.4%
金属钛	$HF/HNO_3/H_2O$ 160000 单位	100%	100%
亚氧化钛	$HF/HNO_3/H_2O$ 160000 单位	0.56%	12.7%

C　电化学性能

亚氧化钛陶瓷电极的室温工作电流约为 5 ~ 20mA，既可作为正极，也可作为负极进行析氢析氧反应，并且析氢析氧过电位都很高。作为电极支撑材料，可以电镀、化学沉积或涂敷各种金属氧化物或贵金属催化剂，并且与这些催化剂的化学结合性很好，催化活性几乎不变，效果好。不同电极材料在硫酸中的析氢析氧电位范围见图 6-5。

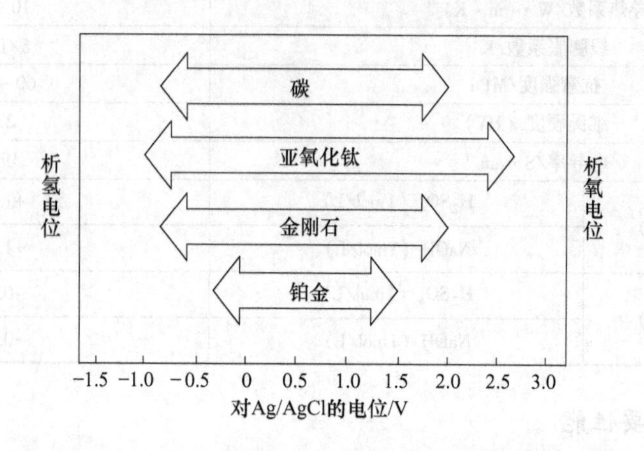

图 6-5　不同电极材料在硫酸中的析氢析氧电位范围示意图

D　突出特点

（1）高导电性。高于石墨的导电率，可被电镀。

（2）异常耐化学腐蚀。在包括氟离子、氯离子的强酸和强碱环境下非常稳定，超过绝大部分现有的电极材料。

（3）析氢析氧过电势很高。高的析氧过电势有利于抑制氧气的溢出，提高氧化性能。

（4）耐机械磨损。抗液体冲刷，使用寿命长。

（5）安全环保。原料资源丰富，无毒安全。亚氧化钛是一种活性很强的新能源功能材料，环保无毒，符合食品级安全标准，不会对皮肤产生损害，符合低碳经济的发展需求。

6.2.1.3　*制备方法*

目前，Magnéli 相亚氧化钛的制备方法主要是热还原法，即高温加热条件下利用还原性物质，如 H_2、C、Ti 等与 TiO_2 反应制备 Ti_nO_{2n-1}。此外，也有研究人员探索新技术成功制出 Ti_nO_{2n-1}。

（1）H_2 还原。H_2 作为常用的还原剂，有还原性强、环保无污染的优点，使用时控制好流速即可保证反应效率，简化生产环节。作为易燃气体，需要重视生产与储运安全。另外，工业生产 H_2 的价格较高，一定程度上限制了其应用到亚氧化钛的大规模合成。亚氧化钛电极材料由高纯二氧化钛粉末在高温下由氢气还原生成。

H_2 还原可用方程式表达：

$$nTiO_2 + H_2 = Ti_nO_{2n-1} + H_2O$$

李晓霞等人以粒径为 32nm 的锐钛矿型 TiO_2 粉末为原料，950℃ H_2 还原，产物基本为单相 Ti_4O_7 粉末。扫描电镜下观察到粒径大小为 0.5 ~ 1μm 的多孔结构，该结构对传质十分有利，但对比原始粒径，产物团聚长大现象非常严重。应卓高等人将 TiO_2 置于 NaOH 溶液分散均匀，烘干洗涤后加入稀盐酸静置，得到管径 5 ~ 10nm、长 300 ~ 500nm 的二氧化钛纳米管（TiO_2NT）。随后加少量正硅酸乙酯（TEOS），将产物制成粉末，与 H_2 在 950℃和 1050℃下烧结 4h，将得到的蓝黑色粉体在 HF 溶液中静置直至除掉表面的 SiO_2。TEM 结果显示，950℃烧结的产物主要是直径为 5 ~ 10nm、长度为 50 ~ 100nm 的短棒状 Ti_6O_{11}；1050℃烧结得到粒径约 300nm 的 Ti_4O_7 颗粒，说明温度升高有助于得到 Ti_4O_7。同 TiO_2 直接高温烧结制得 Ti_4O_7 相比，此法得到的颗粒粒度更小，形貌更规整有序。

（2）C 还原。相比于 H_2，使用 C 还原成本更低，也更安全，因此在制备 Magnéli 相亚氧化钛中使用碳热还原法十分广泛。除了 C 本身，C 的前驱体同样能达到合成的目的，可以应用到工业合成中去。C 还原的最大缺陷在于产物表面往往残留 C 包覆层，且难以被去除。

Tomoki Tsumura 等人利用聚乙烯醇（PVA）作为 C 前驱体，与水解四异丙氧基钛（TTIP）得到的沉淀物充当原料，N_2 作为保护气，950℃加热 1h，得到了含少量 TiO_2 的 Ti_4O_7，但表面存在碳包覆层。V. Adamaki 等人选取微米级 TiO_2 粉末，在 1300℃下预烧结 1.5h，得到直径为 260μm 的 TiO_2 纤维，再将其与 C 粉混合进行高温烧结制备导电性能最佳的 Ti_nO_{2n-1} 纤维。XRD 结果表明，1200℃反应 6h 和 1300℃反应 6h 的产物含有 Ti_4O_7，而温度在 800 ~ 1100℃的四组实验，即使反应时间长达 24h 也只能得到金红石型 TiO_2。可以推测温度越低，TiO_2 还原过程越缓慢。

近年来，熔融盐法和微波烧结技术也被应用到 C 还原中。Wan Guangrui 等人在 C 还原的基础上，添加了熔融 NaCl 作为合成原料，通入氩气保护，在 850 ~ 1000℃下反应 2h，其中 1000℃的产物含 Ti_4O_7 96.8%、Ti_5O_9 3.2%。这是由于反应物可以部分溶解在熔融盐中，相对于固相状态下物质交换和混合速度加快，能够制出高纯度 Ti_4O_7。Tomohiro Takeuchi 等人采取微波快速加热技术改进 C 还原法，缩短了加热与冷却时间，减小 Ti_nO_{2n-1} 微观结构团聚的幅度，证明缩短烧结时间对改善产物微观形态有促进作用。

（3）Ti 还原。Ti 还原的反应式可表示为：

$$(2n-1)TiO_2 + Ti = 2Ti_nO_{2n-1}$$

A. Gusev 等人将 Ti 与 TiO_2 混合压制为薄片，取不同温度和保温时间加热后退火。当温度升高时 Ti_4O_7 在产物中所占比例随之增多，其中 1000℃保温 1h 得到了近似单相的 Ti_4O_7，同时伴有微量 Ti_3O_5。温度不变，保温时间升至 2h，得到的产物中 Ti_3O_5 含量明显增加，这也反映出制备完全单相 Ti_4O_7 所需条件难以控制。结果表明，Ti 的还原效果较好，控制反应条件能够得到纯度高的 Ti_4O_7，但该方法主要限制在于 Ti 的生产成本较高，目前难以满足大规模合成对控制成本的需求。

（4）中间体多步还原。利用中间体多步骤制备亚氧化钛的实验成果时有报道。有学者利用 H_4TiO_5 作为中间体制备 Ti_nO_{2n-1}，860℃还原 4h 和 850℃还原 5h 得到单相 Ti_4O_7，粒径为 200 ~ 500nm。该过程可简要表述为：

$$Ti + NH_3 \cdot H_2O + H_2O_2 \longrightarrow (NH_4)[Ti(O_2)(OH)_3] \longrightarrow H_4TiO_5 + NH_3 + H_2O$$

$$H_4TiO_5 \longrightarrow Ti_nO_{2n-1} + H_2O$$

Han Weiqiang 等人将金红石型 TiO_2 与 NaOH 置于高压釜反应数日，经多次酸洗得到单斜晶体的 $H_2Ti_3O_7$，而后在 H_2 中高温反应 1 ~ 4h，850℃得到 Ti_8O_{15}，1050℃得到

Ti_4O_7，呈现直径约 1μm、长度 5～10μm 的纤维状。反应历程简要表述为：

$$NaOH + TiO_2 \longrightarrow Na_2Ti_3O_7 + H_2O$$

$$Na_2Ti_3O_7 + HCl \longrightarrow H_2Ti_3O_7 + NaCl$$

$$H_2 + H_2Ti_3O_7 \longrightarrow Ti_nO_{2n-1} + H_2O$$

与单步的热还原法比较，多步还原虽然增加了制备工序，但能更好地控制微观结构。从本质上看，这些方法仍然利用了热还原法的原理。

（5）激光烧蚀还原。Makoto Hirasawa 等人以金红石型 TiO_2 为原料，采用激光烧蚀技术，α 射线使经过石英管的产物颗粒带电，带电颗粒随之进入差分电迁移率分析仪（DMA）进行筛选，烧蚀温度为 800℃ 和 900℃ 时得到的 Ti_nO_{2n-1} 粒径的均值约为 7.0nm 和 15.1nm。该方法的优点是避免了长时间高温烧结对产物形态带来的团聚长大等不利影响，能制得粒径较为均匀的超细 Ti_nO_{2n-1} 颗粒。但 Ti_4O_7 含量不高，材料性能不理想，以该方法制备 Ti_nO_{2n-1} 仍需探索和改进。

6.2.1.4 主要应用

Magnéli 相亚氧化钛具有提升产品综合性能、降低能源消耗、减轻环境污染等优势，符合当前社会追求高效、环保生产的趋势。目前已逐步应用到铅酸电池、燃料电池、锌空气电池、污水处理等多个领域中，其良好的使用效果也促使人们对其应用进行不断探索和发掘。

（1）在铅酸电池方面的应用。因为亚氧化钛（Ti_4O_7）可以增强与 PbO_2 的结合力，并在充放电过程中保持孔形状和孔率，所以能提高正极活性物的成形性和活性物的利用率。用少量的亚氧化钛（Ti_4O_7）纤维添加在汽车平板电池中，可以提高该电池容量 15%～17%。

实际上，亚氧化钛陶瓷电极材料最突出的革命性应用是被成功地做成了双极板，并由此诞生了世界上第一种实用型双极式阀控铅酸蓄电池。与传统蓄电池相比，双极式蓄电池取消了栅板、联结物和中间隔，而以双极板取代，使得蓄电池的重量大大减轻，体积缩小，电流分布均匀，有效地提高了重能比和体能比，是对铅酸蓄电池的革命性改进。

（2）电池领域。锂电池：作为阴极替代石墨可减少充放电循环带来的电容衰减。燃料电池、锌-空气电池和液流电池：由于其高导电性和耐腐性，是非常有前景的电极和双极材料。不过依旧需要不断地测试以及实验，以验证其商业化的可行性。

（3）化工领域。因其优异的化学稳定性和导电性，可用于氯碱工业、氯酸盐制造、重铬酸制备以及有机电合成。

（4）电冶金领域。亚氧化钛在高电流密度、高酸条件下不钝化不腐蚀而优于石墨和钛金属，作为电极用于电积锌、金属回收、电解氧化锰、金属箔生产以及印刷线路板蚀刻液的回用处理。

（5）电镀领域。由于电解液中含有氟离子等强腐蚀性物质，常用阳极很易恶化，而亚氧化钛电极析氧过电位高、耐腐蚀性强、抗磨损、电极尺寸稳定。

（6）环保行业和水处理领域。由于亚氧化钛电极的析氧电势高，有利于阳极氧化，可广泛应用于电催化降解有机污染物和垃圾渗滤液、电催化处理苯酚废水、印染废水处理、油田废水处理、医院污水处理以及电解海水制氢、海水淡化、电解水消毒和臭氧的制造。

(7) 阴极保护领域。亚氧化钛现已实际应用于储油罐、船舶、码头、桥梁和钢筋混凝土的防腐、土壤的阴极保护。

问题讨论： 亚氧化钛材料未来的研究重点是什么？

6.2.2 钛酸锂

以 $Li_4Ti_5O_{12}$ 材料作为锂离子电池的负极，其属于Ti-O基氧化物的一种，其他Ti-O基氧化物还包括 $Li_2Ti_3O_7$（$Li_2O \cdot 3TiO_2$）、$Li_6Ti_6O_{13}$（$Li_2O \cdot 6TiO_2$）、$H_2Ti_3O_7$（$H_2O \cdot 3TiO_2$）、TiO_2 等。

6.2.2.1 结构与性能

A 物相结构

钛酸锂是具有Fd3m空间群和立方对称的尖晶石结构晶体，其化学式为 $Li_4Ti_5O_{12}$，结构式如下：

$$Li_{8a}[\ ]_{16c}[Li_{1/3}Ti_{5/3}]_{16d}[O]_{32e}$$

该结构式表明，3/4 的 Li^+ 离子占据着 $Li_4Ti_5O_{12}$ 晶胞中的8a晶格位置，16d的位置则由剩下1/4的 Li^+ 离子和全部的Ti离子占据着，O离子占据32e的位置，16c的位置属于空位。在放电嵌锂过程中，8a点的锂离子和外部的锂离子同时转移并占据16c空位，与此同时，原8a位置形成空位，对应的 $Li_4Ti_5O_{12}$ 相结构从尖晶石相转变成岩盐相结构（图6-6），此时 $Li_4Ti_5O_{12}$ 的结构式转变成：

$$[\ ]_{8a}[Li_2]_{16c}[Li_{1/3}Ti_{5/3}]_{16d}[O]_{32e}$$

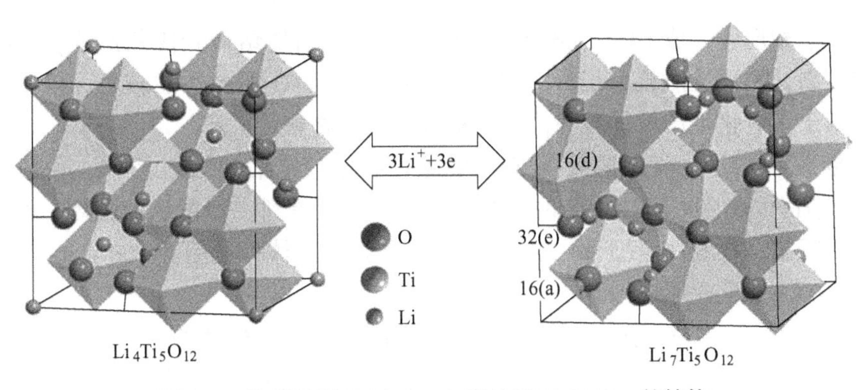

图6-6 尖晶石型 $Li_4Ti_5O_{12}$ 与岩盐型 $Li_7Ti_5O_{12}$ 的结构

在 $Li_4Ti_5O_{12}$ 转变成 $Li_7Ti_5O_{12}$ 后，晶格常数由0.83595nm变化到0.83538nm，对应晶胞体积变化仅0.2%。因此可以说 $Li_4Ti_5O_{12}$ 是一种“零应变”材料，具有优异的循环稳定性。另外，$Li_4Ti_5O_{12}$ 有比较高的电位（1.55Vvs. Li/Li^+，碳0.1～0.2Vvs. Li/Li^+），不易析出枝晶，避免了电池短路，在充放电过程中安全性比较高。

B 钛酸锂材料的电化学容量

对 $Li_4Ti_5O_{12}$ 负极材料的理论容量可使用下式进行计算。根据公式可以计算得出，作为锂离子电池的负极材料，其理论容量 C 数值为 175mAh/g，对应充放电电压范围是 1.0～2.5V。

$$C=(N_AeZmM_W)/t$$

式中 N_A——阿伏伽德罗常数，$N_A=6.02\times10^{-23}mol^{-1}$；

e——单个电子所带电荷数值，$e=1.60\times10^{-19}C$；

Z——$Li_4Ti_5O_{12}$ 电极得失电子数，数值为 3；

m——活性材料质量数值，取 1g；

M_W——$Li_4Ti_5O_{12}$ 材料的摩尔质量。

6.2.2.2 制备方法

$Li_4Ti_5O_{12}$（LTO）材料的合成方法众多，主要有固相法、溶胶-凝胶法、水热法、喷雾热解法、熔盐法、微波法和静电纺丝法等。不同的制备方法对合成材料的形貌和性能影响非常大，即使同一种制备工艺合成材料的性能又受锂源和钛源的配比、反应温度、反应时间、反应气体气氛环境等诸多因素的影响。

（1）固相反应法。现在仍有很多人采用高温固相法制备 LTO，因为固相反应法的工艺简单，设备要求较低。一般以比较廉价的 TiO_2、$LiOH\cdot H_2O$ 或者 Li_2CO_3 作为原料，在 700℃到 1000℃范围制得固相 LTO。不管采用的是 $LiOH\cdot H_2O$ 或者 Li_2CO_3，一般都将 Li 的含量（质量分数）过量 5% 或者 8% 左右，这是因为在烧结退火过程中，部分 Li 会迁移到陶瓷管或方舟中从而损失掉一部分。当烧结温度超过 1000℃以后，$Li_4Ti_5O_{12}$ 会分解为 $Li_2Ti_3O_7$ 和 Li_2TiO_3。其化学反应方程式如下：

$$5TiO_2+4LiOH\cdot H_2O = Li_4Ti_5O_{12}+3O_2$$

$$5TiO_2+2Li_2CO_3 = Li_4Ti_5O_{12}+2CO_2$$

$$2Li_4Ti_5O_{12} = 3Li_2Ti_3O_7+Li_2TiO_3$$

目前，固相反应合成 LTO 一般都是在高温下长时间烧结得到固相产物，产物的结晶度一般都较高，循环性能较为优良。但是这样制得的 LTO 颗粒往往较大，倍率性能较为一般，虽易于工业化生产但能耗高，不易精准控制产物颗粒大小。

（2）溶胶-凝胶法。利用溶胶-凝胶法能够得到比较精细的 LTO 粉体。一般是将一定量的 $Ti(OC_4H_9)_4$ 加到 CH_3COOLi 的甲醇溶液中，进而得到一种黄色的胶体，经过搅拌后得到白色的凝胶，在 80℃下干燥 24h 得到干的凝胶前驱体，最后在 700～800℃中烧结得到最终的 LTO。其反应原理如下：

$$Ti(OC_4H_9)_4+4H_2O = Ti(OH)_4+4C_4H_9OH$$

$$Ti(OH)_4 = TiO_2+2H_2O$$

$$2CH_3COOLi+4O_2 = Li_2CO_3+3H_2O+3CO_2$$

$$5TiO_2+2Li_2CO_3 = Li_4Ti_5O_{12}+2CO_2$$

该法合成温度较低、用时少，制备的 LTO 晶体纯度较好、粒度较小且分布较集中、均一性好、有良好的充放电性能。但也有一定的缺陷，如所使用的原料价格比较昂贵，有些原料为有机物，对人体有害。此外凝胶中往往存在大量微孔，在干燥的过程中会有许多气体及有机物逸出导致收缩。

（3）熔盐法。熔盐法能在较短的时间内制备出较为纯净的 LTO 粉末，即熔盐与反应物按一定的比例混合反应，待混合均匀后加热使其熔化，反应物和熔盐反应得到产物，冷却至室温，再以蒸馏水洗涤去除其中的盐得到较为纯净的 LTO 粉末。在该法中，熔盐体主要起着反应介质和熔剂的作用，常用的盐一般为碳酸盐、亚硝酸盐、硫酸盐、氯化物等。

与固相法相比，熔盐法可以降低合成的温度并缩短反应的时间，这主要是因为形成的熔盐体增强了反应成分在液相中的流动性，以离子形式的存在大大增加了其表面活性，从而提高了扩散速率。另外，该方法还可以控制产物的颗粒形貌、尺寸等。

（4）喷雾干燥法。喷雾干燥是合成材料的一种新方法，主要过程为：溶液通过连接带有蠕动泵的进料皮管将混合溶液吸进来产生大量的液滴，然后通过空气或者其他负载气体将液滴送到 100℃ 以上的反应器中，反应后的液滴在反应器中经过蒸发、分解、造粒结晶得到固体粉末，最后经过玻璃管路回到收集装置中。

该方法能够制备得到形貌规整、颗粒大小较为均匀的 LTO 粉末。但是该方法对于设备有一定的要求，而且需要原料混合均匀且颗粒尺寸不能太大，不然容易堵住喷雾干燥器的喷嘴，导致整个过程较为烦琐。

（5）水热合成法。水热合成法制备 LTO 指的是在一个封闭体系中，以水、水溶液、醇等作为溶剂，在一定的温度下使反应物混合均匀进行反应，经过抽滤、洗涤、干燥得到固体粉末的一种方法。

采用温和的水热反应，一方面可以使在常温常压下难以进行的化学反应得以在高温高压下顺利进行，另一方面还可以使得晶体具有一些特殊构型，且部分反应不需要经过热处理就可以得到所需要的晶型。与固相法相比，其流程更为简单，更有利于在工业化应用；而与溶胶法相比，其方法更为简单，易于控制，是一种较为经典的合成方法。

6.2.2.3 钛酸锂作锂离子负极材料所面临的挑战

$Li_4Ti_5O_{12}$ 材料固有性能与锂离子电池新兴应用领域的高度切合，使其获得了快速发展的机会。然而，该材料在发展过程中，还面临着如下的问题与挑战：

（1）钛酸锂电池的胀气。电池使用过程中容易产生 CO_2、CO、H_2 气体，造成电池壳体肿胀影响正常工作。胀气机理主要认为有以下三种：1）电池电解液中含有微量水分，在电极充放电过程中造成气体逸出。2）Ti 元素在电极表面具有催化作用，促进了电解液的分解，发生烷氧基、碳酸基的脱氢反应，造成气体逸出。3）钛酸锂材料具有特殊的电化学势，在高温条件下与电解液接触，造成气体逸出。对于电池的胀气问题，目前已形成有效的解决方法，在已合成电极颗粒表面涂覆上一层碳膜，隔绝与电解液的直接接触，从而避免胀气现象的产生。

（2）钛酸锂材料高倍率性能不佳。由于钛酸锂材料属于稳定的 Ti-O 化合物结构，一方面循环性能良好，另一方面电子与外部离子在晶格中迁移速率缓慢。钛酸锂材料的电子电导率为（10^{-8} ~ 10^{-13}S/cm），离子扩散系数为（10^{-9} ~ 10^{-16}cm^2/s），在高倍率充放电可逆容量衰减过快，致使高倍率性能表现不佳，因此提高其倍率性能具有十分重要的意义。离子掺杂技术、金属复合材料技术、纳米化技术、碳包覆技术等诸多改性技术手段，能够有效提高倍率性能。

（3）钛酸锂材料理论容量较低。理论计算证明，以其作为锂离子电池的负极，在 1 ~ 2.5V 的电压窗口内，对应 1mol 的 Li^+转移其充放电比容量约 175mAh/g，致使能量密度较低。又因为该材料锂化电压为1.55Vvs. Li^+/Li，根据功率密度公式 Wh/kg ⇌ A/kg×V，致使具有较低的功率密度。高比容量物质的混合掺杂、多晶界钛酸锂材料的合成等改性手段，能够有效提升充放电比容量。

6.2.2.4　钛酸锂材料的改性技术

钛酸锂作为锂离子电池负极材料具有结构稳定、寿命长、安全性高等优点，在动力及储能领域受到广泛关注。但其电导率低、导电性差，容易引起电极极化加剧，极大地限制了它在大倍率条件下的应用。针对这些问题，可采用包覆改性、离子掺杂、复合方法等改性技术来改善钛酸锂材料的电化学性能。

(1) 碳包覆技术。碳包覆技术能够显著提升各种电极材料的电子电导率，其应用于钛酸锂材料的制备，常将电极材料或者前驱体与有机碳源均匀混合，利用高温热处理过程中有机碳的挥发，在钛酸锂颗粒表面均匀涂覆碳涂层，显著提升电子导电性，同时抑制颗粒在热处理过程中的二次长大，并能隔绝与电解液直接接触，防止电池胀气。

该工艺关键点在于碳源种类的选择，液相混合过程与热处理过程的有机统一，从而在钛酸锂颗粒表面形成均匀的碳膜涂层。虽然该技术能够提高材料电子电导率，但同时会降低材料的振实密度，减小钛酸锂电池的体积能量密度，而且过于致密的碳膜会阻碍 Li^+ 的扩散。

(2) 纳米尺度控制技术。对于钛酸锂材料电化学性能的提升，纳米形态的钛酸锂材料能有效缩短 Li^+ 的扩散传输距离，使其具有良好倍率与循环性能。而获取纳米尺度通常采用分子混合技术，将钛源、锂源在液相中混合均匀，采用水热法、燃烧法、喷雾热解法等过程强化方法，增加液相混合过程中的能量输入，有利于后续热处理温度的降低，以保证钛酸锂材料纳米形态的完整性。

尤其值得注意的是，不同纳米形貌的钛酸锂材料，例如纳米线、纳米棒、纳米片、纳米纤维等，通常都具有良好的倍率性能和稳定的循环性能，但是超高的比表面积和较低的振实密度不利于后续电池制造。而球状纳米钛酸锂在电化学性能和物理性能的平衡方面具有较大的优势，不但拥有良好的电化学性能，而且比表面积适中，振实密度较高，有利于提高材料的体积能量密度，有利于后续电池制造。

(3) 离子掺杂技术。离子掺杂是提高 $Li_4Ti_5O_{12}$ 材料性能的有效方法之一。对 $Li_4Ti_5O_{12}$ 进行离子掺杂主要有两个目的：一是降低其电极电位，提高电池比容量；二是提高其导电性，降低电阻和极化。该技术是基于在四面体［$8aLi^+$］、八面体［$16dTi^{4+}$］、八面体［$32eO^{2-}$］中使用异相或者同相离子进行取代的方法，具体是指在 Li^+ 的8a位置或者 Ti^{4+} 的16d位置引入高价阳离子，或者在 O^{2-} 的32e位置引入低价阴离子，促使部分 Ti^{4+} 转变为 Ti^{3+}，以产生电荷补偿的混合物（Ti^{3+}/Ti^{4+}）并增加电子浓度。同时，掺杂会产生晶格扭曲，在晶格中产生新的缺陷或空隙，因此对离子传递的阻力发生变化，锂离子扩散系数也随之改变。掺杂能够提高晶格电导率和锂离子扩散系数，提高大倍率放电性能以及循环稳定性。

对于［$8aLi^+$］位置掺杂的元素主要有［Na^+］、［K^+］、［Mg^{2+}］、［Ca^{2+}］、［Zn^{2+}］等；对于［$32eO^{2-}$］位置掺杂改性的元素主要有［F^-］、［Br^-］等；对于［$16dTi^{4+}$］位置掺杂改性的元素主要有［Ti^{3+}］、［Fe^{3+}］、［Co^{3+}］、［La^{3+}］、［Al^{3+}］等。尤其值得注意的是，［$16dTi^{4+}$］位置处的自掺杂改性方法，通过［Ti^{3+}］或者氧空位的引入，能够显著

提高其电子导电性，而且能够避免由于异相离子引入，导致钛酸锂材料的热力学不稳定，在提升倍率性能的同时仍然保持良好的循环性能。Ti^{3+}自掺杂改性制备，通常在固相合成过程中，借助于还原性气氛H_2、NH_3或者还原性药剂C粉、Zn粉末完成。

（4）金属复合材料制备技术。$Li_4Ti_5O_{12}$金属复合材料的制备有助于提高钛酸锂材料的电子导电性能，相应提高倍率性能。Krajewski等人使用碳酸锂作为初始锂源，二氧化钛作为初始钛源，2～10nm的超细银粉作为金属添加剂，通过三次固相焙烧反应制备含有金属银的钛酸锂材料，以提高其电子导电性。研究结果表明，高温热处理过程加入金属粉末有利于增强钛酸锂材料的电化学性能，而且由于金属粉末量加入较少，对复合材料的比容量无显著影响。

有研究人员使用钛酸四丁酯作为初始钛源，氢氧化锂作为初始锂源，通过水热合成、化学沉积、高温热处理等合成步骤，以$AgNO_3$作为Ag源，NH_4OH作为络合剂，生成$[Ag(NH_3)_2]^+$络合物，通过化学镀方法，在钛酸锂纳米片表面沉积出金属银，成功制备$Li_4Ti_5O_{12}$-Ag复合材料，显示出良好的电化学性能，30C倍率复合材料比容量为140.1mAh/g，纯相钛酸锂材料比容量为126.4mAh/g。

（5）双晶界材料制备技术。纳米尺度控制、离子掺杂改性、复合材料制备等方法能够提高电子导电性，缩短锂离子扩散距离，可以提高钛酸锂材料的倍率性能，并保持有良好的循环性能，但却不能提高其充放电比容量，而合成双晶界材料有利于钛酸锂可逆容量的提升。

二氧化钛具有较高的可逆容量（336mAh/g），而且具有快速的锂离子扩散速率，通过制备$Li_4Ti_5O_{12}$-TiO_2双晶界材料，可以增加钛酸锂材料的充放电可逆容量。以金属钛片作为初始钛源，通过水热化学腐蚀、离子交换、高温热焙烧等制备过程，在金属钛表面制备出$Li_4Ti_5O_{12}$-TiO_2双晶界材料，0.1C倍率的双晶界材料放电比容量为206mAh/g，超过理论容量31mAh/g。以钛酸四丁酯作为初始钛源、氢氧化锂作为初始锂源、通过水热合成、高温热处理技术制备出具有纳米球状结构的双晶界材料，1C倍率下的初始放电容量为234mAh/g，兼具良好的倍率和循环性能，20C倍率下的放电比容量为140mAh/g，50C倍率100次充放电循环，容量保留率为92.9%。上述研究结果可以证明，合成$Li_4Ti_5O_{12}$-TiO_2双晶界材料，能够显著提升钛酸锂的充放电比容量，同时可以保持有良好的倍率性能和循环性能。

6.2.2.5 我国钛酸锂电池技术发展趋势

A 发展现状

钛酸锂电池技术在我国各种储能电池中的竞争应该占有天时、地利、人和之优势。光就使用寿命而言，钛酸锂电池超长的循环寿命远胜于各类铅酸电池，其效率、成本及电化学性能更是优于钠硫与液流钒等电池体系。然而，钛酸锂技术的适用市场却是混合电动车、特殊工业应用及储能应用如调频及电网电压支撑等。这些市场在全世界尚处于起步阶段，钛酸锂技术有望成为这些市场中的佼佼者。

近年来，我国对电动车及储能产业的发展高度重视，国家各类鼓励政策纷纷出台。国产钛酸锂电池系统在混合电动大巴、风光储能示范站、储能电站等已有了商业化应用数据积累。另外，我国锂电产业链的上下游早已成气候，除了完备的电池材料供应与设备制造能力之外，锂电池产品的生产能力也与日、韩三分天下。这就使得我国的锂电生产厂家从传统锂电生产转型到钛酸锂电池产品的生产具备了先天的条件。

B　发展瓶颈

钛酸锂电池技术有诸多其他锂电无法比拟的优越性，但至今为止在能源行业还未得到广泛应用，其原因主要有以下三个方面：

(1) 钛酸锂材料的生产从原则上说并不复杂，但要用作锂离子电池的负极材料，不但需要讲究材料具有合适的比表面积、粒度、密度和电化学性能等，还必须能够适应于大规模锂电池的生产工艺。钛酸锂材料在很多传统锂电生产线上无法正常生产的原因之一就是材料的吸湿性极强。

(2) 钛酸锂电池的制作事实上是将常规锂离子电池生产线直接用来生产钛酸锂电池产品，这并不像仅仅把石墨换成钛酸锂材料那样简单。因为钛酸锂材料对湿度的要求比常规锂离子电池生产要高得多。为了控制湿度，有些制备工艺需要做相应的调整以适应钛酸锂电池产品生产的特殊要求。另外，有些生产设备也需要做相应的改进。如果有条件的话，最好能专门为钛酸锂电池产品重新设计一条结构紧凑、体积小巧、全封闭式的自动化生产线。

(3) 钛酸锂电池组与常规锂离子电池不同。目前国内外生产的钛酸锂电池在成组投入应用一段时期后，常会看到软包的单体电池内有微量的气体产生，这些气体与新鲜电池组成时产生的气体不同。前者能够通过电池生产工艺来去除，但后者则是在电池使用过程中产生的，或者说在目前的工艺条件下很难避免。

C　发展方向

在当前国家大力倡导开发新能源及其相关产业的大环境下，如何推动钛酸锂电池技术及其在电动车和储能市场上的应用，对中国钛酸锂电池产业而言是机不可失，对于一部分拥有自主知识产权及销售渠道的企业应该是得天独厚的机会。开发高容量高电位的正极材料以提高钛酸锂电池的能量密度是赶超日韩的一步妙棋。当然，必须对整个锂离子电池化学体系进行研究，如高电位电解液和抗氧化隔膜等课题研究。中国锂电行业开发钛酸锂电池技术的努力将会得到正在崛起的电动车、储能及工业应用市场可观的回报。

问题讨论：如何解决钛酸锂电池技术在国内外能源领域的应用瓶颈？

6.2.3　钙钛矿太阳能电池

近年来，钙钛矿太阳能电池因其高效、低成本、可制成柔性器件等突出优点，在光伏研究领域备受关注，从而使钙钛矿结构材料成为光伏世界的后起之秀。

6.2.3.1　钙钛矿结构

“钙钛矿”和“钙钛矿结构”有什么区别与联系呢？从技术上讲，钙钛矿是一种在乌拉尔山脉首次被发现的矿物，以 Lev Perovski（俄罗斯地理学会的创始人）名字命名，其是由钙、钛和氧组成的 $CaTiO_3$ 形式的矿物。而钙钛矿型复合氧化物是一种结构与钙钛矿相同，具有通用形式 ABO_3 结构的一类化合物。

图 6-7（a）为 $CaTiO_3$ 的晶体结构，O^{2-} 和半径较大的 Ca^{2+} 共同组成立方紧密堆积

(面心结构)，Ti^{4+}填充在位于体心的八面体间隙中。钙钛矿型结构的晶格示意图见图 6-7(b)。A 位一般为碱土或稀土离子，阳离子呈 12 配位结构，位于由八面体构成的空穴内；B 位一般为过渡金属离子，阳离子与六个氧离子形成八面体配位。

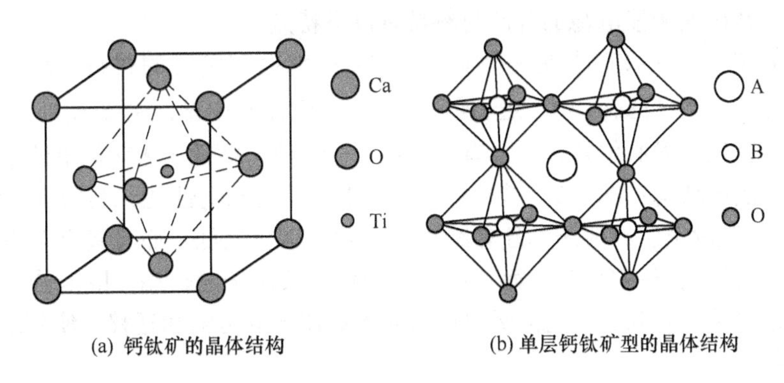

(a) 钙钛矿的晶体结构　　(b) 单层钙钛矿型的晶体结构

图 6-7　钙钛矿结构示意图

根据结构中使用的原子或分子，钙钛矿具有一系列特性，包括超导电性、巨磁电阻、自旋相关传输（自旋电子学）和催化特性。因此，钙钛矿结构为物理学家、化学家和材料科学家提供了令人兴奋的竞技场。

6.2.3.2　钙钛矿太阳能电池的结构

钙钛矿太阳能电池通常由上下电极、空穴传输层、光吸收层和电子传输层组成，常见的器件结构可分为三种类型：介孔结构、平面正式结构和平面反式结构，见图 6-8。

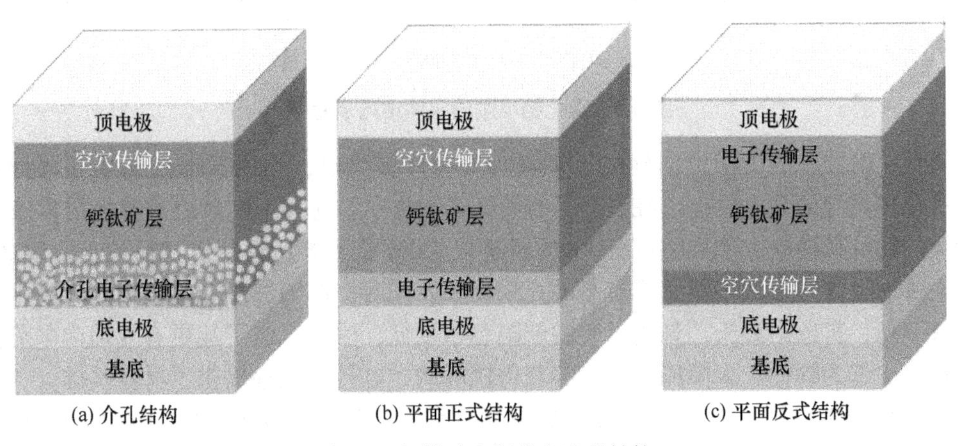

(a) 介孔结构　　(b) 平面正式结构　　(c) 平面反式结构

图 6-8　钙钛矿太阳能电池的结构

介孔结构是第一类被研究开发的器件结构，从钙钛矿太阳能电池研究的早期就有了显著的发展。典型的介孔结构包括具有纳米孔的电子传输层支架，最常用的材料是介孔 TiO_2，既有支撑钙钛矿材料的作用，又能传输电子。钙钛矿吸收层穿透支架，形成混合层，并覆盖在支架上，形成致密的覆盖层。然后，空穴传输层和顶部电极依次沉积在钙钛矿层上，形成完整的器件结构。正式结构的电子传输层在透光的基底电极一侧，空穴传输层制备在钙钛矿层之上，反式结构与之相反。

在钙钛矿太阳能器件中，太阳光从基底一侧入射，当器件受到光照时，钙钛矿层作为光吸收层吸收光能，产生电子-空穴对。电子-空穴对形成的载流子分别向 n 型的电子传输层和 p 型的空穴传输层移动，进而迁移到上下电极，通过外电路形成电流。在一个钙钛矿太阳能电池中需要各层的能级之间相互匹配，才能使其获得最佳的光电转换性能。此外，靠近基底一侧的电荷传输层还应该具有可见光波段透过率高的特点，有利于钙钛矿层的光吸收。钙钛矿太阳能电池的各层材料具有以下特点：

(1) 钙钛矿层。钙钛矿层是一类具有 ABX_3 的钙钛矿结构的材料，A 代表甲胺基团 $CH_3NH_3^{3+}$，位于顶角位置；B 代表金属阳离子，位于体心位置，主要为 Pb^{2+}、Sn^{2+}等；X 代表卤素原子，位于面心位置，主要有 I^-、Cl^-、Br^-等。钙钛矿太阳能电池中最常用的碘化铅甲胺，其晶体结构见图 6-9。这种材料有非常优秀的光电性能，其禁带宽度在 1.55～1.6eV，光吸收范围宽，载流子的迁移距离长，激子结合能低，而且具有双极性，不仅能吸收光能产生光生电子-空穴对，而且还能起到传输载流子的作用，既能传输电子，也能传输空穴。这些优点有利于对光的吸收以及光生载流子的传输和迁移，使其成为一种被广泛研究的材料。

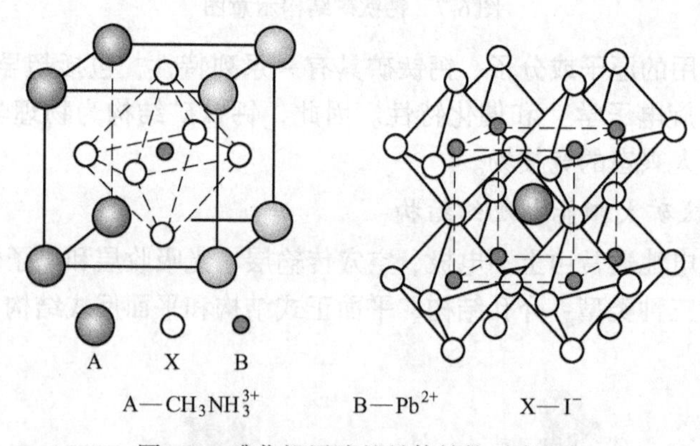

图 6-9 碘化铅甲胺的晶体结构示意图

钙钛矿薄膜作为太阳能电池的光学吸收层有许多优点，相比于传统的半导体材料而言，有很多优异的光电性能。在 ABX_3 的钙钛矿结构中，通过不同的组分替换可以获得不同带隙的钙钛矿薄膜，例如将部分 Pb 原子替代为 Sn 原子等；钙钛矿材料的吸收系数高，可以大量地吸收入射太阳能，具有高的光采集率；同时，溶液法制备的钙钛矿薄膜中载流子迁移率高，扩散距离长，且钙钛矿的缺陷态密度低，因此载流子能更有效地向电荷传输层输运。这都为钙钛矿太阳能电池能够获得较高的光电转换效率提供了材料基础。

(2) 电子传输层。电子传输材料是指能接受并传输带负电荷的电子载流子的材料，通常为 n 型半导体材料。电子传输材料的基本作用是与钙钛矿吸收层形成电子选择性接触，提高光生电子从钙钛矿层中的抽取效率，并有效地阻挡空穴向阴极方向迁移。电子传输层材料需要具有较高的电子迁移率，同时要保证与钙钛矿层的能级匹配。目前，主要的电子传输层材料有 TiO_2、ZnO、PCBM 等。利用 TiO_2 制备电子传输层较为普遍，但是实验过程中制备 TiO_2 薄膜需要高温退火过程，因而对基底的选择有一定限制，而且不能应用于反式结构太阳能电池。

(3) 空穴传输层。空穴传输层具有传输空穴的作用，其材料首先要保证与钙钛矿层的能级的匹配，可以使产生于钙钛矿层的空穴有效地注入其中；其次还要有较高的电导率，利于载流子的传输。目前，应用最广泛的空穴传输材料是有机小分子结构的 Spiro-

OMe TAD，但是由于其合成和提纯过程复杂，价格昂贵，同时制备困难，需要 p 型掺杂，易影响钙钛矿层的质量，从而影响电池器件的性能。对于反式结构器件的空穴传输层，通常使用 PEDOT：PSS，或者 CuO、NiO_x 等其他无机材料。

6.2.3.3 钙钛矿太阳能电池的制备方法

根据制备的方法步骤，钙钛矿太阳能电池的制备方法可分为一步溶液法、两步法、蒸发法和反溶剂法等。

（1）一步溶液法。这是最早就开始采用的制备钙钛矿薄膜的方法，也是目前使用最广泛的钙钛矿层制备方法。将 PbX_2 和 CH_3NH_3X 按照一定化学计量比溶解在 DMF 或其他溶剂中配制钙钛矿前驱液，利用旋涂的方法在衬底上制备薄膜，通过加热台对薄膜进行热处理，便可得到钙钛矿薄膜。这种方法反应速度快，所需温度低，制备过程可控，工艺流程简单。前驱溶液中溶剂与热处理工艺的不同都会给薄膜的性能造成影响。

（2）两步法。该法是先将含铅无机盐溶解在 DMF 溶剂中，将该溶液旋涂在 TiO_2 介孔薄膜上，渗透到介孔中。接着将旋涂好的薄膜浸泡在 CH_3NH_3I 的异丙醇溶液中，反应生成钙钛矿相。该方法简单可控，可使钙钛矿层和 TiO_2 形成良好接触。两步旋涂法在两步沉积法基础上进行改进，将 PbI_2 和 CH_3NH_3I 分别依次旋涂在衬底上，通过加热台加热使其进一步结晶，得到钙钛矿薄膜。钙钛矿材料能够填充到介孔层内部，同时在介孔层表面形成较大尺寸的晶体，有利于电子的传输。该方法能够得到较高的器件效率，同时方法简单，容易重复，应用广泛。由于溶液渗透的不完全性和不均匀性，两步法容易形成非化学计量比的薄膜。

（3）蒸发法。蒸发法是广泛应用于晶体硅和薄膜太阳能电池制备过程中的成膜方法。利用双源蒸发系统，将原料在高真空下，在基底表面实现共沉积，最后再将沉积得到的薄膜热处理使其结晶。该方法可以获得均匀可控厚度的钙钛矿薄膜，且可以制备结构致密、均匀性高的大面积薄膜，但是对设备要求高，过程较为复杂，因此不易于大规模推广。

（4）反溶剂法。反溶剂法是一种很常见的钙钛矿层制备方法，是将配制好的钙钛矿前驱液滴加在基底上旋涂，在旋涂的过程中滴加反溶剂，通过调整滴加反溶剂的时间、滴加量和速度来获得高性能的薄膜。反溶剂的滴加可以使钙钛矿前驱液中溶质的溶解度迅速降低，因而可以在旋转过程中快速排掉多余的溶剂，使钙钛矿快速成核结晶。在反溶剂法制备薄膜的过程中，旋涂的过程分为多步，刚开始的低速旋转过程用来初步形成薄膜，甩出多余的溶液，后边的高速旋转用来使薄膜变得干燥。反溶剂的加入，能够去除薄膜中多余的 DMF 等有机物，从而获得高性能的薄膜。常用的反溶剂有氯苯、乙醚、甲苯、乙酸乙酯等有机溶剂。但是反溶剂的滴加过程较为复杂，需要在制备的过程中控制好滴加的时间、速度与滴加量。此外，由于滴加过程的限制，这种方法不适用于大面积器件的制备。

此外，根据钙钛矿层前驱液制备使用的原料，可以将钙钛矿太阳能电池的制备方法分为碘化盐法和醋酸盐法。

（1）碘化盐法。碘化盐法是制备钙钛矿薄膜的一种主要方法，采用碘化铅为原料，将其溶解在 DMF 等溶剂中制备前驱液，并掺杂 Cs、Br 等元素制备出性能优异的钙钛矿层。但是对碘化铅的纯度要求很高，而且制备时所需的温度高、时间长、不利于提高生产制备的效率。

（2）醋酸盐法。该方法以醋酸铅为原料，由于制备过程能够更温和地去除多余的有机物，加快钙钛矿晶粒的生长，因此热处理时所用时间短，能够大大提高制备效率。此外，所制备的薄膜有更好的表面质量，能够制备成光滑无孔洞的薄膜，因此能够提高器件的性能。

问题讨论：钙钛矿太阳能电池的研究重点和方向。

6.3 钛及钛合金材料

学习目标	1. 了解钛及钛合金的概况； 2. 掌握钛及钛合金的熔炼、主要热加工工艺、基本成型工艺； 3. 了解新型钛合金的发展情况，掌握新型钛合金的性能特点与合金成分设计原理	
能力要求	1. 掌握钛及钛合金的分类、应用、基本生产工艺、新型钛合金的特点与发展； 2. 具有自主学习意识，能开展自主学习，逐渐养成终身学习的能力； 3. 能够就某个复杂的钛生产工程问题进行设计或分析； 4. 能够对高温钛合金的成分进行设计或分析	
重点难点预测	重点	钛及钛合金分类、应用、熔炼、热加工工艺、成型工艺、新型钛合金特点与设计
	难点	钛及钛合金的生产原理，新型钛合金的成分设计
知识清单	钛及钛合金分类、应用、熔炼、热加工工艺、成型工艺、新型钛合金特点与设计	
先修知识	钒钛产品生产工艺与设备	

6.3.1 钛及钛合金概况

6.3.1.1 钛及钛合金分类及牌号

按照退火组织与组成，将钛及其合金分为纯钛、α 钛合金、α+β 钛合金、β 钛合金等四类。到目前为止，中国研究的钛合金有近 50 种以上，已列入国家标准的钛及钛合金牌号有近 40 个。不同类型钛合金牌号、成分见表 6-3。

表 6-3 各种类型钛及钛合金

序号	合金类型	中国牌号	国外相近牌号	名义化学成分	工作温度/℃	强度水平/MPa
1	工业纯钛	TA0	BT1-00（俄罗斯） Gr. 1（美国）	Ti	300	≥280
		TA1	BT1-0（俄罗斯） Gr. 2（美国）	Ti	300	≥370
		TA2	Gr. 3（美国）	Ti	300	≥440
		TA3	Gr. 4（美国）	Ti	300	≥540
2	α	TA5	48-OT3（俄罗斯）	Ti-4Al-0.005B		≥680

续表6-3

序号	合金类型	中国牌号	国外相近牌号	名义化学成分	工作温度/℃	强度水平/MPa
3	α	TA7	Ti-5Al-2.5Sn（美国）	Ti-5Al-2.5Sn	500	≥785
		TA7ELI	BT5-1（俄罗斯）			
4	α	TA9	Gr.7（美国）	Ti-0.2Pd	350	≥370
5	近α	TA16	ПТ-7М（俄罗斯）	Ti-2Al-2.5Zr	350	≥470
6	近α	TA10	Gr.12（美国）	Ti-0.3Mn-0.8Ni		≥485
7	近α	TA11	Ti-811（美国）	Ti-8Al01Mo-1V	500	≥895
8	近α	TA12	Ti-55（国内）	Ti-5.5Al-4Sn-2Zr-1Mo-0.25Si-1Nd	550	≥980
9	近α	TA18	Gr.9（美国）	Ti-3Al-2.5V	320	≥620
10	近α	TA19	Ti-6242S（美国）	Ti-6Al-2Sn-4Zr-2Mo-0.1Si	500	≥930
11	近α	TA21	OT4-0（俄罗斯）	Ti-1Al-1Mn	300	≥490
12	近α	TC1	OT4-1（俄罗斯）	Ti-2Al-1.5Mn	350	≥590
13	近α	TC2	OT4（俄罗斯）	Ti-4Al-1.5Mn	350	≥685
14	近α	TA15	BT-20（俄罗斯）	Ti-6.5Al-2Zr-1Mo-1V	500	≥930
		TA15-1	BT-20-1CB（俄罗斯）			
		TA15-2	BT-20-2CB（俄罗斯）			
15	近α	TC20	IMI367（英国）	Ti-6Al-7Nb	550	≥980
16	近α	Ti-31	—	Ti-3Al-0.8Mo-0.8Zr-0.8Ni		640
17	近α	Ti-75	—	Ti-3Al-2Mo-2Zr		730
18	近α	Ti-55311S	IMI829（美国）	Ti-5Al-3Sn-3Zr-1Nb-1Mo-0.25Si	550	980
19	α+β	TC4	Gr.5（美国）	Ti-6Al-4V	400	≥895
		TC4ELI	BT-6（俄罗斯）			
20	α+β	TC6	BT3-1（俄罗斯）	Ti-6Al-2.5Mo-1.5Cr-0.5Fe-0.3Si	450	≥980
21	α+β	TC11	BT9（俄罗斯）	Ti-6.5Al-1.5Zr-3.5Mo-0.3Si	500	≥1030
22	α+β	TC16	TB16（俄罗斯）	Ti-3Al-5Mo-4.5V	350	≥1030
23	α+β	TC17	Ti-17（美国）	Ti-5Al-2Sn-4Mo-4Cr	430	≥1120
24	α+β	TC18	BT22（俄罗斯）	Ti-5Al-4.75Mo-4.75V-1Cr-1Fe	400	≥1080
25	α+β	TC19	Ti-6246（美国）	Ti-6Al-2Sn-4Zr-6Mo	400	1170
26	α+β	TC451	Corona5（美国）	Ti-4.5Al-5Mo-2Cr-2Zr-0.2Si		≥850
27	α+β	TC21	Ti-62222（美国）	Ti-6Al-2Sn-2Zr-2Mo-2Cr-2Nb		≥1100

续表 6-3

序号	合金类型	中国牌号	国外相近牌号	名义化学成分	工作温度/℃	强度水平/MPa
28	α+β	ZTC3	—	Ti-5Al-2Sn-5Mo-0.3Si-0.02Ce	500	≥930
29	α+β	ZTC4	Ti-6Al-4V（美国）	Ti-6Al-4V	350	≥835
			BT6Π（俄罗斯）			
30	α+β	ZTC5	BT26Π（俄罗斯）	Ti-5.5Al-1.5Sn-3.5Zr-3Mo-1.5V-1Cu-0.8Fe	500	≥930
31	近β	TB2	—	Ti-5Mo-5V-8Cr-3Al	300	≥1100
32	近β	TB3	—	Ti-10Mo-8V-1Fe-3.5Al	300	≥1100
33	近β	TB5	Ti-15-3（美国）	Ti-15V-3Cr-3Sn-3Al	290	≥1080
34	近β	TB6	Ti-10-2-3（美国）	Ti-10V-2Fe-3Al	320	≥1105
35	近β	TB8	B21S（美国）	Ti-15Mo-3Al-2.7Nb-0.25Si		≥1200
36	近β	TB9	Ti-38655βc（美国）	Ti-3Al-8V-6Cr-4Mo-4Zr		795～1140
37	近β	TB10	—	Ti-5Mo-5V-2Cr-3Al	300	900～1100
38	β	TB7	4201（俄罗斯）	Ti-32Mo		≥800
			Ti-32Mo（美国）			
39	β	Ti-40	—	Ti-15Cr-25V-0.2Si	599	≥900

6.3.1.2 钛及钛合金的应用

钛合金具有强度高、密度小、机械性能好、韧性和抗蚀性能好、高低温性能良好等特点，在军事、航空、航天、海洋、化工、能源、汽车以及生物医学等领域有着非常重要的应用前景和应用价值。1948 年杜邦公司首先开始对金属钛进行商业化生产，用于导弹、航空发动机、卫星的制造中，随后逐渐推广应用于化工、能源、冶金以及其他民用领域。

钛合金的应用决定于材料的特点与产品的性能要求。因此，不同应用领域对钛合金的综合性能有着不同要求。例如，喷气式发动机用钛合金，要求产品具有良好的高温蠕变强度、高温抗拉性能、高温稳定性、断裂韧性及疲劳强度；航空构架用钛合金要求产品具有较好的疲劳强度、抗拉强度、断裂韧性和可加工性；化工领域要求产品具有良好的抗腐蚀性以及更低的制造成本。随着钛在不同领域的技术开发和应用发展，钛及钛合金的应用范围涉及各个方面。直到今天，航空航天工业仍然是钛及钛合金的主要应用领域，其他领域的应用需求也日益增加。

A 航空工业上的应用

资源的日益稀缺及其日益增加的开支要求降低客运和货物运输的能源消耗。航空航天部门在新材料的应用方面发挥着特殊的作用。与陆基运输系统相比，更低的系统数量和更高的比能耗，使设计者为了减轻重量能够承受高出几个数量级的成本。例如，汽车工业每节省一公斤重量的成本不能超过 100 元，而航天工业愿意支付高达 1 万元。对于航空领域应用来说，通常超过 10 万元开支仍然具有经济吸引力。由于在系统的生命周期中获得了更高的回报，航空航天部门的可承受材料价格比汽车行业高出 3～5 个数量级。与陆基车辆相比，其有效载荷容量要小得多，这使得飞机重量减轻的回报更高。例如，一架波音747携带约100t燃料，约为大型喷气式飞机起飞重量的1/3，这相当于中型客车的油箱容积约为500L。因此，剩余有效载荷相当有限。如果燃油消耗降低10%，一个简单的估计表明，这可以增加10t波音747的有效载荷。或者，由于燃油越少意味着重量越轻，使用更小、更轻的发动机是可能的。起落架、机翼、支撑结构等也同样可以缩小尺寸。这种“雪球效应”导致了二次减重，这几乎与由于安装了更轻的部件而本身降低的重量相同。

在航空航天领域，材料为减轻重量提供了哪些可能性？洛克希德公司的一项研究为这个问题提供了一些见解。虽然基于军用飞机，它仍然可以提供良好的指导方针。但研究表明，如果金属密度降低10%，构件的重量也会降低10%。同样的组件重量也可以通过增加强度来实现，但要增加35%。同样地，刚度必须增加50%，损伤容限必须增加100%，才能达到同样的重量节省10%。这就突出了轻金属作为航空航天部门选择材料的持续重要性。

与钢或铝合金相比，钛合金被认为是一种更年轻的结构材料。最早的合金是在20世纪40年代末在美国开发的，其中包括经典的钛合金Ti-6Al-4V，它至今仍占据了航空航天应用的很大一部分。钛合金具有比强度高、耐腐蚀等优异性能。在航空航天应用中，铝合金、高强度钢或镍基高温合金的重量、强度、耐腐蚀性和或高温稳定性的组合是不够的。钛在航空航天应用中的主要驱动因素是：（1）减重（代替钢和镍基高温合金）；（2）应用温度（代替铝合金、镍基高温合金和钢）；（3）耐腐蚀（代替铝合金和低合金钢）；（4）与聚合物基复合材料的电偶兼容性（代替铝合金）；（5）空间限制（代替铝合金和钢）。钛合金在航空领域中的应用主要集中在发动机以及飞机机身上，表6-4给出了常用钛合金在发动机和飞机机身上的各类部件。

表6-4 航空领域中常用钛合金加工的部件

应用	钛合金部件
发动机	高压压气机鼓轮、低压压气机风扇叶片、风扇阀、前轴、涡轮后轴、隔板、压气机盘等
飞机机身	发动机断舱、机架、支撑梁、纵梁、舱盖、前机轮、拱形架、龙骨、速动制动闸、开裂停止装置、紧固件、隔框盖、板防火墙等

通常，在机身应用中选择钛合金的主要原因是为了减轻重量，从而利用金属的高比强度。在过去的五十年里，钛合金在机身上的应用越来越多。以民用飞机为例，波音商用飞机中钛的用量不断增长。如图6-10所示，自20世纪50年代钛引入机身以来，美国波音和空客商用飞机中钛的使用稳步增长。现今，波音公司推出的B787飞机中钛合金用量可达14%，创下当时民用客机机体钛合金用量最高纪录。波音777客机使用了工业纯钛、Ti-1023、Ti-15-3、Ti-64ELI、Ti-6242、β-21S等6

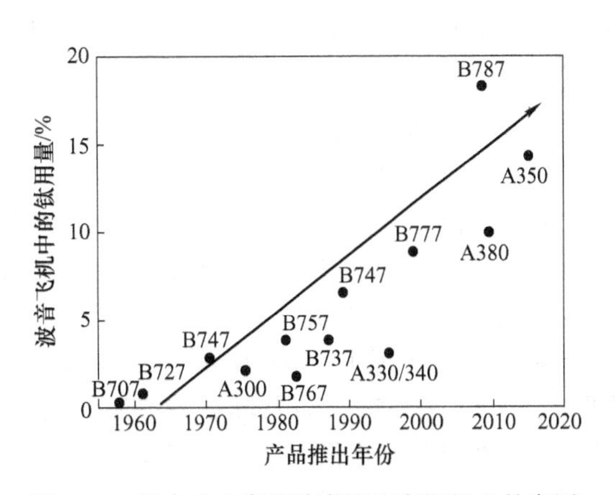

图6-10 钛合金在商用波音和空客飞机上的应用
（来源：波音商用飞机集团）

种钛及钛合金。空客A380客机起落架使用的是Ti-1023钛合金锻件，其重量为3.2t，长为4.2m，是目前世界上最大的钛合金锻件。我国一些飞机机体结构中的钛合金用量也在不断提高。2016年商业运用的我国商用支线客机（或小型民用客机）ARJ21的钛合金用量为4.8%，2017年首次飞行的商用干线客机（大型民用客机）C919的钛合金用量为9.3%。

美国空客公司系列飞机以及俄罗斯用Ty系列飞机中所使用的钛含量也表现出同样的增长趋势。国内外先进战机中所使用的用钛量也呈增长趋势，且用钛量占比明显高于民用飞机。比如，美国战机F系列机种中第三代主力战机F-15和第四代主力战机F-22的钛用量分别达27%和41%，其中F-22机身的35%为钛材，包括四个舱壁，后机身的67%为钛材。20世纪60年代中期，美国研制的YF-12A/SR-71全钛飞机用钛量更是达到了95%。

航空钛合金的主要应用领域是燃气轮机。现代涡轮发动机大约1/3的结构重量由钛构成。除镍基高温合金外，钛合金是发动机的标准材料。20世纪50年代初，美国普拉特-惠特尼（Pratt & Whitney）公司和英国罗尔斯-罗伊斯（Rolls-Royce）公司推出的首批喷气发动机就含有钛合金。从那时起，钛的含量稳步增加。美国喷气发动机中用钛量占37%～50%，在小型亚音速喷气发动机中用钛量占30%以上。在航空发动机中钛合金主要用于制造发动机风扇盘、叶片、压气机盘和机闸等零件，显著减轻发动机质量，从而提高发动机的推动比。另外，钛合金优异的疲劳强度、屈服强度、蠕变强度和较低的弹性模量，可代替钢或其他高温合金，使构件在疲劳载荷情况下能够减少应力，提高合金的综合性能。

欧美飞机发动机上应用的典型钛合金包括：Ti64、Ti6246、IMI834等，依次用于制备风扇和低压压气机（所有部件）、低压压气机后部和高压压气机前部（高载荷部件）、压气机最后面部件。由于风扇叶片和风扇盘是在低温下使用的，它们通常由Ti-6Al-4V制造。这种合金的最高温度极限约为315℃。因此，压气机前部或低压压气机的盘和叶片也可由Ti-6Al-4V制成。高压压缩机采用高温近α钛合金等高温材料。目前，这些合金的最高温度限制在540℃左右。

B　航天工业上的应用

钛及钛合金在导弹、火箭和航天工业中可做压力容器，如火箭发动机壳体、燃烧贮箱、火箭喷嘴套管、载人宇宙飞船船舱、人造卫星外壳、主起落架、登月舱及推进系统等。

与其他领域相比，航空航天工业所需的钛合金应具有低密度、高强度等特点。钛合金的强度与高温合金、一般高强度结构钢相当，但其密度只有钢的57%，高温合金的55%，其比强度远高于高强度结构钢、高温合金、铝合金和镁合金。此外，钛合金具有较好的低温延展性和韧性，还具有低温下热导率低、无磁性、线膨胀系数小等特点，使其成为航天工业中重要的工程材料。

航天工业中常用的钛及钛合金主要有工业纯钛、TA7、TA18、TB2、TB3、TB5、TB10、TC4、Ti53211S以及苏联的BT22、BT23。此外TC4ELI钛合金具有很好的低温塑性，使其在导弹与火箭等液氢容器及管路系统上应用。国内自主研发的CT20低温钛合金具有良好的冷加工性能，其使用温度可达253℃，用于液体火箭发动机燃料管路系统。

（1）运载火箭。运载火箭（rocket launcher）是发射人造地球卫星、载人飞船、航天站或行星际探测器等的工具。火箭的性能常用推进器质量与火箭总质量之比来表征，所以合金所需的首选要求为质量轻、比强度高的性能。

目前，钛合金材料在火箭上应用的实例有：用 Ti-6Al-4V 合金做火箭发动机壳体和部分洲际导弹火箭发动机壳体，以及超低温氦容器、氧化剂贮箱；用 TAC-1 和 Ti_3Al 基合金做火箭发动机的涡轮壳体；用 TC1 合金做球型发动机壳体；CT20 钛合金加工管材用作发动机氢管路系统；用 OT4 合金做飞船和液体火箭发动机燃烧室对接件；用 Ti1100 钛合金做火箭运载器 X-33 机身背风面。

（2）宇宙飞船。宇宙飞船（space craft，spaceship），是一种运送航天员、货物到达太空并安全返回的航天器。人类从 1972 年开始已先后研制出单舱型、双舱型和三舱型等三种结构类型，在 1981 年第一次飞行成功。

宇宙飞船中所用的合金须满足轻质量、高强度和耐 482℃高温的特点。“水星”号宇宙飞船中钛材约占结构质量的 80%。飞船压力舱的肋和槽材使用了中等强度的 Ti-5Al-2.5Sn 钛合金；部分骨架环使用了 Ti-6Al-4V 钛合金。“双子星座”号宇宙飞船用了 7 种型号的钛及钛合金，约占整体结构质量的 84%。飞船的部分制件使用了有一定变形量的 Ti-8Mn、Ti-5Al-2.5Sn、Ti-6Al-4V 等钛合金；飞机的起落架使用了 Ti-7Al-4Mo 钛合金；压力容器及推进剂的圆形火箭壳体由 Ti-6Al-4V 制作。此外，“阿波罗”号宇宙飞船的全部支架、紧固件、夹具、指挥舱、登月舱的低温容器等多用钛合金制备，钛总质量达到 1190kg。主要使用的钛合金为 Ti-6Al-4V 和 Ti-5Al-2.5Sn 系列的合金。

C 钛合金在化工领域的应用

钛及其合金是美国 20 世纪 40 年代专门为航空航天应用而开发的。如今，航空航天市场约占全世界钛消费量的 50%，而在美国，这一数字高达 70%。钛及其合金具有的低重量、高强度、耐腐蚀等优异性能，为钛及其合金在高质量工业和消费品中的应用铺平了道路。特别是在化工、医疗工程、能源和交通技术以及建筑、体育和休闲等领域的应用发挥了开拓性的作用。钛合金零件在工业应用中，最大的障碍往往是较高的成本，不仅来源于原材料的价格，还来源于较高的半成品和最终产品的二次成本。

虽然钛是一种非常活泼的金属，但它具有极强的耐腐蚀性。这是由于钛对空气中的氧气和水分具有很强的亲和力。因此，在室温下，金属表面会形成一层稳定、坚韧和永久性的氧化膜（TiO_2），而且受损后立即再生。这一特性在很大程度上解释了钛在化学、加工和发电行业中的应用。由于钛合金的防腐性好，腐蚀裕量为零，可以减少对材料表面防腐蚀处理相关的费用，因此通常较高的前期成本很快就会得到补给，并且可降低维护成本。例如，在日本，大约 30% 以上的钛用于化工厂。

钛在 20 世纪 60 年代首次用于化学工业，最初主要用于控制氧化物氯化物环境中。如今，钛也被用于其他腐蚀性介质，包括乙酸和硝酸、湿溴和丙酮。钛在甲酸、柠檬酸、酒石酸、硬脂酸和单宁酸中更为稳定，可用于处理与无机酸、有机溶剂和盐混合的有机酸的设备。碱性环境的 pH 值达到 12 和温度达 75℃时，通常对钛没有问题。然而，在温度高于 75℃且 pH 值小于 3 或大于 12 的情况下，与活性更强的材料发生电耦合时，可产生原子氢，因此发生氢脆问题。此外，当钛暴露于水含量低于 1.5% 的甲醇中时，会发生应力腐蚀开裂。

当铜、奥氏体不锈钢抗蚀性能不够时，一般可以考虑使用钛或钛合金作为耐蚀材料。

钛在氧化性、中性介质中具有优异的耐腐蚀性能。在化学工艺工程中，钛应用于腐蚀环境的容器、搅拌机、泵、塔、换热器、管道、罐、搅拌器、冷却器、压力反应器等。在化学应用中，主要要求是耐腐蚀性、较小的力学性能，应优先选用非合金化和低合金等级钛材，如含 Pd 的钛合金或 Ti-0.3Mo-0.8Ni 系列合金。在化工应用领域，钛合金主要以薄箔、薄板和板材（换热器板、衬里、电镀等）以及管道（换热器、冷凝器等）的形式提供。

（1）热交换器和冷凝器。钛具有良好的导热性，其导热系数比不锈钢高约 50%，是海水、微咸水和污水作为冷却介质的换热器的首选材料。商业级纯钛已证明其优越的耐腐蚀性几十年了。管式和更紧凑的板式热交换器（图 6-11）通常应用于陆上炼油厂和海上石油钻井平台上。此外，经验表明，即使是 10m/s 的水流速也不会对管道造成任何腐蚀、空蚀或冲击破坏。因此，特别是薄壁凝汽器管，往往可以采用零腐蚀裕量。全球数百万米的焊接和无缝钛管用于汽轮机发电厂、炼油厂、化工厂、空调系统、海水淡化和蒸汽压缩装置、海上平台、水面舰艇和潜艇，以及游泳池热泵中，记录了钛使用的可靠性。例如，在日本，冷凝管消耗的钛约占国内钛用量的 20% 以上。

(a)

(b)

图 6-11　钛制板（a）和钛制管式热交换器（b）

（来源：德国埃森 DTG）

（2）汽轮机叶片。发电厂大部分的停机时间直接与汽轮机部件的故障有关。大多数故障发生在低压汽轮机中，主要发生在最后两排叶片（L-1 和 L）的蒸汽湿度过渡区。这些故障主要是由高工作应力、低耐腐蚀材料和恶劣的工作环境造成的。

在 20 世纪 80 年代，美国第一次用 Ti-6Al-4V 改型叶片成功代替了标准 12Cr 钢。钛试验叶片使用了 20 多年，无故障发生。因此，钛合金现在越来越多地用于先进的汽轮机叶片。主要原因是，与钢叶片相比，其重量减少了近 60%，对含氧酸氯化物、腐蚀疲劳和应力腐蚀开裂具有很高的抵抗力；另外，较轻的钛合金也允许在相同的齿根应力下使用较长的叶片，从而提高涡轮工作效率。世界重工业巨头的德国蒂森克虏伯涡轮增压器公司曾制造了世界上最大的锻制涡轮叶片，其长度为 1650mm（图 6-12）。此外，日立公司提出了更高强度的 Ti-6Al-6V-2SN 等新型钛合金以及 SP-700 合金。

D　钛合金在其他领域的应用

a　钛合金在海洋工程中的应用

钛和钛合金在海水和含硫碳氢化合物中具有优异的耐腐蚀性，因此成为海洋技术的首

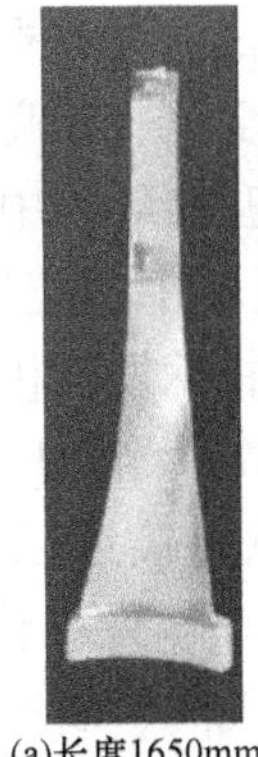
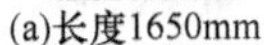
(a)长度1650mm

(b)用于L-0排汽轮机

图 6-12 世界最大的锻造钛叶片
（来源：德国蒂森克虏伯公司）

选材料，特别是在含盐量高的海水环境下的石油和天然气勘探中。钻井平台上的天然气和石油提升器现在是由钛合金大规模生产的，对锥度应力接头的要求非常高。锥度应力接头将海底钻具头与实际立管系统连接起来，这种金属管件必须非常柔韧，因为它必须承受由波浪、风和潮汐引起的浮式钻井平台的运动。这些管接头的特殊要求除了耐腐蚀外，还要有高疲劳强度。此外，与钢相比，低弹性模量的特点为钛结构提供了更高的灵活性。使用钛合金可以减小管径，减少允许的弯曲半径，这不仅可以减轻重量，而且可以更经济地使用钻井平台上的空间。如图 6-13 所示，这种连接件重约 4500kg，是从单个 Ti-6Al-4V 钢锭中挤出来的，管法兰是由电子束焊接。

图 6-13 海上工业用钛钻井立管
（来源：美国 RTI 国际金属公司）

在海洋工程中的应用，除了提升装置外，还有换热器、结构件、紧固件等。近年来，国内七二五所与天津钢管集团等单位联合研制的钛合金已在川西地区用于石油开采。另外，由中国石油集团石油管工程技术研究院研制出的 73mm 钛合金钻杆也在中国海洋石油进行了下井试验。表 6-5 列出了其他部分海洋领域中所应用的钛合金。

表 6-5 部分海洋领域中所应用的钛合金

应　用	钛 合 金
锥度压力接头、钻井隔水管	Ti-6Al-4V ELI
消防水系统、海水提升管、压载水系统、淡水管道、海水管道、采出水管、锚系管件、贯穿件	TA1（美国：Gr. 2）
增压器管路	Ti-3Al-2. 5V

b　钛合金在汽车工业的应用

随着节油环保汽车的需求不断增长，要求在减轻重量的同时提高性能。汽车自重每降低10%，就可以节省8%～10%燃油消耗。另外，钛合金具有较高的比强度和良好的耐腐蚀性，因此钛是替代传统材料的首选材料。早在20世纪50年代中期，在美国钛就已首次应用于汽车工业。然而，钛的高成本阻碍了其在汽车领域中的应用。20世纪90年代末，丰田成功地成为日本第一家大规模生产汽车的制造商，将钛发动机阀门引入一系列生产的汽车中。日本在2002年汽车用钛量达到600t，而在21世纪初，世界汽车用钛量达到5000t。据美国Time公司报道，到2015年世界汽车用钛量接近亿吨。钛在汽车工业中的应用主要有车体系统、底盘系统以及发动机系统。在汽车零件中钛可替代很多铁基材料，如发动机的螺旋弹簧、曲轴、挡圈、曲轴、进气阀与排气阀、制动压力管道密封圈等。

汽车螺旋弹簧是一种蓄能器，具有储存能量的功能。用钛代替钢制汽车螺旋弹簧具有很好的应用意义。比起钢制材料，钛具有相对较低的弹性模量，钛合金的剪切模量只有钢的一半左右的。与传统的汽车螺旋弹簧材料相比，较低的弹性模量会增加螺旋偏转，从而减少螺旋圈数。因此，车的重量不仅由于钛的密度较低而降低，而且由于弹簧的高度更紧凑，从而允许增加有效载荷，并增加了发动机或乘客舱的空间。

钛制排气系统是汽车工业中的另一个很好的应用。奥地利运动摩托车制造商KTM的发动机"LC8"采用钛合金制成的拉力式排气系统。消声器的壁厚为0.3mm，可减轻重量。自2001年以来，通用汽车公司（General Motors Corp.）旗下的跑车雪佛兰Corvette Z06配备了完全由二级钛制成的排气系统部件。与18.6kg的不锈钢替代品相比，钛消声器的重量仅为11kg（图6-14）。

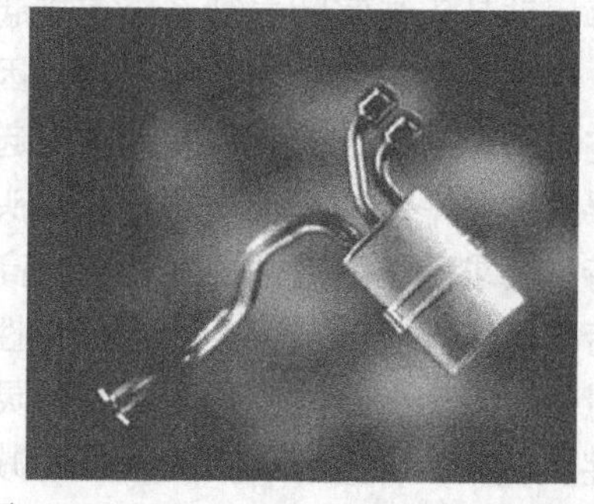

图6-14　2001 Corvette Z06的双排气系统
（来源：Arvinmeritor Inc.，Troy，Mi，USA）

此外，Ti-5Al-2Cr-1Fe合金制造的进气阀门，Timetal-1100合金制造的排气阀已经在汽车、摩托车等车辆中得到了广泛的应用。日本制造的Altezza轿车、CRF450R摩托车、德国RupoFSI轿车是典型的用钛车型。美国制作的Ecosse摩托车是世界首例全钛车架的车型，车中仅为200kg。尽管全世界的汽车用钛消费量呈增长趋势，原材料的高成本仍然是需要解决的问题。通过开发或使用新的低成本原料、新种的合金体系、新加工工艺如粉末冶金成型技术等，可望使钛大量应用于汽车工业上。

问题讨论： 1. 钛及钛合金的基本分类及合金成分、使用温度、强度等特点。
2. 钛及钛合金在航空、航天、化工、海洋等领域选材中的性能要求。

6.3.2　常用钛及钛合金生产工艺

6.3.2.1　钛锭熔炼

钛及钛合金锭可简称为钛锭或钛铸锭，它是钛锻件、轧制产品的坯料。生产钛锭的原料为海绵钛，通过高温熔炼后可获得致密的钛锭，以利于后续的锻造、轧制加工处理成钛材。制备钛锭的工艺通常称为“熔炼”。

A 钛锭熔炼方法

钛及钛合金的熔炼分为两类：真空自耗熔炼和真空非自耗熔炼。真空自耗熔炼主要包括真空自耗电极电弧熔炼或真空电弧重熔（VAR）、凝壳-自耗电极（GRE）熔炼、电渣熔炼（ESR）等；非真空自耗熔炼主要包括真空非自耗电弧熔炼（VNCAM）、冷床炉熔炼（CHM），而冷床炉熔炼又包括电子束熔炼（EBM）和等离子束熔炼（PM）等。

a 真空自耗熔炼法

真空电弧重熔（VAR）是目前生产钛锭的最常用的工艺，它可以成功地熔炼高活性和易偏析的金属材料。其实质是铜坩埚作为正极，自耗电极作为负极，在真空或惰性气氛中，将已知化学成分的自耗电极在电弧高温加热下迅速熔化，形成熔池并搅拌均匀，一些易挥发杂质将加速扩散到熔池表面被去除。

凝壳-自耗电极（GRE）熔炼的特点是第一次熔炼时，在凝壳底部铺一层海绵钛、残钛及合金化组分，将炉子密封并抽真空。在电极与装入坩埚的海绵钛及合金化组分之间引弧，靠电弧将电极和坩埚中的炉料熔化。熔融金属与冷坩埚壁接触凝固形成凝壳，阻止熔融金属与坩埚材料反应可能对钛合金造成污染。当熔化一定量的金属之后，将坩埚中的熔融钛浇入锭模或铸型，剩下一部分作为下次的自耗电极使用。GRE 是通过电弧熔化金属的，浇注前构成铸锭的全部金属都处于熔融状态，有利于化学成分的均匀化。

电渣重熔（ESR）是利用电流通过导电熔渣时带电粒子的相互碰撞，将电能转化为热能，以熔渣电阻产生的热能将炉料熔化和精炼。ESR 法使用自耗电极在非活性材料（CaF_2）中进行电渣熔炼，可直接熔铸成不同形状的锭块，具有良好的表面质量，适宜下道工序直接加工。

b 真空非自耗熔炼法

真空非自耗电弧熔炼（VNCAM）是在抽真空的炉体中用电弧直接加热熔炼金属的电炉。炉内气体稀薄，主要靠被熔金属的蒸气发生电弧，为使电弧稳定，一般供直流电。

冷床炉熔炼（CHM）技术的工作原理是将熔炼过程分为熔炼区、精炼区和凝壳区。高密度的夹杂在流经精炼区时，因为重力作用，下沉进入凝壳区并沉降，从而得以消除。中间密度的夹杂在冷床内的流动过程中，因冷床内流场复杂，有充足的时间溶解消除。低密度的夹杂上浮到熔池表面，经高温加热，在溶解过程中消除。

电子束冷床炉熔炼（EBCHM）是一种把电子束和冷炉床结合，在高真空下，利用高速电子束的能量，使材料本身产生热量来进行熔炼和精炼的工艺过程。与 VAR 不同，其主要特征是用一个可以进行精炼的冷炉床把原料或电极的熔化和铸锭浇铸分开。

等离子冷炉床熔炼（PCHM）利用惰性气体电离产生的等离子弧作为热源，可在从低真空到近大气压很宽的压力范围完成熔炼。该法的显著特点是可保证不同蒸气压的合金组分在熔炼过程中无明显的烧损，可消除大密度杂质和低密度杂质等冶金缺陷。

冷坩埚感应熔炼（CCM）是 20 世纪 80 年代美国硅铁公司研发的无渣感应熔炼工艺，用于生产钛锭和钛的精密铸件。CCM 法的熔炼过程是在一个彼此不导电的水冷弧形块或铜管组合的金属坩埚里进行。这种组合的最大优点在于，每两块间的间隙都有一个增强磁场，磁场产生的强烈搅拌使产品的化学成分和温度一致，从而提高了产品的质量。另外，CCM 法兼有 VAR 法和难熔材料坩埚感应熔炼的特点，不需耐火材料，不必制作电极即可获得一次熔炼成分均匀而无坩埚污染的高质量铸锭。

B 真空电弧重熔工艺与设备

钛及钛合金钛锭工艺流程见图6-15。

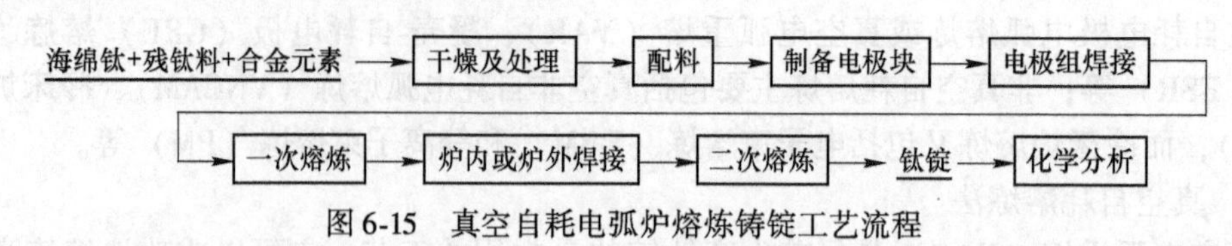

图6-15 真空自耗电弧炉熔炼铸锭工艺流程

真空电弧熔炼从初始熔炼电极开始，在液压机中对密度为1.2～3g/cm³ 的海绵钛进行预致密化，然后将这些压实物组装到一个电极上进行熔炼。为了获得特定的合金组合物，海绵钛和合金元素在双锥式搅拌机中充分地混合，然后将混合物放在模具中，在室温下使用液压机将其机械压实成块，作为初始熔炼电极或称“条棒”。由于获得钛的成本很高，钛废料的回收利用具有很高的经济价值。通过将同样组分的小块废金属添加到压实体中的方法实现钛废料的循环利用。由于钛的高氧亲和力，压实件必须在低压氩气等离子焊接室内焊接到电极上。由于镁还原制备海绵钛过程中残留的污染物、海绵的形态以及最终合金成分的调整，需要多次重熔。挥发性污染物（如氯化物）可通过反复熔化的过程去除。根据多次重熔熔炼工艺，可生产出成分组织较均匀的铸件、铸锭和铸坯，供后续加工。

当第一次熔炼完成后，将铸锭从铜模中取出。图6-16为VAR工艺完成后，取出的大型钛合金锭，铸锭的右边是VAR炉真空夹套，其直径约为125cm。VAR材料通常需要三次熔炼，因此铸锭取出后，须倒置重复熔化工序。

图6-17为真空自耗电弧炉结构示意图。在电极和放置在水冷坩埚底部的一些金属屑之间，点燃电弧。由于电弧的高能量，自耗电极熔化，在坩埚中形成钛锭。整个过程在真空中进行。熔化温度由计算机控制，与通常用于关键领域的材料一样，工艺参数可保存数十

图6-16 第一次熔炼后的VAR铸锭（左侧）
（来源：J. A. Hall）

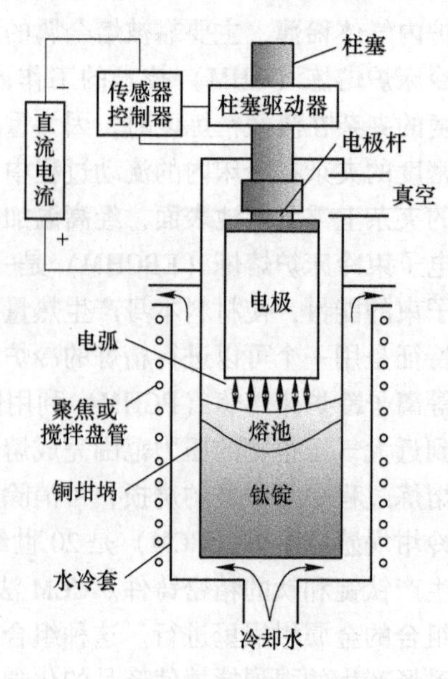

图6-17 真空自耗电弧炉结构示意图
（来源：J. A. Hall）

年，具体的熔炼工艺条件取决于实际生产的合金类型。控制熔炼的技能更多来自经验和取决于设备，因此，在熔炼操作中，有经验的熔炼炉操作工成为所有钛生产商的宝贵人力资源。图6-18所示的是正在使用的真空电弧炉（VAR）。

图6-18 正在使用中的真空电弧炉

真空电弧重熔工艺已广泛地应用于制造商业纯钛级（CP钛）和Ti-6Al-4V等常用合金。现在，通常熔炼铸锭的尺寸大约为直径100cm，质量10000～15000kg。

C 钛锭熔炼过程中的缺陷

熔炼过程中获得成分组织均匀、高质量钛锭，从而得到优质轧制品的关键是熔融金属的再凝固。为了生产真正品质优异的钛产品，必须使其缺陷问题最小，如需要严格控制凝固过程中所形成的溶质偏析或难熔夹杂物的形成等问题。尽管防止这些缺陷的成本非常高，但如果形成这些缺陷，将会严重影响后续加工步骤（包括重熔），最终导致不能用于大部分需求的领域。

钛缺陷主要来源于熔炼过程，主要包括以下五种类型的缺陷：（1）Ⅰ型缺陷（硬α），又称高间隙缺陷（HIDs）；（2）大密度杂质（HDIs），如高钨夹杂物为典型的高密度夹杂物；（3）Ⅱ型缺陷，是α稳定型富集区缺陷；（4）“β斑”缺陷，是β稳定型富集区缺陷；（5）钛锭凝固过程中出现的孔洞。这些缺陷一旦形成，在后续加工过程中难以消除。对于缺陷产生的原因尚不完全清楚，其对材料性能的影响程度各不相同。海绵钛生产过程中处理或剪切时的起火，初始熔炼电极过程中的不适宜的废料，焊接时主要合金元素的污染等都可以是导致高间隙缺陷的原因；废料加入，如钨焊接电极等会引起高密度杂质缺陷；因凝固过程转变点太靠近于转变温度导致的熔炼偏析引起β斑；由靠近铸锭顶部缩孔内的Al富集区域进入产品引起Ⅱ型缺陷；孔洞是由非正常的转换操作或转变时收缩孔洞的合并所产生的。

6.3.2.2 钛材成型

钛（合金）材成型工艺的一般流程见图6-19，主要工艺包括精整、加热、开坯锻造等前处理工艺以及后续的轧制、锻造、挤压、拉伸等工序。其中，开坯锻造是四个基本成型工序中均需首先使用的方法。其余的几种方法中，轧制用得较多，锻造主要用作坯或棒材等锻件的制造，挤压主要用作管坯及型材的制造，拉伸主要用在丝材的制备方面。

A 精整

在合金熔炼结束后和热处理加工之前，铸锭都要经过精整（conditioning）处理。精整使铸锭表面更加光滑，这可避免铸锭在加工操作过程中应力集中所引起的裂纹。对于铸

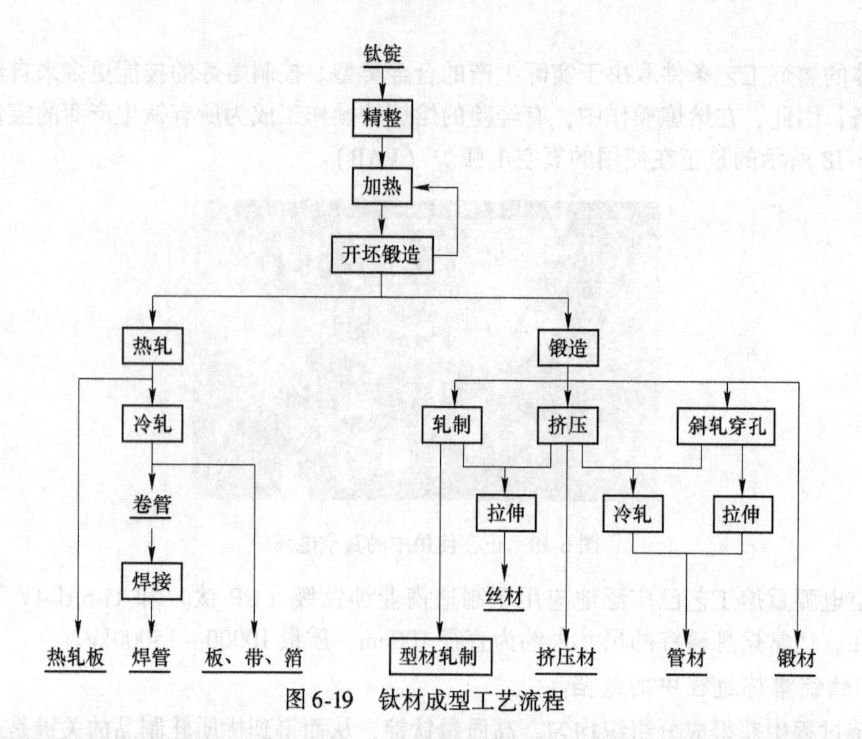

图6-19 钛材成型工艺流程

锭，精整可以通过研磨或车床车削完成，而对于铸坯则通过研磨来实现。研磨通常由手工进行，此时，必须小心控制局部表面温度的升高。如果操作不小心，温度可以达到很高的水平，导致产生间隙稳定区域，随后进入到最终产品中。

B 粗加工-开坯锻造

开坯锻造粗加工是在锻压机上进行，锻压温度约高于β相转变温度150℃。在此操作过程中，初始圆形铸锭转换成正方形或圆角正方形。第一次再加热前的初始应变量也与合金有关，还取决于铸锭是否已经进行过均质化处理，但通常的变形量为28%～38%（如90cm的直径减少到63～68cm的方形）。粗加工完成后，工件被风扇冷却。然后再次加热至低于β相转变温度35～50℃，进一步发生约30%～40%的收缩与再结晶，并细化结构，为后续的连续热加工做准备。在α+β相区域中进行此项加工操作后，进行空气冷却。然后将工件重新加热到高于β相转变温度50℃，再次让合金形成约30%～40%的再结晶，然后快速冷却（Ti-6Al-4V水淬，Ti-17或Ti-10-2-3等其他合金用强力风扇冷却）。

这种初始加热、加工、冷却、再加热、加工和冷却的基本目的是使合金成分均匀，从而改善合金的结构均匀性，改进了后续的热机械加工工艺。随后的热加工操作通常都是在α+β相区域内进行，一般最小65%的进一步收缩加工可获得均匀的结构，适用于后续锻造或热处理，并且更易于超声波检查。在α+β相区域的加工，对于合金的宏观结构的改善是必要的，且利于后续的微观结构的控制和检查。

6.3.2.3 制造成型

A 锻造

a 锻造原理

钛的锻造是指在水压机、快锻机、汽锤、各种锻造机床上对钛金属坯料施加外力，使其产生塑性变形，达到改变尺寸、形状及改善组织性能的目的，用以制造机械零件、工件、工具或毛坯的成型加工方法。由于钛及钛合金冷变形困难，通常采用热加工方法进行各类坯料和锻件的成型。

根据锻件的质量和锻件工艺要求的不同，锻造可分为冷锻、温锻、热锻三个成型温度区域。这种温度区域没有严格的界限，一般来讲，在再结晶的温度以上区域的锻造叫热锻，不加热在室温下的锻造叫冷锻，加热到再结晶的温度以下的锻造叫温锻。由于钛合金的室温变形阻力大、屈强比高，锻造易开裂，一般不采用冷锻。温锻时，氧化皮形成较少，只要控制好温度区间、变形率，并保证润滑，温锻可以获得较好的尺寸精度。热锻时，由于变形能和变形阻力都很小，可以锻造形状复杂的锻件。

钛合金热加工中，变形温度区间极为重要，温度过低，变形抗力大，容易产生裂纹等缺陷；温度过高，组织容易粗化。因此，钛及钛合金的锻造温度范围较窄。

b 锻造分类

根据坯料的移动方式，锻造可分为自由锻、镦粗、模锻、闭式模锻、闭式镦锻等。其中，闭式模锻和闭式镦锻是没有飞边的，因此材料的利用率高，用一道工序或几道工序就能完成复杂锻件的精加工。

根据锻模的运动方式，锻造又可分为摆辗、摆旋锻、辊锻、横轧、辗环和斜轧等方式。摆辗、摆旋锻、辗环也可用于精锻加工。辊锻和横轧可用于细长材料的前道工序加工，这样可以提高材料的利用率。与自由锻一样的旋转锻造也是局部形成的，它的优点是与锻件尺寸相比，锻造力较小情况下也可实现成型。

c 锻造工艺

在锻坯的生产中，先将海绵钛和合金成分相同的金属屑混合，然后压制成块，焊接到电极上，然后再进行二次或三次真空电弧重炼（图 6-20）。然后通过手工锻造或径向锻造将得到的圆柱铸锭加工成坯或棒材锻件。

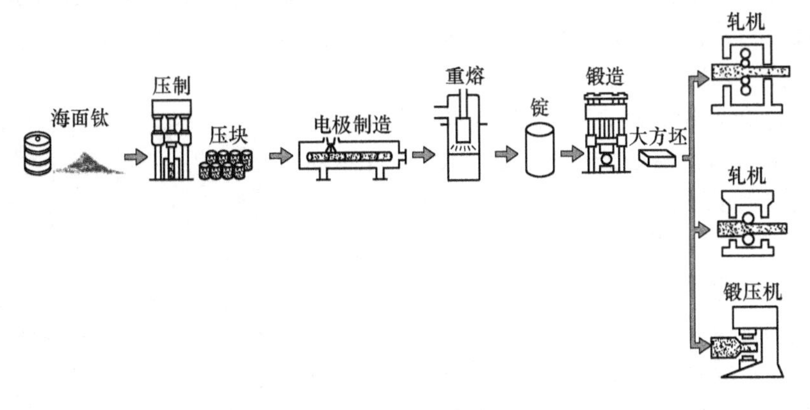

图 6-20 锻件生产流程

钛锭的锻造通常在高于 β 相转变温度和低于 β 相转变温度下进行交替式锻造，以破坏铸件结构，并产生细晶等轴 α/β 组织。因此，钛合金的锻造按其开始锻造温度是在 β 相区还是在 α+β 相区，可分为 α+β 锻造和 β 锻造两种，见图 6-21。

在 α+β 相区锻造过程中，材料被加热到低于 β 相转变温度 30～100℃。选择足够高的热处理温度，可以在高变形度下实现无裂纹锻造。为了避免超过 β 相转变温度引起的组织过热，必须考虑工件变形过程中的加热问题。此外，为了得到所需要的微观结构，例如再结

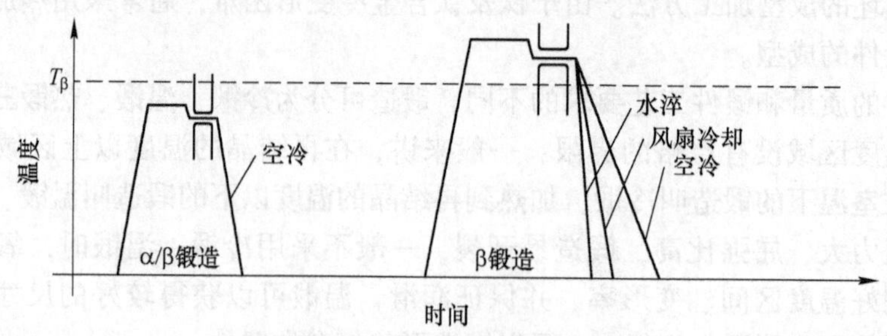

图 6-21　钛合金锻造的两种形式

晶，必须控制好变形程度和变形速率，以便得到等轴 α 相。在 α+β 相区锻造后通常采用空冷方式进行冷却。大多数 α+β 合金，如 Ti-6Al-4V，都是在 α+β 相区域中锻造的。

β 相区锻造钛合金对变形条件更为敏感。材料首先被加热到高于 β 相转变温度，锻造过程必须在 β 相到 α 相转变开始之前完成。因为在这些较高的温度下，可能会发生晶粒粗化和氢吸附等有害现象。因此，锻造前的变形温度下的保温时间需严格控制。为了避免有害的微观结构，例如晶界处形成 α 相的分布，在 β 相区锻造后必须形成大量 β 相的变形并控制冷却速率。这里的冷却速度必须与合金的转变特性相适应。例如，近 α 合金的冷却必须在水中进行，而对于更缓慢转变的 β 合金来说，空气冷却就可以。

d　锻造设备

根据下死点变形限制特点，锻造设备可分为四种形式：（1）限制锻造力形式：油压直接驱动滑块的油压机；（2）准冲程限制形式：油压驱动曲柄连杆机构的油压机；（3）冲程限制形式：曲柄、连杆和楔机构驱动滑块的机械式压力机；（4）能量限制形式：利用螺旋机构的螺旋和摩擦压力机。

为了获得高的精度、小的公差、高的锻模寿命，应注意防止下死点处过载，控制速度和模具位置。另外，为了保持精度，还应注意保证刚度、调整滑块导轨间隙、调整下死点和利用补助传动装置等措施。

通常钛合金采用自由落锤或蒸汽动力锤进行锻造，而大型压力由机械螺旋或液压式传动装置驱动。对于高性能应用领域和需要对锻造参数（应变、应变率和温度）进行更严格控制的合金，需要进行冲锻（press forging）。钛合金在锻造过程中比铝合金或合金钢具有更高的流变应力，因此所需的锻造压力更大。这就限制了许多现有的设备对大型钛锻件的锻造。目前，美国有两台大型锻压机，欧洲有一台。它们的最大承载力为 50kt。前苏联的上萨尔达冶金厂（Verkhnyaya Salda Metallurgical Production Operation，VSMPO）也有一台 75kt 的锻压机（世界上最大的）。这些设备都是非常大、昂贵的机器，所以数量很少。图 6-22 所示为一台大型锻压机以及正在生产的大型钛锻件。

图 6-22　锻压机（50kt）与大型飞机舱壁锻件的照片
（来源：R. G. Broadwell，Wyman Gordon）

e　锻件的切削加工

对于复杂的高端领域钛锻件的制造，通常还需要机械加工工序，如切削加工、铣削加工等。通过机械加工，去除原锻造重量的大部分，最终制造出复杂、重量轻的部件。

在用锻件制造复杂形状的航空航天用部件时，最后机加工后的零件重量不到初始锻造重量的10%，这种做法是非常普遍的。大量去除多余材料的原因有两个：首先，强调低重量，就需要进行深口或切口的加工，而这些在锻造工艺中并不能实现；其次，关键锻件，特别是用于涡轮发动机的锻件，需要详细、准确的超声波检查。图6-23所示为一个大型涡轮发动机的机械风扇盘。这个成品的盘重约170kg，而用来加工它的原始锻件重约1000kg。由锻件加工而成的大型飞机零部件的利用率往往更低，仅为初始锻件重量的一小部分（有时小于5%）。图6-24所示为用于双发动机军用飞机的舱壁锻件实例。在这里可以清晰地看到锻件中的凹槽，这就需要切除大量的材料。

尽管锻件的制造和加工成本很高，但它们是高性能应用领域中最常见的产品形式。这是因为锻件具有最好的性能，而且热机械加工作为锻件生产的一个重要环节，它为满足特殊应用的关键性能创造了机会。

图6-23 锻造加工而成的大型商用飞机发动机风扇盘
（来源：GE航空发动机公司）

图6-24 由大型锻件（图6-22）加工而成的双发动机军用飞机的舱壁

B 轧制

a 轧制原理

轧制过程是靠旋转的轧辊与轧件之间形成的摩擦力将轧件拖进辊缝之间，并使之受到压缩产生塑性变形的过程。轧制过程除使轧件获得一定形状和尺寸外，还必须具有一定的性能。通常轧制过程中两个轧辊均为主转动，且直径相等，辊面圆周速度相同；轧件在入辊处和出辊处速度均匀；轧件除受轧辊作用外，不受其他任何外力作用；上下辊面接触摩擦作用相同，沿轧件断面高向和宽向的变形与金属质点流动完全对称；轧件的性能均匀。轧制工艺是一种生产钛及钛合金棒、板、丝、管材和型材等的常用工艺。

轧制时，延轧件断面高度上的变形应力和流动速度的分布直接影响着轧制的效果。而轧件与轧辊接触表面上的相对滑动和黏着影响着轧制变形区各截面高度上的速度分布。

b 轧制工艺

根据工作温度区域的不同，轧制可分冷轧、温轧、热轧。热轧一般指金属在再结晶温度以上进行的轧制过程。热轧温度一般比锻造温度低50～100℃。在热轧过程中，变形金属同时存在硬化和软化两个过程。若回复和再结晶软化过程来不及进行，由于变形速度的影响，金属就会随变形程度的增加而产生一定的加工硬化。但在热轧温度范围内，软化过程起主要作用，因而，在热轧终了时，通常金属的再结晶过程不完全，热轧件呈现再结晶与变形组织共存的组织状态。通常认为热轧过程金属没有加工硬化，塑性较高，变形抗力较低，这样可以用较少的能量得到较大的塑性变形。较厚的板材可采用热轧或温轧工艺，更薄尺寸的板材可用冷轧。冷轧时两次退火间的变形量为15%～60%。为了保证板材质量和轧制过程顺利进行，应采用中间退火和表面缺陷清理等工艺措施。

c　板材与片材的加工

钛轧制品中约40%为板和片材。板、片或薄板和小直径棒材（包括棒材）都是在轧机上用平辊或槽辊轧制而成的。图6-25所示为一个用于热轧钛合金薄板和板材的大型"四高"轧机（每个工作辊被第二个轧辊反向，轧辊堆由四个轧辊组成，因此称为"四高"）。板材和片材的起始材料是铸锭经锻造后的锻坯。将锻坯热轧成板，进一步进行热收缩变形，直到最后达到所需的产品厚度。最后，进行打磨和/或酸洗等表面处理。热轧操作也在α+β相区域，通常在低于β相转变温度约50～100℃下进行。由于轧制过程中容易出现平板边角的裂纹现象，因此轧后的可卷板产品需要后续的再加热处理。通常采用去应力退火的方式进行最后退火处理。例如，Ti-6Al-4V产品通常是在所谓的轧制-退火条件下完成。轧制-退火条件是指板材约在700℃下，保持最短1h或最长8h。图6-26所示为热轧、退火和表面处理后等待装运的Ti-6Al-4V板材，这些板材大多用于飞机零件的加工。

图6-25　轧制约4m长大型板材的"四高"板材轧机

（来源：RMI）

为了避免表面氧化，钛合金片材（或薄板）通常采用叠加轧制。叠轧时，将一组薄板密封装入钢罐中，作为一组进行轧制。各个薄板之间有一种惰性的"脱模剂"，以防止在轧制过程中片材之间互相黏合。热轧完成后，将包装切开，根据所需的平整度，将成品板材取出、酸洗、蠕变平整或整固退火。为了满足特殊的精度和平整度要求，还可以进行最终的冷轧。为了加宽片材的宽度，叠轧时经常采用横扎。横轧也会降低最终产品的织构（首选晶体取向）强度和织构对称性。织构对片材的成形非常重要，尤其是在α+β合金中，如Ti-6Al-4V和Ti-8Al-1V-1Mo等。在任何情况下，可卷材产品在热加工过程中产生的纵向应变与横向应变之比都很大。

带材是片状产品，但条带通常比片材窄，而且很长。在最后轧制操作后，带材基本上是单向轧制并卷取的。大部分带材为商业纯钛（CP）或Ti-3Al-2.5V合金。带材的前阶段

图 6-26 热轧、退火和表面处理后的 Ti-6Al-4V 板材

（来源：J. A. Hall）

生产工艺与板材和片材的相同。但板坯阶段，带材的一般工艺是热轧、退火、酸洗、表面磨平、卷成热轧带，用于后续的冷轧。图 6-27 为等待最后冷轧的退火后的热轧带。冷轧精整常在多机架轧机，如斯特克尔（Steckel）或森吉米尔（Sendzimir）轧机上完成。这些轧机使用几个辊来支承一对非常小直径的工作辊，以确保薄型冷轧产品的平整度。森吉米尔（Sendzimir）轧机的示意图见图 6-28。冷轧后，再进行退火，卷制成品并发运。

图 6-27 在斯特克尔（Steckel）或森吉米尔（Sendzimir）轧机上准备最后成品带材冷轧的热轧纯钛（CP 钛）卷

（来源：J. A. Hall）

图 6-28 用于冷轧高精度薄板的森吉米尔（Sendzimir）轧机示意图

（来源：J. A. Hall）

d 环形轧制工艺

环轧用于制造圆环件和圆筒件。这两者之间的区别是直径与轴向高度之比，圆环的直径与轴向高度之比更大。环是通过在小方坯（billet）中心钻一个孔来形成厚壁圆筒而制成的。这个圆筒被加热并放置在由两个辊组成的轧环机中。这些辊向环沿厚度方向施加压力并旋转圆筒，从而使圆筒直径增大，壁厚减小。图 6-29 所示为环轧机制作圆筒的照片。在环件轧制过程中，由于轧辊的横向约束，可以控制圆筒的轴向尺寸的变化。

轧制圆环要求更精确的圆度，并且无缝，在圆周方向具有良好的性能。它们可以通过熔焊或摩擦（惯性）焊接连接在一起，用于喷气发动机和火箭发动机的罩壳或其他领域。图 6-30 所示为加工后用于制造飞机发动机风扇罩的无缝轧制环。轧环的常见的尺寸为50～100cm，但也可以制造更大的环，直径可以超过300cm。用于压力容器的大圆筒，通常轴向高度为150cm。图6-31所示为用商用纯钛（CP钛）制作的大型环形圆筒。

图6-29　生产大型无缝圆筒的环轧机

（来源：D. Furrer，Ladish Co.）

图6-30　用于制造大型飞机发动机风扇罩的Ti-6Al-4V无缝轧环

（来源：D. Furrer，Ladish Co.）

图6-31　准备装运的大型商业纯钛（CP钛）环轧制圆筒；右前角显示的为此类圆筒的初始坯料（billet）

（来源：D. Furrer，Ladish Co.）

e　棒、线材轧制

钛轧制品中约15%为棒、线材。钛及钛合金线材轧制坯料经过熔炼、锻造而成。锻造后的坯料要除去表面氧化皮，清理局部表面缺陷。在轧制前对坯料进行预热，通常采用中频感应或电炉加热。当坯料加热达到规定温度时，保温一段时间（时间根据坯料断面尺寸确定），将坯料送入轧机。根据不同钛合金的相变温度、成品组织性能要求选取不同的轧制温度进行轧制。一般而言，纯钛加热温度为880℃，TC4加热温度为950℃，TC16加热温度为800℃等。轧制后采用空冷处理，一般可得到性能优异的线材。

f　管材轧制

厚壁管材可用挤压或斜轧法生产。小直径薄壁无缝管材需再经冷轧或拉伸制得。钛合金在冷状态下塑性有限，对缺口敏感，易加工硬化，易粘模。为了提高钛合金管材的可轧制性，可采用温轧工艺。轧管质量很大程度上取决于壁厚减缩率和直径减缩率的比值，当前者大于后者时，可得到质量良好的管材。此外，以轧制的薄带卷为坯料，在焊管机系列上经裁减、卷管、焊接成薄壁焊管。钛管材已在电力、化工上得到广泛应用。

C 金属切削（机械加工）

在很大程度上，普通金属材料的加工标准同样适用于钛和钛合金的加工上。这些机械加工方法包括铣削、车削、端铣、钻孔和铰孔。与钢或铝合金相比，在所有传统机械加工方法中通常认为钛和钛合金的加工是更难的。

这是由于钛具有独特的物理和化学性质，有一些性能限制其使用寿命：

（1）钛的导热系数较低，阻碍了加工过程中热量的快速散失，这会导致刀具磨损加剧。

（2）钛的弹性模量低，在载荷作用下变形后会产生明显的回弹，这会导致钛零件在加工过程中容易产生偏移。

（3）钛的硬度越低，化学反应活性越高，易于工具（或刀具）磨损。

（4）钛的高反应特性使新暴露的表面与工具发生反应，进一步加速工具磨损的速度。

因此，要想成功地加工钛类零件，必须遵循一些通用的准则：

（1）工件应尽可能短，并安装在工作机的握把上，不得振动。

（2）用锋利的工具，磨损初期应及时更换。在初始磨损量很小的情况下，刀具很快就会发生故障。

（3）要求使用刚性机械加工和硬把手。

（4）使用大量切削液对钛零件进行有效冷却。一方面这可以使热量迅速消散，另一方面可以防止火灾。常用的冷却液有水基切削液或亚硝酸盐胺类气相防锈剂溶液。

（5）当进料率较高时，应采用低速切削。当工具和工件处于运动接触时，绝不要停止进给，因为这可能会导致工具的沾污或擦伤，很容易损坏工具。

（6）加工前应清除工件表面上的硬鳞片。这个可以通过喷砂或在2%氢氟酸和20%硝酸溶液中酸洗的方法完成。

钛合金具有低导热性，降低了在工具/工件界面产生的热量的散失率，从而极大地缩短了工具的使用寿命。当以较高的速度加工金属时，这个问题变得更为严重。在钛合金的加工中，通常采用慢的切削速度和较深的切口深度。采用较深切口，一方面可补偿慢速切削，另一方面可保证连续切削切口在硬层原切口基础上更深。

钛的高反应特性使新暴露的表面与工具发生反应，进一步加速工具磨损的速度。通过改进工具的材料，如碳化物和陶瓷，可以改善工具磨损的问题，但这些工具更昂贵。因此，当工具成本包含在成本计算中时，切削单位体积材料的成本不会因为延长工具的寿命而减少。

在加工疲劳有限的零件时，机械加工引起的残余应力状态是很重要的，此时，不允许经常将工具起吊、断裂或更换，因而使用寿命长的工具更具有经济性。

在铣削和车削过程中，使用改进的冷却液和大量的冷却液有助于散热。在钻孔的情况下，很难将大量冷却液输送到正在钻孔的深孔底部。特殊钻头，称为冷却液供给钻头，其轴上有冷却液通道，可提供一些改进的冷却液，但与铣削或车削操作相比，冷却液使用量和液体再循环速度仍然较低。

允许的进给量和速度取决于具体的加工操作和加工的钛合金。商用纯钛（CP 钛）的加工速度大约是 Ti-6Al-4V 等高强度钛合金的两倍。与镍基合金或钢相比，钛合金的硬度较低（弹性模量降低 50%），如果没有足够的工具支撑，可能引起工件的偏移。当精密尺寸公差要求很严格时，特别要考虑这个问题。对于大件的反复加工，加工增加的成本可能不重要，但对于小批量作业，它会增加大量的成本。

除了工具固有的成本外，影响工具寿命最严重的问题是使用钝性或损坏的工具所导致的工具表面损伤。众所周知，碳钢和低合金钢的过度磨削会导致未回火马氏体的形成，这些马氏体很脆，从而显著缩短疲劳寿命。钛合金的表面损伤即便不太明显，但仍会存在疲劳性能严重恶化的问题。钛表面损伤的检测较为困难，因此，关键零件关键断裂部位的损伤可以通过工艺过程来控制。这些控制方法包括在钻削或铣削过程中监测机床主轴上的扭矩，如果扭矩上升到损坏或磨损工具的水平，则向操作者发出警报。另一种类型的控制方法是严格限制工具的使用，例如，限制每个工具的最大钻孔数。扭矩或工具使用的安全极限值是根据经验基础上最终确定的。

6.3.2.4 近净成型

钛合金的成本是决定其应用的重要因素。由于钛合金价格昂贵，所以如何实现钛材料的有效使用极为重要。近净成型工艺是实现材料高效利用的有效方法。该工艺在生产钛合金零件过程中，每一步实现了最少材料的浪费。近净成型工艺主要包括铸造、粉末冶金、激光成型、超塑成型和扩散黏结等等。

A 铸造

铸造被认为是经典的近净成型工艺。从铸锭到最终部件的机械加工过程中需要去除大量的原材料，所浪费的资源和成本都很高，因此采用铸造方法可大大节约成本。铸造往往无需对铸造件进行后续的一系列处理。此外，与传统的锻造生产方法相比，铸造具有生产复杂形状部件的优势，但铸件的强度和延展性往往不够达标，而这些可以通过智能铸造-特定部件设计来解决。铸造大致可分为石墨型铸造和熔模铸造。

a 石墨型铸

石墨型铸造与砂型铸造相似，是一种廉价的工艺，特别适合大型铸造。木制、塑料环氧树脂或金属模（pattern）用于成型模具，取心提供了生产空心铸件的可能性。模具的外部形状由两半部分组成，然后通过它们之间的芯头来定位。浇口和冒口的位置必须适合每一种铸造设计。然后将完成的模具嵌入到铸造台上进行离心铸造。具有较大结构的铸件可以通过焊接两个或两个以上的独立铸件来制造。此外，还可以使用加工石墨块的永久模具。为了防止金属与模具在浇注过程中发生反应，并防止凝固的部分粘在模具上，在铸造过程中，必须使用喷涂剂对模具内表面进行处理。

b 熔模铸造

当需要较小的公差、较薄的截面、较小的拔模角和较好的表面光洁度时，熔模铸造优先考虑于石墨型铸造。由于液态钛的高反应性，铸造必须在真空中进行，而且必须使用水冷坩埚。采用脱蜡工艺可获得高表面质量和精确尺寸零件。通常这些部件不需要额外的后处理，可以随时安装。首先，蜡模型是由尺寸稳定的金属制成的，例如铝。这种设计考虑到由于蜡和钛合金的收缩，因此蜡模型必须大于最终的钛铸件。然后蜡模型组装成一个集群结构，涂上陶瓷浆液，最后进行干燥处理。在下一个生产步骤中，陶瓷坯体在高压釜中脱蜡，通过燃烧可以得到实际铸造过程所需的稳定陶瓷结构，同时可以消除残余蜡。然后在带有自耗电极的真空电弧炉中进行铸造（图6-32）。钛合金熔化后滴入水冷铜坩埚中，形成一个薄的凝壳，起坩埚的作用，把熔体浇注到模具中，以离心铸造方式填充模具。冷却后，通过断开陶瓷模具（失蜡）将铸件从模具中取出，移除支柱、冒口和沟槽通道后，得到最终铸件。由于钛与陶瓷模具之间发生化学反应，表面会形成一个薄的反应区，降低了其力学性能，因此必须通过酸洗去除。为了消除不可避免的孔隙，航空航天铸件通常采用热等静压（HIP）方法，在压力约为100MPa，温度略低于β相转变的温度下进行后续的处理。

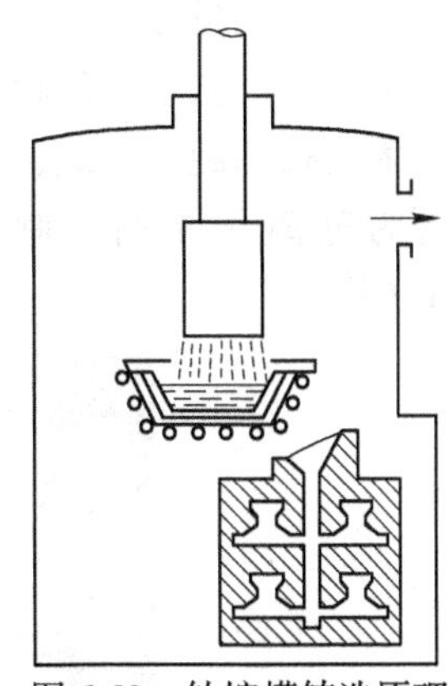

图6-32 钛熔模铸造原理
（来源：Tital，Bestwig）

熔模铸件的主要应用领域是航空航天和非航空航天工业的高性能零件。图6-33所示为飞机发动机的两个熔模铸造框架的实例。这些一体式铸件取代了焊接和机械紧固的装配式框架。每一个框架，包含100多个单独的部件，包括紧固件。

此外，钛铸造零件用于汽车工业（阀门、涡轮增压器转子）、医疗工程（植入物，图6-34）、牙科技术以及电子工业。未来，铸造用特殊钛合金的发展是很有前景的。

图6-33 用于GE CF6-80C和GE 90发动机的直径为130cm和150cm的铸造Ti-6Al-4V喷气发动机风扇架
（来源：由GE飞机发动机）

图6-34 铸造Ti-6Al-4V髋关节植入物
（来源：Tital，Bestwig）

B 粉末冶金

粉末冶金（PM）法用于生产复杂零件，因加工量小，可降低生产成本。根据钛合金零件的复杂性，通常需要去除高达95%的钛金属，如果采用粉末冶金法制备，不仅省略后续的机械加工过程，而且可以省去切削部分的材料成本。制备钛合金零件的粉末冶金方法包括：快速凝固-压实法和元素混合粉末法。

a 快速凝固-压实法

快速凝固-压实法具体包括：快速凝固法制备预合金粉末和热等静压（HIP）法压制

成型。粉末制备方法又分为电弧熔炼法和等离子电子束熔炼法，电弧熔炼是在保护气体气氛下进行的。钛金属的粉化（或称雾化）是通过自耗钛电极的旋转（REP，旋转电极法）或坩埚或板的旋转方式，在离心力的作用下完成的，此时，制得的粉末成为 REP 粉。当热源为等离子枪时，制得的粉末成为 PREP 粉。图 6-35 所示为 Ti-6Al-4V 制备用 PREP 粉。

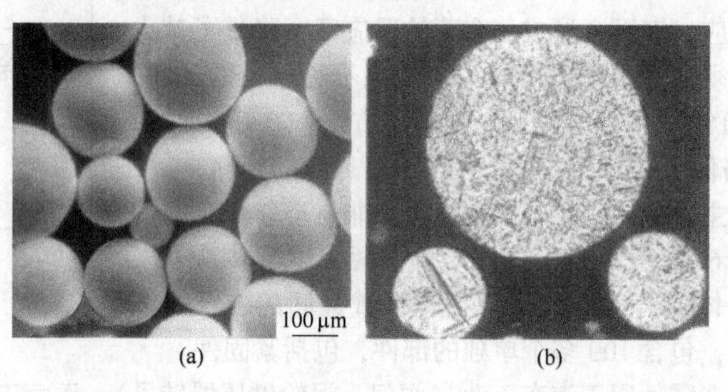

图 6-35 Ti-6Al-4V PREP 粉的 SEM（a）和 OM（b）图

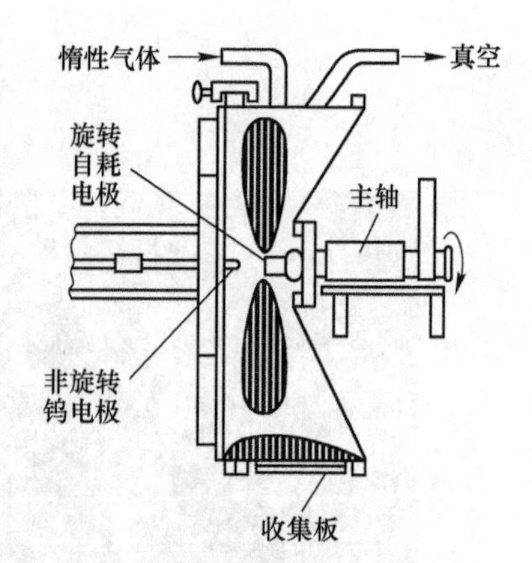

图 6-36 用于制备离心雾化钛粉的 REP 设备简图

（来源：F. H. Froes）

在 REP 工艺中，钛棒在惰性气体保护腔内以 18000r/min 的速度旋转，并通过热源进行熔化钛棒顶部表面的熔化。由于离心力的作用，这些熔滴与旋转电极分离并向外飞溅，在表面张力的作用下，形成球形液滴，并在飞溅过程中快速冷却凝固。以这种方式形成的球形预合金粉末颗粒的大小取决于电极的转速，一般在 18000r/min 转速下，粉末颗粒的平均粒度为 300～500μm。图 6-36 所示为 REP 设备简图。

对于 REP 粉末，部分钨电极在雾化过程中会被腐蚀，并以夹杂物的形式混入粉末中，而 PREP 粉末可消除钨夹杂物的污染，但等离子枪会产生大量非常细小的颗粒（几乎像烟雾），这些颗粒必须在粉末固结之前过滤掉，这增加了一些成本。经筛分得到均匀的粒度分布后，该 REP 粉易于处理，振实密度良好（约 70%）。然而，所有的粉末处理都必须在真空或惰性气体中进行，以保持粉末的清洁，而这也增加了成本。

粉末的固结是通过罐装和热等静压的方式完成。在热等静压工艺时，达到理论合金密度的 99.99% 是相对容易的，因为与 Ni 和 Fe 气体雾化粉末不同，这些粉末很少有空洞，并且充满惰性气体，这是旋转电极雾化工艺的一大优点。

在所得粉末在热压机中固结之前，必须对其进行封装、脱气和抽空。这就保证了颗粒表面没有吸附气体残留，防止氧化皮形成对烧结行为的破坏。如果这些真空罐封装体能很好地控制最终组件形状的收缩问题，那么热等静压后的工件可以接近最终产品形状。Ti-6Al-4V 粉末的典型热等静压工艺是在压力约为 200MPa、温度为 920～970℃ 下进行 1～3h 的处理。

一般情况下，粉末冶金法制备出的钛合金的力学性能优于铸造合金，部分相当于锻造合金。最初，粉末冶金路线被认为是一种经济生产近净形状零件的方法。然而，钛合金不能达到这一预期，是因为钛合金既不便宜，材料使用量也不那么高。目前，快速凝固-压实的高工艺成本只能在铸锭冶金无法生产新钛合金或粉末冶金用作钛基复合材料生产的情况下采纳。

b 元素混合粉末法

用元素混合粉末法制备钛合金零件也是可行的，这种方法具有更大的经济效益。混合元素粉末冶金零件的制作工艺见图6-37。从图中可以看出，细粒未合金化的钛粉与合金元素按一定的比例配料，并在一个双锥混合机中混合。然后将这种混合物放入弹性体模具中进行冷等静压（CIP），生成密度大于80%的固体形状物。然后，真空烧结，进行近净成型处理，此时致密度大于94%。这种烧结工艺不需要真空罐就可以进行，大大降低了成本。这是因为真空罐本身价格昂贵，而且在经过热等静压加工后还需要将其移除，这也会增加成本。另外，烧结件也可以在一个闭式模架中挤压或锻造来形成其他形状产品，如图6-37所示。

元素混合粉末冶金零件依靠固态扩散来获得均匀的成分和微观结构。这说明原材料的粒度是重要的因素。该工艺用于制造静载荷有限尺寸的零部件或有限使用寿命的航空航天部件和体育器件。试验性汽车零部件也正在制造和测试中。为了增加刚度和保持足够的断裂强度，零件内可以添加陶瓷第二相。在这种情况下，陶瓷添加剂通常是TiC或TiB_2。元素共混工艺非常适合添加这样的颗粒增强剂，因为该工艺已经包括了混合粉末的环节。图6-38所示为颗粒增强型汽车连杆的实例。该零件是经冷等静压、烧结、锻造等工序制得的高致密产品。

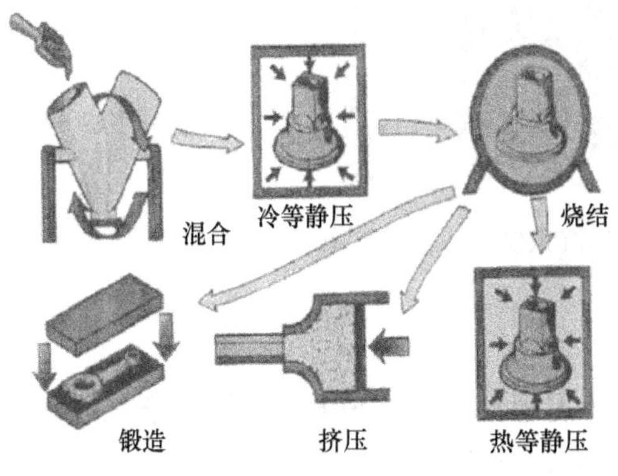

图6-37 用混合元素粉末制造钛粉末冶金（PM）零件的流程图
（来源：S. Abkowitz，Dynamet Technologies，Inc.）

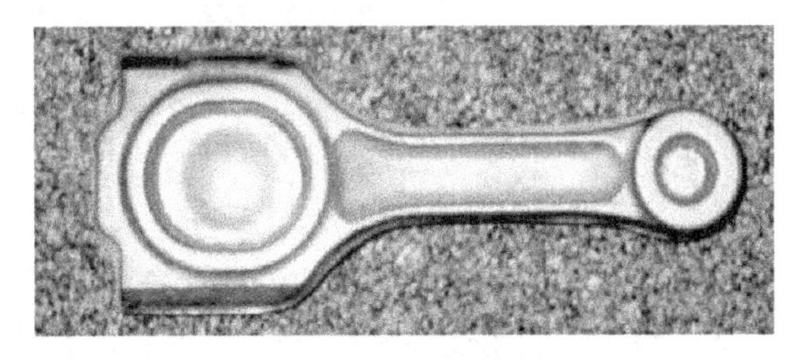

图6-38 采用粉末冶金法制造的颗粒增强型钛连杆
（来源：S. Abkowitz，Dynamet Technologies，Inc.）

C 其他工艺

a 激光成形（LF）

激光成形（又称激光沉积）是一种相对较新的制备钛合金零件的近净成型技术。这种方法使用聚焦激光束在所需位置上熔化（沉积）钛粉。沉积点通过将要制作的组件放置在数字控制的工作台上来控制。通过连续操纵激光焦点位置的x、y和z坐标，使之与钛粉的引入点重合，这样就能形成一个三维形状。该技术允许使用几何描述，包括使用在机械部件设计过程中常规生成的数字文件来直接形成近净成型钛零部件。与锻造相比，激光沉积技术的优势在于，它能制造出更接近最终尺寸的复杂形状。图6-39所示为沉积的Ti-6Al-4V零件的例图。

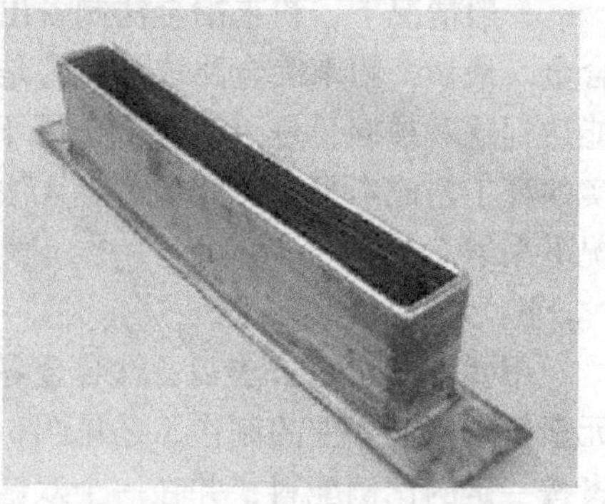

图6-39　沉积的Ti-6Al-4V零件
（来源：F. Arcella，Aeromet Corp.）

一个现实的比较表明，机械加工过程中去除掉大部分锻件重量的成本可用前面介绍的钛粉制备成本来抵消。此外，由于粉末在沉积过程中熔化，因此沉积后的材料具有完全的层状结构，而由于冷却速度较高，其结构比铸件中形成的结构更细。

根据利基市场用领域的需求，目前全球已有少量的大型机器建成，图6-40为其中一个设备图。虽然这些机器复杂而且昂贵，但与锻压机或熔模铸造厂相比，它们的制造成本很低。因此，在没有铸造或锻造能力的地区，可以通过采用激光沉积设备来制作新的部件。当然，前提是要能提供可靠且高质量的、负担得起的钛粉或预合金钛粉。该工艺的竞争优势是直接按计算机辅助设计（CAD）文件，而不用铸模、锻压机或铸造件来生产零部件。

图6-40　大型激光沉积仪
（来源：F. Arcella，Aeromet Corp.）

b　超塑成型（SPF）

除了激光成型工艺外，前沿的近净成型工艺还有超塑成型（SPF）和扩散连接（DB）工艺。该工艺利用钛的超塑成型或/和扩散黏结能力，制造钛组件。

根据流动应力和应变率灵敏度的关系式，超塑成型定义为应变率灵敏度指数 m 为0.5或更大：

$$\sigma = \sigma_0 (\mathrm{d}\varepsilon/\mathrm{d}t)^m$$

式中，σ_0 为极小应变率时的临界流变应力。

当流变应力的应变速率敏感度较高时，材料对颈缩或其他形式的局部变形的抵抗能力增大。流变应力和 m 值取决于材料的微观结构、应变率和温度。图6-41为在超塑成型的温度范围内，流变应力与温度的关系。对于Ti-6Al-4V的合金，m 的最大值约为0.7，通常在 $10^{-4}\mathrm{s}^{-1}$ 或更低的应变率下，温度约在875℃下发生超塑行为。经常规轧制工艺后，在875℃高温和$10^{-4}s^{-1}$应变速率下，合金的流变应力变得很低，故在超塑成型工艺完成后，不会产生反弹。由于应力很低，此时超塑成型可以在0.2MPa的气压下，使片材形成单个模槽。为了防止钛片材表面氧化，工艺过程通常在氩气保护气氛下进行。图6-42表示钛片材超塑成型简图。

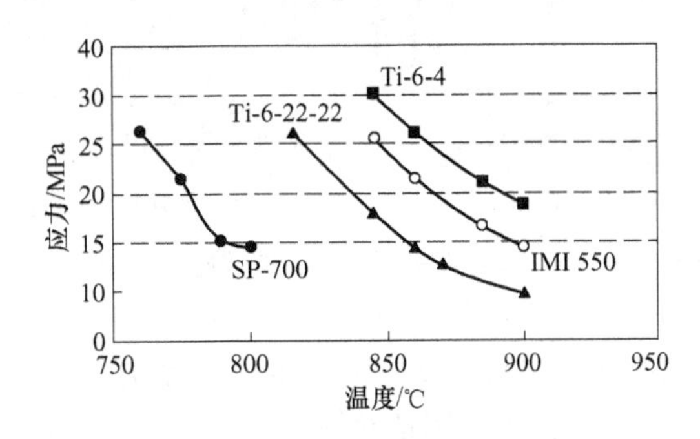

图6-41 应变速率为$5\times10^{-4}s^{-1}$时，四种钛合金的流动应力与温度的关系

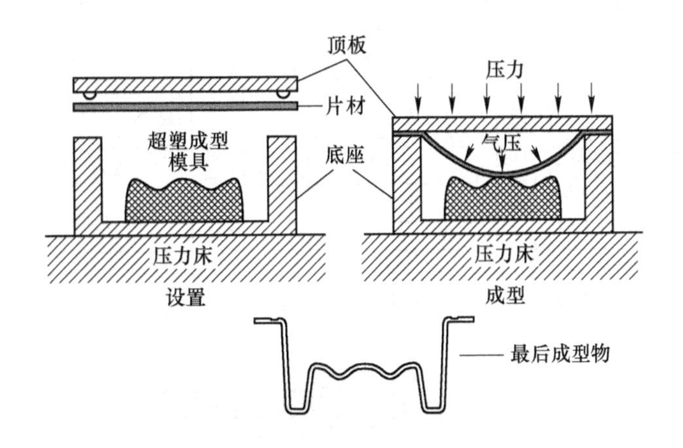

图6-42 钛片材超塑成型简图

c 扩散连接（DB）

钛的扩散黏结能力是其另一个内在特性，利用它可以开发新的制造工艺。钛在真空或高纯度惰性气体中加热至550℃时以上，钛具有溶解其表面氧化物的倾向，使纯表面露出。如果将两种钛合金片材无缝隙地接触后加热，则露出的纯钛接触面之间产生内部扩散，并相互扩散结合在一起，形成了一种即使在金相检验中也难以察觉的结合。这种连接方法称为扩散连接（DB）。图6-43为Ti-6Al-4V扩散连接结合的宏观结构。从图中可以看出，两个片材之间没有连接的痕迹。

d 超塑成型（SPF）/扩散连接（DB）联合工艺

另外，将超塑成型（SPF）和扩散连接（DB）结合起来形成联合工艺，可以制造具有整体坚固的复杂形状产品。两种方法之所以可以结合是因为超塑成型（SPF）和扩散连接（DB）所需的温度范围接近，其次是整个成型和连接的截面是超塑性的，使得大型截面材料完全连接。使用阻流剂可以选择性地黏合片材区域。如果通过加压处理来分离未连接的片材区域（也称为选择性膨胀），那么，用三块片材就可以制作出一个复杂的蜂窝状

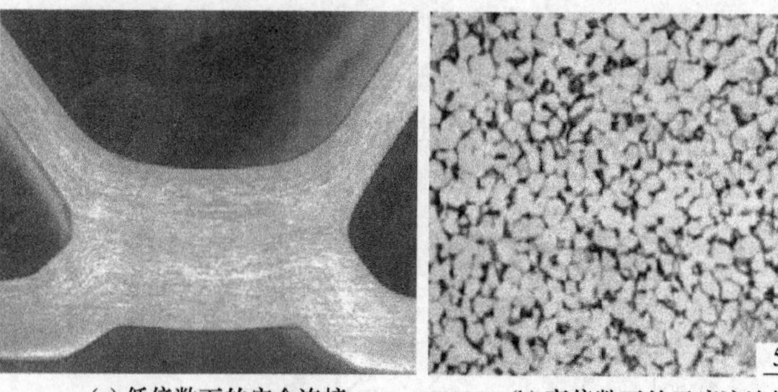

(a) 低倍数下的完全连接　　(b) 高倍数下的无痕迹连接

图 6-43　SPF/DB 组件中两片材的扩散连接（DB）部位

（来源：W. Beck，FormTech）

结构，见图 6-44。这种膨胀法的优势就是它能提供测试黏结力的位置。图 6-45 所示为超塑成型（SPF）/扩散连接（DB）工艺制备部件的例子。这是一种用于涡轮发动机冷却空气分配的歧管。另外，超塑成型/扩散连接（SPF/DB）工艺用于制造大推力、高转速的涡轮飞机发动机的款翼、凹型钛风扇叶片等。

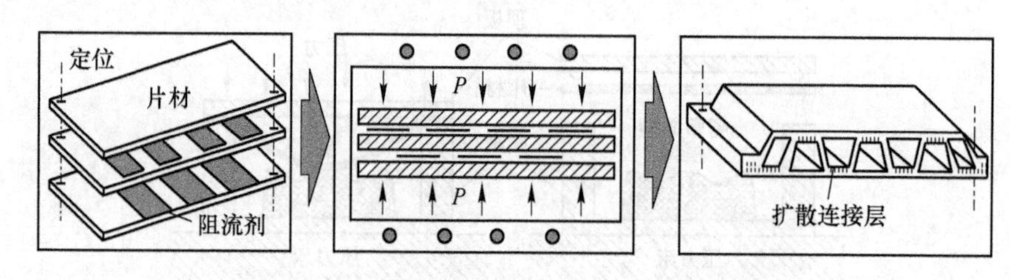

图 6-44　制作蜂窝状结构的 SPF/DB 工艺示意图

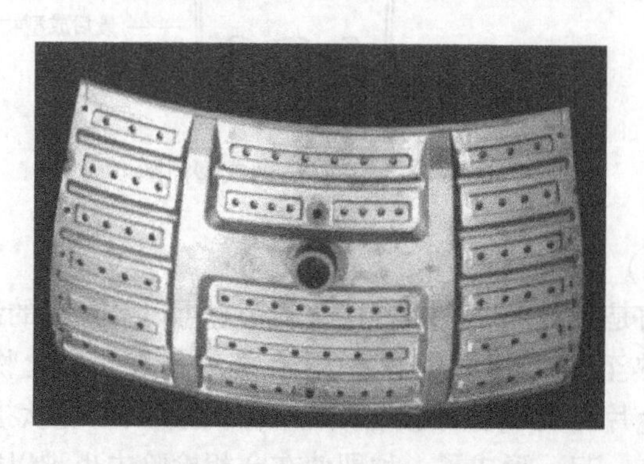

图 6-45　超塑成型/扩散键合（SPF/DB）制造的歧管

（来源：GE Aircraft Engines）

问题讨论： 1. 熔炼的基本方法有哪些？
2. 钛材料的主要热加工工艺有哪些？
3. 锻造、轧制的基本步骤是什么？
4. 近净成型工艺有哪些？各自特点是什么？

6.3.3 新型钛合金

6.3.3.1 生物医用钛合金

A 生物医用材料的类别及特点

生物医用材料是用来对生物体进行诊断、治疗、修复或替换其病损组织、器官或增进其功能的材料。它是研究人工器官和医疗器械的基础，已成为当代材料学科的重要分支，尤其是随着生物技术的蓬勃发展和重大突破，生物医用材料已成为各国科学家竞相进行研究和开发的热点。生物医用材料按材料的组成和性质可以分为生物医用金属材料、生物医用无机非金属材料或生物陶瓷、生物医用高分子材料、生物医用复合材料、生物医用衍生材料。

生物材料必须符合以下要求：(1) 耐腐蚀；(2) 生物相容性；(3) 生物黏附性（骨结合性)；(4) 具有良好的力学性能，如杨氏模量，与骨模量相近，疲劳强度符合使用要求；(5) 加工性（铸件、变形、粉末冶金、可加工性、焊接、钎焊等)； (6) 可用性(低价格)。

对于生物医用金属材料，此类材料具有高机械强度、抗疲劳和易加工等优良性能，是临床应用最广泛的承力植入材料。此类材料的应用非常广泛，涉及硬组织、软组织、人工器官和外科辅助器材等各个方面。由于满足上述生物材料要求，可应用的金属材料种类有限。到目前为止，下列金属材料被用作生物材料：(1) 不锈钢，例如 X2CrNiMo1812 (316L)； (2) CoCr 基合金（钴铬钼合金)，例如铸态 CoCr30Mo6 或锻态 CoNi35Cr20；(3) 商业级纯钛（CP 钛）和钛合金，例如 Ti-13Nb-13Zr（β 型）或 Ti-6Al-4V（α+β 型)；(4) 商业级纯铌（CP 铌)；(5) 商业级纯钽（CP 钽)。

在人体环境内，不锈钢和钴铬基合金比较容易发生腐蚀，溶出 Ni、Co 和 Cr 离子等对人体有害的物质，而且它们的弹性模量远高于人体骨。比如不锈钢的弹性模量约为 210GPa，钴铬基合金的弹性模量约 240GPa，这些是人体骨弹性模量（20~30GPa）的近 10 倍。相反，钛及钛合金具有人体骨相近的弹性模量（70~120GPa)、优良的抗腐蚀性能、良好的生物相容性，在临床上得到越来越广泛的应用。表 6-6 对比了三种植入物材料的各类特性。不锈钢的加工性能最好，但生物兼容性和耐蚀性差。钴铬基合金机械强度较好，但耐腐蚀性、生物兼容性都比钛合金差。不锈钢和钴铬基合金的弹性模量都比钛合金高。钛合金的比强度最高，耐蚀性好，缺点是耐磨性差。另外，铌和钽材料的综合性能优异，但制备成本远高于钛合金。在人体体液介质中，钛及钛合金、铌和钽的耐蚀性最好，其次是 CoCr 基铸造和锻造合金，最差的是不锈钢。

总体来看，钛合金的综合性能最佳，唯一的不足是耐磨性差，但这可以通过表面改性处理得以改善。因此，钛合金作为生物医用金属材料具有明显的优势。目前，钛及钛合金用于临床最好的金属植入物材料。

表 6-6 三种植入物材料的特性比较

材料	不锈钢（316L）	钴铬基合金（CoCr 基合金）	钛合金（Ti-6Al-4V）
强度	中	良	良
比强度	中	良	优

续表 6-6

材料	不锈钢（316L）	钴铬基合金（CoCr 基合金）	钛合金（Ti-6Al-4V）
弹性模量	中	中	良
耐蚀性	差	中	良
耐磨性	中	良	差
耐腐蚀疲劳	中	中	良
生物兼容性	差	中	良
加工性能	优	中	中

B 生物医用钛合金研究现状

钛在生物医学领域的应用已成为一个较成熟的领域，因为钛比任何其他竞争材料（不锈钢、CoCr 基合金、CP 铌和 CP 钽）更能满足性能要求。如前所述，生物医学用材料所要求的特性包括耐腐蚀性、生物相容性、生物黏附性（骨结合性）、弹性模量（应尽可能接近骨头的 10～30GPa 的弹性模量范围）、疲劳强度和良好的加工性，包括焊接和铸造。特别是优良的耐腐蚀性和生物相容性使钛成为首选材料。即便钛的价格昂贵，但通常只是略高于 CoCr 基合金和各类不锈钢，与铌和钽相比，钛的价格要低得多。

钛材是用于临床最好的金属植入物材料。目前，有许多不同的医疗设备使用钛材料，如骨板、螺钉、髋关节植入物、心脏管支架、心脏瓣膜和各种用于牙科领域的各类型固定件。更多的应用案例，请参考文献。

用于生物医学领域的钛材主要有三种形态，即 CP 钛、（α+β）钛合金、β 钛合金。此外，还有一些设备使用基于化合物 TiNi 的形状记忆合金。20 世纪 50 年代，美国和英国首先将工业纯钛用于生物体，到 70 年代后期，由美国的 Illinois 技术研究开发了属于 α+β 型的 Ti-6Al-4V 合金，并很快应用于航空等领域。CP 钛和 Ti-6Al-4V（α+β 型）合金是最早用于生物医学应用的钛材料，即使在今天，这两种材料应用最广。由于大量报道证实了 V 对人体的危害性，因而在 80 年代德国和瑞士先后研制无 V 的钛合金，开发了 α+β 型 Ti-5Al-2.5Fe 合金和 Ti-6Al-7Nb 合金。这两种合金的组织和性能与 Ti-6Al-4V 合金相似，弹性模量为骨弹性模量的 4～10 倍。Steinemann 报道了金属的生物安全性，V 具有较高的细胞毒性，Al 会引起组织反应，而 Ti、Nb、Ta 和 Zr 显示出优异的生物相容性。这些无毒元素除 Nb、Ta、Zr 外加上 Mo 和 Sn 等是具有低弹性模量、较高强度和耐蚀性更高的合金化元素的首选。因此，到 20 世纪 90 年代，美国与日本又开始研发不含 Al、V 并且低弹性模量的新型 β 生物医用钛合金，例如 Ti-13Nb-13Zr、Ti-12Mo-6Zr-2Fe、Ti-15Mo 和 Ti-35Nb-7Zr-5Ta 等。与 α+β 型钛合金相比，这些新型 β 钛合金具有更高的疲劳强度和较低的弹性模量。

图 6-46 所示为 CP 钛用于接骨板的案例，图中两张 X 光照片显示的是接骨板前后骨折的情况。对于强度要求不高的接骨板，根据形状的复杂程度和强度要求，选用 1～4 不同等级的 CP 钛作为材料。在这些应用中，CP 钛 3 级是在良好的成形性和足够的疲劳强度之间的最佳折中材料。典型的 HCF（高周疲劳）强度值在应力比 $R=-1$ 时为 280MPa。用 3 级 CP 钛合金可以轻松地制造更复杂的接骨板。例如，为了更紧密的支撑脊柱，需要在板中有一个双曲，而用 3 级 CP 钛合金，在 600℃ 以下的成形模具中进行热压，可以很

容易地获得轮廓。当使用低铁含量的材料时，应避免较高的温度，因为有可能使晶粒生长。如果骨板要求较高强度，则使用 Ti-6Al-4V 合金或 Ti-6Al-7Nb 合金。这两种合金都仅用于比较直的骨板，因为它们成型较复杂轮廓的能力有限。

对于要求高疲劳强度的生物医学植入物，最难的应用是髋关节植入物的主干。完整人工髋关节的示意图见图 6-47。钛合金主干上部有陶瓷头（通常为 Al_2O_3 或 ZrO_2），该陶瓷头可以在由超高分子量聚乙烯（UHMWPE）制成的杯中旋转。这种材料组合的摩擦系数很低。超高分子量聚乙烯杯通常由金属背壳（图 6-47 未显示）中的卡入机构固定，然后通过螺钉固定到骨头上。金属背壳和螺钉也由钛（Ti-6Al-4V 或 CP 钛）制成。髋关节干最常用的钛合金是 Ti-6Al-4V。干坯通常是 α+β 锻造并需要消除应力，因此，根据加工路线的细节，显微结构要么是轧后退火处理的，要么完全等轴。这些微观结构在 $R=-1$ 时的典型 HCF 强度值约为 400MPa。

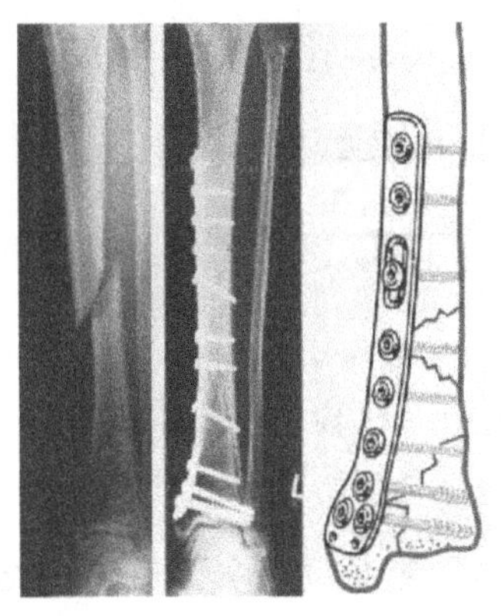
图 6-46 3 级 CP 接钛骨板植入物
（来源：Waldemar Link GmbH & Co）

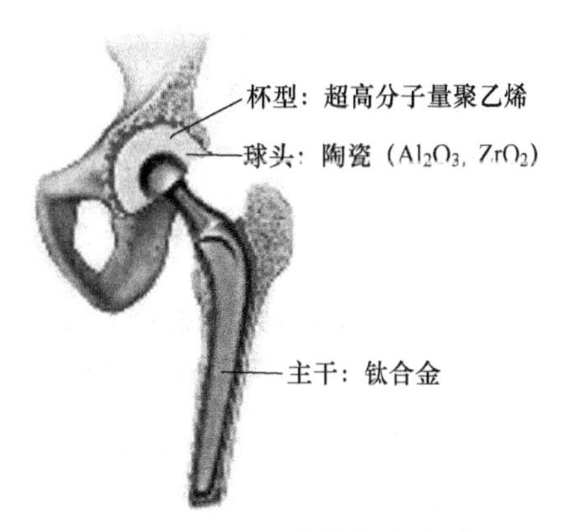

图 6-47 人工髋关节示意图
（来源：丰桥理工大学 M. Niinomi）

为了得到更好的生物黏附性（骨头内生），成品主干的表面状态是非常重要的。一般来说，随着主干表面粗糙度的增加，骨的生长行为得到改善。采用各种表面处理方法可以有多种，如加工、蚀刻、Al_2O_3 喷射、多孔涂层、等离子喷涂等。一种流行的表面处理方法是利用羟基磷灰石（骨组织的主要成分）等离子作为生物活性涂层，在钛植入物表面上喷涂，熔模铸造作为一种替代锻造方法，可用于制造髋关节主干。在这种情况下，可以通过铸造设计，直接获得所需要的髋关节主干表面粗糙度。图 6-48 所示为熔模铸造髋关节主干的实物。α+β 型钛合金模铸造件的主要缺点是，由于典型铸件的粗大全片层组织，其疲劳强度低于锻件。通过简单的热处理，可以在铸件中形成所谓的双层组织。这种微观结构的改变可以增加铸件的 HCF 强度，使得熔模铸造髋部杆件更具吸引力。图 6-49 比较了锻造和铸型髋关节干试样的 *S-N* 曲线。可以看出，锻造后的髋关节干具有比全片层微观组织的铸件更高的 HCF 强度，而双板层结构的铸型髋关节干甚至具有比锻造件更高的 HCF 强度。

除了 Ti-6Al-4V 钛合金，前面提到的新的 α+β 型 Ti-6Al-7Nb 髋关节主干也已投入商业使用。如前所述，Ti-6Al-7Nb 的组织和力学性能与 Ti-6Al-4V 相似。对 Ti-6Al-7Nb 合金的加工、组织和性能的总结，以及对这种合金作为关节替代品的经验总结，可以在其他相关文献中找到。

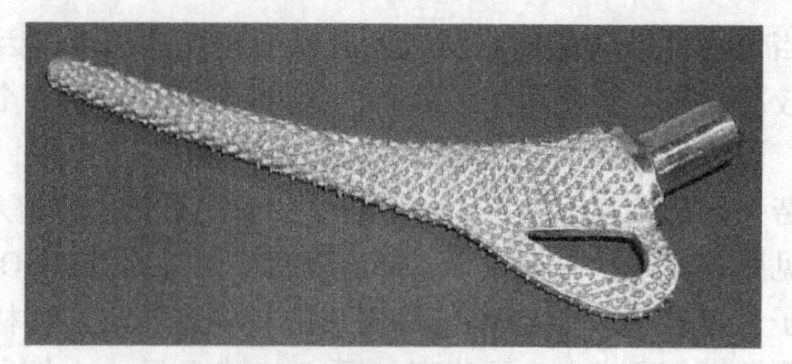

图 6-48　熔模铸造髋关节主干（Ti-6Al-4V）

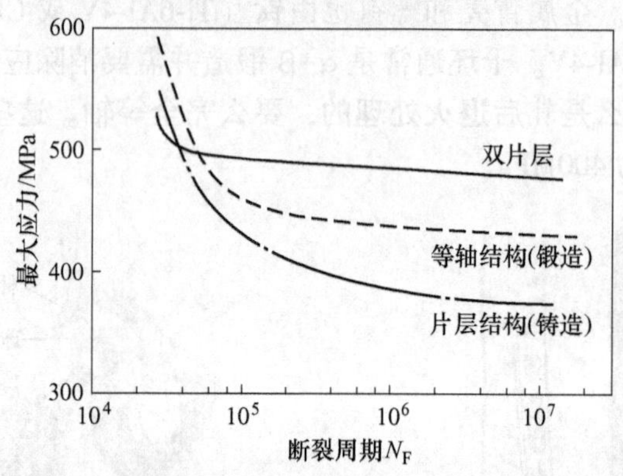

图 6-49　锻造和熔模铸造人工髋关节主干的 S-N 曲线（R=−1）
双层板—熔模铸造主干的特殊热处理（Ti-6Al-4V）

C　新型医用 β 钛合金的发展与展望

钛有两种同素异形体，而钛基合金的显微组织多样性就是同素异形现象的结果。Ti 在 882.3℃下经历同素异形转变。低于此温度时，它以密排六方结构（HCP）存在，称为 α 相，而高于 882.3℃时，它以一个体心立方（BCC）结构存在，称为 β 相。它可以与许多元素形成固溶体，因此 α 相和 β 相稳定区平衡温度可以随着 Ti 与间隙或置换式合金元素的固溶而变化。

钛基合金的两个基本相是 α 相和 β 相。经过退火、固溶、淬火或时效等热处理后，高温区的 β 相可转变为 ω、α′、α″相，或快速冷却时转变为过冷组织 β 相。热处理设计中，一般不需要形成 ω 相，因为它的弹性模量最高，而 α″相用于形状记忆合金中。合金元素的加入对钛基合金的相组成和力学性能有重要影响。通常情况下，添加合金元素的质量分数应小于 20%，因为进一步增加可能导致 ω 相等其他相的析出，从而提高 β 型 Ti 基合金的强度和弹性模量。

钛合金元素分为三类：α-稳定剂、β-稳定剂和中性。倾向于稳定 α 相的合金元素（Al、O、N 等）称为 α-稳定剂，添加这些元素会导致同素异形转变温度（ATT）升高，而稳定 β 相的元素称为 β 稳定剂（Nb、Ta、Mo、Mg、V、W、Fe、Ni、Cr、Co、Mn、Cu 等），这些元素的加入降低了 β 相转变温度。如果没有观察到 ATT 的显著变化，合金元素被定义为中性元素（Zr、Sn 和 Si）。过量的 α 和 β 稳定剂添加会在相应的相图中形成 α 和 β 相共存的区域。根据钛基合金的微观结构特点，可分为 α 型合金、β 型合金和 α+β 型合金。β 型合金可进一步分为近 β 合金和亚稳态 β 合金。显微组织主要为 HCP α 相时，可分为 CP 钛合金、α 钛合金和近 α 钛合金。

对不同晶体结构滑移体系的分析表明，BCC 晶体结构比 HCP 结构更容易发生塑性变形。由于 HCP 结构比 BCC 结构具有更高的滑距，故可以认为 BCC 结构的原子面滑移或塑性变形比 HCP 结构更容易。β 型钛合金是目前成型性能和延展性最好的 Ti 基合金。因此，BCC 结构的 β 型合金的弹性模量低于 HCP 结构的 α 相。由于高弹性模量的 α+β 型钛合金导致骨吸收和植入物松动，低模量的 β 相合金引起了人们的极大兴趣。

表 6-7 列出了典型的 α、α+β 和 β 型钛合金的机械性能。与 α 型或 α+β 型钛合金相比，β 型钛合金的强度高、模量低和塑性高，综合性能最佳。

表 6-7 生物医学用典型 α、α+β 和 β 型钛合金的机械性能

合金牌号及分类		抗拉强度/MPa	屈服强度/MPa	延伸率/%	弹性模量/GPa	标准
α 型	CP Ti Grade 1（退火）	240	170	24	102.7	ASTM F 67 (ISO 5832-2)
	CP Ti Grade 2（退火）	345	275	20	102.7	ASTM F 67 (ISO 5832-2)
	CP Ti Grade 3（退火）	450	380	18	103.4	ASTM F 67 (ISO 5832-2)
	CP Ti Grade 4（退火）	550	485	15	104.1	ASTM F 67 (ISO 5832-2)
α+β 型	Ti-6Al-4V ELI（退火）	860~965	795~875	10~15	101~110	ASTM F 136 (ISO 5832-3)
	Ti-6Al-4V（退火）	895~930	825~869	6~10	110~114	ASTM F 1472 (ISO 5832-3)
	Ti-6Al-7Nb（锻造）	900~1050	880~950	8.1~15	114	ASTM F 1295 (ISO 5832-11)
	Ti-5Al-2.5Fe（铸造）	1020	895	15	112	ISO5832-10
β 型	Ti-13Nb-13Zr（时效）	973~1037	836~908	10~16	79~84	ASTM F 1713
	Ti-12Mo-6Zr-2Fe（退火）	1060~1100	1000~1060	18~22	74~85	ASTM F 1813
	Ti-15Mo（退火）	874	544	21	78	ASTM F 2066
	Ti-15Mo-5Zr-3Al（固溶时效）	852~1100	838~1060	18~25	80	JIS T 7401-6
	Ti-35Nb-7Zr-5Ta（退火）	597	547	19	55	Task Force F-04.12.23
	Ti-16Nb-10Hf（时效）	851	736	10	81	—
	Ti-29Nb-13Ta-4.6Zr（时效）	911	864	13.2	80	—
	Ti-15Mo-2.8Nb-0.2Si（退火）	979~999	945~987	16~18	83	—
	Ti-24Nb-4Zr-7.9Sn（热轧）	830	700	15	46	—
	Ti-24Nb-4Zr-7.9Sn（热锻）	755	570	13	55	—
	Ti-24Nb-4Zr-7.9Sn（选择性激光熔化）	665	563	14	53	—
	Ti-35Nb-7Zr-5Ta-0.4O（退火）	1010	976	19	66	—
	$Ti_{65.5}Nb_{22.3}Zr_{4.6}Ta_{1.6}Fe_{6}$（烧结/960℃）	—	2425	6.91	52	—

近年来，大批生物材料研究人员通过研究已经生产出各类β型钛基合金，其中钛钼基、钛铌基、钛锆基、钛钽基合金体系的研究是最为深入的。其中，Ti-Nb 基合金因具有模量低、生物相容性好、形状记忆效果好等优点，正受到越来越多研究者的关注。表 6-7 中 TiNbZrTaFe 合金，具有压缩弹性模量低（52GPa）、屈服强度极高（2425MPa）、塑性明显的特点。最近，为了减少铌、钽、锆等高成本元素的使用，人们提出了利用低成本元素如铁、铬、锰、锡等合金元素作为原料制备低成本β型钛基合金，如 Ti-Mn、Ti-Mn-Fe、Ti-Sn-Cr、Ti-Cr-Sn-Zr、Ti-(Cr, Mn)-Sn、Ti-Zr-Sn-Mo-Nb、Ti-12Cr 和 Ti-31. 0Fe-9. 0Sn。在早期低模量β型钛基合金中，Ti-13Nb-13Zr、Ti-15Mo 和 Ti-12Mo-6Zr-2Fe 已经被注册，Ti-15Mo-5Zr-3Al 已经在 JIS T 7401-6 中注册，Ti-35Nb-7Zr-5Ta 将在 ASTM 标准化中注册。此外，高强度、低模量的新型β型钛基合金，如 Ti-29Nb-13Ta-4. 6Zr、$Ti_{65.5}Nb_{22.3}Zr_{4.6}Ta_{1.6}Fe_{6}$ 等，正在进行生物医学的应用研究。

钛合金的性能与化学成分和冶金过程有关。在一些论文和书籍中对相变和机加工-微结构-性能关系进行了详细的综述。弹性模量对应于材料的刚度，与晶体结构中的原子间力有关。添加β型稳定剂使β相稳定，从而降低弹性模量。与 CP 钛和 α+β 型 Ti-6Al-4V 合金的弹性模量（分别约为 105GPa 和 110GPa）相比，β型钛基合金的弹性模量明显小，可低至 52GPa。与常用的生物材料合金相比，如 316L 不锈钢（190～210GPa）和 Co-Cr 合金（210～253GPa），低弹性模量钛基合金与人骨的相容性更好。表 6-8 列出了部分新型低模量β型钛基合金的弹性模量和制备与加工方法。从表中可以看出，新型β型钛合金的弹性模量都小于 100GPa，其中 Ti-Nb-Ta-Zr、Ti-Nb-Ta-Mo 和 Ti-Nb-Ta-Sn 系合金，具有较低的弹性模量，预计做外科植入物材料具有较好的应用前景。

表 6-8　部分生物医学应用新型低模量β型钛合金

β型钛基合金	制备与加工方法	弹性模量/GPa
Ti-29Nb-13Ta-4Mo	熔炼/固溶/时效	50～80
Ti-29Nb-13Ta-6Sn	熔炼/固溶/时效	65～70
Ti-29Nb-13Ta-4. 6Sn	熔炼/固溶/时效	55～78
Ti-29Nb-13Ta-2Sn	熔炼/固溶/时效	45～48
Ti-30Nb-10Ta-5Zr	烧结/热锻和型锻/热处理	66. 9
Ti-35Nb-4Sn	熔炼/冷轧/热处理	42～55
Ti-30Zr-3Cr-3Mo	固溶/冷轧	66/78
Ti-12Mo-3Nb	熔炼/固溶	105
Ti-12Mo-5Ta	退货	74
Ti-50Ta	固溶/时效	77/88/93
Ti-50Ta	固溶	88
Ti30Zr(5,6,7)Mo	固溶处理	75/63/66
Ti30Zr(5,6,7)Mo	冷轧	59/61/73
Ti-36Nb-2. 2Ta-3. 7Zr-0. 3O（摩尔分数）	高压扭转变形	43～65

续表6-8

β型钛基合金	制备与加工方法	弹性模量/GPa
Ti-31.0Fe-9.0Sn	铸造	147
Ti-39.3Nb-13.3Zr-10.7Ta	铸造	71
Ti-25Nb-11Sn	型锻	53
Ti-12Mo-5Zr	固溶	64
Ti-25Nb-2Mo-4Sn	冷轧/时效	65

6.3.3.2 高温钛合金

A 高温钛合金国内外研究现状

随着科技与经济的迅速发展及航空技术的进步，对材料温度的要求随之增高。高温合金主要有以铁、镍、钴为基的合金及高温钛合金。其中，铁、镍、钴为基的高温合金在使用温度上虽比钛合金高，但其密度大、高温抗氧化性差，而钛合金具有密度低、比强度/比刚度高、抗蚀性好、抗氧化、抗蠕变性能好等优点，使其广泛应用于航天航空、军事工业及汽车等尖端领域。

世界上第一个高温钛合金是美国在1954年研发的Ti-6Al-4V，它具有α+β双相特点，最高可以在300～350℃温度下使用，该合金性能优异，既能作为高温合金使用，也能作为结构合金，在航空航天领域得到了广泛的应用，它的出现为世界各国对高温钛合金的发展奠定了基础。Ti-6Al-4V最初用于美国的阿波罗飞船、艾伯星火箭、“发现者”卫星等领域，但之后随着使用条件的不断提升，它暴露出耐热性差、淬透性不佳、冷加工性较差等问题，同时制备工艺也较为复杂。到20世纪60年代，美国又研制出了Ti-6246和Ti-6242两种合金，其特点是添加了较高含量的Mo元素，均能在450℃使用，瞬时强度和高温抗蠕性能都优于TC4。同时这两种合金中均添加了相同量的中性元素Sn、Zr，提升合金的耐热性、高温强度，还对合金有固溶强化的作用。在当时Ti-6242主要用于美国大型运输机的涡轮喷气发动机部件上（图6-50）。20世纪80年代初，原有的合金的高温性能如抗蠕变性能已经不能满足发动机制造的要求。因而在1974年，美国进一步研发出近α型Ti6242S合金，将服役温度提高到520℃。该合金具有良好的抗蠕变性能、高强度和高韧性。主要用于制作航空发动机的叶片、压气机盘、风扇圆盘等。随后在1988年，在Ti6242S合金的基础上调整Sn、Mo、Si等元素，研发出Ti-1100。该种合金的使用温度可达到600℃左右，具有较低的韧性，同时具有较大的疲劳裂纹扩展速率，主要应用在发动机制造上，比如莱康明公司生产的T55-712改型发动机低压涡轮叶片以及高压压气机的轮盘。

图6-50 用于小型支线喷气飞机发动机的叶轮（Ti-6242）
（来源：J. A. Hall，Honeywell引擎和系统公司）

英国与美国一样，也是世界上研究高温钛合金最早的国家之一，但所研制的方向主要是能提高抗蠕变性能的近 α 型钛合金。另外，所研制出的高温钛合金成分中都含有 Si 元素。在 1956 年，经过大量实验后研制出 IMI550 钛合金。与同一年代美国制备的 TC4 相比，英国的最高使用温度为 400℃，抗拉强度也提高了约 10%，说明 Si 等元素的添加可以有效提高蠕变强度。到 20 世纪 60 年代，英国成功研制了两种高温合金，即 IMI679 和 IMI685，使用温度分别提高到 450℃及 500℃，其蠕变强度进一步得到提高。该合金添加了少量的 Mo 元素，其中，IMI679 含有约 10% Sn。这两种合金的组织为针状组织，在高温时蠕变强度会提升，具有优异的焊接性能，主要用于 RB211 和 M53 的发动机上。

随着对抗疲劳强度的需求，英国分别在 20 世纪 70、80 年代研制出了相同 Al-Sn-Zr-Mo-Nb-Si 体系的 IMI829 合金和 IMI834 合金，其中 IMI834 含有约 0.06% C，使用温度都在 600℃，大幅度提高了抗蠕变性能和抗氧化性能，且可以有效细化宏观组织与微观组织。IMI829 合金中加入了 1.0% Nb，有一定的固溶强化作用，在 Nb 含量≤1% 时，可提高合金强度和抗蠕变性能。另外，添加 Nb 提高了铝的活度，提高了抗氧化能力，可以细化合金表层氧化物，使得合金表层稳定性增加。IMI834 合金中添加了 0.7% Nb，可提升了合金的抗氧化性能，是当时在英国用量最多的高温钛合金。另外，通过添加微量 C 元素能细化合金组织，提高了合金的抗氧化能力和蠕变性能。IMI829 和 IMI834 合金分别应用在 RB211535E4 和 Trent6002800 发动机，以及 EJ200 和 PW350 的发动机上。图 6-51 所示为 EJ200 航空发动机。

图 6-51　EJ200 航空发动机

俄罗斯对钛合金的研究思路主要是在已有的较成熟的合金中加入新的元素。在 1957 年，通过加入 Cr 和 Fe 元素制备出了 BT3-1 合金，强化 α、β 相；通过添加适当的 Mo 元素，实现固溶强化和细化晶粒的目的。为了提高合金的使用温度，1958 年进一步研制了 BT8 和 BT9 合金，使用温度分别达到 500℃ 和 550℃。这两种合金具有优异的热稳定性和热强性。BT9 的高温强度性能较好，但热稳定性比 BT8 差，这两类合金主要用于压气机的结构件的制备中。到了 1963 年，研制出 BT18 合金，但其抗蠕变性能、塑性及韧性都达不到 BT8、BT9，因此未实现商业应用；随后 1971 年，通过改变合金成分，研制出 BT18Y，将原有的 8% Zr 降低到 4%，另外添加了 2.5% Sn，从而增加了合金的蠕变性能。该合金的使用温度为 500～600℃之间，主要应用在 Cy-27Ck 飞机上。在 1992 年，研制出使用温度为 600℃的 BT36，其特点是多添加了 W 元素。由于 W 元素的高熔点（3410℃），使得 BT36 合金的耐热性大大提高。另外，均匀细小的微观组织提高了合金的蠕变性能，但 W 难熔且存在偏析，应用受到限制。

我国高温钛合金的研发起步比发达国家晚。在 20 世纪 80 年代之前，一直走仿制的道路。到 20 世纪 80 年代之后，我国才开始自主研发。北京有色金属研究总院率先对高温钛合金展开研究，随后中国科学院金属研究所以及西北有色金属研究院等科研院所也加入到了这一阵营中，成为我国高温钛合金研究的主力。我国研究钛合金的主要方法是在合金中添加稀土元素。早期以仿制制造的合金主要是使用温度在 520℃以下的钛合金，如 TC4、TC17、TC6、TA11、TA7、TC8、TC11、TA19 和 TC25，分别相当于国外的 Ti-6Al-4V、

Ti17、BT3-1、Ti-8-1-1、Ti-5Al-2.5Sn、BT8、BT9、Ti6242S 和 BT25。从 20 世纪 80 年代后期，开始走自主研制的发展道路，到 90 年代末，成功制备出了 Ti53311S、Ti633G、Ti55（TA12）三种牌号，这三种合金的使用温度均为 550℃。其中，Ti633G（Ti-5Al-3Sn-3Zr-1Nb-1Mo-0.25Si）是我国的西北有色金属研究院依据英国 IMI829 研制出的新型合金，该合金中添加了 0.2% 的稀土元素钆（Gd），提高了合金的蠕变能力，使高温下合金的强度和硬度良好结合。与此同时，在 IMI829 合金的成分基础上增加 Mo 的含量，研制出 Ti-53311S 合金（Ti-5Al-3Sn-3Zr-1Nb-1Mo-0.25Si），该合金的静强度高于 IMI829。Ti-53311S 合金已在国内卫星姿态控制发动机喷注器及神舟飞船上应用。Ti55（TA12）是中科院金属所在电子浓度规律基础上自主设计、宝钛集团和北京航空材料研究院参与研制的一种 Ti-Al-Sn-Zr-Mo-Si-Nd 系近 α 型高温钛合金，已在航空和航天领域均得到应用。Ti55 合金中加入了 1% 的稀土元素钕（Nd），Nd 细化了合金的微观组织，Nd 还能通过内氧化形成 Nd、Sn、O 的稀土相，降低合金中的氧含量，使合金的热稳定性得到提高。20 世纪 80 年代末至 2005 年，国内研究了三种 600℃ 高温钛合金，分别为中科院金属所设计的 Ti60、西北有色金属研究院研制的 Ti600 和北京航空材料研究院研制的 TG6。Ti60 的特点是在 Ti55 的成分基础上适当增加了 Al、Si、Sn 的含量，从而提高了合金的抗氧化性能和高温蠕变性能。Ti600 合金的特点是添加了 0.1% 的 Y 元素，该合金具有优异的综合性能。国内大多数合金是在 Ti-Al-Sn-Zr-Mo-Si 系的基础上合理的添加稀土元素制成的，目前我国正在开展 600℃ 以上使用的高温钛合金研究。

表 6-9 列出了各国典型高温钛合金的种类。

表 6-9 各国典型高温钛合金

国家	主要牌号	最高工作温度/℃	研发时间	名义成分	合金形态	主要应用领域
美国	Ti64（TC4）	350	1954 年	Ti-6Al-4V	α+β	阿波罗飞船、“宇宙神”导弹、“发现者”卫星等
	Ti6246	450	1966 年	Ti-6Al-2Sn-4Zr-6Mo	α+β	大型运输机的涡轮喷气发动机
	Ti6242	480	1967 年	Ti-6Al-2Sn-4Zr-2Mo	近 α	
	Ti-6242S	520	1974 年	Ti-6Al-2Sn-4Zr-2Mo-0.1Si	近 α	航空发动机的风扇圆盘、压气机盘、叶片和机匣等
	Ti1100	600	1988 年	Ti-6Al-2.8Sn-4Zr-0.4Mo-0.5Si	近 α	发动机高压压气机的轮盘以及低压涡轮叶片
英国	IMI550	400	1956 年	Ti-6Al-4Zr-2Sn-0.5Si	近 α	航空发动机的风扇盘、叶片等
	IMI679	450	1961 年	Ti-2Al-11Sn-5Zr-1Mo-0.2Si	近 α	RB211 和 M53 的航空发动机上
	IMI685	500	1969 年	Ti-6Al-5Sn-0.5Mo-0.25Si	近 α	
	IMI829	540	1976 年	Ti-5.5Al-3.5Sn-3Zr-0.3Mo-1.0Nb-0.3Si	近 α	535E4、EJ200 航空发动机
	IMI834	600	1984 年	Ti-5.8Al-4Sn-3.5Zr-0.7Nb-0.5Mo-0.35Si	近 α	Trent700、PW350 等发动机中

续表 6-9

国家	主要牌号	最高工作温度/℃	研发时间	名义成分	合金形态	主要应用领域
俄罗斯	BT3-1	450	1957 年	Ti-6.5Al-2.5Mo-0.3Si-1.5Cr-0.5Fe	α+β	老式发动机
	BT8	500	1958 年	Ti-6.5Al-3.5Mo-0.2Si	α+β	压气机的结构件
	BT9	500~550	1958 年	Ti-6.5Al-2Sn-3.5Mo-0.3Si	α+β	
	BT18	550~600	1963 年	Ti-8Al-8Zr-0.6Mo-1Nb-0.22Si-0.15Fe	近 α	—
	BT18Y	550~600	1971 年	Ti-6.5Al-2.5Sn-4Zr-0.7Mo-1Nb-0.25Si-0.7W	近 α	Cy-27Ck 飞机上
	BT36	600	1992 年	Ti-6.2Al-2Sn-3.6Zr-0.7Mo-0.15Si-5W	近 α	制造压气机盘
中国	Ti53311S	550	1986 年	Ti-5.5Al-3.5Sn-3Zr-1Mo-1Nb-0.3Si	近 α	航空发动机叶片
	Ti633G	550	1990 年	Ti-5.5Al-3.5Sn-3Zr-0.3Mo-1Nb-0.3Si-0.2Gd	近 α	航空发动机的盘件、叶片
	Ti55	550	1995 年	Ti-5Al-4Sn-2Zr-1Mo-0.25Si-1Nd	近 α	高压压气机盘、鼓筒、叶片
	Ti60	600	1994 年	Ti-5.8Al-4.8Sn-2Zr-1Mo-0.35Si-0.85Nd	近 α	航空航天发动机高压段中的压气机盘、鼓筒、叶片
	Ti600	600	1995 年	Ti-6Al-2.8Sn-4Zr-0.5Mo-0.4Si-0.1Y	近 α	
法国	Ti17	400	1965 年	Ti-5Al-2Sn-2Zr-4Mo-4Cr	近 β	发动机风扇、压气机盘

B　600℃高温钛合金材料的合金设计原理

高温钛合金的研究一直是致力于提高使用温度（热强性），同时保证部件在使用寿命期间内保持稳定的物理和力学性能（热动力学稳定性）。评价金属材料使用温度的性能指标主要是高温蠕变抗力、持久寿命和疲劳强度，即期望在高温、长时、大应力的作用下，合金产生的残余蠕变变形尽量小，持久寿命尽量长，疲劳强度尽量高。经过 60 多年的发展，钛合金的长时使用温度从以 Ti-6Al-4V 代表的 350℃提高到 600℃，600℃被认为是传统钛合金的“热障”温度。要提高这个“热障”温度，合金的设计是关键。

合金设计的概念包括合金成分设计、加工工艺设计、组织设计与控制等，具体考虑材料的组织与结构、材料性能、材料的应用与工程化、制备工艺设计之间的有机结合，研制出符合设计要求的新合金。目前，600℃高温钛合金主要用于制造 600℃以下航空发动机的高温高压压气机轮盘、飞行器机身构件、机匣、整体叶盘、叶片以及蒙皮等。根据不同材料设计，应针对性考虑设计的思路。例如，对于承受大应力的发动机转动件而言，重点研究与设计的是使用温度、使用寿命与受力条件等，确保合金的最优高温蠕变性能，而其他性能可以是必要的下限，如足够的力学性能（抗拉、疲劳、持久强度）和可接受的塑性等。基于上述案例可知，600℃高温钛合金从热处理工艺、常规合金化工艺等角度来提高热强度的可能性很小，应重点研究合金成分的精细控制、组织均匀控制、残余应力控制、热加工工艺优化等。

600℃高温钛合金是一个复杂的体系，通常含有5~7个合金化元素和不可避免的杂质元素。在材料设计过程中，采用理论和实践（包括实验和生产）相结合的方式研究合金成分、组织与结构、力学性能等相互之间的关系，找出合金设计与发展规律，提高材料性能，提出最佳工艺条件与参数，设计并制备出符合要求的新合金。合金化手段是提高钛合金各类性能的最主要的方法之一，同时考虑结构、选材和制造工艺技术、有机结合材料、设计、应用等三者的关系，实践工艺创新与成分创新。

对于600℃高温钛合金热强性的优化，一般采用多元复杂合金化的方式来实现。目前，国内外600℃高温钛合金成分大多是Ti-Al-Sn-Zr-Mo-Si系近α型钛合金。它具有良好的抗氧化性能、焊接性，高的比强度和高的热强性等优点，但存在着低拉伸塑性和稳定性、中等抗拉强度、低工艺塑性、可燃性等问题。近α型钛合金是以α相的固溶强化作用为主，适当利用α_2（Ti_3Al）和硅化物等弥散析出物来强化合金组织，并通过β稳定元素的合金化来调整β转变温度（T_β），从而提高抗氧化能力和热强性。比起钛合金HCP结构的α相，BCC结构的β相晶体密致度较小，原子运动活性更大，因此原子在β相更易扩散。α_2和硅化物的析出在一定程度上强化组织，但过量析出将恶化塑性，弱化应力腐蚀性能。高温钛合金的热强性与β转变温度（T_β）密切相关，而不决定于合金的熔点，因此提高T_β有助于改善合金的热强性。但通过合金化提高T_β的范围较小，此时可以通过改变微合金化，控制杂质含量，改变组织形貌等方法来提高热强性。

根据当量设计准则及扩散理论，可以确定合金中α和β稳定元素的相对比例或权重。通过自20世纪90年代起研制的600℃高温钛合金成分的研究，得出以下经验性Mo当量（$[Mo]_{eq}$）和Al当量（$[Al]_{eq}$）：

$$[Mo]_{eq} = \frac{\%Mo}{1} + \frac{\%Ta}{4} + \frac{\%Nb}{3.3} + \frac{\%W}{2} + \frac{\%V}{1.4} + \frac{\%Cr}{0.6} + \frac{\%Ni}{0.8} + \frac{\%Mn}{0.6} + \frac{\%Fe}{0.5} + \frac{\%Co}{0.9}$$

$$[Al]_{eq} = \%Al + \frac{1}{3}\%Sn + \frac{1}{6}\%Zr + 10\%O$$

利用Mo当量和Al当量对高温合金中α和β相的形成可以进行初步设计。表6-10列出了从20世纪50年代起各国所研制的部分代表性高温钛合金的Mo和Al当量值。表中$[Al]_{eq}$的计算中，假设氧的含量为0.1%。从表中可以看到，600℃高温钛合金的$[Al]_{eq}$范围在8.47%~9.0%之间，而$[Mo]_{eq}$在0.4%~1%，所有合金的$[Al]_{eq}$值都比$[Mo]_{eq}$值高，说明这些合金主要是以高Al含量的方式设计。不考虑俄罗斯制造的BT系列（α+β）合金，比起TC4为主的初期高温钛合金如TC4、TC6、BT3-1、BT8、BT36等，600℃高温钛合金的Mo当量值都低，说明这些合金充分发挥了α-Ti的固溶强化作用。

表6-10 各国典型的高温钛合金

序号	合金	最高使用温度/℃	名义成分/%	$[Mo]_{eq}$	$[Al]_{eq}$
1	TC4、BT6、IMI318	400	Ti-6Al-4V	2.9	7.0
2	TA11、Ti-811	425	Ti-8Al-1Mo-1V	1.7	9.0

续表 6-10

序号	合金	最高使用温度/℃	名义成分/%	$[Mo]_{eq}$	$[Al]_{eq}$
3	TC6、BT3-1	450	Ti-6Al-2.5Mo-1.5Cr-0.5Fe-0.3Si	6.0	7.0
4	TC19、Ti-6246	450	Ti-6Al-2Sn-4Zr-6Mo	6.0	8.3
5	TA14、IMI679	450	Ti-11Sn-5Zr-2.25Al-1Mo-0.25Si	1.0	7.8
6	TC8、BT8	500	Ti-6.5Al-3.3Mo-0.3Si	3.3	7.5
7	TC11、BT9	500	Ti-6.5Al-1.5Zr-3.5Mo-0.25Si	3.5	7.3
8	TA7、BT5-1、IMI317	500	Ti-5Al-2.5Sn	0	6.8
9	IMI685	520	Ti-6Al-5Zr-0.5Mo-0.25Si	0.5	7.8
10	TA19、Ti-6242S	520	Ti-6Al-2Sn-4Zr-2Mo-0.08Si	2.0	8.3
11	TA12	550	Ti-5.3Al-4Sn-2Zr-1Mo-0.25Si-1Nd	1	8.0
12	IMI829	550	Ti-5Al-3.5Sn-3Zr-1Nb-0.3Si	0.6	7.7
13	TC25、BT25	550	Ti-6.7Al-1.5Sn-4Zr-2Mo-1W-0.15Si	2.3	8.8
14	BT25y	550	Ti-6.5Al-1.8Sn-4Zr-4Mo-1W-0.2Si	4.5	8.8
15	Ti60	600	Ti-5.8Al-4.8Sn-2Zr-1Mo-0.35Si-0.85Nd	1.0	8.73
16	Ti60X	600	Ti-5.6Al-4.8Sn-2Zr-1Mo-0.35Si-0.6Nd	1.0	8.47
17	Ti600	600	Ti-6Al-2.8Sn-4Zr-0.5Mo-0.4Si-0.1Y	1.0	8.6
18	TG6	600	Ti-5.8Al-4.0Sn-4.0Zr-0.4Si-0.7Nb-1.5Ta-0.06C	0.6	8.8
19	TA29	600	Ti-5.8Al-4.0Sn-4Zr-0.7Nb-1.5Ta-0.4Si-0.06C	0.6	8.8
20	Ti-1100	600	Ti-6Al-2.75Sn-4Zr-0.4Mo-0.45Si	0.4	8.58
21	IMI834	600	Ti-5.8Al-2.75Sn-4Zr-0.4Mo-0.45Si	0.7	8.72
22	BT18y	600	Ti-6.5Al-2.5Sn-4Zr-1Nb-0.7Mo-0.15Si	1.0	9.0
23	BT36	600	Ti-6.2Al-2Sn-3.6Zr-0.7Mo-5W-0.15Si	2.7	8.47

在钛合金 β 稳定元素中，对 β 相的稳定性从强到弱依次为：Fe>Cr>Mn>Ni>Co>Mo>V>W>Nb>Ta。合金化过程选择这些元素时，应考虑合金化含量控制和杂质含量控制，并选择 α-Ti 自扩散速率和合金化元素扩散速率小的元素。Fe、Ni、Co 在 Ti 中具有非常高的扩散速率，是 α-Ti 自扩散系数的 $10^3 \sim 10^5$ 倍，这可能与这些元素在 Ti 中以间隙扩散机制或离解扩散机制为主有关，这对于以位错交滑移和攀移机制为主的蠕变变形来说是非常不利的。Cr、Mn 在 Ti 中也属于快扩散元素，在 α-Ti 中扩散也快，比 Fe、Ni、Co 的扩散速率慢约 2 个数量级，但比 α-Ti 自扩散速率高 $10^2 \sim 10^3$ 倍。此外，Cr 和 Mn 在高温时效时，析出 TiMn、$TiCr_2$ 等夹杂物，大大降低合金塑性。Mo、V 是最为常用的 β 稳定元素，其中 V 会降低 Ti 的高温抗蠕变性能和高温抗氧化能力，故大部分 600℃ 高温合金不添加 V 元素。综合考虑元素在合金中的固溶强化能力、扩散能力、对合金的抗氧化能力等因素，最终可以选择 Mo、W、Nb 和 Ta 等四个 β 稳定元素。这四种元素从室温到熔点之前都是 BCC 结构。由 Mo-Ti 相图可知，在低于 600℃ 时 Mo 在 α-Ti 中的溶解度小于 0.8%。这与 600℃ 近 α 型高温钛合金中的 Mo 含量相差不多。但有报道指出 Mo 的添加能显著降低 T_β，并且恶化焊接性，因此 Mo 的添加对于改善合金热强性和焊接性有一定的限制。W 在 Ti

中以共析型 β 稳定元素存在。根据相图可知，W 在 α-Ti 中的溶解度极小，而且在 740℃时发生偏析反应，影响合金稳定性。对于 600℃近 α 型高温钛合金，通常不添加 W 元素。Nb 和 Ta 是较弱的 β 稳定元素，在 α-Ti 中的固溶度较大，能起到很好的固溶强化作用，而且固溶体的塑性也较高。添加 Nb 和 Ta 可以改善 Ti 的高温抗氧化性能。此外，它们在 α-Ti 中具有较低的扩散系数，可以用于提高合金的高温抗蠕变性能。这两种元素虽然没在 600℃高温钛合金中使用，但一直是近几年研究的热点。

为保证 600℃高温钛合金良好的塑性，必须控制高温环境下析出的硅化物如 $(Ti, Zr)_5Si_3$ 和 α_2 相。为此，应将 Al 成分控制在 6% 左右，中性元素 Si 成分控制在 0.3% ~0.5%，Sn 和 Zr 成分控制在 3% ~5% 和 2% ~4%。Si 在高温合金中是必不可少的元素，几乎所有合金都含有 Si 元素。当 Si 完全固溶于 α 基体，因溶质 Si 与溶剂 Ti 原子的尺寸差异引起溶质原子与位错之间的弹性交互作用，容易形成 Cottrell 气团，使体系更加稳定；当 Si 超出固溶极限，则形成 S_1 或 S_2 型硅化物，强烈钉扎位错运动，阻滞位错的滑移和攀移，从而显著改善高温蠕变性能。添加 Zr 可降低硅化物形核的激活能，在时效和热暴露过程中，有利于促进硅化物的均匀细小弥散析出，从而提高强度和高温蠕变性能。

O 和 N 在 600℃高温钛合金中是以微量杂质元素存在，此外 Ti 中经常伴随着微量 Fe 元素。为提高高温蠕变性能、塑性、热稳定性等性能，这些杂质元素的含量应控制在一定范围内，通常 Fe 的含量应控制在 0.05% 以下，O 含量控制在 0.1% 以下，N 含量控制在 0.01% 以下。

加入微量 C 可以降低初生 α 相体积分数随温度的变化速率，从而有效扩大近 α 型钛合金 α+β 区上部的工艺窗口。此类的钛合金包括国内的 TG6 和新一代 TA29 高温钛合金，均加入了 0.06% C。再例如 IMI834 中加入 0.06% C 并进行固溶处理，可以很好地控制初生 α 相的体积分数，优化合金的综合性能。

C 新型高温钛合金的发展与展望

最近几年来，我国研制使用和正在研发的 600℃高温钛合金种类虽较多，但是只能在 600℃以下的条件下使用，耐高温性不佳。当钛合金的使用温度超过 600℃时，合金的高温氧化性能和蠕变性能就会急剧下降，如何解决这一难题，成为高温钛合金发展必须突破的瓶颈。例如在航天飞行器领域，由于飞行器飞速的大幅度增加和航程的增加，在壳体及其部分构件上产生的摩擦力热量可达 700℃甚至更高，对材料要求 700℃以上的短时（1h）工作温度和强度。因此，研制出 600℃以上高温钛合金迫在眉睫。

目前能用于 600℃以上工作环境的高温材料主要包括高温钛合金、连续 SiC 纤维增强钛基复合材料、Ti-Al 基金属间化合物合金。其中连续 SiC 纤维增强钛基复合材料是以钛合金或 TiAl 合金作为基体，由连续钨芯或碳芯作为增强体的复合材料，该材料具有抗高温蠕变、高比强度、低密度、疲劳性能优异等性能特点，主要用于 600 ~800℃。Ti-Al 基金属间化合物主要指 α_2-Ti_3Al 和 γ-TiAl 等，这些化合物具有熔点高、比强度高、抗蠕变性能强等优异特点，应用于 700 ~850℃，是当今研究最广泛的合金之一，详细内容请参见 6.5 节。现国内外对 600℃以上高温钛合金的研究报道不多，近期国外利用快速凝固或粉末冶金技术，着重研究纤维或颗粒物增强复合材料的研究，使用温度可达 650 ~760℃，国内已研制出的合金牌号有 Ti65、Ti650、Ti62421S、Ti6431S、Ti750 等，它们的名义成分列于表 6-11。

Ti65 是 2007 年后，中科院金属所、北京航空材料研究院和宝钛集团联合开展研制的长时 650℃、短时 750℃的钛合金，该合金在 Ti-Al-Sn-Zr-Mo-Si 系高温钛合金成分基础上微量添加 Nb 和 C。相比 Ti60，Ti65 合金中添加了 Ta 和 W 有改善合金的抗蠕变性能和持久性能，0.05% C 的加入则扩大了两相区加工工艺窗口。Ti650 是中科院金属所在 BT25y（俄罗斯）钛合金基础上，调整 β 元素的含量研发出的短时应用在 650℃的钛合金，该合金在 650℃下的屈服强度可达 510MPa。T62421S 是宝钛集团在 Ti6242S 高温钛合金基础上改进的短时应用钛合金，该合金在传统合金成分基础上添加 2% Nb，该合金的加工成型和焊接性良好，短时使用温度可达 650℃。另外，宝钛集团利用多元复合强化和合金化方法研制出短时应用在 700℃的双相组织 Ti6431S 高温钛合金。2009 年，航天三院通过控制 α_2 相的析出和分布研制出近 α 高温钛合金 Ti750，该合金具有塑性好、高温强度高等特点。

表 6-11 国内 600℃以上高温钛合金牌号及成分

序号	牌号	合金成分/%	使用温度/℃
1	Ti65	Ti-5.9Al-4Sn-3.5Zr-0.3Mo-0.3Nb-2.0Ta-0.4Si-1.0W-0.05C	650（长时）~750（短时）
2	Ti650	Ti-6.5Al-2Sn-4Zr-2.5Mo-1.4W-0.2Si	650（短时）
3	Ti62421S	Ti-6Al-2Sn-4Zr-2Mo-2Nb-0.2Si	600~650（短时）
4	Ti6431S	Ti-6.5Al-3Sn-3Zr-3Mo-3Nb-1W-0.2Si	650~700（短时）
5	Ti750	Ti-6Al-4Sn-9Zr-1.21Nb-1.6W-0.3Si	750（短时）

问题讨论： 1. 生物医用材料的基本性能要求是什么？
2. 生物医用钛合金的特点是什么？
3. 高温钛合金的发展趋势是什么？
4. 设计 600℃以上高温钛合金的方法有哪些？

6.4 钛基金属陶瓷

学习目标	掌握碳化钛、氮化钛、碳氮化钛、硼化钛等钛基金属陶瓷材料的结构与性能、制备工艺、主要用途	
能力要求	1. 掌握碳化钛、氮化钛、碳氮化钛、硼化钛的结构与性能、制备工艺； 2. 能够就某种含钛能源材料的生产问题进行设计或分析； 3. 具有自主学习意识，能开展自主学习、逐渐养成终身学习的能力	
重点难点预测	重点	碳化钛、氮化钛、碳氮化钛、硼化钛等钛基金属陶瓷的制备方法及用途
	难点	碳化钛、氮化钛、碳氮化钛、硼化钛等钛基金属陶瓷的结构与性能
知识清单	碳化钛、氮化钛、碳氮化钛、硼化钛	
先修知识	材料科学基础	

6.4.1 碳化钛

碳化钛是典型的过渡金属碳化物，具有高硬度、高熔点、高杨氏模量、高化学稳定性、耐磨和耐腐蚀等优良特性，同时具有良好的导电和导热性能。因此，碳化钛材料在切削刀具、宇航部件、耐磨涂层和泡沫陶瓷材料等方面有着广泛的用途。

6.4.1.1 晶体结构

碳化钛是过渡金属碳化物，由较小的C原子插入到Ti密堆积点阵的八面体位置而形成面心立方的NaCl型结构，其晶体结构见图6-52，其空间群为Fm3m。它的真实组成常常是非化学计量的，用通式TiC_x表示，此处x是指C与Ti之比，它的范围在0.47～1.0之间。实验结果表明当$x=0.45$时，存在“Ti”和“TiC”两个相。由于组成的不同，碳化钛的熔点在1918～3210K范围内，最高熔点对应的组成为$x \approx 1.0$。

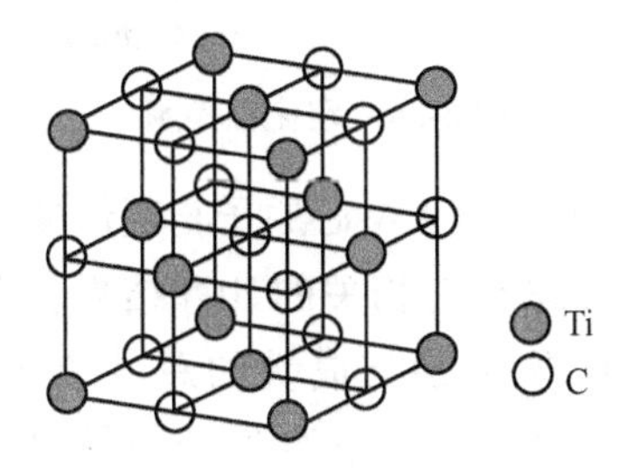

图6-52 TiC晶体结构

根据化学计量的不同，由实验确定的碳化钛的晶胞参数随化学计量的变化如图6-53所示，即晶胞参数a_0随着比值x的增大而增大。

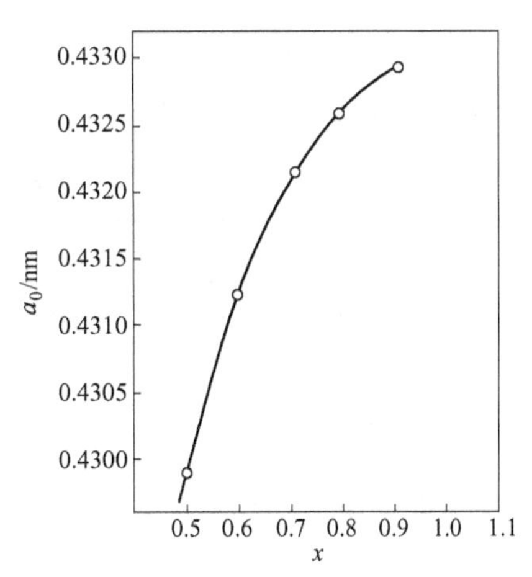

图6-53 TiC_x晶胞参数与化学计量的关系

碳化钛、氮化钛与氧化钛晶体结构均属NaCl型面心立方结构。碳化钛晶胞如图6-54（a）中模型，中间三层共27个原子所组成的立方体。由于采用的自洽场离散变分Xa（SCF-Xa-DV）方法是一种量子化学分子轨道计算方法，它通常采用有限的分子或原子族为计算模型，对于碳化钛晶胞中原子之间的位置关系，可以分为四类：位于中心的一个原子；与中心原子最邻近的6个原子，分别位于立方体的6个面心；与中心原子次邻近的12个原子，分别位于立方体的12个棱心；与中心原子再次邻近的8个原子，分别位于立方体的8个角上。这样，碳化钛晶胞可以表示为［$TiC_6Ti_{12}C_8$］或［$CTi_6C_{12}Ti_8$］，也可以简写成［$Ti_{13}C_{14}$］或［$C_{13}Ti_{14}$］。

原子电负性的次序是C<N<O，所以离子键的强度应是Ti-C<Ti-N<Ti-O。但是，三种材料的性能，如硬度和强度的次序是$TiC>TiN>TiO_2$，与离子键的强度次序相反。显然，三种材料性能上的差异主要不是由它们之间离子键上的差异所导致的。事实上，它们应该属于共价键晶体。因而，共价键的讨论更为重要，用SCF-Xa-DV方法计算［$Ti_{13}C_{14}$］、

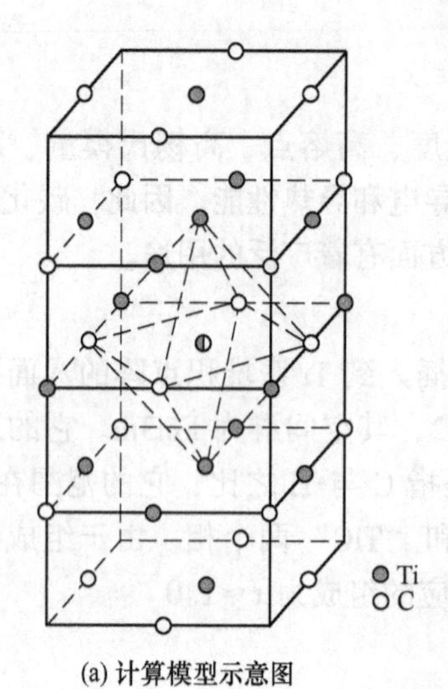

(a) 计算模型示意图

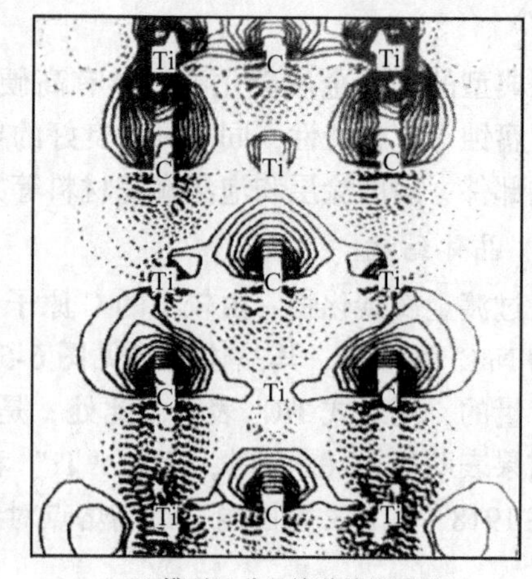

(b) 模型(a)分子轨道等值图形

图 6-54　碳化钛晶胞

[$Ti_{13}N_{14}$] 和 [$Ti_{13}O_{14}$] 三个模型。由于中心原子与其最邻近、次邻近及再次邻近原子的相互作用都已得到考虑，主要考虑与它相关的计算结果，即 [$Ti_{13}C_{14}$]、[$Ti_{13}N_{14}$] 和 [$Ti_{13}O_{14}$] 三个模型中各中心 Ti 原子参与成键的总共价键级计算结果分别是 1.4620、1.1305 和 0.8312。同时，三个模型中各中心 Ti 原子与最邻近原子的成键，即 Ti-C、Ti-N 或 Ti-O 键的共价键级分别为 0.5734、0.4558 和 0.3497。可见共价键强度的次序是 TiC>TiN>TiO_2，与这三类材料硬度与强度依次递减的结论一致。

6.4.1.2　基本特性

碳化钛的基本特性见表 6-12。

表 6-12　碳化钛的基本特性

基本特性	指　标	基本特性	指　标
晶体结构	立方密堆积	电阻率/μΩ · cm	50±10
晶格常数/nm	0.4328	超导转变温度/K	1.15
空间群	Fm3m	磁化率/emu · mol^{-1}	+6.7×10^{-6}
化学组成	$TiC_{0.47\sim0.99}$	硬度（HV）/GPa	28 ~ 35
摩尔质量/g · mol^{-1}	59.91	弹性模量/GPa	410 ~ 510
颜色	银灰色	剪切模量/GPa	186
密度/g · cm^{-3}	4.91	体积模量/GPa	240 ~ 390
熔点/℃	3067	摩擦系数	0.25
比热容 c_p/J · $(mol \cdot K)^{-1}$	33.8	抗氧化性	空气中 800℃ 缓慢氧化
热导率/W · $(m \cdot K)^{-1}$	21	化学稳定性	耐大多数酸腐蚀，但硝酸、氢氟酸和卤素对它有腐蚀，在空气中加热到熔点无分解
线膨胀系数/$℃^{-1}$	7.4×10^{-6}		

这种 NaCl 型结构中存在三种化学键：金属键、离子键和共价键，金属键来自费米能态非零密度和原子球之间区域相对高的电子密度。离子键是由于电荷从 Ti 原子迁移到 C 原子产生静电力的结果。按计算，相对于中性原子的理想晶体，有近 0.36 个电子从 Ti 原子球迁移。共价键的分数，从 C 原子八面体配位场能级的衰退，用分子轨道的线性组成进行计算。一个 Ti 原子的 5 个 3d 轨道分裂成 t_{2g} 对称的三个轨道和 e_g 对称的两个轨道。因此，Ti 的 e_g 轨道的凸起角朝着邻近 C 的 $2p_x$ 轨道延伸并形成 P_{d0} 键，而 Ti 的 t_{2g} 轨道和邻近的 C 的 P_y 轨道重叠而形成 $P_{d\pi}$ 键以及相邻的 Ti 原子的相应 t_{2g} 轨道形成 d_{d0} 键。已证实后面的金属间键随增加的亚化学计量而增加。

TiC 与 TiN 和 TiO 是同一结构，O 与 N 可以作为杂质添加或定量加入来取代碳形成二元或三元固溶体。这些固溶体被认为是 Ti（C、N 和 O）的混合晶体。TiC 也可以与Ⅳ、Ⅴ族的非碳化物形成固溶体。Ti-C 的相图见图 6-55。

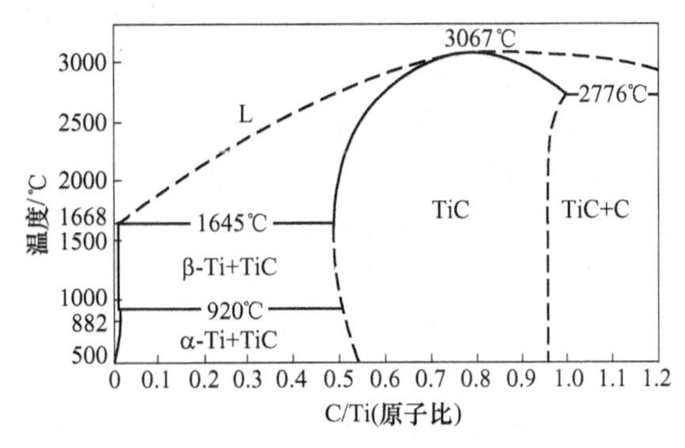

图 6-55 Ti-C 的相图

由图 6-55 可以看出，碳化物的相具有特别宽的范围，在 NaCl 型结构中心立方碳亚晶格中形成 2% ~3% 空位，在 TiC_x 的情况中最大均匀，其摩尔分数范围是 32% ~48.8%，温度为 1870℃。接近 1900℃ 时另一碳化物 Ti_2C（摩尔分数 33%）明显形成。在富 C 角上，$TiC_{0.97}$ 与 C 在 2276℃ 形成一低共熔相，近似于 63% 的 C。以金属来改善 TiC 的烧结性能及材料的硬度、韧性、强度以及抗磨损行为，已经取得许多有益的进展。

6.4.1.3 碳化钛粉体的合成

合成 TiC 粉体有多种方法，每种方法合成的 TiC 粉体其粒度大小、分布、形态、团聚状况、纯度及化学计量各有不相同。

（1）碳热还原法。工业用 TiC 粉体最初用炭黑还原 TiO_2 来制备的，反应温度范围 1700 ~2100℃，反应式为：

$$TiO_2 + 3C = TiC + 2CO$$

因为反应物以分散的颗粒存在，反应进行的程度受到反应物接触面积和炭黑在 TiO_2 中的分布的限制，使产品中含有未反应的碳和 TiO_2。在还原反应过程中，由于晶粒生长和粒子间的化学键合，合成的 TiC 粉体有较宽的粒度分布范围，需要球磨加工。反应时间较长，约为 10 ~20h，反应中由于受扩散梯度的影响使合成的粉体常常纯度不够。

（2）直接碳化法。直接碳化法是利用钛粉和碳粉反应生成 TiC，反应式如：

$$Ti + C = TiC$$

由于很难制备亚微米级金属粉，该方法的应用受到限制，上述反应需 5 ~20h 才能完成，且反应过程较难控制，反应物团聚严重，需进一步的粉磨加工才能制备出细颗粒 TiC 粉体，为得到较纯的产品还需对球磨后的细粉用化学方法提纯。此外，由于金属钛粉的价格昂贵，使得合成 TiC 的成本也高。

（3）化学气相沉积。该合成法是利用 $TiCl_4$、H_2 和 C 之间的反应，反应式如下：

$$TiCl_4 + 2H_2 + C \xlongequal{} TiC + 4HCl$$

反应物与灼热的钨或碳单丝接触而进行反应，TiC 晶体直接生长在单丝上，用这种方法合成的 TiC 粉体，其产量有时甚至质量严格受到限制。此外，由于 $TiCl_4$ 和产物中的 HCl 有强烈的腐蚀性，合成时要特别谨慎。

（4）溶胶-凝胶法。溶胶-凝胶法是采用高活性液相混合、分散原料，再经过水解、缩合等工序得到产物凝胶，最后烧结得到所需产物。Gotoh 等人将纳米 TiO_2 颗粒和甲基纤维素在液相下混合，干燥后得到复合薄膜，随后在 1300℃ 下热处理便可得到含氧量极低的 TiC 粉末，制备温度较传统碳热还原法（1550℃）显著降低。Chandra 等人使用 TiO_2、NaOH、乙二醇和 NH_4NO_3 制备含 Ti 凝胶，并以纯净黄油燃烧后的煤烟作为碳源，在 Ar 气氛下于 1300～1580℃ 保温 2h，得到纳米 TiC 粉末。溶胶-凝胶法制备的 TiC 粉体颗粒小且纯度高，但由于工艺复杂，大批量商业化生产的工艺还有待完善。

（5）高温自蔓延合成法。当加热到适当的温度时，细颗粒的 Ti 粉有很高的反应活性。因此，一旦点燃后产生的燃烧热传给反应物 Ti 和 C，它们之间就会有足够的热量使之生成 TiC。该方法反应极快，通常不到一秒钟。该合成法需要高纯、微细的 Ti 粉做原料，而且产量有限。

（6）反应球磨技术。反应球磨技术是利用金属或合金粉末在球磨过程中与其他单质或化合物之间的化学反应而制备出所需要材料的技术。用反应球磨技术制备纳米材料的主要设备是高能球磨机，其主要用来生产纳米晶体材料。反应球磨机理可分为两类：一是机械诱发自蔓延高温合成（SHS）反应，另一类为无明显放热的反应球磨，其反应过程缓慢。

（7）微波合成。以 TiO_2 和炭黑为原料，利用碳热还原反应原理，用微波合成 TiC 纳米粉体。研究表明：产物的粒度与所用原料的粒度和结构性能有关。因此，选择合适的原料和工艺条件，利用微波技术可以较低的温度条件下（1300℃）合成出团聚少、性能优异的纳米 TiC 粉体。

（8）其他几种方法。一种利用 TiS_2 和 C 来合成 TiC 粉体的方法，其反应方式如下：

$$TiS_2 + 2C \xlongequal{} TiC + CS_2$$

该反应要在高真空并加热至 2000℃ 的条件下才能进行。另一个试验方法是将 Ti 置于甲烷气体中，用多脉冲激光器处理碳化合成 TiC 粉体。这些方法的能耗较大、成本高，而且制备粉体的物理和化学特性也不理想。另一种方法是利用碳化热还原反应的原理，首先裂解丙烯气体，使裂解后的碳均匀地沉积在高纯、纳米级 TiC 颗粒表面，使反应物接触面积增大，阻止 TiO_2 颗粒间的团聚，以合成亚微米级（$<0.1\mu m$）高纯的 TiC 粉体，1550℃ 下保温 4h。

6.4.1.4　碳化钛陶瓷的烧结

烧结的本质是粉末坯块在适当环境或气氛中受热，通过一系列物理、化学变化，使粉末颗粒间的黏结发生质的变化，坯块强度和密度迅速增加，其他物理、力学性能也得到明显改善。烧结是陶瓷生产必需的工序之一，也是最后一道工序，它决定产品的最终性能，因此谨慎地控制烧结过程十分重要。

金属材料的烧结可分为单元系、多元系，固相烧结、液相烧结等多种类型。陶瓷的烧结更为复杂，因为陶瓷材料的成分更为复杂。碳化钛陶瓷常用的烧结方法有热压烧结、真空烧结、热等静压烧结、自蔓延高温烧结、微波烧结、放电等离子烧结、等离子体烧结等。

6.4.1.5 主要应用

碳化钛陶瓷属于超硬工具材料，用 TiC 和 TiN、WC、Al_2O_3 等原料制成复相陶瓷材料，这些材料具有高熔点、高硬度、优良的化学稳定性，是切削刀具、耐磨部件的优选材料，同时他们具有优良的导电性，又是电极的优选材料。

A 碳化钛在复相材料中的应用

刀具材料：TiC 复相陶瓷刀具自 20 世纪 60 年代研制成功以来，已得到了较为广泛的应用。由于基体中弥散了一定比例的硬质颗粒 TiC，这种复相刀具不仅进一步提高了硬度，同时也在一定程度上改善了断裂的韧性，故切削性能比纯刀具提高很多。将 Ti 与 C、N 组成复相陶瓷，可以结合二者的长处，制备出有前途的刀具材料。

宇航部件：在航天领域中，许多设备的零部件如燃气舵、发动机喷管内衬、涡轮转子、叶片以及核反应堆中的结构件等都要在高温下工作，因此必须具有很好的高温强度。TiC 和 ZrC 颗粒在高温下对塑性基体的增强作用显著，TiC/W 和 ZrC/W 复合材料的强度随温度上升而逐渐提高，能够很好地满足宇航部件的性能需要。

堆焊焊条：TiC 可以用于堆焊焊条，从国内外应用的堆焊焊条来看，堆焊层硬度 HRC >50 的都是以 Cr_xC_y、WC 等硬质点强化的，这种系列堆焊焊条虽然有较好的耐磨性，但堆焊层的抗裂性随硬度的提高而急剧下降。焊接时须预热 400 ~ 600℃，直接影响到耐磨堆焊焊条的推广应用。实验研究表明，钛铁的加入量增多，堆焊层中的 TiC 数量增加，其堆焊层的硬度就越高，其耐磨性也随之增高。因为 TiC 硬度高，且弥散分布，可极大提高堆焊层的硬度及耐磨性，这种新型焊条硬度 HRC>60，在低碳钢和低合金钢试板上连续堆焊 50cm 长的焊缝，可堆焊多层，层间水淬不裂，是堆焊焊条类型的新突破。

B 碳化钛用于涂层材料

金刚石涂层：大量研究发现，在金刚石表面通过物理或化学镀覆某些碳化物形成金属或合金，则这些金属或合金在高温下能和金刚石表面的碳原子发生界面反应，生成稳定的金属碳化物，这些碳化物（如 TiC）一方面与金刚石表面存在较好的键合，另一方面能很好地被胎体金属所浸润，能大大增强金刚石与胎体金属之间的黏结力，在刀具上沉积一层碳化钛，可以使刀具的使用寿命提高 3 ~ 5 倍。

聚变堆中的抗氚涂层：聚变环境中涂层材料的防氚渗透问题是聚变堆材料研究的重要课题之一，特别是涂层材料的抗氚渗透层在很大的温度梯度和热循环条件下和在等离子体辐照条件下的稳定性。研究表明，TiC 涂层材料和 TiN+TiC 复合涂层材料，经化学热处理后在 TiC 表面层生成的抗氚渗透层，能抗 H 离子辐照和抗很大的温度梯度和热循环。这些涂层材料的抗氚渗透层长时间使用性能稳定。

电接触材料涂层：TiC 在新型复合电接触材料中有着广泛的应用前景。据统计，目前世界上每年用于触头材料的银占全部银用量的四分之一，能否使银基复合材料的性能进一步提高且使其含银量下降，是材料工作者共同关注的问题。

掘进机截齿涂层：在提高掘进机截割头截齿寿命方面，TiC 也发挥重要作用，截齿是掘进中直接与岩石接触的零件，其寿命大小直接影响到掘进效率。S100、EBJ160 等掘进机的截齿存在硬度低、耐磨性能差、摩擦系数大、耐腐蚀性差、热传导性差等缺点，应用真空测射镀碳化钛膜技术可以解决上述难题，镀 TiC 膜后，可使截齿硬度接近金刚石，寿命提高 3～5 倍。

C 在制备泡沫陶瓷方面的应用

泡沫陶瓷作为过滤器对各种流体中的夹杂物均能有效去除，其过滤机理是搅动和吸附。过滤器要求材料的化学稳定性，特别是在冶金行业中用的过滤器要求高熔点，故此类材料以氧化物居多，而且为适应金属熔体的过滤，主要追求抗热震性能的提高。碳化钛泡沫陶瓷比氧化物泡沫陶瓷有更高的强度、硬度、导热、导电性以及耐热和耐腐蚀性。

D 在红外辐射陶瓷材料方面的应用

碳化钛是一种金属间化合物，通常情况下表现出较好的化学稳定性，不会出现价态上的变化。在高温还原条件下制备的样品，部分钛离子有变价现象出现，变价的钛离子固溶入堇青石结构中占据 Mg^{2+} 的结构位置，这种结构上的变化，使材料的辐射性能与单相比在 3μm 附近的发射率有明显的改善，有利于在高温领域中的应用。

问题讨论： 碳化钛粉体的粒度对碳化钛金属陶瓷的性能有何影响？

6.4.2 氮化钛

TiN 具有化学惰性好、耐高温、硬度高等一系列优点，添加 TiN 有利于提高合金抗磨损性能，延长工具寿命。而且随着氟含量的增加，金属陶瓷热导率升高，从而提高其抗热震性。TiN 对大部分工件有较低的摩擦系数，使被加工工件表面光洁度高，精度控制方便，使刀具热稳定性提高，具有很高的性价比。

6.4.2.1 结构与性质

氮化钛（TiN）具有典型的 NaCl 型结构，属面心立方点阵，晶格常数 $a=0.4241\text{nm}$，其中钛原子位于面心立方的角顶。TiN 是非化学计量化合物，其稳定的组成范围为 $TiN_{0.37}$～$TiN_{1.16}$，氮的含量可以在一定的范围内变化而不引起 TiN 结构的变化。

TiN 粉末一般呈黄褐色，超细 TiN 粉末呈黑色，而 TiN 晶体呈金黄色。TiN 抗热冲击性好，熔点比大多数过渡金属氮化物的熔点高，而密度却比大多数金属氮化物低，因此是一种很有特色的耐热材料。TiN 的晶体结构与 TiC 的晶体结构相似，只是将其中的 C 原子置换成 N 原子。TiN 的基本物理性质见表 6-13。

表 6-13 TiN 的物理性质

名称	密度 /g·cm^{-3}	熔点 /℃	硬度 (HV)	弹性模量 /kN·mm^{-2}	线膨胀系数 /K^{-1}	比电阻 /μΩ·cm^{-1}
TiN	5.40	2950	2100	590	9.4×10^{-4}	25

问题讨论：氮化钛与碳化钛在结构和物理性质上有何异同点？

6.4.2.2 合成方法

（1）金属钛粉或 TiH_2 直接氮化法。用钛粉在氮气或氢气气氛下，于 1273～1673K 下氮化 1～4h，产物粉碎后重复操作几次，可以得到化学计量的氮化钛粉，其方程式为：

$$2Ti + N_2 \xlongequal{} 2TiN$$

也可以用金属氢化物 TiH_2 进行氮化，可在 1273K 以下反应，其方程式为：

$$2TiH_2 + N_2 \xlongequal{} 2TiN + 2H_2$$

这种方法的优点是操作简便，可以得到高质量的氮化钛粉末，但缺点是原料价格太高，不能批量生产，而且这种工艺容易产生粉末烧结现象，以致造成损失。

（2）TiO_2 碳热还原氮化法。TiO_2 的碳热还原氮化法是以 TiO_2 为原料，以碳质石墨为还原剂，与 N_2 反应生成 TiN，合成温度为 1380～1800℃，反应时间为 15h 左右。在此反应环境下碳不仅与氧发生反应，还可与钛反应生成 TiC，因为碳化钛、氮化钛和氧化钛的晶格都非常接近，三者容易生成一种固溶体。

这种方法所得的 TiN 一般纯度不高，O、C 含量偏高。为了得到 O、C 含量偏低的 TiN，需要更高的反应温度和更长的反应时间。

（3）微波碳热还原法。国内刘冰海等人采用这种方法制备了氮化钛粉体。具体操作如下：以氧化钛为原料，在 N_2 气氛下微波加热至温度达到 1200℃，在此温度下保持还原反应 1h，便得到氮化钛粉体。

这种方法制得的氮化钛粉体与常规方法相比纯度较高，并具有合成温度低（比原来降低 100～200℃）周期短（是常规法的 1/15）等优点。

（4）化学气相沉积法。化学气相沉积法以气态的 $TiCl_4$ 为原料，H_2 为还原剂与 N_2 作用生成 TiN，合成温度为 1100～1500℃。金属、陶瓷表面的涂层多用此工艺，以增强陶瓷和金属的硬度、耐磨性。

这种合成的 TiN 纯度高，但生产效率低、成本高，该工艺是金属、陶瓷等物品表面涂覆 TiN 薄膜，使其美观的常用方法。

（5）自蔓延高温合成法。自蔓延高温合成法又叫燃烧合成法。这种方法是将钛粉（坯状）直接在氮气（限制一定压力）中点燃，钛粉在氮气中燃烧后得到 TiN 产品。这种工艺在俄罗斯、美国、日本已经得到广泛的研究并商品化。

（6）机械合金化法。机械合金化法是将钛粉置于氨气或氮气的体系中，利用高能球磨机使它们在碾磨球的强烈碰撞和搅动下相互作用得到纳米氮化钛，这是一种全新的合成方法。国内有研究人员用 $TiH_{1.924}$ 粉代替 Ti 粉与氮气反应，采用这种高能球磨工艺，在流动的氨气中高能球磨 100h 后，几乎所有的 $TiH_{1.924}$ 全部转化为 TiN，转化率得到了很大的提高。

（7）熔盐合成法。熔盐合成法在氮化钛制备中还没有相关的报道，但对这种方法进行氮化钛制备的研究却是一种很好的研究方向。这种方法是用低熔点的熔盐作为反应介质，反应物能够溶解在熔盐中，整个反应是在原子级环境下完成的。反应完成后，用合适的溶剂将盐类溶解、过滤即可得到产物。

这种方法得到的产物纯度较高，操作简单、反应时间短，对反应温度也没有苛刻的要求，产品的形貌和颗粒尺寸容易控制，无团聚现象。

（8）溶胶-凝胶法。溶胶-凝胶法是将反应物在液相条件下混合均匀，然后进行水解、缩合过程，反应物便在溶液中形成透明的溶胶。此溶胶经过陈化和缓慢聚合过程便形成凝胶，凝胶再经过干燥、固化就得到我们所需的材料。这种方法在操作过程中所应用的一些有机溶剂有毒副作用，对人体有一定伤害。

6.4.2.3 应用领域

氮化钛具有熔点高、化学稳定性好、硬度大，导电、导热和光性能好等良好的理化性质，使其在各个领域都有着非常重要的用途，尤其是在新型金属陶瓷领域和代金装饰领域方面，氮化钛的应用前景非常广阔。其主要应用于以下几个方面：生物兼容性高，可以应用于临床医学和口腔医学方面；摩擦系数较低，可作为高温润滑剂；具有金属光泽，可作为仿真的金色装饰材料和金色涂料；可以作为替代 WC 的潜在材料；有超强的硬度和耐磨性，可用于开发新型刀具；是一种新型的多功能陶瓷材料，可作为电子元件应用于半导体工业中；在镁碳砖中添加一定量的 TiN，能够使镁碳砖的抗渣侵蚀性得到很大程度的提高；是一种优良的结构材料，可用于喷汽推进器、火箭、轴承和密封环等；优良的导电性能，可做成各种电极以及点触头等材料；超导临界温度较高，可作为优良的超导材料；熔点高、密度低，是一种独特的耐火材料；是一种优良的镀膜材料，能有效提高玻璃的保温性能和美观效果。

问题讨论：设计一种氮化钛金属陶瓷的制备工艺路线。

6.4.3 碳氮化钛

Ti(C,N) 基金属陶瓷是一种新型的硬质合金类材料，其组成成分一般以 Ti(C,N) 为硬质相，以 Ni、Co 等为黏结相，以 Mo_2C、WC、NbC、TaC、Cr_3C_2、VC 等二次碳化物为添加剂。

6.4.3.1 发展历程

Ti(C,N) 基金属陶瓷是在 TiC 基金属陶瓷基础上发展起来的一种金属陶瓷。它是在20世纪70年代初，由奥地利维也纳工业大学发现 TiN 在 TiC-Ni 系材料中的显著作用后，才出现了 TiC 基金属陶瓷中引入 TiN 的报道。随后不久，美国的 Rudy 博士公布了细晶粒 (Ti,Mo)(C,N)-Ni-Mo 金属陶瓷在钢材切削中表现出优越的耐磨性，促进了金属陶瓷的发展。Ti(C,N) 基金属陶瓷的发展历程见表 6-14。

表 6-14 Ti(C,N) 基金属陶瓷的发展历程

年份	硬质相	黏结相
1931	Ti(C,N)	Ni(Co,Fe)
1970	Ti(C,N)	Ni-Mo
1974	(Ti,Mo)(C,N)	Ni-Mo

续表 6-14

年份	硬质相	黏结相
1980 ~ 1983	(Ti,Mo,W)(C,N)	Ni-Mo-Al
1988	(Ti,Ta,Nb,V,Mo,W)(C,N)	(Ni,Co)-Ti_2AlN
1988	(Ti,Ta,Nb,V,W)(C,N)	Ni-Co
1991	(Ti,Ta,Nb,V,W,Mo,…)(C,N)	Ni-Cr

此后，国内外非常重视 Ti(C,N) 基金属陶瓷材料的研究与开发工作。由于资源等各方面的因素，日本对 TiC/Ti(C,N) 基金属陶瓷的研究特别多，因此在 Ti(C,N) 基金属陶瓷产品开发技术方面处于世界领先地位，而且其含 N 的金属陶瓷作为工具材料比其他国家应用更广泛，产量更大。美国和欧洲近年有关 Ti(C,N) 基金属陶瓷成分、工艺及制备技术方面的专利也不断涌现。我国主要硬质合金生产厂家也非常重视 Ti(C,N) 基金属陶瓷技术的发展，也研制出了一些牌号的 Ti(C,N) 基金属陶瓷刀具。

Ti(C,N) 基金属陶瓷由于加入了各种碳化物添加剂，并以 Co-Ni 为黏结剂，大大改善了金属陶瓷的综合性能（见图 6-56）。加入一定量的高熔点的 TaC、NbC 可改善合金的抗塑性变形能力，VC 可提高合金的抗剪强度，改善合金的力学性能。Mo_2C 可提高 Co-Ni 黏结剂的强度，并在碳化物、氮化物和黏结剂间起连接作用。Ti(C,N) 基金属陶瓷的物理性能和机械性能可以在一定范围内调整。

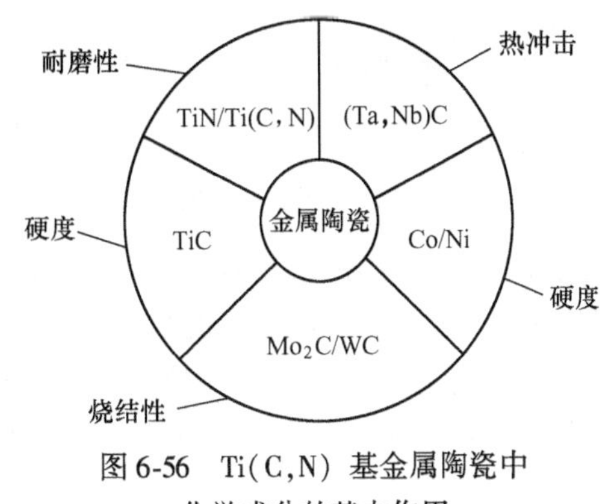

图 6-56 Ti(C,N) 基金属陶瓷中化学成分的基本作用

问题讨论： 添加剂对 Ti(C,N) 基金属陶瓷的作用。

6.4.3.2 碳氮化钛的组织结构与性能

A 结构

碳氮化钛为具有光泽性的黑色粉末，是一种“零维”的三元固溶体。TiC 和 TiN 是构成 Ti(C,N) 的基础，它们均具有面心立方点阵的 NaCl 型结构，很多研究者原来认为 Ti(C,N) 也是 FCC 结构，但研究表明其具有以下 4 种结构：

Model Ⅰ：根据 Pearson 的金属间化合物物相结构手册可知，Ti(C,N) 是个完全杂乱的结构，如图 6-57（a）所示，3 种原子随意地占据 Wyckoff 位置，即 4a(0，0，0) 和 4b (1/2，1/2，1/2)。

Model Ⅱ：TiN 和 TiC 是完全互溶的，即 C 和 N 原子彼此替代，面心立方晶格的拐角分别由碳原子和氮原子形成，而在立方晶格（1/2，0，0）点的位置上则是钛原子，如图

6-57（b）所示，Ti 原子有序而 C 和 N 原子无序。

Model Ⅲ：当 Ti(C,N) 不满足化学比时（即 TiC_xN_y，$x+y<1$），在 Ti(C,N) 中存在 C 或 N 的空位。

Model Ⅳ：其晶体结构见图 6-57（c）。与前 3 种结构相比，可以通过控制 C 和 N 的空位浓度来调整 Ti(C,N) 的结构有序度，即 Ti 原子分别占据（0，0，0）、（1/2，1/2，1/2）、（0，1/2，1/2）、（1/2，0，1/2），N 原子占据（0，0，1/2）、（1/2，1/2，1/2），而 C 原子占据（0，1/2，0）、（1/2，0，0），这是一种对称的空间点阵结构（P_4/M），而 Model Ⅰ ~ Ⅲ都是混乱结构。

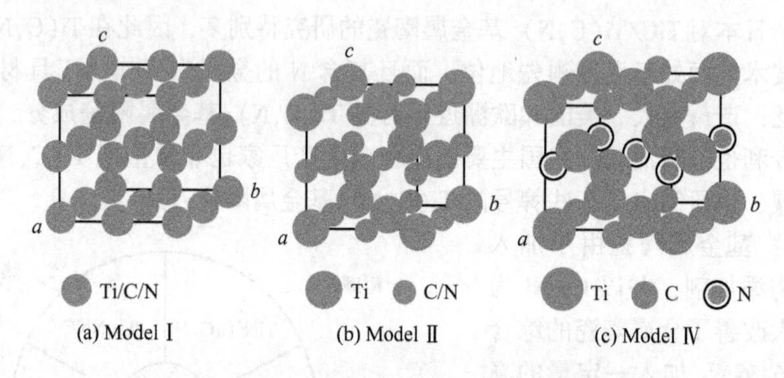

图 6-57　Ti(C,N) 基晶体的晶格结构示意图

George E 等人详细研究了 Ti(C,N) 结构发现，Model Ⅰ结构很难存在于陶瓷相中，Model Ⅱ和 Model Ⅳ是 Ti(C,N) 的主要结构，存在 C 和 N 空位时为 FCC 结构，而满足化学配比的为四方结构。Ti(C,N) 固溶体的点阵常数基本符合维伽定律，当碳和氮亚点阵中 90% 以上的阵点被占据时，$Ti(C_{1-x}N_x)$ 固溶体点阵常数 a_0 与氮量 x 间存在以下关系：

$$a_0 = 4.305 - 0.070x$$

即氮的固溶量增加时，Ti(C,N) 固溶体点阵常数减小。此外 Ti(C,N) 固溶体粉末的颜色也随其含氮量而变化。$TiC_{0.5}N_{0.5}$ 是淡紫色的，$TiC_{0.4}N_{0.6}$ 是黄铜色的，$TiC_{0.2}N_{0.8}$ 是橙红色，因此根据 Ti(C,N) 固溶体粉末的颜色，可以大致估计其化学成分。

问题讨论： Ti(C,N) 与 TiC、TiN 的晶体结构。

B　微观组织

Ti(C,N) 基金属陶瓷的微观组织可描述为金属黏结相和陶瓷硬质相两种连续骨架的瓦状重叠结构。黏结相骨架为镍钼合金，硬质相为 Ti(C,N) 芯及外围包覆的一层 (Ti,Mo)(C,N) 固溶体 Rim 相（即环形相），见图 6-58。

Ti(C,N) 基金属陶瓷在烧结过程中，会在碳氮化物硬质相颗粒周围形成 Rim 相，使得硬质相颗粒几乎不会通过合并机制长大。如果采用亚微米级的碳化钛、氮化钛原材料，可获得更细的组织结构。Rim 相的厚度与烧结温度及 N 含量等因素有关。烧结温度升高，Rim 相变厚，而 Ti(C,N) 基金属陶瓷中氮含量增加，Rim 相变薄。Rim 相很脆，必须抑制其生长，Rim 相的厚度超过 0.5μm 时，Ti(C,N) 基金属陶瓷的抗弯强度会明显下降。

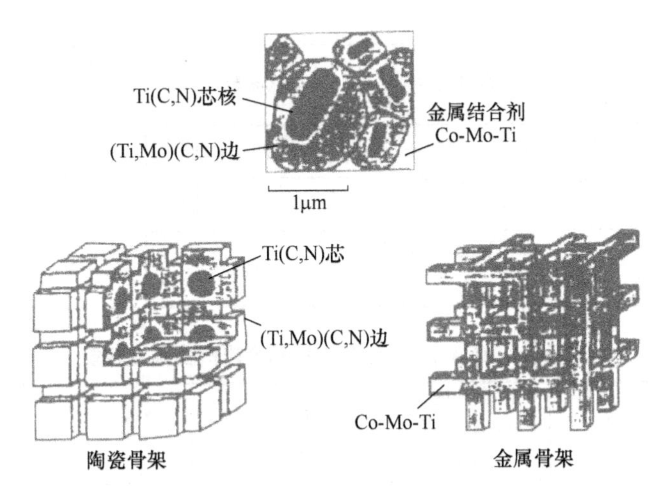

图 6-58 Ti(C,N) 基金属陶瓷的组织结构

用高分辨率电镜对 Ti(C,N) 基金属陶瓷中的相界面进行研究，发现在靠近 Ti(C,N) 芯/Rim 相界面处存在位错网络，使 Rim 相的 TEM 相变得模糊。位错产生的原因是：尽管 Ti(C,N) 硬质相与 Rim 相的晶格类型相同，但晶格参数相差很小，Ti(C,N) 硬质相与 Rim 相 Ti(C,N) 硬质相与 Rim 相之间存在位相差和原子错配，使得在靠近 Ti(C,N) 芯/Rim 相界面处存在位错网络。

C 主要性能

Ti(C,N) 基金属陶瓷的突出性能如下：硬度高，HRA 一般可达 91～93.5，有些可达 94～95，达到非金属陶瓷刀具硬度水平；有很高的耐磨性和理想的抗月牙洼磨损能力，在高速切削钢料时磨损率极低，其耐磨性可比 WC 基硬质合金高 3～4 倍；有较高的抗氧化能力，一般硬质合金月牙洼磨损开始产生温度为 850～900℃，而 Ti(C,N) 基金属陶瓷为 1100～1200℃，高出 200～300℃；有较高的耐热性、高温硬度、高温强度、高温耐磨性，在 1100～1300℃高温下尚能进行切削；化学稳定性好，不易产生积屑瘤，表面粗糙度值较低。

Ti(C,N) 基金属陶瓷刀具有很多优点：重量轻、机械性能好，同时具有很高的韧性和热导率。因为热导率高，其温度梯度也就低，热应力就小，因此金属陶瓷很适合用作高速切削刀具材料，能够很好地控制工件的几何精度和公差、光洁度高、进刀速度高等。

由于 Ti(C,N) 硬质相有更小的粒度，因而高温抗蠕变能力更强。表 6-15 为 Ti(C,N) 与 TiC、TiN、WC 性能比较。表 6-16 为 Ti(C,N) 基金属陶瓷与 TiC 基金属陶瓷的高温性能比较。

表 6-15 Ti(C,N) 基金属陶瓷与 TiC、TiN、WC 性能比较

种类	熔点 /K	密度 /g·cm^{-3}	硬度（HV）	线膨胀系数/K^{-1}	导热率 /W·(m·K)$^{-1}$	弹性模量 /GPa	氧化开始温度/K
TiC	3430	4.9	3200	7.4×10^{-6}	20	316	1373
TiN	3220	5.4	2450	9.3×10^{-6}	29	251	1473

续表 6-15

种类	熔点 /K	密度 /g·cm^{-3}	硬度（HV）	线膨胀系数/K^{-1}	导热率 /W·(m·K)$^{-1}$	弹性模量 /GPa	氧化开始温度/K
WC	2870	15.6	2080	5.2×10^{-6}（a 轴） 7.3×10^{-6}（c 轴）	29	713	773
Ti(C,N)	—	6~8	1400~1800（HV30）	9.0×10^{-6}	10	450	—

表 6-16　Ti(C,N) 基与 TiC 基金属陶瓷高温性能

种类	化学成分 /%	显微硬度（1000℃） /MPa	强度（TRS）（900℃） /MPa	增重（1000℃） /mg·(cm^2·h)$^{-1}$	热导率（1000℃） /W·(m·K)$^{-1}$
TiC	TiC-16.5Ni-9Mo	4903	1050	11.8	24.7
Ti(C,N)	TiC-20TiN-15WC-10TaC-55Ni-11Co-9Mo	5984	1360	1.6	42.3

从表 6-16 可以看出，与 TiC 基金属陶瓷相比，Ti(C,N) 基金属陶瓷有更好的红硬性、更高的横向断裂强度（TRS）、更好的抗氧化性能和更高的热导率。Ti(C,N) 基金属陶瓷的硬质相具有更小的粒度，因而高温抗蠕变能力更强。就切削性能而言，形成 Ti(C,N) 的较高热焓增加了它形成氧化皮、分层、起鳞和月牙洼的阻力。因此，Ti(C,N) 基金属陶瓷已广泛用于碳钢和不锈钢的高速铣削、精加工和半抛光。即使对于超合金和其他不能用 TiC 基金属陶瓷刀具切削加工的材料，也能够取得优异的表面光洁度和很小的尺寸偏差。

6.4.3.3　氮的引入方式

向 Ti(C,N) 基金属陶瓷中添加 N 元素的方式有两种：一种是在 TC 基合金中添加 TiN，经过高温热处理得到 Ti(C,N) 基金属陶瓷；另一种是首先合成 Ti(C,N) 粉体，然后进行 Ti(C,N) 基金属陶瓷材料的制备。相对于第一种方式，第二种方式更有优势：以 Ti(C,N) 加入，可以得到更均匀的组织，有利于实现材料致密化，更有利于提高材料的力学性能。而以 TiN 的形式加入，则合金晶粒度不均匀，与加入 Ti(C,N) 相比，加入 TiN 的合金微气孔较多，特别是增加 TiN 时更易产生气孔，而且在材料烧结致密化过程中会出现障碍，难以实现材料致密烧结，从而影响材料性能的充分发挥。

6.4.3.4　常规 Ti(C,N) 粉体的制备

（1）高温扩散法。这是一种制备 Ti(C,N) 粉体的常规方法，反应式如下：

$$Ti + 1/2N_2 = TiN$$
$$xTiC + (1-x)TiN = Ti(C_x, N_{1-x})$$

该法首先用 Ti 粉高温氮化法制备 TiN 并球磨破碎，再取一定量 TiN 粉体和 TiC 粉体球磨均匀混合后，在高温（1500~1800℃）热压固溶或于 Ar 气氛中在更高的温度下固溶而成。

高温扩散法的缺点是能耗高，难以获得高纯 Ti(C,N) 粉体以及 N/C 比不易准确控

制。陈森凤等人以 TiC 粉体（纯度 99.5%）和 TiN 粉体（纯度 99.5%）为原料，按设定的摩尔比（TiC/TiN）12/88 配料，球磨 24h，随后在 1500℃、Ar 气氛下热处理 5h，直接反应合成了 $Ti(C_{0.12}N_{0.88})$ 粉体。

（2）高温氮化法。该法是以 TiC 粉体与金属 Ti 粉为原料，球磨混合后在高温（1700～1800℃）和 N_2 气氛下进行氮化处理的一种方法，其反应式为：

$$(1-x)Ti + xTiC + (1-x)/2N_2 \xlongequal{} Ti(C_x, N_{1-x})$$

高温氮化法由于反应温度高，保温时间长，因此生产效率低，能耗大，生产成本高。目前，用此法合成 Ti(C,N) 粉体在文献报道中并不多见。

（3）碳热氮化法。TiO_2 碳热氮化法是应用最广泛、已工业化的制备 Ti(C,N) 粉体的一种方法，其制备方法简单，工艺流程较短，较之分别合成 TiC 和 TiN 再合成 Ti(C,N) 更节能。该方法总化学反应式为：

$$TiO_2 + (2+x)C + (1-x)/2N_2 \xlongequal{} Ti(C_x, N_{1-x}) + 2CO$$

目前，人们对 TiO_2 碳热氮化法制备 Ti(C,N) 粉体的热力学原理、工艺影响因素等方面进行了一些研究，但对其反应机理的研究仍然不多，而且存在较大争议。TiO_2 碳热氮化法的缺点是反应温度较高，直接制备超细或纳米 Ti(C,N) 粉体比较困难。徐智谋等人用球形亚微米 TiO_2 粉体和纳米炭黑为原料，在 C/Ti 配比为 1.52，N_2 流量为 $0.55mm^3/L$，碳热氮化温度为 1600℃，保温时间为 3h 时，批量生产出 Fsss 粒度为 0.5μm，晶体粒度为 37nm 的单相纳米晶 Ti(C,N) 粉体。

（4）化学热解法。化学热解法制备 Ti(C,N) 的化学反应式为：

$$TiCl_4 + H_2NCH_2CH_2NH_2 + CCl_4 \longrightarrow \text{络合物} \longrightarrow Ti(C,N) + C + HCl$$

化学热解法以 $TiCl_4$ 为原料，溶于 CCl_4 介质中混合均匀后与 $C_2H_8N_2$ 反应，然后在 1200℃热解合成。该方法尽管耗能较少，但存在工序较麻烦，产物的杂质较多等缺点。

（5）钛粉碳氮化法。该方法以钛粉作为原料，与甲氨-氩气混合气体在 800～1400℃温度范围内进行碳氮化。

6.4.3.5 微纳 Ti(C,N) 粉体的制备

在粉体硬质材料领域，一般达成了这样的共识：硬质颗粒尺寸大于 1μm 的称为常规材料；小于 1μm 的称为细晶粒材料。细晶粒材料可分为：在 0.5～1μm 之间的称为亚微级材料；在 0.1～0.5μm 之间的称为超细（或超微）级材料；在 0.1μm 之下的称为纳米级材料。近年来，为了满足 Ti(C,N) 基金属陶瓷制备中对 Ti(C,N) 细粉，特别是对超细或纳米 Ti(C,N) 粉体的迫切需要，越来越多的研究者进入这一领域，并且取得了不错的进展。

（1）等离子体化学气相沉积法。Ti(C,N) 等离子体化学气相沉积法通常是用等离子体激活 $TiCl_4$ 反应气体，促进其在基体表面或近表面空间进行化学反应，生成 Ti(C,N) 固态膜的技术。后来为了避免 $TiCl_4$ 对反应容器的腐蚀和对环境造成污染，常采用无氯的含 Ti 有机物来取代 $TiCl_4$。这类含 Ti 有机物主要包括钛酸四甲酯、钛酸四乙酯、四异丙基钛、钛酸四丁酯及氨基钛等。石玉龙等人采用等离子体化学气相沉积法在一定比例的 H_2 和 N_2 下进行等离子体放电，放电后通入低沸点的钛酸四乙酯作为 Ti 源，得到了厚度约为 1μm 的 Ti(C,N) 涂层。

（2）高温自蔓延反应法。高温自蔓延反应法是将 Ti 粉、C 粉均匀混合，预压成型得

到压坯，然后在含 N_2 的装置中高温“点燃”反应，从而得到块体产物，通过破碎细化可得到 Ti(C,N) 粉末。康志军等人将 Ti 粉、炭黑和稀释剂混合压坯，在自制的高压气-固高温诱导自蔓延（SHS）合成装置中，在 10MPa 的 N_2 压力下高温诱导自蔓延反应批量制备了性能优良、质量稳定的 Ti(C,N) 粉末。

（3）溶胶-凝胶法。溶胶-凝胶法是以 $TiO(OH)_2$ 溶胶为 Ti 源，在液相中将炭黑混合、分散，经过系列反应得到的凝胶在 N_2 下高温热处理得到 Ti(C,N) 粉末。向军辉等人以 $TiO(OH)_2$ 溶胶与纳米级炭黑混合后形成的凝胶，经干燥后在 N_2 气氛下 1400～1600℃ 高温反应得到 $Ti(C_x,N_{1-x})$，其中 $1-x=0.2\sim0.7$，$Ti(C_xN_{1-x})$ 超细粉末的平均粒径<100nm。通过提高原料 C/Ti 比、提高反应温度、延长保温时间、降低氮气流量等工艺有利于提高 x 值。

（4）淀粉还原法。该法是以 TiH_2 和淀粉分别作为 Ti 源和 C 源，利用淀粉在无氧的条件下分解得到相对较细的新生碳颗粒，而 TiH_2 同时热分解释放出新生钛颗粒。新生的碳颗粒和钛颗粒具有很高的表面活性，可以生成很细的 TiC 粉体，同时新生的钛颗粒与氮气反应生成 TiN，最终得到碳氮化钛超细粉体，同时还可以降低反应温度，达到节能高效的目的。

（5）高能球磨诱导自蔓延合成法。高能球磨诱导自蔓延合成 Ti(C,N) 技术集粉末混合和反应于一体，克服了传统的高温条件，可直接得到 Ti(C,N) 粉末。研究人员使用行星球磨不同配比的 TiC 和 TiN，通过测定球磨过程中粉末晶格常数的变化，确认采用 TiC 与 TiN 固溶的方法成功合成了 Ti(C,N)。有学者采用行星球磨技术，在 0.4MPaN_2 下按 Ti/C=1∶0.7 球磨 Ti 和石墨混合物，球磨 8h 得到 Ti(C,N) 粉体，并确认其反应类型为自蔓延反应。另有以三聚氰胺（$C_3H_6N_6$）作为 C 源及 N 源和过程控制剂，在高纯 Ar 气下与 Ti 粉球磨，球磨 100h 合成了 $Ti(C_{0.37}N_{0.63})_{0.94}$ 粉末，其研究还表明通过降低 $C_3H_6N_6$ 相对含量，可提高 $Ti(C_xN_{1-x})$ 合成速率，$Ti(C_xN_{1-x})$ 粉体内的 C、N 含量也随之变化。

6.4.3.6　Ti(C,N) 基金属陶瓷的组成及分类

金属陶瓷是指按粉末冶金方法制取的金属与陶瓷的复合材料。通常所说的金属陶瓷和传统 WC-Co 硬质合金同属该范畴。尽管如此，还是将 TiC/Ti(C,N) 基金属陶瓷直接称为金属陶瓷，而将传统 WC-Co 硬质合金称为硬质合金。

Ti(C,N) 基金属陶瓷属于硬质合金类，一般以 TiC/TiN 或 Ti(C,N) 为主要成分，Ni 作为黏结金属。镍含量增加，可提高合金的强度，但会使合金的硬度降低。向 Ni 中添加 Mo(或 Mo_2C)，可改善液态金属对 TiC 或 Ti(C,N) 的润湿性，使 TiC 或 Ti(C,N) 晶粒变细，可提高合金的强度及硬度。Ni 和 Mo 的总含量通常为 20%～30%。

金属陶瓷按其组成和性能的差异可以分为以下几种：化学成分为 TiC-Ni-Mo 的 TiC 基金属陶瓷合金；添加其他碳化物（如 WC、TaC 等）和金属（如 Co）的强韧 TiC 基金属陶瓷合金；添加 TiN 的 TiC-TiN/Ti(C,N) 基合金；以 TiN 为主要成分的 TiN 基合金。其中，前两者可统称为 TiC 基金属陶瓷，后两类统称为 Ti(C,N) 基金属陶瓷。

6.4.3.7　Ti(C,N) 基金属陶瓷的制备

金属陶瓷可用粉末烧结、浸渍法和热压法等工艺制备，其中粉末冶金法是目前采用最多的制备金属陶瓷材料的方法，它是以金属粉末（或金属粉末与非金属粉末的混合物）作为原料；经过成形和烧结制造制品的工艺过程。在制备 Ti(C,N) 基金属陶瓷的过程

中，首先按照设计成分称量原料；然后进行混料球磨，研磨后的料浆卸出后再经过干燥制粒，接下来在一定压力下于粉体压机上压制成型为各种刀片；最后在真空烧结炉中烧结成致密的金属陶瓷成品，其烧结温度一般控制在1200~1600℃。

其制备过程可归纳为：混料（混合粉体+湿磨介质）、球磨、料浆、干燥、造粒（加成型剂）、压制、脱脂、烧结、成品。每一个工艺步骤都会对Ti(C,N)基金属陶瓷的组织、性能产生影响。随着超细晶粒特别是纳米级金属陶瓷的发展，需要采用新的制备技术。一些新的混料技术、成型技术和烧结技术已在细晶粒金属陶瓷的制备中表现出极大的优越性，如微波烧结、脉冲烧结、放电等离子烧结等。

6.4.3.8 Ti(C,N)基金属陶瓷发展趋势

Ti(C,N)基金属陶瓷具有优良的力学性能，很适合用于工具材料，但其性能仍有许多不足之处，如Ti(C,N)基金属陶瓷刀具材料存在强度不足、抗塑性变形能力较差、抗崩刃性能较差及韧性不好等问题，而且其耐磨性也有再提高的必要。目前，Ti(C,N)基金属陶瓷正朝着高韧性和高耐磨性两个方向发展，高韧性与涂层硬质合金相竞争，高耐磨性与陶瓷材料相竞争。

为提高Ti(C,N)基金属陶瓷的性能，许多学者进行了大量的研究。Joardar等指出，硬质相颗粒的细化、寻找新的黏结相和后续处理技术是研究Ti(C,N)基金属陶瓷应该集中的重点。近几年，人们已经利用先进的烧结方法（如放电等离子烧结、微波烧结）、热等静压（HIP）处理等方式来提高Ti(C,N)基金属陶瓷的性能。尤其值得指出的是，人们已经注意到用细粉为原料制备细晶粒的Ti(C,N)基金属陶瓷是提高其性能的有效方法。

一般认为，硬质相粉体粒度对金属陶瓷的显微组织和性能有着重要的影响。近几年的研究已证实，用粒度小于1μm的亚微、超细、纳米Ti(C,N)粉体能够制备出抗弯强度、断裂韧性和硬度等力学性能和耐磨性能更好的Ti(C,N)基金属陶瓷。因此，采用细粉、超细粉、纳米粉制备或添加改性金属陶瓷已成为研究Ti(C,N)基金属陶瓷的发展趋势。

6.4.4 硼化钛

6.4.4.1 TiB_2的结构与性能

TiB_2是具有六方晶系C_{32}型结构的准金属化合物，其完整晶体的结构参数为d=3.028nm，c=3.228nm。晶体结构中的硼原子面和钛原子面交替出现构成二维网状结构，其中B^-外层有4个电子，每个B^-与另外3个B^-以共价键相结合，多余的一个电子形成大π键。这种类似于石墨的硼原子层状结构和Ti外层电子构造决定了TiB_2具有良好的导电性和金属光泽，而硼原子面和钛原子面之间的Ti-B离子键决定了这种材料的高硬度和脆性的特点。

TiB_2的这种结构特点和随之带来的优良性能，使其具有广阔的应用前景。它被认为是制造新一代金属陶瓷的很有发展前途的硬质相，被广泛用于切削工具、耐磨构件、金属熔炼炉、轻质装甲等。与其他陶瓷材料相比，TiB_2还具有良好的导电性，因此可进行放电加工。TiB_2基金属陶瓷的硬度仅次于金刚石、氮化硼或碳化硼，高于氧化物和氮化物等陶瓷材料，同时还具有较高的强度和断裂韧性以及耐熔融金属的侵蚀性，因而可用于采

矿工具、拉丝模、能量转换器、熔铝中的电极、金属蒸发皿、军用装甲部件、防弹板等。此外，由于硼原子的中子吸收特性，以 Ni、Cr、Fe 等金属作为黏结相的 TiB_2 基金属陶瓷可作为高温核反应器的控制棒材料，但由于自扩散系数低，因此 TiB_2 的可烧结性受到很大影响。另外，几乎所有的作为金属陶瓷黏结相的金属与 TiB_2 都能发生强烈的化学反应而导致金属陶瓷变脆，因而 TiB_2 基金属陶瓷的研究进展缓慢。

6.4.4.2 TiB_2 陶瓷的制备方法

TiB_2 陶瓷具有优良的力学性能和物理化学性能，其密度较低，导热导电性较好，化学性能稳定以及热稳定性较高，在航天器和航天核动力系统等方面有重要应用。但是，作为超高温陶瓷材料的一种，TiB_2 陶瓷同样具有很强的共价键，致使其难以烧结和致密化。目前对于超高温陶瓷的制备方法主要有无压烧结、热压烧结、反应烧结、微波烧结、放电等离子体烧结、自蔓延烧结、先驱体转化等。

(1) 常压烧结。对于不同陶瓷材料，常压烧结所需要的气氛不同。例如在陶瓷生产中，普通陶瓷材料一般在氧化气氛下烧结成型，由于这种气氛和空气组分差别不大，故可看为大气条件下的常压烧结。对于在大气条件下难以烧结的陶瓷产品（如非氧化物），则需要在常压烧结的过程中使用特殊气体。根据材料特性不同可选择使用氢、氮、氩或真空等不同气氛，可有效防止材料在烧结过程中氧化，避免生成氧化物杂质，气氛起到促进烧结与提高制品致密度的作用。

(2) 热压烧结。热压烧结是指对于较难烧结的粉料或生坯，将其置于模具内，边加压边加热，使成型和烧结过程同时完成的烧结方法。可降低烧结温度，快速烧结，在烧结完成时，晶粒增长有限，所得到的烧结体的晶粒体积较小，因而产品的致密度也相对较高。通过热压烧结也可获得机械性能以及电学性能均良好的烧结体。

(3) 反应烧结。反应烧结主要有三种形式：一是让原料混合物发生固相反应；二是外加气体使原料混合物与之发生固-气反应；三是外加液体，使原料混合物与之发生固-液反应，进而合成材料，或者对反应后的反应体做进一步加工成为所需材料的技术。

(4) 微波烧结。微波烧结是利用微波的特殊波段与材料的基本细微结构直接耦合而产生热量，材料的介质损耗使其材料整体加热至烧结温度而实现致密化的一种方法。该方法可以促进致密化过程，促进晶粒生长，加快化学反应等特点。这是因为在烧结中，微波不仅仅只是作为一种加热能源，微波烧结本身也是一种活化烧结过程。

(5) 放电等离子体烧结。放电离子体烧结属于一种快速烧结工艺，烧结速度快，能够在短时间内得到纯度和致密度较高、颗粒更为均匀的烧结体。

6.4.4.3 国内外 TiB_2 陶瓷的研究现状

近几年国内外对 TiB_2 基陶瓷材料的研究十分活跃，研究方法也多种多样，基本归纳为：在 TiB_2 中加入第二硬质相；采用金属或合金作为黏结剂研制新型 TiB_2 基材料。

A 硬质相增强 TiB_2 基陶瓷

TiB_2 基复相陶瓷主要是为改善 TiB_2 烧结性能或提高其力学性能而开发的。由于 TiB_2、TiC、SiC、B_4C 均属于高强度高硬度的陶瓷材料，它们之间形成的复相陶瓷有望保持这些特性，因而对这四种陶瓷之间的复合研究较多。

(1) TiB_2-TiC/Ti(C,N) 陶瓷。宫本钦生等人以 Ti 粉和 B 粉为原料，加入 TiC 粉，用

加压自蔓延法制备了 TiB_2-TiC 陶瓷，其相对密度达到 95% ~96%，显微硬度达到 29GPa。Watanabe 等人研究了 Ti(C,N)-TiB_2 材料，指出它具有高硬度和高电导率，断裂韧性也提高了。张国军等人以 Ti、TiH、BN、C 等为原料，通过反应热压制备了 TiB_2-Ti(C,N) 复相陶瓷，相对密度达到 97%，抗弯强度达到 440MPa，硬度达到 25GPa。

(2) TiB_2-SiC 陶瓷。在 TiB_2 中加入 SiC，是希望利用 TiB_2 良好的导电性能和 SiC 优良的高温强度，并提高复相材料的断裂韧性。TiB_2-SiC 体系的低共熔温度为 2190℃。Torizuki 等人认为 SiC 与 TiB_2 表面的氧会发生如下反应：$TiO_2 + SiC = SiO_2 + TiC$，生成的液相 SiO_2 可大大提高 TiB_2 的烧结性能。宫本钦生等人用 Ti、B 粉和 SiC 粉加压自蔓延合成了 TiB_2-SiC 陶瓷，其相对密度达到 92% ~94%，硬度达到 26.5GPa。

(3) TiB_2-B_4C 陶瓷。将 TiB_2 粉、B_4C 粉和 1vol.%Fe 粉在 1700℃下热压制备了 TiB_2-B_4C 陶瓷，相对密度为 99%，抗弯强度达到 700MPa，断裂韧性值 K 大于 $7.6MPa \cdot m^{1/2}$。观察微观结构发现，加入 B_4C 可大大抑制 TiB_2 晶粒的生长，从而提高了复相材料强度断裂韧性，由于 B_4C 与 TiB_2 的弹性模量和热膨胀系数不同，在冷却时产生的残余应力是材料强韧化的主要机理。

(4) TiB_2-ZrO_2 陶瓷。Watanabe 等人采用真空热压法在 1900℃以上制备了 TiB_2-ZrO_2 陶瓷，在烧结过程中生成了部分稳定的四方 ZrO_2 和 $(TiZr)B_2$ 固溶体，抗弯强度最高为 800MPa，但韧性值较低（$5MPa \cdot m^{1/2}$）。岛冢史郎等人利用热等静压制备了 TiB_2-(2mol% Y_2O_3-ZrO_2) 陶瓷和 TiB_2-ZrO_2 陶瓷，并比较了 ZrO_2 含量为 20wt% 时陶瓷的强度和韧性，结果是 TiB_2-(2mol% Y_2O_3-ZrO_2) 陶瓷的抗弯强度（1160 ~ 1200MPa）和硬度（HV2100）均高于 TiB_2-ZrO_2 陶瓷，但韧性值较低。

(5) 其他 TiB_2 基陶瓷复合材料。AlN 陶瓷有极好的热学性能，导热系数高，与 TiB_2 复合而成的 TiB_2-AlN 复相陶瓷可用于替代石墨用作铅电解槽阴极材料。Wieslaw 等人分析了 TiB_2-AlN 复合陶瓷在多种环境下的断裂机理，指出与典型的脆性断裂有所不同，开裂的部分发生桥接。还有学者用自蔓延法在一个大气压以上合成 TiB_2+BN+AlN 与 TiB_2-Si_3N_4 复合陶瓷。

B TiB_2 基金属陶瓷

近十年来，TiB_2 基金属陶瓷黏结剂的研究取得了较大的进展，开发出 Fe、Fe-Cr-Ni 以及 V、Co 等金属，从而使 TiB_2 基金属陶瓷材料的性能不断提高。

(1) TiB_2-金属陶瓷。主要是以 Fe 为黏结剂，同时加入其他金属，如 TiB_2-Fe-Mo(Ni,Cr) 等。一般在 1450 ~ 1700℃区间内采用气体保护下的常压烧结，由于加入了较多的金属，材料的抗弯强度可以达到 2000MPa 以上，但硬度和高温性能受到影响，尤其是高温性能。

(2) TiB_2-金属-硼化合物陶瓷。在 1500 ~ 1600℃无压烧结制备 TiB_2-30%Fe-10% CrB_2（或 MoB_2/TaB_2）金属陶瓷，发现有可能采用无压烧结得到致密 TiB_2-Fe 系金属陶瓷，氢气烧结要比真空烧结好，CrB_2 的添加可以明显减小 TiB_2 的晶粒尺寸，得到均匀的结构，有利于致密化，提高了材料的硬度，HRA 可达到 91.4，而 TiB_2-30%Fe 的 HRA 为 81.6。

(3) TiB_2-金属间化合物-金属陶瓷。Fe-Ni(Mo,Ni-Cr) 等体系的黏结剂，存在与 TiB_2 的结构不一致的缺点，材料的高温性能较差，采用六方晶格的黏结相可以消除这种不一致，如 TiB_2-Ti_2Al（Ni_3Al，NiAl，FeAl）-Fe（Fe-Ni，Fe-Mo，Fe-Ni-Cr）。金属间化合物 Ti_3Al、Ni_3Al、NiAl、FeAl 等，尤其是钛合金 Ti_3Al 由于具有与 TiB_2 陶瓷基体一致的晶格结构和相近的晶格参数，均为密排六方晶格，对于建立边界上坚固的连接极为重要，有望改善材料的高温蠕变性能。

问题讨论：TiB_2 金属陶瓷的发展方向。

6.5 钛铝基金属间化合物

学习目标	1. 掌握钛铝基金属间化合物的种类与特点； 2. 掌握钛铝基双相微观组织及成分的发展； 3. 掌握影响钛铝基合金机械性能的因素； 4. 了解钛铝基合金的制造技术	
能力要求	1. 掌握钛铝基合金的种类与特点、制造技术； 2. 能够对钛铝基高温合金的成分进行设计或分析； 3. 具有自主学习意识，能开展自主学习、逐渐养成终身学习的能力； 4. 能够就某个复杂的钛铝基合金生产工程问题进行分析	
重点难点预测	重点	钛铝基合金的种类与特点、成分、影响机械性能的因素、制造技术
	难点	成分设计、影响机械性能的因素
知识清单	钛铝基合金分类、特点、显微组织、成分、影响机械性能的因素、制造技术	
先修知识	钒钛产品生产工艺与设备	

6.5.1 钛铝基金属间化合物概述

金属间化合物通常指由两种金属形成的化合物，属于合金范畴。它们的晶体结构和性能与它们的母体金属完全不同。通常金属间化合物（合金）形成后，在材料中发展出质点的长程有序排列。这种长程有序排列限制了合金变形模式。这些限制通常表现为强度的增加（至少在升高的温度下），延展性和断裂性的降低。除了钛铝化合物，其他金属间化合物的例子包括 NiAl 和 FeAl。所谓钛铝基合金是指以钛铝金属间化合物为基体材料掺杂少量合金化元素的统称。

钛铝基金属间化合物也称为钛铝基合金，具有密度低，比强度、比刚度高，抗氧化、抗蠕变性能好等优异性能，在航天、航空及汽车用发动机耐热结构件等高温领域具有极大的应用潜力。因此，钛铝基金属间化合物的发展一直受到世界各国研究者的高度关注和重视，已成为取代镍基高温合金在燃气轮机发动机中的领先材料。

随着制造技术的发展，对钛铝化物微观结构、变形机理和微合金化技术的深入了解与研究，钛铝基金属间化合物首次在一级方程式赛车和一般赛车高性能涡轮增压器中实现了商业化应用。到目前为止，在役的钛铝涡轮增压器车轮和排气阀约有上千个。图 6-59 展示了 HOWMET 公司生产的涡轮增压器车轮钛铝合金。伽马型钛铝化合物（γ-TiAl）也被用于通用电气波音 787 梦幻客机设计的 GEnex 燃气涡轮发动机，用于低压涡轮叶片上。此外，钛铝基合金在高速民用运输（HSCT）飞机中也有应用。NASA 报告指出：预计在2020年航空航天发动机用材料中钛铝基合金及其复合材料将占有20%左右的比重。

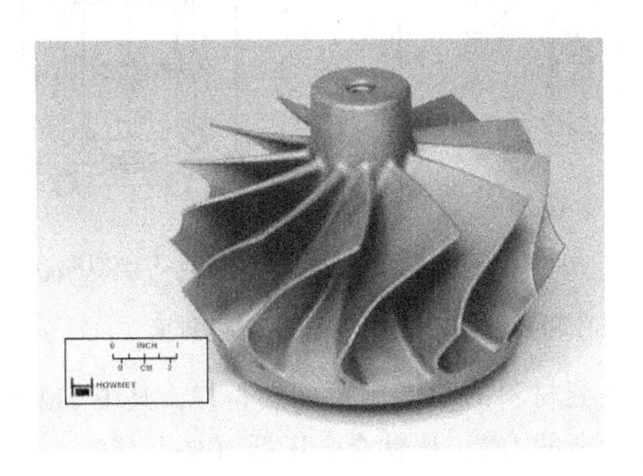

图6-59 HOWMET公司生产的涡轮增压器车轮TiAl合金

6.5.1.1 钛铝基合金的种类和特点

钛铝基合金有三种金属间化合物即$TiAl_3$(δ)、Ti_3Al(α_2)、TiAl(γ)，其中只有Ti_3Al和TiAl具有工程上的应用意义。由Ti-Al相图（图6-60）可知，Ti_3Al(α_2)相的铝含量在22at%到39at%（摩尔百分比）之间，而TiAl(γ)相的铝含量在48.5at%到66at%之间。铝含量介于37%和49%之间的钛铝化合物具有Ti_3Al和TiAl（γ）混合物的双相。

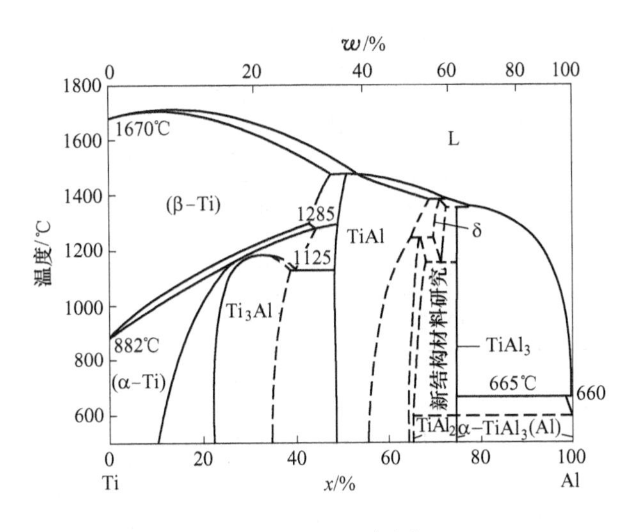

图6-60 Ti-Al相图

α_2-Ti_3Al相具有$D0_{19}$密排六方点阵结构（图6-61），具有良好的高温强度，但延展性很低。除此之外，它还具有很高的氧和氢吸收率，导致高温下的进一步脆化。另一方面，γ-TiAl相具有$L1_0$正方点阵结构，具有优异的抗氧化性和极低的吸氢性，但其室温延性接近于零。因此，这两个物相本身并没有太大的工程意义。但是，这两种相的混合物（α_2+γ）的室温和高温强度与高温合金相当，抗蠕变性和抗氧化性优异，已在高温结构材料领域得到了应用。

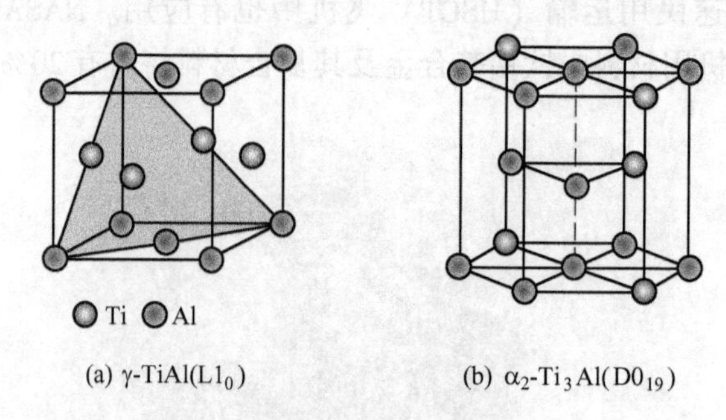

图 6-61　γ-TiAl 和 α_2-Ti_3Al 的晶体结构及其密排面（111）γ 和（0001）α_2

钛铝基合金与传统高温材料的性能比较见表 6-17，其中 TiAl(γ) 合金密度为 3.7～4.1g/cm^3，是镍基高温合金的 1/2，比钛合金还低 10%～15%；室温弹性模量高达 160～180GPa，比钛合金高 33%，而且弹性模量在 900℃高温下还能保持 140GPa，与 GH4169 高温合金相当；TiAl 合金还具有高比强度，室温至 800℃强度保持率达 80%，高蠕变抗力、优异的抗氧化和阻燃性能，可在 760～800℃长期工作，是非常具有发展前景的航空发动机用轻质耐高温结构材料。

表 6-17　Ti 基、Ti-Al 基与 Ni 基合金性能比较

性　能	Ti 基合金	Ti_3Al	TiAl	Ni 基合金
密度/g·cm^{-3}	4.5	4.2～4.7	3.7～4.1	8.3～8.5
弹性模量/GPa	96～115	100～145	160～180	207
断裂韧性 K_{IC}/MN·$m^{-3/2}$	高	13～43	10～20	25
屈服强度/MPa	380～1150	700～900	400～800	800～1200
抗拉强度/MPa	480～1200	800～1140	450～1000	1250～1450
室温塑性/%	10～25	2～10	1～3	3～10
高温塑性/%	高	10～20	10～60	80～125
蠕变极限/℃	600	760	1000	1090
抗氧化极限/℃	600	650	900～1000	1090
900℃弹性模量/GPa	—	90～110	140	140～150

6.5.1.2　钛铝基合金的显微组织

根据热处理工艺，可以在较广范围内得到 γ-TiAl 基 α_2+γ 双相微观结构。这些显微结构大致分为四类，即（1）全层片组织；（2）近层片组织；（3）双态组织；（4）近 γ 组织。图 6-62 和图 6-63 分别表示双相钛铝合金的显微组织和合金形成的热处理温度范围。

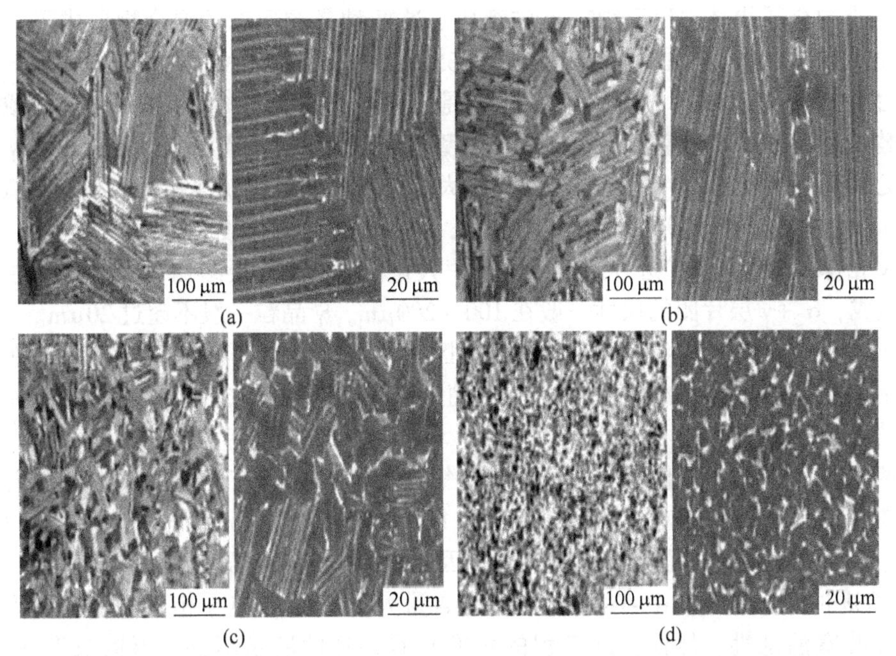

图 6-62 双相钛铝合金的显微组织（左侧：光学显微镜图；右侧：扫描电镜背散射电子图）

（a）全层片组织；（b）近层片组织；（c）双态组织；（d）近 γ 组织

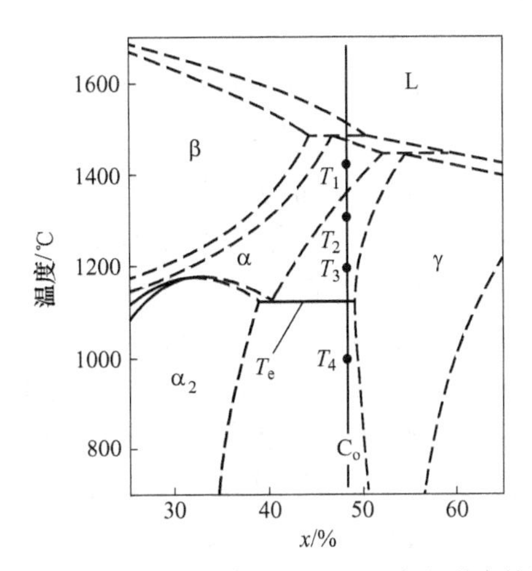

图 6-63 Ti-Al 相图的中心部分及其两相 TiAl 基合金形成的热处理温度范围

图 6-63 中，T_1 为在 $T_α$ 以上退火，随后以中等速度冷却形成全层状显微结构；T_2 为略低于 $T_α$ 上形成近层状微观结构；T_3 为在共析温度 T_e 和 $T_α$ 之间形成双态微观结构；T_4 为小于 T_e 范围内形成近 γ 组织。这四种组织的特征如下：

（1）全层片组织：在纯 α 相稳定区域中，通过热处理（图 6-63 T_1）可获得全层状微观结构。当合金冷却到室温时，从 α-Ti 相析出 $α_2$ 和 γ 板的交替板相，形成全层状结构。显微组织的粗晶粒大小一般在 200～1000μm 之间。

（2）双态组织：双态组织通常由 γ 等轴晶粒和 γ+$α_2$ 片层相间的晶团组成，这种组织一般是在 α+γ 两相区的温度条件（图 6-63 T_3）下获得，α/γ 相体积比近似等于 1。双态组织由细小的全层状晶粒和等轴 γ 晶粒组成。这两种晶粒形态的混合物形成了一种非常精细的微观结构。γ 等轴晶粒一般约为 10~35μm，$\gamma+\alpha_2$ 片层厚度约为 0.1~2μm，平均晶粒尺寸在 10μm 范围内。高温条件下 α 相是无序相，重新形核并生长成 γ 晶粒或与 γ 晶粒相间构成片层，冷却至室温，最终形成典型的双态组织。在高温条件下，α 和 γ 两相由于彼此之间的限制和钉扎作用，限制晶粒长大的速度，使最终获得相对细小的组织。

（3）近层片组织：近层片状组织一般是在 $\alpha+\gamma$ 相区的温度条件下（图 6-63 T_2）获得，α/γ 相体积比大于 1。近片层组织通常由大量的 $\alpha_2+\gamma$ 片层结构和少量分散在其间的 γ 晶粒组成，$\alpha_2+\gamma$ 层片团的尺寸一般在 100~200μm，γ 晶粒一般不超过 20μm。

（4）近 γ 组织：近 γ 组织是在 $\alpha_2+\gamma$ 相区中，在较低温度（图 6-63T_4）下进行热处理形成的。这种显微组织的特征是，在等轴组织 γ 相晶界处形成 α_2 相晶粒。这种微观结构的平均晶粒度通常在 30~50μm 之间。

如相图所示，当铝含量大于 50% 时，钛铝化合物存在于纯 γ 相区。这种合金成分的显微组织特征是等轴 γ 晶粒，没有延展性。即使经过显微组织细化和微量合金的添加，这种合金成分在延展性方面几乎没有改善。因此，该合金成分没有工程上的意义。当铝浓度小于 40% 时，合金形成 α_2-Ti_3Al 相。与铝含量大于 50%（纯 γ 相）的合金相比，该相具有更好的室温延性。然而，从工程的角度来看，延性还是不够。当铝浓度在 40%~48.5% 之间时，合金可形成 $\alpha_2+\gamma$ 双相合金。如前所述，这些合金通过热机械加工能形成一系列不同的微观结构形态。

6.5.1.3　钛铝基合金成分发展

早在 20 世纪 50 年代 McAndrew 和 Kessler 就发现二元 TiAl 铸造合金具有良好的高温性能。γ-TiAl 合金虽然有较好的力学、高温抗蠕变等性能，但断裂韧性太低，室温塑性几乎为零，严重影响其在工程上的应用。通常通过化学成分和微观结构控制来提高合金的延展性和强度。如当 α_2-Ti_3Al 相中加入高 Nb 含量（>10%）时，可以通过热机械处理获得一系列类似于双相（$\alpha_2+\gamma$）合金的微观结构。γ-TiAl 基合金至今已经发展了三代。第一代 TiAl 基合金是由美国空军研究所实验室与 Pratt-Whitney 公司于 1975~1983 年间共同研究开发，合金成分为 Ti-48Al-1V-0.3Cr，确定为第一代 TiAl 基合金。该合金设计主要着眼于改善塑性和蠕变性能，但其综合性能还不能满足军用发动机零部件的性能要求，因而其发展只停留在了实验室研究阶段。第二代 TiAl 基合金是由美国空军研究实验室与通用电气公司共同研发出，代表性合金成分为 Ti-48Al-2Cr-2(Nb、Ti)-47Al-3.5(Nb、Cr、Mn)-0.8(B、Si)，以铸造方式生成铸态合金。第二代 TiAl 基合金具有双相组织，按密度比的各类高温性能均优于或相当于镍基高温合金。

材料研究者通过合金化和显微组织控制不断开发出性能优异的合金，代表性合金成分为 Ti-45~47Al-1~2Cr-1~5Nb-0~2(W、Ta、Hf、Mo、Zr）等，确定为第三代合金。目前发展的第三代 TiAl 基合金有如下几个特点：（1）第二代合金以铸造合金为主，而第三代合金主要为锻造合金；（2）合金成分中，主要设计方案不再以改善室温塑性为目标，而是以提高高温蠕变抗力、高温强度等为主要目标；（3）添加大量高熔点元素如 Nb、Ta、Mo 等，固溶强化合金性能，提高合金的蠕变性能和力学强度；（4）合金中添加间隙强化元素如 Si、N、C 等，通过 TiN、Ti_2AlC、Ti_5Si_3 等析出相弥散强化和间隙固溶强化提高蠕变性能；（5）Al 含量由第二代合金的 47%~48% 降低至 45%~47%，增加组织中的

α_2 相比率，提高合金强度。

钛铝基合金的发展历史见表6-18。

表6-18 TiAl 基合金的发展历史

发展	合金成分	工艺
第一代	Ti-48Al-1V-0.3C	铸造
第二代	Ti-47Al-2Cr-Nb	铸造
	Ti-45~47Al-2Nb-2Mn+0.8TiB_2（45~47XD）	铸造
	Ti-47Al-3.5Nb-0.8B	铸造
	Ti-47Al-2W-0.5Si	铸造
第三代	Ti-45Al-4Nb-4Ta	锻造
	Ti-47Al-5（Cr、Nb、Ta）	锻造
	Ti-45~47Al-1~2Cr-1~5Nb-2（W、Ta、Hf、Mo）	锻造

双相（$\alpha_2+\gamma$）钛铝合金对少量合金添加量有良好的反应。一般来说，钛铝化合物中添加的合金化元素可大致分为三类，其成分如下（以摩尔比计）：

$$Ti_{45\sim52}-Al_{45\sim48}-X_{1\sim3}-Y_{2\sim5}-Z_{<1}$$

其中，X、Y 和 Z 代表三类合金化添加剂。X（Cr、Mn、V）的元素加入通常能够提高延展性，增加合金塑性。Y（Nb、Mo、Ta）的元素的添加能够提高合金在高温下的抗氧化性能和蠕变性能。Z 系元素通常是 B 和 C，对合金的影响主要是 B 能够细化晶粒，改善性能，C 的进一步加入可以改善蠕变性能。钛铝基合金中元素对合金性能的影响见表6-19。

表6-19 合金元素对合金性能的影响

添加剂	合金元素	对性能的影响	主要性能
X	Cr	Cr 含量小于2%可改善热加工性能和超塑性，但 Cr 含量在8%范围内增加抗氧化性	提高延展性
	Mn	1%~3%可以提高合金塑性	
	V	1%~3%可提高合金塑性、降低抗氧化性能	
Y	Nb	可以很好地改善合金的抗氧化性能，提高合金的高温强度及抗蠕变性能	提高抗氧化性能和蠕变性能
	Mo	可以提高合金的塑性和强度，改善合金抗氧化性能	
	Ta	改善合金的抗氧化性及抗蠕变性能，但增加合金的热裂敏感性能	
Z	B	可以细化晶粒，提高强度和热加工性能，改善铸造性能	细化晶粒
	C	明显改善抗蠕变性能	

问题讨论： 1. 钛铝基合金的种类、成分范围、性能特点。
2. 钛铝基合金的显微组织分类与合金成分发展。

6.5.2　钛铝合金机械性能的影响因素

（1）延展性的影响因素。

在双相钛铝合金中，由细小的层状聚集体和等轴 γ 晶粒组成的双态组织具有最佳的延展性。层状结构的存在有助于 γ 相的变形机制。层状结构的存在通常以层状颗粒与伽马颗粒的比例（L/γ）为特征值。一般来说，双相合金的延展性由四个主要因素决定：晶粒度，L/γ 比，晶格尺寸的变化，以及杂质含量。

通常来说，粒径减小导致延性增加。这是由于随着晶粒尺寸的减小，晶界等缺陷部分的体积增大，从而有助于变形机制。L/γ 比为 0.3～0.4 时，双相合金的塑性最大。L/γ 比进一步取决于 α_2/γ 比。α_2/γ 的相比率为 3% 到 15% 时，表现出最大的延展性。超出这一范围，当在 α+γ 平衡相区中进行热处理时，晶粒长大变得明显；而低于这一范围，多余的脆性 α_2 可消减了合金的有利结构从而影响合金综合性能。所有这些值主要受铝浓度的控制，当铝浓度为 48% 时，处于最佳范围。由四方性比率（c/a）和晶胞体积控制的晶格尺寸对合金的延性有显著影响。γ 相结晶为 L10 型面心立方结构，具有较小的四方性比率。这一比例随着铝浓度的降低而降低。c/a 比值的降低或晶体结构对称性的增加会增加 γ 相的延展性。同时，减少晶胞体积也会增加延展性。这可以通过添加小量的三元或四元合金成分来实现。最后，通过减少氧和氮等杂质可以显著提高延性。

（2）抗蠕变性的影响因素。

双相钛铝合金的抗蠕变性能主要受微观结构形态和铝含量的控制，而铝含量的增加通常会增加蠕变阻力。粗粒全层状结构比细晶粒双态显微结构显示出更好的蠕变阻力。层状结构的蠕变阻力增加归因于 α_2 板条的加强件作用。温度低于 650℃ 时，双相组织的蠕变断裂强度较高，超过 650℃ 时，层状组织的蠕变断裂强度较高。一般来说，全层状微观结构更有利于抗蠕变。但对全层状结构相关的问题是，由于其粗大的晶粒，其低温延性差。因此，降低全层状组织的晶粒尺寸是未来的研究方向。

（3）抗拉强度的影响因素。与 Hall-Petch 关系中所预期的一样，双相钛铝合金的抗拉强度与晶粒尺寸成反比。由于全层状组织中晶粒粗大，与细晶粒双态组织相比，拉伸强度较低。拉伸强度在高温下表现为不均匀的行为：在高温下，拉伸强度随温度的升高而升高，直到某一点，然后随着温度的升高而降低。人们发现这种行为是由金属间化合物的长程有序性特点引起的。钛铝合金中屈服强度随温度升高的原因可以解释为八面体平面上位错的横向滑动导致的异常硬化。

问题讨论： 影响钛铝基合金的延展性、抗蠕变性、抗拉强度的因素。

6.5.3　钛铝基合金的制造技术

钛铝基合金的工业规模上的加工路线在许多方面与镍基和传统钛合金的加工工艺类似。生产钛铝基合金零件的常用技术有熔模铸造、铸锭冶金（IM）和粉末冶金（PM）等。最近，诸如直接轧制、激光成形和机械合金化、快速烧结/固化技术等先进技术取得了很好的发展。与镍基合金相比，钛铝基合金最大的一个缺点是其生产成本。这主要是由于缺乏低延性材料的加工技术。此外，由于钛铝基合金的高熔点特性，其加工温度相当高，这就需要对具有良好高温特性的加工设备进行资本投资。

熔模铸造、铸锭冶金、粉末冶金等工艺，经过一系列的后处理工序，如热等静压、时效、退火、热加工等，才能成功地生产出具有理想力学性能的钛铝基合金零件。这进一步增加了钛铝基合金的生产成本。通过采用直接轧制、激光成形、火花等离子烧结等先进技术，可减少钛铝基合金的后处理工序。与传统工艺相比，这些工艺通常需要较少的时间，并且可以在不进行大量后处理的情况下形成复杂的形状产品。但这些技术遇到的难题是合金的多孔性和可扩展性。

6.5.3.1 铸锭冶金和铸造

铸锭冶金和铸造路线包括 TiAl 铸锭的制备和凝壳熔炼铸造。由此得到的铸锭的微观结构由化学成分不均匀的粗柱状晶组成，见图 6-64。采用热加工方法如热轧、锻造和挤压，可以显著改善合金的化学均匀性和显微组织细化及其动态再结晶。因此，需要对合金成分和热机械加工参数进行严格优化，以实现更均匀的结晶和细化的微观结构。

图 6-64 粗柱状晶粒的 TiAl 锭

为了实现化学成分的均匀性，熔化-凝固过程中形成的初生 TiAl 锭和铸件必须没有杂质。因此，采用真空电弧重熔、等离子冷床熔炼等清洁工艺代替凝壳熔炼。在真空电弧重熔中，由一定量的钛、铝和中间合金组成的大杆件在惰性气氛中相互冷焊，然后冷焊接电极在真空电弧炉中熔化。将电极熔化成一次铸锭，然后对其进行两次重熔，以改善化学均匀性并减少偏析。

最后，在等离子冷床熔炼过程中，将金属合金熔炼后倒入水冷铜炉缸内，形成一个固态的凝壳。这就像是与母合金成分相同的二次炉床。如果没有固态凝壳形成，有害的耐火材料可能会被熔化进入合金溶体中，并形成夹杂物。电子束和等离子弧加热都是适合这种清洁熔炼的有效热源。

如上所述，大多数铸锭冶金和铸造工艺都会形成化学成分不均匀和偏析组织严重的粗柱状晶。为了解决这些问题，后续的热处理是非常必要的。铸锭可以挤压成形，也可以锻制成理想的形状，并经过进一步热处理可以消除残余应力。图 6-65 表示制造 TiAl 压气机叶片所需的后处理步骤。除热加工外，铸锭砂铸件还需进行热等静压（HIP）处理，以改善铸件的均匀性和细化组织。经时效处理后，可得到进一步细化的组织。

6.5.3.2 粉末冶金

粉末冶金（PM）提供了最大限度减少与大型锭生产有关的许多问题，降低最终 TiAl 部件的总体成本。粉末冶金具体可以解决与钛铝锭冶金有关的许多问题，如中心线气孔问题，化学成分、密度、显微组织不均匀等问题。此外，粉末冶金能够开发出传统锭冶金无法制造的新合金。

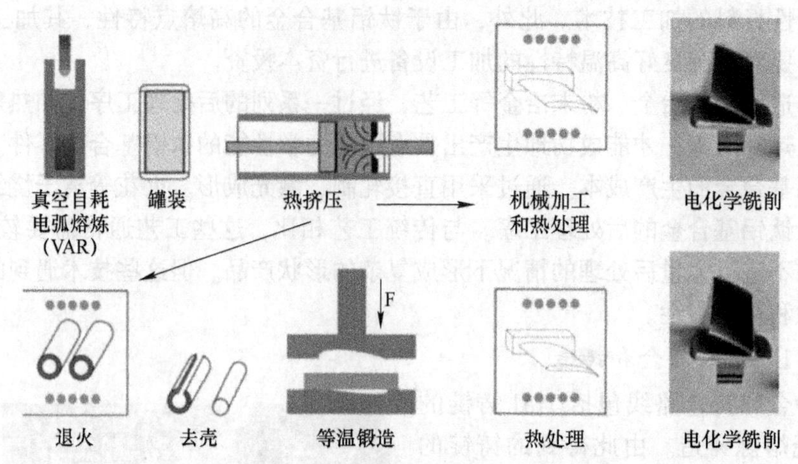

图 6-65　高压航空发动机压气机叶片用 TiAl 锭加工路线

预合金粉末的气体雾化，随后的热等静压或挤压至全密度的固结是粉末冶金的一般工艺路线。此外，通过机械合金化（MA）对元素粉末进行处理，可形成 TiAl 合金粉末，获得亚稳态到稳定的 TiAl 相。但该工艺的一个大问题是从研磨介质和容器中带入的粉末污染。

粉末压坯的热等静压（HIP）是一种非常流行的粉末冶金制备 TiAl 坯料的方法。在这个过程中，高纯度的气体雾化粉末是罐装的。这个罐子通常是由商业纯钛制成的。然后在约 500℃ 的高真空下对罐进行脱气，然后进行密封处理。根据所需的微观结构，罐装粉末压块在 1200 ~ 1400℃ 的温度范围内承受 100 ~ 150MPa 的等静压，约 2 ~ 6h。该固结粉体经去罐装后可生产方坯。热等静压后的一些后处理步骤包括热挤压、等温锻造和热轧。在热等静压过程中，最终零件的孔隙非常少，且组织均匀、偏析小。热等静压的缺点是在高温下暴露数小时，导致晶粒生长。因此，在热等静压下控制最终零件的晶粒尺寸是有限的。

在粉末冶金中，粉末中以间隙元素形式存在的杂质会导致气孔的产生。气体雾化法已成功地生产出高纯度的粉末。在此过程中，熔融金属可由自耗或非自耗电弧熔化产生，然后用一个环形气体喷嘴对熔融金属进行雾化。对于 TiAl 合金的气体雾化，由于熔体反应性过强，只能使用氩或氦等惰性气体。然而，在雾化过程中，液态金属与惰性气体相互作用，导致气体滞留在颗粒内部，形成球形孔隙。

化学成分相似的钛铝板材可以通过粉末冶金和铸锭冶金两种方法制备。在粉末冶金中，气体雾化的 TiAl 粉末被固结成一个矩形状初级材料。然后，该初级材料被罐装，并热轧成钛铝板。在铸锭冶金过程中，将钛铝锭锻造成合金饼坯初级材料。然后，这个饼式初级材料被加工成长方形，罐装，最后热轧成板材。结果表明，铸锭冶金工艺的成品率明显低于粉末冶金工艺。此外，粉末冶金工艺已被发现更经济、更有效。但是，粉末冶金加工会带来微孔隙区等缺陷，影响材料的强度。因此，粉末合成过程需要非常干净的条件，并抑制杂质的存在。因此，粉末合成过程中抑制细孔等杂质的形成是非常重要的。

目前利用粉末冶金工艺加上后续热加工等工序成功生产出 TiAl 零件。金属粉末注射成型（MIM）和喷雾成型是两种粉末冶金方法，它们力求以最少的后处理生产近净形零件。金属粉末注射成型的基本步骤是：通过将粉末与黏合剂（通常由蜡和聚合物组成）混合来捏合原料；零件的成型；提取大部分黏合剂成分并最终烧结，以获得高密度零件。在使用金属粉末注射成型来生产 TiAl 零件的过程中，减少多孔性和污染的产生是最大的挑战。

在喷雾成型中，利用低压氩气雾化溶体合金，此时液滴和部分凝固的液滴聚集在位于气体喷嘴下方一定距离处的基底上。这样可以获得高密度、高化学和微观结构均匀性以及低纯度的沉积物。现今，喷雾成形生产 TiAl 合金部件的研究不多，有待进一步发展。

问题讨论： 1. 钛铝基合金的铸锭和铸造的基本流程。
2. 粉末冶金的基本步骤与特点。

习　题

一、填空题

1. 纳米 TiO_2 的制备方法有溶胶-凝胶法________、________水热合成法、微乳液法。
2. 钛白粉的颜料性能有折射率________、________白度、吸油量、耐候性。
3. 我国白度评定的计算公式主要有甘茨白度________、________三种。
4. TiO_2 的晶型主要有四方晶体的锐钛矿型、________、________三种晶体结构。
5. Magnéli 相亚氧化钛的通式可表述为________。
6. 亚氧化钛陶瓷电极的室温工作电流约为________。
7. 钛酸电池使用过程中容易产生________、________、________气体，造成电池壳体肿胀影响正常工作。
8. 钛酸锂是具有________空间群和立方对称的________。
9. 根据钙钛矿层前驱液制备使用的原料，钙钛矿太阳能电池的制备方法可分为________、________。
10. 钙钛矿太阳能电池的电子传输层材料需要具有较________的电子迁移率。
11. 碳化钛是具有金属光泽的钢灰色晶体，其导电性随温度________而降低。
12. 氮化钛粉末一般呈________，超细氮化钛粉末呈________，而氮化钛晶体呈________。
13. 氮化钛（TiN）具有典型的________型结构，属________点阵。
14. Ti(C,N) 基金属陶瓷加入 VC，可________合金的抗剪强度。
15. Ti(C,N) 基金属陶瓷的制取包括混合料的________、________、________等。
16. 由于自扩散系数较________，TiB_2 的可烧结性受到很大影响。

二、是非题（对的在括号内填“√”号，错的填“×”号）

1. 晶粒尺寸是衡量纳米级别光催化材料光催化性能的一个重要指标。（　）
2. 比表面积也是衡量半导体材料光催化性能的一个重要标准，它决定着光催化材料对污染物的吸附量。（　）
3. TiO_2 光催化剂可分为零维、一维、二维 TiO_2 纳米材料。（　）
4. 亚氧化钛粉末在常温下一般为蓝黑色。（　）
5. 亚氧化钛具有特别优秀的化学稳定性和抗腐蚀能力，在强酸强碱环境下都非常稳定，超过绝大多数工

业常用的电极材料，包括其母体钛金属。（ ）

6. 采用固相反应合成钛酸锂，产物的结晶度一般都较高，循环性能较为优良，但颗粒往往较大，倍率性能较为一般。（ ）
7. 同一物料采用不同工艺技术，会得到不同形貌结构、不同粒度、不同电化学性能的产品。（ ）
8. 钙钛矿是由钙、钛和氧组成的 $CaTiO_3$ 形式物质，而钙钛矿结构是具有通用形式 ABX_3 结构的一类化合物。（ ）
9. 蒸发法制备钙钛矿薄膜的成膜面积较小。（ ）
10. 通常近 β 型钛合金的使用温度比 α 型和 α+β 型钛合金的使用温度高。（ ）
11. 喷气式发动机用钛合金，要求产品具有良好的高温蠕变强度、高温抗拉性能、高温稳定性、断裂韧性及疲劳强度。（ ）
12. 控制熔炼偏析引起的 β 斑缺陷的方法是避免加热温度超过 β 相转变区域。（ ）
13. 带材的一般工艺是热轧、退火、酸洗、表面磨平、卷成热轧带、冷轧。（ ）
14. 大多数 α+β 合金，如 Ti-6Al-4V，都是在 β 相区域中锻造。（ ）
15. 比起钴铬基合金，钛合金的比强度高，耐蚀性与耐磨性好。（ ）
16. 生物医学领域的钛材主要有 CP 钛、α+β 型钛合金、β 型钛合金等三种形态。（ ）
17. Ti 在 882.3℃下经历同素异形转变，形成密排六方结构（HCP）α 相。（ ）
18. 我国研究高温钛合金的主要方法是在合金中添加稀土元素。（ ）
19. 目前国内外 600℃高温钛合金成分大多是 Ti-Al-Sn-Zr-Mo-Si 系近 β 型钛合金。（ ）
20. TiC 是一种很硬的高熔点化合物，其硬度仅次于金刚石。（ ）
21. TiC 陶瓷可与 WC 陶瓷生成复合碳化物（$WTiC_2$），具有 TiC 和 WC 的综合性能。（ ）
22. TiC 和 TiN 均具有面心立方点阵的 NaCl 型结构，所以 Ti(C,N) 也是面心立方结构。（ ）
23. TiN 是非化学计量化合物，氮含量可在一定范围内变化而不引起 TiN 结构的变化。（ ）
24. 普通陶瓷材料一般在还原性气氛下烧结成型。（ ）
25. TiB_2 陶瓷同样具有很强的共价键，易烧结和致密化。（ ）
26. 通常金属间化合物具有质点的长程有序排列，从而提高材料的强度和延展性。（ ）
27. TiAl 合金密度大约是镍基高温合金的 1/2，比钛合金还低 10% ~15%。（ ）
28. 在 T_{α} 以上退火，随后以中等速度冷却可形成双态显微结构。（ ）
29. Cr、Mn、V 的元素加入通常能够提高钛铝基合金的抗氧化性能。（ ）
30. 粗粒全层状结构比细晶粒双态显微结构显示出更好的蠕变阻力。（ ）
31. 温度低于 650℃时，双相组织的蠕变断裂强度较高，超过 650℃时，层状组织的蠕变断裂强度较高。（ ）
32. 利用粉末冶金制备钛铝基合金可大大减少生产成本，因为它通常不需要后处理工序，如退火、热加工等。（ ）

三、选择题（将所有的正确答案的标号填入括号内）

1. 下列航空发动机对材料的性能要求中，错误的是（ ）

   A 显著的室温抗拉强度与塑性

   B 显著减轻发动机重量

   C 优异的疲劳强度和蠕变强度

   D 较低的弹性模量

2. 工业纯钛 TA0 的使用温度一般不超过（ ）

   A 100℃

   B 200℃

C　300℃

D　400℃

3. 热轧操作在 α+β 相区域，通常在低于（　　）转变温度约 50 ~ 100℃下进行。

A　α 相

B　β 相

C　α+β 相

D　ω 相

4. 关于锻件说明中，错误的是（　　）

A　制造和加工成本高

B　比起其他方法，锻造制作的产品具有最好的性能

C　高性能应用领域中最常见的产品形式

D　容易制作复杂模样的产品

5. 不符合生物材料性能要求的是（　　）

A　耐腐蚀

B　生物相容性

C　可加工性

D　高弹性模量

6. 下列 Ti-Al 金属间化合物中没有工程应用的合金是（）

A　δ-$TiAl_3$

B　α_2-Ti_3Al

C　γ-TiAl

D　α_2-Ti_3Al +γ-TiAl

7. 钛铝基合金性能中，错误的是（　　）

A　密度低

B　比强度高

C　抗氧化高

D　室温韧性好

8. 下列元素中，可以细化晶粒，提高强度和热加工性能，改善铸造性能的元素是（　　）

A　Nb

B　Cr

C　Mo

D　B

9. 决定双相合金的延展性的主要因素中，错误的是（　　）

A　相比率

B　层状颗粒与伽马颗粒的比值（L/γ 比）

C　晶格尺寸的变化

D　杂质含量

10. 与镍基合金相比，TiAl 基合金最大的一个缺点是其生产成本。这主要是由于（　　）

A　加工温度相当高

B　缺乏低延性材料的加工技术

C　高温特性的加工设备投资高

D　制备工序复杂

四、简答题

1. 简述几种常见的脱硝技术。
2. TiO_2 光催化剂的常用合成方法
3. 影响二氧化钛光催化性能的因素。
4. 新能源材料的概念及用途？
5. 什么是 Magnéli 相亚氧化钛？
6. 描述亚氧化钛的晶体结构。
7. 亚氧化钛的主要制备方法有哪些？
8. 在电池充放电过程中，钛酸锂的结构是如何变化的？
9. 钛酸锂作锂离子负极材料所存在的问题主要有哪些？
10. 钛在航空航天应用中的主要驱动因素是什么？
11. 真空电弧重熔（VAR）中重复熔炼两到三次的目的是什么？
12. 锻造成型过程中大量去除多余材料的原因是什么？
13. 钛合金锻件的基本生产流程有哪些？
14. 比起传统工艺，激光成形技术的优势是什么？
15. 碳化钛的制备工艺路线有哪些？
16. 分析碳氮化钛的晶体结构。
17. 碳氮化钛的制备方法有哪些？
18. 举例说明 Ti(C,N) 基金属陶瓷的性质与用途。
19. 简要叙述目前国内外 TiB_2 陶瓷的研究现状。
20. 比较 Ti 基、TiAl 合金与 Ni 基合金的密度、弹性模量、室温塑性、蠕变极限、抗氧化极限。
21. 第三代 TiAl 合金的特点是什么？
22. 说明钛铝基合金中的三类合金添加剂及其作用。
23. 粉末冶金中金属粉末注射成型的基本步骤是什么？

五、论述题

1. 分析钛材料近净成型工艺中铸造与粉末冶金的优缺点。
2. 说明 600℃高温钛合金材料的合金设计中所考虑的因素有哪些？

参 考 文 献

[1] 邓捷．钛白粉应用手册［M］．北京：化学工业出版社，2003.
[2] 高濂，孙静，刘阳桥．纳米粉体的分散及表面改性［M］．北京：化学工业出版社，2003.
[3] 高濂，郑珊，张青红．纳米氧化钛光催化材料及应用［M］．北京：化学工业出版社，2010.
[4] 孟令岽，李国明，陈珊．Magnéli 相亚氧化钛的制备和应用研究进展［J］．装备环境工程，2017，14（12）：77～82.
[5] 程琦．钛酸锂改性及聚合物复合材料电解质的制备［D］．武汉：江汉大学，2018.
[6] 孟伟巍．基于金属钛的钛酸锂负极材料制备及电化学性能研究［D］．哈尔滨：哈尔滨工业大学，2018.
[7] 罗欢．钛酸锂负极材料的制备与研究［D］．长沙：湖南大学，2018.
[8] 钛酸锂电池技术在国内外的发展状况［J］．功能材料信息，2017，14（4）：60～64.
[9] 李铃薇．反式结构钙钛矿太阳能电池的制备及其改性研究［D］．西安：西安理工大学，2019.
[10] 刘宜汉．金属陶瓷材料制备与应用［M］．沈阳：东北大学出版社，2012.

[11] 刘阳，曾令可．碳化钛陶瓷及应用 [M]. 北京：化学工业出版社，2008.

[12] 欧阳柳章，蒋文斌，陈祖健．碳氮化钛合成与制备技术 [J]. 机电工程技术，2019，48 (5)：1 ~ 7.

[13] 裴嘉骅．TiB_2 基超高温陶瓷的制备及性能研究 [D]. 大连：大连理工大学，2018.

[14] Bertin J J, Cummings R M. Fifty years of hypersonics: where we've been, where we're going [J]. Progress in Aerospace Sciences, 2003, 39 (6 ~ 7): 511 ~ 536.

[15] Sommer A W, Keijzers G C. In: Kim Y W, Clemens H, Rosenberger A H, ed. Gamma titanium aluminides [M]. TMS, 2003.

[16] Dimiduk D, Martin P L, Dutton R. In: Kim Y W, Clemens H, Rosenberger A H, ed. Gamma titanium aluminides [M]. TMS, 2003.

[17] Voice W, Henderson M, Shelton E, et al. Gamma titanium aluminide [M]. TNB. Intermetallics, 2005, 3: 959 ~ 964.

[18] Sarkar S, Datta S, Das S, et al. Oxidation protection of gamma-titanium aluminide using glass-ceramic coatings [J]. Surface & Coatings Technology, 2009, 203: 1797 ~ 1805.

[19] Appel F, Oehring M, Paula J D H, et al. Physical aspects of hot-working gamma-based titanium aluminides [J]. Intermetallics, 2004 (12): 791 ~ 802.

[20] Sha W. The evolution of microstructure during the processing of gamma Ti-Al alloys [J]. JOM, 2006, 58: 64 ~ 66.

[21] 张鹏．粉末冶金制备 Ti-45Al-5Nb 合金工艺及其组织性能研究 [D]. 哈尔滨：哈尔滨工业大学，2013.

[22] Kothari Kunal , Radhakrishnan Ramachandran , Wereley Norman M. Advances in gamma titanium aluminides and their manufacturing techniques [J]. Progress in Aerospace Sciences, 2012, 55: 1 ~ 16.

[23] 汤华平．粉末冶金制备 TiAl 基合金及其高温变形研究 [D]. 大连：大连理工大学，2015.

[24] 邹阳．钛铝基合金的高温力学性能研究 [D]. 长春：长春工业大学，2016.

[25] Yamaguchi M, Inui H, Ito K. High-temperature structure intermetallics [J]. Acta Materialia, 2000, 48 (1): 307 ~ 322.

[26] Chen Y, Chen Y, Xiao S, et al. Research on the hot precision processing of TiAl alloys [J]. Materials Science Forum, 2009, 620 ~ 622: 407 ~ 412.

[27] Kong F, Chen Y Y, Wang W, et al. Microstructures and mechanical properties of hot-pack rolled Ti-43Al-9V-Y alloy sheet [J]. Transactions of the Nonferrous Metals Society of China, 2009, 19: 1126 ~ 1130.

[28] Draper L S, Das G, Locci I, et al. In: Kim Y W, Clemens H, Rosenberger A H, ed. Gamma titanium aluminides [M]. TMS, 2003.

[29] Chen Y L, Ming Y, Sun Y M, et al. The phase transformation and microstructure of TiAl/Ti_2AlC composites caused by hot pressing [J]. Ceramics International, 2009, 35: 1807 ~ 1812.

[30] Zhang W, Liu Y, Liu B, et al. Comparative assessment of microstructure and compressive behaviours of PM TiAl alloy prepared by HIP and pseudo-HIP technology [J]. Powder Metallurgy, 2009, 54: 133 ~ 141.

习题参考答案

第 2 章

一、填空题

1. 金红石
2. 四方、低、板钛
3. 氢氟
4. 正四面体
5. 碳化钛
6. 增强剂
7. 钙钛矿
8. 聚合度、深、无色、黄色、深红
9. 31、^{51}V
10. $3d^34s^2$
11. 棕黑、蓝黑、五氧化二钒（V_2O_5）、四氯化钒（VCl_4）
12. 碳化钒（VC）
13. V_2O_3
14. 金红石
15. $V_2O_5+6HCl \longrightarrow 2VOCl_3+3H_2O$
16. 聚合度、深、无色、黄色、深红

二、是非题

1～5：（√）；（×）；（×）；（√）；（×）；
6～10：（√）；（×）；（√）；（×）；（×）；
11～15：（×）；（√）；（√）；（√）；（×）。

三、简答题

1. TiO_2 与 Cl_2 较难反应，即使在 1000℃下反应也不完全：$TiO_2+2Cl_2 = TiCl_4+O_2$
2. 这是由于在水的作用下被氧化为正钛酸：$2Ti(OH)_3+2H_2O = 2H_4TiO_4+H_2$
3. 略
4. $TiCl_4+4ROH = Ti(OR)_4+4HCl$

   该方法的关键是用氨除去反应生成物 HCl，以使反应完全：

   $TiCl_4+4ROH+4NH_3 = Ti(OR)_4+4NH_4Cl$

第3章

一、填空题

1. 半钢、钒渣
2. 选择氧化、高价稳定的
3. 氧气顶吹转炉提钒法（双联法）、空气底吹转炉提钒法、顶底复吹转炉提钒法、摇包提钒法、铁水包吹氧提钒法
4. 钒渣、石煤、含钒钢渣、废钒催化剂
5. 钠化焙烧、钙化焙烧
6. 原料预处理（包括钒渣破碎、粉碎、配料、混料）、氧化焙烧、熟料浸出、沉钒、熔化
7. 碳热法、硅热法、铝热法
8. 碳化钒、氮化钒
9. V_2O_3

二、是非题

1.（√）；2.（√）；3.（×）；4.（×）；5.（×）；6.（√）；7.（√）

三、问答题（略）

第4章

一、是非题

1.（√）；2.（√）；3.（√）；4.（√）；5.（×）

二、填空题

1. 二氧化钛、TiO_2
2. 无
3. 涂料、塑料、造纸
4. 锐钛型、金红石型、板钛型；锐钛型、金红石
5. A、R
6. 硫酸氧钛、$TiOSO_4$
7. 加压法、常压法
8. 铝粉、三价钛，三价钛
9. 硫酸法、氯化法

三、简答题（略）

四、论述题（略）

第5章

一、填空题

1. 层、电

2. 缺氧、V^{4+}
3. 半导体、金属、n
4. 热、68
5. W 和 F
6. 静态电池、动态电池
7. 化学合成法、电解法
8. 核磁共振、紫外可见光谱分析
9. 引入添加剂、更换新体系
10. V^{3+}、V^{2+}
11. 主催化剂、助催化剂、载体
12. TiO_2、ZrO_2、SiO_2 或碳基材料
13. 锐钛型
14. 红
15. 四方、锆石英
16. 中、小
17. Nd_2O_3、Y_2O_3、$V_2O_5NH_4$、VO_3
18. 陶瓷相、金属相
19. 氧化物基、碳化物基、氮化物基、硼化物基、硅化物基
20. VC、V_2C
21. 暗黑色
22. 六方晶系

二、是非题

1～5：(√)；(×)；(×)；(×)；(×)；
6～8：(×)；(√)；(√)

三、简答题（略）

第 6 章

一、填空题

1. 均匀沉淀法、液相沉淀法
2. 遮盖力、消色力
3. 蓝光白度、亨特白
4. 四方晶体金红石型、正交晶体板钛矿型
5. Ti_nO_{2n-1}（$3<n<10$）
6. 5～20mA
7. CO_2、CO、H_2
8. Fd3m、尖晶石结构

9. 碘化盐法、醋酸盐法
10. 高
11. 升高
12. 黄褐色、黑色、金黄色
13. NaCl、面心立方
14. 提高
15. 制备、成形、烧结
16. 低

二、是非题

1～5：(√)；(√)；(×)；(√)；(√)；
6～10：(√)；(√)；(√)；(×)；(×)；
11～15：(√)；(√)；(√)；(×)；(×)；
16～20：(√)；(√)；(√)；(×)；(√)；
21～25：(√)；(×)；(√)；(×)；(×)；
26～32：(×)；(√)；(√)；(×)；(√)；(√)；(×)。

三、选择题

1. A；2. C；3. B；4. D；5. D；6. A；7. D；8. D；9. A；10. B

四、简答题（略）

五、论述题（略）